当代生态环境规划丛书

U0879397

面向美丽中国的
空气质量改善路线图

雷　宇　薛文博
燕　丽　许艳玲　等／著
陈潇君

ROADMAP OF IMPROVING AIR QUALITY
TOWARDS BEAUTIFUL CHINA

中国环境出版集团

图书在版编目(CIP)数据

面向美丽中国的空气质量改善路线图 / 雷宇等著 . —北京：
中国环境出版集团，2022.4
ISBN 978-7-5111-4944-2

Ⅰ. ①面…　Ⅱ. ①雷…　Ⅲ. ①空气污染控制—研究—中国
Ⅳ. ① X510.6

中国版本图书馆 CIP 数据核字（2021）第 212443 号

审图号：GS（2022）1696 号

出 版 人　武德凯
责任编辑　田　怡
责任校对　任　丽
装帧设计　金　山

出版发行　中国环境出版集团
（100062　北京市东城区广渠门内大街 16 号）
网　　址：http：//www.cesp.com.cn
电子邮箱：bjgl@cesp.com.cn
联系电话：010-67112765（编辑管理部）
010-67175507（第六分社）
发行热线：010-67125803，010-67113405（传真）
印　　刷　北京中科印刷有限公司
经　　销　各地新华书店
版　　次　2022 年 4 月第 1 版
印　　次　2022 年 4 月第 1 次印刷
开　　本　787 × 1092　1/16
印　　张　20.75
字　　数　387 千字
定　　价　150.00 元

前　言

党的十八大提出建设生态文明，是关系人民福祉、关乎民族未来的长远大计。面对资源约束趋紧、环境污染严重、生态系统退化的严峻形势，必须树立尊重自然、顺应自然、保护自然的生态文明理念，把生态文明建设放在突出地位，融入经济建设、政治建设、文化建设、社会建设各方面和全过程，努力建设美丽中国，实现中华民族永续发展。党的十九大报告明确提出 2020 年后，在全面建成小康社会的基础上，再奋斗十五年，在 2035 年基本实现社会主义现代化，生态环境根本好转，美丽中国目标基本实现。

近年来，伴随着《大气污染防治行动计划》和《打赢蓝天保卫战三年行动计划》的先后实施，我国大气污染防治工作不断深入，空气质量显著改善，细颗粒物（$PM_{2.5}$）浓度快速下降。但是我国大气环境仍与保护人体健康的空气质量要求有很大差距，尤其是 $PM_{2.5}$ 浓度仍处于高位。2020 年我国 $PM_{2.5}$ 平均浓度是世界卫生组织（WHO）准则值的 3 倍以上，同时臭氧（O_3）浓度也呈上升态势。因此，推动 $PM_{2.5}$ 浓度持续快速下降，同时有效控制 O_3 污染态势，对实现美丽中国目标至关重要。

在未来的十几年里，要想实现我国空气质量的持续改善，首先需要在对社会经济和技术发展进行预测的基础上，通过系统建模、综合分析，描绘出相关的路线图、实施图。为实现这一目标，需要建立覆盖社会经济、能源使用、污染物排放和空气质量响应等方面的系统集成分析方法，结合全国及不同区域的空气质量达标要求以及社会经济发展、能源需求和技术发展等因素，提出我国环境空气质量达标总体战略。然而我国大气环境管理体系在涉及多区域、多污染物的空气质量改善多目标分析技术，“经济—能源—排放—空气质量—环境影响”综合分析体系建设，以及针对成本效益的优化技术和管理方法等方面还存在不足，在国家及区域空气质量改善路线图方面的研究相对欠缺，无法在中长期的时间尺度上，在空气质量改善目标、多污染物减排要求、宏观政策和控制技术选择、政策保障等方面，为国家和区域大气污染防治中长期战略的制定提供足够支撑。

为解决上述问题，国家重点研发计划“大气污染成因与控制技术研究”重点专项设置了“国家及主要区域空气质量改善路线图研究”项目。该项目由生态环境部环境规划院承担，国务院发展研究中心资源与环境政策研究所、国家发展和改革委员会能源研究所、上海市环境科学研究院和中国环境科学研究院等单位参与研究工作。自 2016 年立项以来，建立了涉及多区域、多污染物的多重空气质量控制目标和对应的污染物排放控制目标分析方法，“经济—能源—排放—空气质量—环境影响”综合分析模型体系，以及定量分析综合控制成本和提高效益的控制措施优选模型方法，并在此基础上集成研究，提出了我国环境空气质量达标总体战略以及 2020—2035 年的城市和区域空气质量达标时间表、污染物排放控制路线图、相关控制政策路线图，为国家“十四五”“十五五”和“十六五”期间推进空气质量改善的结构调整政策和治污减排措施提供决策支撑。

本书梳理总结了该项目的主要成果，共 9 个章节。第 1 章概述了项目的总体情况和研究路线，主要由许艳玲、雷宇撰写；第 2 章分析了“美丽中国”目标下我国空气质量改善的预期，主要由燕丽、贺晋瑜撰写；第 3 章研究了以 $PM_{2.5}$ 年均浓度达标为约束的全国和主要区域大气环境容量，主要由雷宇、薛文博、许艳玲撰写；第 4 章分析了全国和主要区域 $PM_{2.5}$ 及 O_3 污染协同控制下的空气质量改善路径，主要由薛文博、史旭荣、雷宇撰写；第 5 章定量分析了不同社会经济发展及技术进步情景下全国和主要区域大气污染减排潜力，主要由汪旭颖、朱松丽、郑逸璇撰写；第 6 章在量化主要行业大气污染物减排措施边际成本的基础上开展了减排成本优化的不同污染物控制情景研究，主要由陈潇君、金玲、唐倩、王慧丽、张泽宸撰写；第 7 章综合提出了推动我国 $PM_{2.5}$ 浓度持续下降的减排技术路线图，主要由郑逸璇、汪旭颖、燕丽撰写；第 8 章研究提出了面向“美丽中国”建设、推动空气质量持续改善的政策路线图，主要由贺晋瑜、燕丽、陈健鹏撰写；第 9 章以长三角地区为案例进行了空气质量改善路线图的细化措施研究，主要由戴海夏、黄成撰写。全书由雷宇、薛文博、燕丽、许艳玲统稿。

在此要特别感谢中国 21 世纪议程管理中心对项目给予的大力支持和持续指导；

感谢项目研究过程中，郝吉明院士和柴发合研究员等项目跟踪专家以及其他专家对技术路线、研究方法、主要结论和核心成果提出的宝贵意见。

尽管我们在研究过程中秉承扎实、负责、科学的态度，力求从中长期的角度和全国的视野系统研究，在整理编纂书稿的过程中也力求认真仔细，但是书中仍不可避免地存在不足之处，恳请读者批评指正！

雷宇

2021 年 6 月 22 日

目 录

1 概 述

1.1 研究背景

空气质量改善技术和政策路线图研究是制定空气质量管理战略的基础，也是发达国家空气质量管理体系的重要组成部分。由于在涉及多区域、多污染物的空气质量改善多目标分析技术，“经济—能源—排放—空气质量—环境影响”综合分析体系建设，以及针对成本效益的优化技术和管理方法等方面存在不足，我国在国家及区域空气质量改善路线图方面的研究非常欠缺，无法在空气质量改善目标、多污染物减排要求、宏观政策和控制技术选择、政策保障等方面，为国家和区域大气污染防治中长期战略的制定提供足够支撑。因此，在借鉴国外空气质量管理经验的基础上，建立我国空气质量改善路线图对空气质量管理决策具有重要意义。

1.1.1 国外研究现状及趋势

发达国家在数十年的大气污染防治历程中，空气质量管理战略的技术支撑体系逐渐成为其空气质量管理的重要组成部分。发达国家通过研究设置中长期空气质量改善的战略目标，运用模型等工具手段，研究实现目标的技术和政策路线图，形成中长期的政策目标和技术预期，从而凝聚政府、企业和社会力量，推动空气质量的逐步改善。

欧洲各国在国际层面和国家层面都形成了空气质量改善战略和路线图分析工具。在国际层面，空气质量浓度限值、国家污染物排放上限和针对污染源的污染物排放浓度限值是欧洲空气质量管理的三大支柱，温室气体和大气污染物协同控制（the Greenhouse gas and Air Pollution Interactions and Synergies，GAINS）模型在过去 20 年间已经成为支持欧盟制定大气环境目标和法规的重要技术工具。GAINS 模型考虑了 6 种空气污染物（$PM_{2.5}$、PM_{10}、SO_2、NO_x、VOCs、NH_3）和《京都议定书》规定的 6 种温室气体（HFCs、CO_2、CH_4、N_2O、PFCs、SF_6），以减少终端环境影响（包括健康损害、生态破坏、气候变化等）为约束，以成本最低为目标，基于商业优化软件 GAMS，通过线性优化得到排放控制技术的组合方案。模型包括对大气污染物排放的驱动力分析模块，如能源使用、交通运输、工业产品生产等方面；不同污染物排放控制技术对污染物排放量的影响分析模块；空气质量模拟和终端环境影响分析模块以及各类控制措施的经济成本数据库。通过使用线性优化方法，根据消除环境影响所需达到的污染物减排量，对排放控制技术进行选择，使技术组合方案同时满足排放量限值和成本最小化的双重要求。作为欧洲空气质量政策支撑的重要工具，GAINS 模型先后被用于欧洲大气污染防治的多项政策制定过程中，包括《大气污染物远距离传输公约》下的国家各项大气污染物减排协议、欧洲委员会关于各国大气污染物排放上限的法令、欧洲清洁空气和大气污染专项战略以及此后的一揽子清洁空气政策等，对欧洲分阶段的空气质量改善目标及相应的政策措施制定提供了系统支持。

在国家层面，挪威和丹麦等国家也以空气质量模型为核心，建立了以人机交互的方式进行半结构化或非结构化决策的计算机应用系统，在大气环境和健康影响等决策方面进行了一定的应用。如丹麦国家环境研究所研发的 AirGIS 系统，应用于丹麦空气污染流行病学研究、人类暴露研究以及城市空气质量评估和管理中。挪威大气研究所研发了用于大气污染控制的多功能决策支持系统 AirQUIS，通过数据信息的直接传递和应用，高效地确定污染控制战略措施。

美国在空气质量改善政策路线的制定过程中，没有专门在国家层面建立综合的模型工具系统平台，而是通过多个模型的组合，实现对空气质量改善策略的研究和优化。如通过将空气质量模型（如 CMAQ、CAMx 等）与空气污染控制的健康和经济效益评估模型进行衔接，为加严机动车排放标准、深化高架源 SO_2 和 NO_x 排放控制等联邦层面空气质量改善政策提供依据。以上模型工具除了在联邦层面得到应用外，也被用于美国各州空气质量达标实施计划的制定过程中。

除欧美国家外，日本国立环境研究所开发了亚太地区综合模型（AIM/Enduse），采用优化方法对能源技术和污控技术进行选择，进而进行技术路径分析。该模型以寻求费用最少的混合技术为目标，满足特定的能源服务需求和污染物排放量限值。日本、中国等国学者应用 AIM/Enduse 模型进行了一系列研究，但这些研究更多集中在与温室气体排放控制相关的领域，较少涉及空气质量目标。

综上所述，发达国家为了实现空气质量的长期持续改善，通常在相关法规中制定空气质量标准或污染物浓度限值，并以其为基础，开发综合的模型分析工具，通过情景设计或优化的方法实现定量研究，进而完成空气质量改善目标的技术路线图，为中长期空气质量管理政策的制定提供技术支撑。发达国家有关空气治理的模型工具和分析方法兼顾了空气质量改善和减少温室气体排放，降低生态环境影响和人类健康影响等多个环境目标，从社会经济系统和末端污染治理等方面入手，综合分析技术和政策的成本与收益，从而实现对技术和路线图的清晰描述。

1.1.2 国内研究现状及趋势

我国针对空气质量改善战略的研究始于21世纪初。随着对大气污染严峻形势认识的逐步深入，制定空气质量改善的中长期战略目标迫在眉睫。2007年，中国工程院和国家环境保护总局共同组织开展“中国环境宏观战略研究”，“大气环境保护战略研究”作为其中的一个研究专题，着重分析了我国大气环境的发展形势、主要目标和战略任务，并提出了重大政策建议。中国环境与发展国际合作委员会先后于2012年和2014年组织开展了“区域空气质量综合控制体系”专题政策研究和“大气污染防治行动计划绩效评估与区域协调机制”专题政策研究，梳理和分析了我国城市空气质量达标的主要挑战以及实现达标所需要完成的主要大气污染物减排量。2013年，国家自然科学基金委设立了“$PM_{2.5}$的影响因素分析与控制对策研究”项目，其中专设了“我国$PM_{2.5}$控制路线图与政策集成研究”课题，研究$PM_{2.5}$污染防治的中长期战略目标。

在上述研究项目启动之前，我国大气环境、能源系统、环境工程等领域的研究人员于20世纪90年代就已经开始逐步吸收引进各类系统分析方法和模型工具，并设计不同社会经济、能源消费、技术发展的情景，分析污染控制技术、大气污染物排放量和环境空气质量之间的关系。

在具体的方法学上，国内学者基于污染防治技术的主要参数，使用排放清单工具和情景分析方法，开展了大量研究。例如，针对电力、工业、交通等主要部门，开展了燃料消耗、大气污染物排放因子、控制技术、去除效率、排放清单、成本效益等一系列研究。在此基础上，大量基于排放清单的技术情景分析给出了不同技术发展方案下，我国未来主要大气污染物的排放量变化趋势；采用情景分析法计算在不同能源利用和污染控制技术路线下，中国不同阶段主要污染物排放量，或者通过迭代算法对实现$PM_{2.5}$达标所对应的主要大气污染物减排量进行了研究。

然而，上述已有研究在以下三个方面的问题上始终未能取得突破，从而不能为我国制定中长期空气质量改善乃至达标路线图提供足够的技术支撑。一是由于长期、全面观测资料和综合分析手段的限制，无法就涉及多区域、多污染物的多重空气质量控制目标进行分析，尤其是未能在 $PM_{2.5}$ 和 O_3 等复合污染的约束下，定量研究不同区域的污染物排放量承载能力；二是未能建立“经济—能源—排放—空气质量—环境影响”综合分析体系，未能从经济和能源结构调整、能源和控制技术进步等角度提出支撑环境改善的定量解决方案；三是技术成本分析总体欠缺，未建立以成本最小化为目标的控制技术优化模型方法。

1.2 研究目标与研究内容

本书研究的总体目标是建立涉及多区域、多污染物的多重空气质量控制目标和对应的污染物排放控制目标分析方法，建立“经济—能源—排放—空气质量—环境影响”综合分析体系，建立综合控制成本和控制效益定量分析的控制措施优选模型方法。本书拟在此基础上集成建设空气质量管理决策平台，提出我国环境空气质量达标总体战略以及不同阶段的城市和区域空气质量达标时间表；基于项目开发的系统工具，研究全国及不同区域与空气质量达标时间表相匹配的污染物排放控制路线图，并从能源结构调整、技术水平进步和末端减排等方面，提出污染物减排方案、监管保障措施和宏观政策需求。项目研发产出的软件工具、决策平台和通过分析提出的战略路线图将为我国“十四五”和“十五五”空气质量改善的结构调整政策和治污减排措施提供决策支撑，形成中长期的政策目标和技术预期，推动空气质量的逐步改善。

为实现上述研究目标，本书分解为以下 6 个课题。

课题 1：我国空气质量管理评估及差距分析。对比分析我国环境质量、管理方法和技术手段等所处的发展阶段和水平，揭示我国当前空气质量现状与改善目标之间的差距。结合国际大气环境管理研究最新进展，前瞻性地提出未来我国大气环境管理控制方向。

课题 2：空气质量达标约束下的大气污染物承载力研究。研发综合考虑 $PM_{2.5}$ 区域传输、行业贡献以及多污染物协同作用的大气环境容量迭代计算模型，计算全国和重点地区在典型气象年、最不利气象年、最有利气象年的主要大气污染物环境容量，明确空气质量达标对应的大气污染物减排需求，为能源、排放、污染控制情景的制定提供约束条件。

课题 3：全国和分区域社会经济发展和能源情景研究。建立支持 IPAC-AIM/

Local 模型的能源和社会经济数据库，完善、拓展 IPAC-AIM/Local 模型，提出 2016—2030 年我国分区域、分阶段的社会经济发展情景、能源发展情景。

课题 4：基于费效分析的全国和分区域污染物减排方案研究。在大量调研数据的基础上建立分行业、分区域、分污染物的污染减排技术与成本数据库，构建不同污染减排技术的综合成本—效益评估方法，评估不同减排技术的减排潜力，构建不同减排技术的边际成本曲线，提出基于不同减排目标的成本—效益优化减排方案。

课题 5：全国和重点区域大气污染控制技术和政策路线图研究。通过整合经济能源模型、排放计算模型、空气质量模型（CMAQ-DDM 快速响应）、成本效益优化模型等技术手段，研发集“经济—能源—排放—质量响应—成本效益”于一体的空气质量管理综合决策平台；基于空气质量管理综合决策平台，研究提出面向美丽中国的 $PM_{2.5}$ 浓度改善目标以及中长期大气污染物减排技术路线图与配套政策路线图，初步提出 $PM_{2.5}$ 和 O_3 协同控制中长期路线图。

课题 6：长三角区域空气质量改善路线图细化和实施方案研究。在我国分区域、分阶段的空气质量改善路径总体框架下，构建“自上而下”与“自下而上”相结合的重点区域空气质量改善路线图优化技术，提出细化的长三角空气质量改善路线图。

本书的 6 个课题中，课题 1 深入分析我国空气质量战略制定和管理现状与空气质量改善需求间的差距，建立评估体系，为路线图的研究提供指向，并提出未来我国大气环境管理控制的发展方向。课题 2、课题 3 和课题 4 分别针对我国在国家和区域空气质量管理战略综合决策支撑技术上的 3 块技术短板，有针对性地展开研究，力图突破涉及多区域、多污染物的空气质量改善多目标分析技术、“经济—能源—环境”耦合的综合分析体系以及针对成本效益的优化技术方法 3 项关键技术。课题 5 在集成课题 2、课题 3 和课题 4 研究成果的基础上，研发国家和区域空气质量管理战略综合决策平台，基于平台提出面向美丽中国的全国和主要区域中长期空气质量改善路线图。课题 6 实现技术和政策路线图在区域—省—市层面的落地。

本书的研究路线如图 1-1 所示。

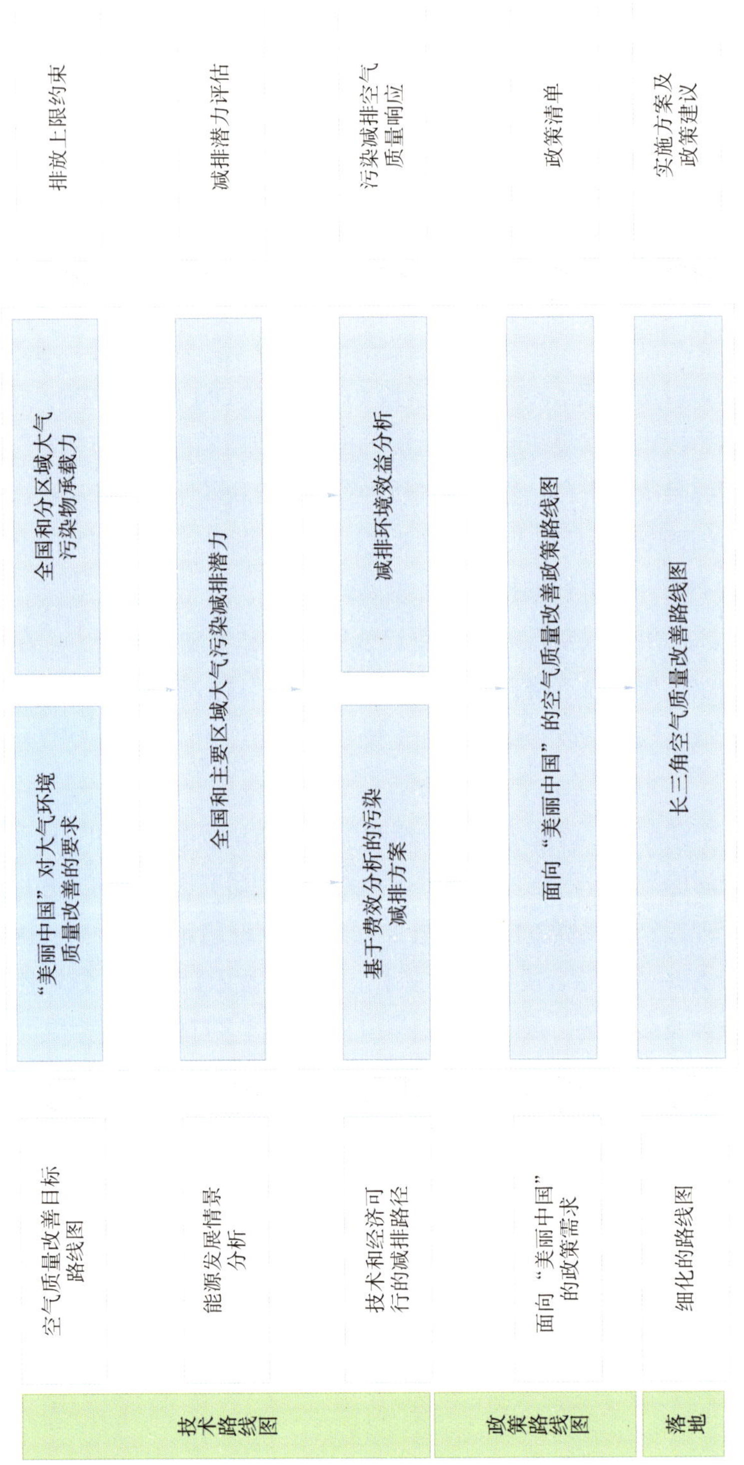

技术路线图
政策路线图
落地
空气质量改善目标路线图
能源发展情景分析
技术和经济可行的减排路径
面向"美丽中国"的政策需求
细化的路线图
"美丽中国"对大气环境质量改善的要求
全国和分区域大气污染物承载力
全国和主要区域大气污染减排潜力
基于费效分析的污染减排方案
减排环境效益分析
面向"美丽中国"的空气质量改善政策路线图
长三角空气质量改善路线图
排放上限约束
减排潜力评估
污染减排空气质量响应
政策清单
实施方案及政策建议

图 1-1 研究路线

2 “美丽中国”目标下的空气质量改善预期

当前，全国环境空气质量改善非常明显，细颗粒物（$PM_{2.5}$）浓度显著下降。但是，2020 年我国城市 $PM_{2.5}$ 平均浓度依然是 WHO 准则值的 3 倍以上，$PM_{2.5}$ 一直是影响城市空气质量的首要污染物之一。因此，制定全国 $PM_{2.5}$ 浓度长期持续改善时间路线图是实现“美丽中国”目标的重要基础。本章在梳理总结当前我国 337 个城市 $PM_{2.5}$ 年均浓度变化趋势的基础上，综合分析各城市 $PM_{2.5}$ 年均浓度与《环境空气质量标准》（GB 3095—2012）中二级标准浓度限值要求，对标发达国家空气质量改善历程，结合美丽中国对大气环境质量改善的总体要求，采用情景分析法，分析了我国空气质量改善预期，提出了我国 337 个城市未来 $PM_{2.5}$ 浓度达标时间路线图。

2.1 我国空气质量现状

2.1.1 地级及以上城市空气质量超标程度分析

2019 年，我国 337 个地级及以上城市中 $PM_{2.5}$ 年均浓度达标的城市有 178 个，占 52.82%；超标 20% 及以内的城市有 57 个，占 16.91%；超标 20%～50%（含 50%）的城市有 51 个，占 15.13%，超标 50%～100%（含 100%）的城市有 50 个，占 14.84%，超标 1 倍以上的城市有 1 个，占 0.3%。

2019 年，我国 337 个地级及以上城市中 O_3 日最大 8 h 滑动平均第 90 百分位数达标的城市有 234 个，占 69.44%；超标 20% 及以内的城市有 82 个，占 24.33%；超标 20%～50%（含 50%）的城市有 21 个，占 6.23%。具体如图 2-1 所示。

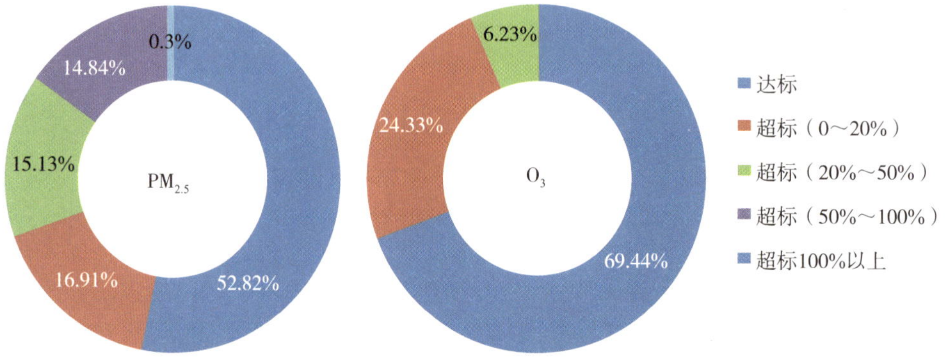

图 2-1　2019 年我国地级及以上城市主要大气污染物超标情况

2.1.2　各省（区、市）城市空气质量超标程度分析

2019 年，我国 31 个省（区、市）中上海、福建、广东、广西、海南、贵州、云南、西藏、宁夏 9 个省（区、市）的地级及以上城市 $PM_{2.5}$ 年均浓度全部实现了达标；$PM_{2.5}$ 年均浓度超标 50% 以上的城市主要分布在河北、山西、江苏、安徽、山东、河南、湖北、湖南、山西和新疆等省（区、市），其中山东、河南超过 10 个城市 $PM_{2.5}$ 年均浓度均超标 50% 以上。具体如图 2-2 所示。

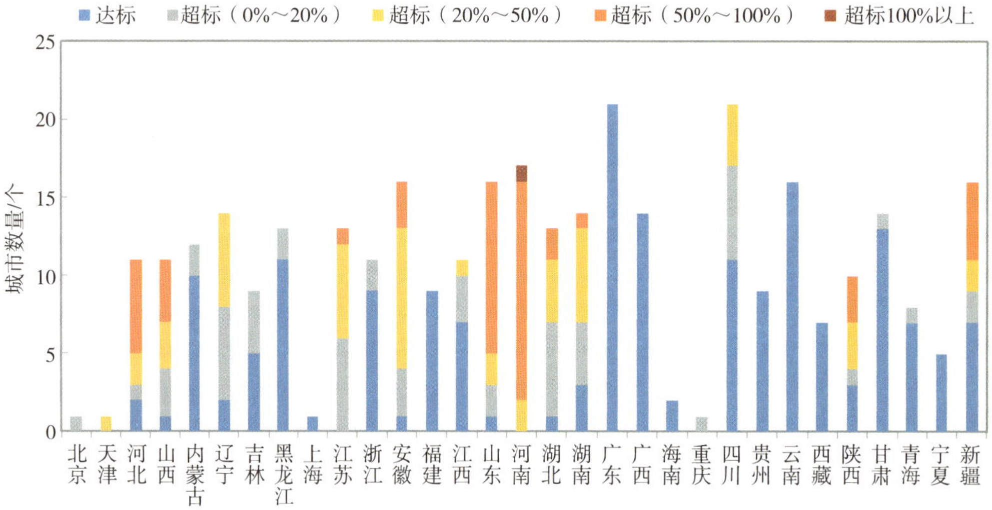

图 2-2　2019 年 31 个省（区、市）城市 $PM_{2.5}$ 超标程度分类统计

2.1.3 重点区域超标程度分析

2019 年，在京津冀及周边地区“2+26”城市中，$PM_{2.5}$ 年均浓度超标 20% 以内的城市有 1 个，为北京市；超标 20%～50%（含 50%）的城市有 5 个，分别为廊坊市、长治市、沧州市、阳泉市和天津市；超标 50%～100%（含 100%）的城市有 21 个，占 75%，分别为滨州市、德州市、晋城市、唐山市、济南市、新乡市、太原市、衡水市、郑州市、聊城市、淄博市、保定市、菏泽市、济宁市、鹤壁市、开封市、濮阳市、焦作市、石家庄市、邢台市、邯郸市；超标 100% 以上的城市有 1 个，为安阳市。具体如图 2-3 所示。

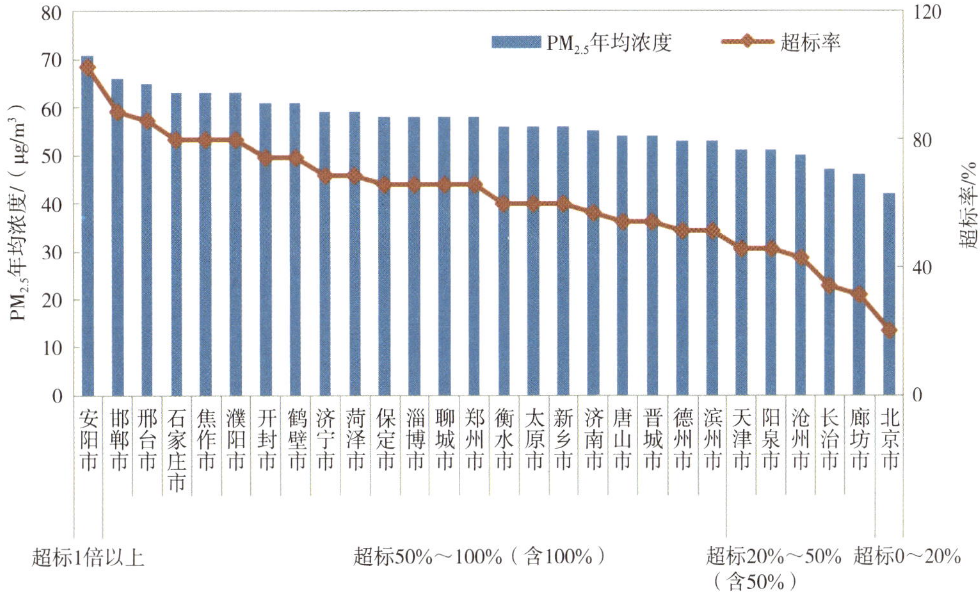

图 2-3　2019 年京津冀及周边地区城市 $PM_{2.5}$ 超标情况

2019 年，在长三角地区的 41 个城市中，$PM_{2.5}$ 年均浓度达标的城市有 11 个，分别为舟山市、黄山市、丽水市、台州市、温州市、宁波市、衢州市、金华市、湖州市、嘉兴市和上海市；$PM_{2.5}$ 年均浓度超标的城市有 30 个，其中超标 20% 及以内的城市有 11 个，超标 20%～50%（含 50%）的城市有 15 个，超标 50%～100%（含 100%）的城市有 4 个，分别为徐州市、淮南市、淮北市和亳州市。具体如图 2-4 所示。

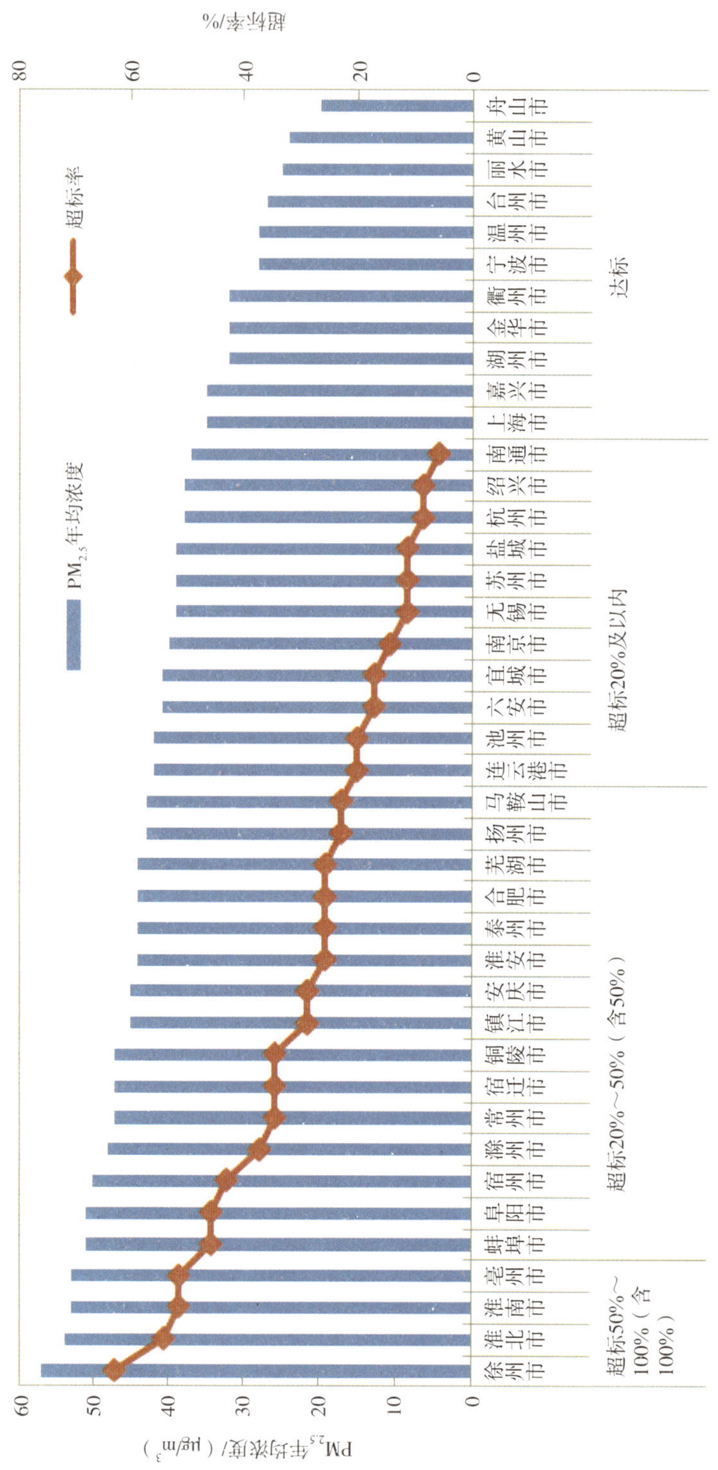

图 2-4　2019 年长三角地区城市 $PM_{2.5}$ 超标情况

在汾渭平原的11个城市中，2019年$PM_{2.5}$年均浓度超标20%及以内的城市有1个，为吕梁市；超标20%～50%（含50%）的城市有3个，分别是晋中市、铜川市和宝鸡市；超标50%～100%（含100%）的城市有7个，分别为三门峡市、渭南市、西安市、运城市、洛阳市、临汾市和咸阳市。具体如图2-5所示。

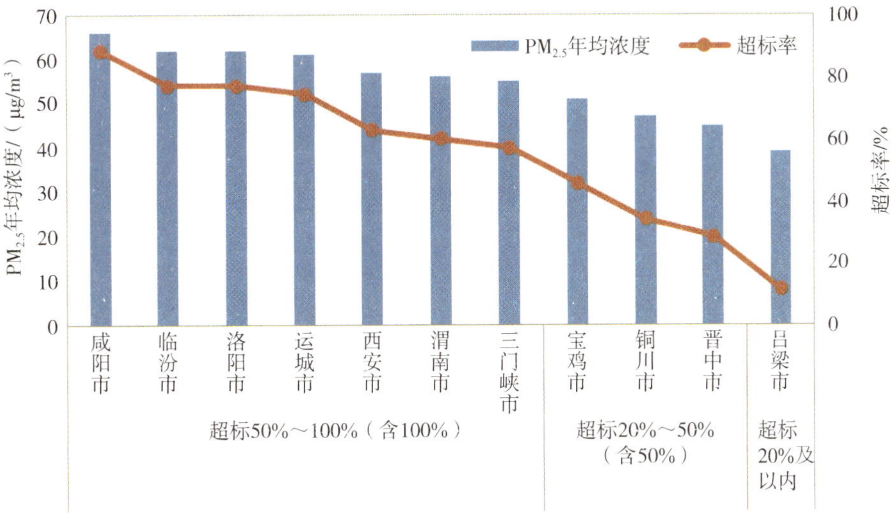

图2-5　2019年汾渭平原城市$PM_{2.5}$超标情况

2.2　2035年基本建成“美丽中国”对大气环境的要求

2.2.1　$PM_{2.5}$浓度国内外对标分析

党的十九届五中全会提出，我国到2035年基本实现社会主义现代化，人均国内生产总值（GDP）达到中等发达国家水平，经济总量或人均收入相对2020年翻一番，即略高于2万美元。以人均GDP为指标衡量，约为当前南欧及东欧部分国家的经济发展水平。这些国家当前$PM_{2.5}$年均浓度为15～30 μg/m^3。

主要发达经济体中，美国、西欧诸国和日本当前年均$PM_{2.5}$浓度为8～15 μg/m^3，这些国家人均GDP达到2万美元时，年均浓度为15～30 μg/m^3。韩国自2006年人均GDP超过2万美元后至今，其年均$PM_{2.5}$浓度在25 μg/m^{3}上下波动。对标发达国家的经济发展与环境空气质量改善历程，至2035年我国迈入中等发达国家行列时，宜以25 μg/m^{3}作为全国$PM_{2.5}$浓度目标，达到欧盟现行$PM_{2.5}$浓度标准和WHO过渡时期第二阶段目标。具体如图2-6所示。

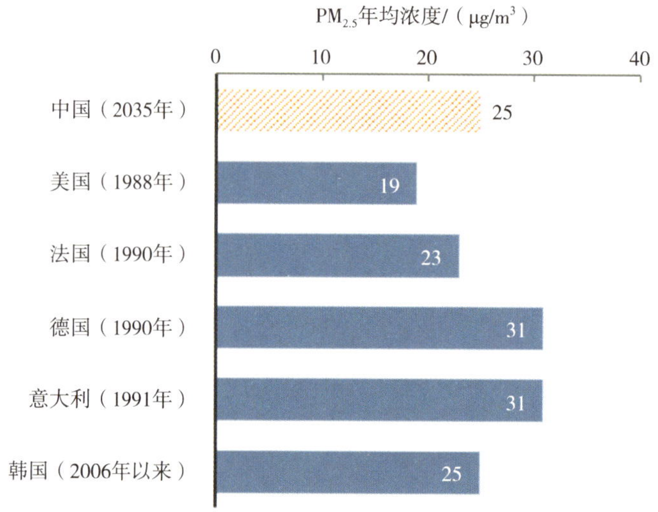

图 2-6 人均 GDP 2 万～2.2 万美元时部分发达国家 $PM_{2.5}$ 浓度与我国目标浓度比较

2020 年，我国 $PM_{2.5}$ 浓度均值为 33 μg/m³，在未来三个五年计划中，全国 $PM_{2.5}$ 年均浓度在每一阶段下降 9% 左右，即可完成预期目标。2005—2019 年，美国的 $PM_{2.5}$ 浓度降幅约为 36%，日本 $PM_{2.5}$ 浓度在 2001—2010 年下降了 30%，欧盟 $PM_{2.5}$ 浓度在 2008—2017 年下降了 30%，均在较低浓度水平条件下实现了 $PM_{2.5}$ 浓度大幅改善。着眼于国际经验，随着大气污染防治行动的持续深化，我国能够在 2035 年实现全国 $PM_{2.5}$ 浓度年均值下降到 25 μg/m³ 的目标。具体如图 2-7 所示。

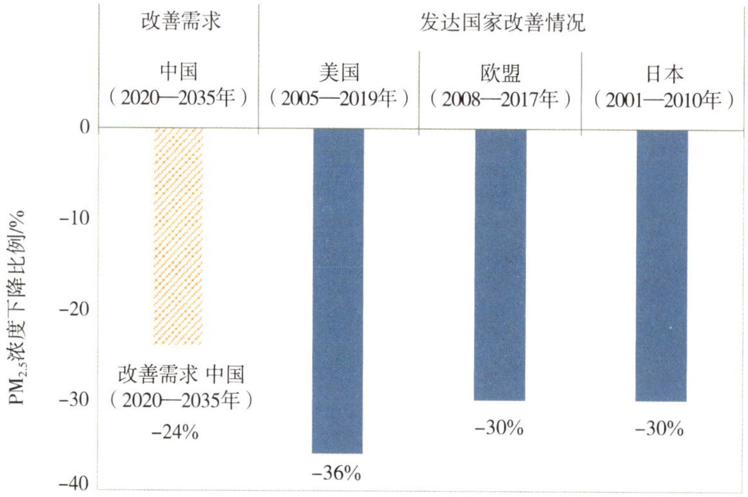

图 2-7 “美丽中国” $PM_{2.5}$ 浓度下降需求与发达国家历史下降趋势

2.2.2 O_3浓度变化预期

由于主要发达国家与我国 O_3 污染指标差异较大，难以直接折算，因此本书仅参考发达国家 O_3 污染变化趋势。1980—2019 年，美国 O_3 浓度下降了约 35%；欧盟和日本的 O_3 污染水平近十年维持平稳，无明显变化趋势，反映了 O_3 污染治理的复杂性。1980—2019 年，美国的 VOCs 和 NO_x 排放量分别下降了 51% 和 67%，有效推动了 O_3 浓度的下降；其中 VOCs 减排主要发生在 2000 年之前，NO_x 减排主要发生在 2000 年之后，且 O_3 浓度的下降与 NO_x 和 VOCs 排放量下降之间并未呈现显著的相关关系（图 2-8）。值得注意的是，美国的 O_3 污染的评价指标为日最大 8 h 浓度均值全年第四大值（第 99 百分位数），从统计上来看，其指标变化幅度将大于我国采用的第 90 百分位数。根据我国观测数据，2019 年我国 O_3 日最大 8 h 浓度均值全年第四大值均值约为第 90 百分位数均值的 1.3 倍。基于美国的 O_3 污染改善趋势，可预期未来 15 年我国 O_3 年评价指标可能下降 10% 左右。

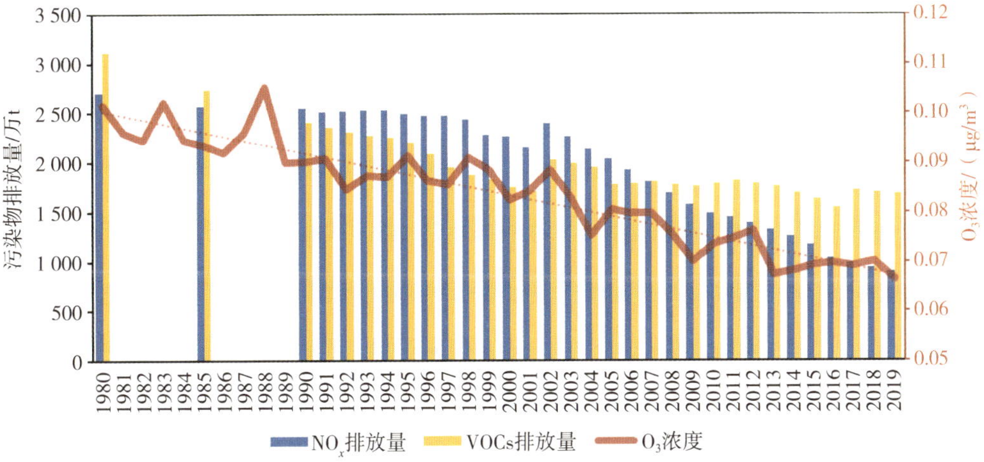

图 2-8 1980—2019 年美国 O_3 浓度及其前体物排放趋势

2020 年，我国 O_3 日最大 8 h 浓度第 90 百分位数的平均值为 138 μg/m^3，可以预期 2035 年全国 O_3 日最大 8 h 浓度第 90 百分位数的平均值将下降至 114 μg/m^3 左右，绝大多数城市 O_3 浓度不高于 160 μg/m^3。

21 世纪以来，美国和欧盟在 NO_x 排放治理上均取得显著成效，分别减排 56% 和 42%；美国 VOCs 减排比例较低，仅 5%，欧盟 VOCs 减排比例达到 31%（图 2-9）。考虑到欧盟 NO_x 和 VOCs 减排均取得较大成效，假设未来 15 年我国与欧盟减排步伐一致，NO_x 和 VOCs 分别减排 40% 和 30%。通过 CMAQ 模型分析表明，如果未来 15 年我国能减排 40% 的 NO_x 和 30% 的 VOCs，同时削减一次 $PM_{2.5}$、SO_2 和大气 NH_3 等污染物排放，$PM_{2.5}$ 浓度能下降 28% 左右，达到 25 μg/m^3；根据空气质量模型 WRF-CAMx 测算结果，我国 O_3 日最大 8 h 浓度第 90 百分位数的平均值将下降约 12%，基本符合 O_3 浓度下降 10% 的预期。具体如图 2-9 所示。

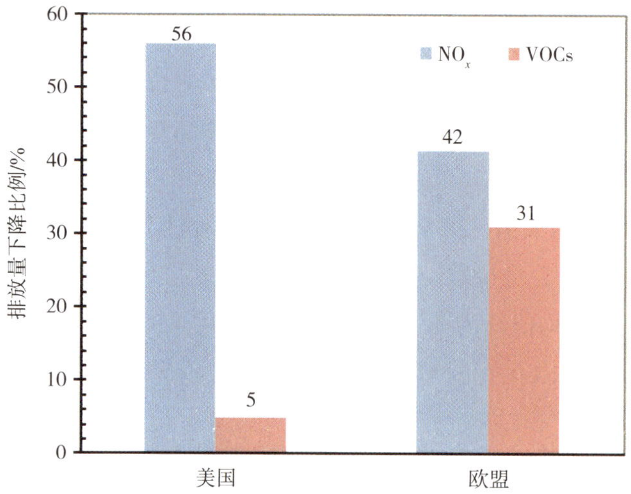

图 2-9 美国及欧盟 NO_x 和 VOCs 减排比例

2.2.3 基于"碳达峰、碳中和"目标的空气质量改善预期

考虑"碳达峰、碳中和"目标以及"美丽中国"建设的需求，在结构调整和末端治理措施协同推动（碳排放路径）下，预计 2030 年我国 SO_2、NO_x、一次 $PM_{2.5}$ 和 VOCs 的排放量分别为 605.8 万 t、1 273.1 万 t、426.1 万 t 和 2 055.3 万 t，相比于 2017 年分别降低 42.3%、42.1%、44.1% 和 28.2%；至 2035 年，在"碳中和"目标和"美丽中国"建设目标的共同推动下，我国 SO_2、NO_x、一次 $PM_{2.5}$ 和 VOCs 的排放量进一步下降到 449.0 万 t、929.2 万 t、301.8 万 t 和 1 659.0 万 t（图 2-10）。

基于上述大气污染物排放量的预测，通过模型模拟 2030 年碳达峰情景下全国 $PM_{2.5}$ 年均浓度为 27 μg/m^3，2035 年全国 $PM_{2.5}$ 年均浓度为 23 μg/m^3；2030 年碳达峰情景下 O_3 日最大 8 h 第 90 百分位数浓度为 121 μg/m^3，2035 年"美丽中国"情景下 O_3 日最大 8 h 第 90 百分位数浓度为 114 μg/m^3，仅有 1 个城市 O_3 评价值超标，或将提前实现 2035 年"美丽中国"目标。具体见表 2-1。

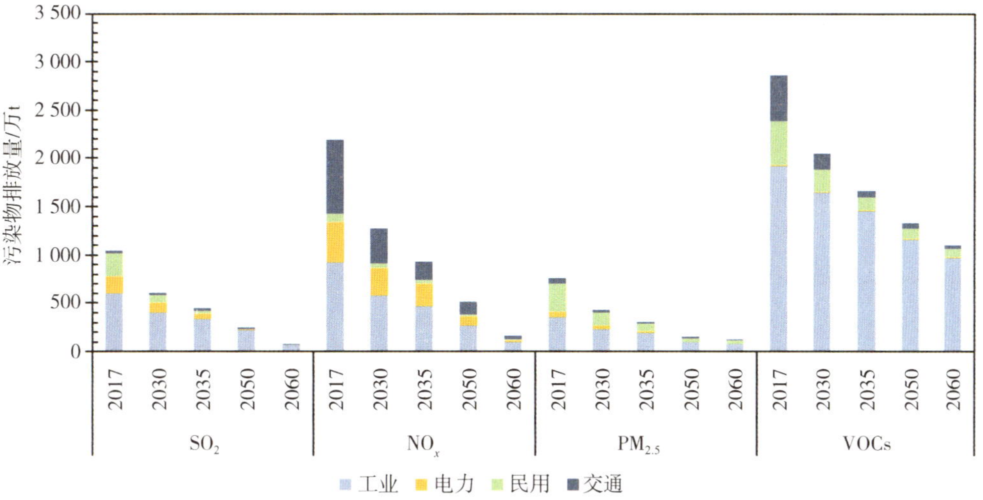

图 2-10 碳排放路径下我国大气污染物排放量未来变化趋势预测

表 2-1 碳排放路径下 $PM_{2.5}$ 年均浓度和 O_3 日最大 8 h 第 90 百分位数浓度

评价指标	2020 年	2030 年	2035 年
$PM_{2.5}$ 年均浓度 /（μg/m³）	33	27	23
O_3 日最大 8 h 第 90 百分位数浓度 /（μg/m³）	138	121	114

2.3 空气质量持续改善的驱动力分析

2.3.1 空气质量达标的驱动

根据 2019 年 337 个城市的 6 项常规大气污染物浓度年评价结果，$PM_{2.5}$ 超标占比最大。337 个城市中有 159 个城市 $PM_{2.5}$ 年均浓度未达到《环境空气质量标准》（GB 3095—2012）二级浓度限值，超标城市比例达 47%，51 个城市 $PM_{2.5}$ 年均浓度比二级标准限值高出 50% 以上。O_3 浓度超标的城市数量为 103 个，超标城市比例达 31%。具体见表 2-2。

表 2-2 2019 年 337 个城市 6 项污染物超标城市比例

污染物种类	超标城市比例	年评价指标
$PM_{2.5}$	47%	年均浓度
PM_{10}	32%	年均浓度
O_3	31%	日最大 8 h 平均浓度第 90 百分位数
NO_2	10%	年均浓度
SO_2	0%	年均浓度
CO	0%	24 h 平均浓度第 95 百分位数

城市空气质量达标是法律法规的明确要求，2014 年修订的《中华人民共和国环境保护法》明确要求，地方各级人民政府应当根据环境保护目标和治理任务，采取有效措施，改善环境质量；未达到国家环境质量标准的重点区域、流域的有关地方人民政府，应当制定限期达标规划，并采取措施按期达标。2016 年实施的《中华人民共和国大气污染防治法》中明确要求，未达到国家大气环境质量标准城市的人民政府应当及时编制大气环境质量限期达标规划，采取措施，按照国务院或者省级人民政府规定的期限达到大气环境质量标准。落实《中华人民共和国大气污染防治法》要求，推进城市空气质量达标管理，可以为空气质量持续改善提供基础。

2.3.2 减少健康影响对改善大气环境的持续驱动

当前我国 $PM_{2.5}$ 污染形势依然严峻，与 WHO 准则值及发达国家水平的差距仍十分明显，O_3 浓度也超过 WHO 准则值。2019 年，我国 337 个城市平均 $PM_{2.5}$ 浓度为 36 μg/m^3，是 WHO 准则值的 3.6 倍，大致是美国及欧洲当前浓度水平（美国 8 μg/m^3 和欧洲 15 μg/m^3）的 4.5 倍和 2.4 倍；我国 337 个城市 O_3 日最大 8 h 浓度第 90 百分位数的均值为 148 μg/m^3，是 WHO 准则值的 1.48 倍。具体如图 2-11 所示。

根据 WHO 全球疾病负担研究最新成果，2019 年全球因环境 $PM_{2.5}$ 和 O_3 暴露过早死亡的人数分别为 414.1 万人和 36.5 万人，二者比值为 11.3；环境 $PM_{2.5}$ 污染是全球第 6 大致死风险因子，O_3 污染是第 33 大致死风险因子。在中国，环境 $PM_{2.5}$ 和 O_3 暴露分别导致 142.3 万人和 9.3 万人过早死亡，$PM_{2.5}$ 相关过早死亡人数是 O_3

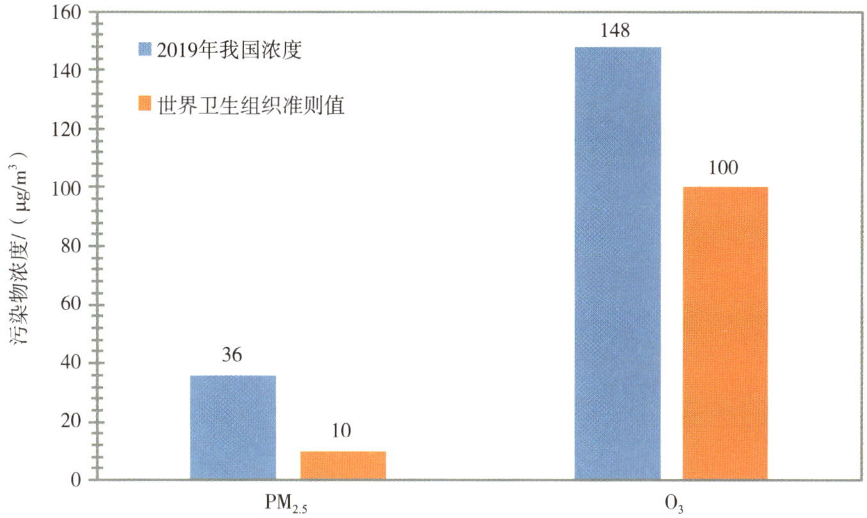

图 2-11　2019 年我国 $PM_{2.5}$ 和 O_3 浓度与世界卫生组织准则值对比

的 15.3 倍；环境 $PM_{2.5}$ 暴露是中国第 3 大致死风险因子，O_3 暴露是第 21 大致死风险因子。中国总人口约占全球总人口的 1/5，但是环境 $PM_{2.5}$ 暴露造成的过早死亡人数约占全球总人数的 1/3，O_3 暴露造成的过早死亡人数约占全球总人数的 1/4。我国 $PM_{2.5}$ 和 O_3 污染水平与全球平均水平仍存在一定差距，还需要持续推动 $PM_{2.5}$ 和 O_3 污染水平降低，保护公众健康。具体如图 2-12 所示。

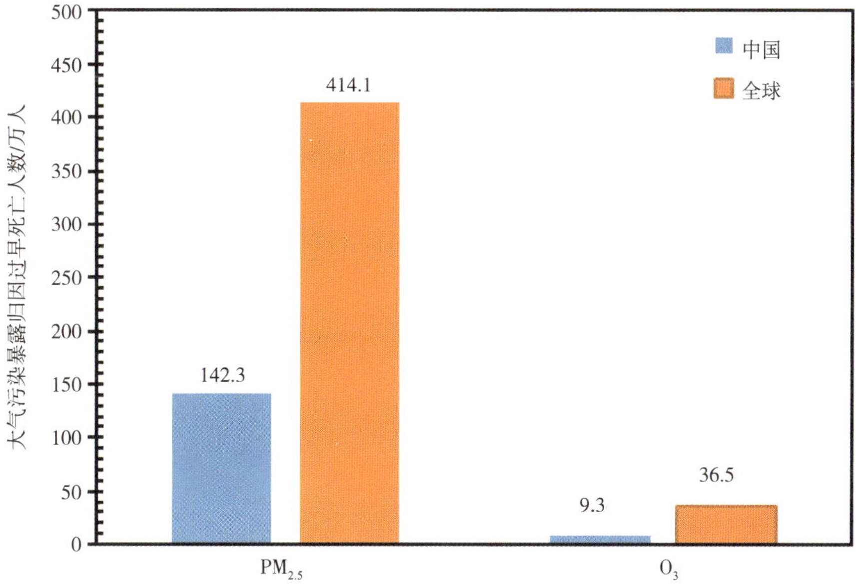

图 2-12　2019 年全球疾病负担研究计算 $PM_{2.5}$ 与 O_3 暴露归因过早死亡人数

近年来，国际和国内关于大气污染对健康影响的研究都表明，在所有的大气污染物中，$PM_{2.5}$和O_3对人体健康影响最大；全球疾病负担研究也仅考虑了$PM_{2.5}$和O_3这两种大气污染物，认为其他大气污染物在目前的浓度水平下，造成的健康风险与$PM_{2.5}$和O_3不可比。党的十九届五中全会明确指出，要把保障人民健康放在优先发展的战略位置，因此在未来的大气污染防治工作中，需要更加重视影响人体健康的$PM_{2.5}$和O_3，将$PM_{2.5}$和O_3浓度下降作为核心目标加以推进。目前我国$PM_{2.5}$和O_3浓度与WHO准则值差距还比较大，为达到保护人体健康的目的，还需要较长时间的艰苦努力，大幅降低$PM_{2.5}$和O_3浓度，因此更需要尽快建立长期的工作目标和改善预期，并保持战略定力、坚定不移地长期推动$PM_{2.5}$和O_3浓度的持续改善。

2.3.3 空气质量改善目标主要指标的选取

欧美发达国家在制定环境空气质量改善策略时，通常直接以污染物浓度降低和排放量减少作为工作目标。如美国将$PM_{2.5}$的空气质量标准设置为年均浓度值3年滑动平均低于12 $\mu g/m^3$，O_3的空气质量标准设置为日最大8 h浓度均值全年第四大值的三年滑动平均不大于70 μg/L，并以此作为各地空气质量改善的目标和约束性要求。欧盟将$PM_{2.5}$年均值标准设置为25 $\mu g/m^3$，O_3的标准设置为日最大8 h浓度均值三年滑动平均的第25高值不大于120 $\mu g/m^3$，并以此作为各地空气质量改善的目标要求。在此基础上，美国根据各地$PM_{2.5}$和O_3等污染物浓度的超标程度，对各地设定了有针对性的达标期限，各大气污染物的达标情况均在考核目标内。欧盟通过立法制定《环境空气质量和清洁空气指令》，对欧盟各国提出约束性的$PM_{2.5}$浓度限值和指导性O_3浓度目标，并基于《大气污染物远距离传输公约》《哥德堡议定书》和《国家排放上限指令》对欧盟各国提出包括SO_2、NO_x和VOCs在内的主要大气污染物排放控制刚性目标。

直接将污染物浓度作为大气环境质量改善的目标，有利于更加直接地将空气质量与保护人体健康这一核心目的进行关联，有利于国家和地方直面差距，推动核心大气污染物浓度的下降。目前$PM_{2.5}$是影响我国大气环境和人民健康的最主要污染物。鉴于此，全国和区域分阶段空气质量改善目标的研究，应以$PM_{2.5}$年均浓度为重点，针对不同的区域、省份及城市，制定分阶段改善目标，同时提出相应的$PM_{2.5}$年均浓度目标下全国O_3污染改善预期。

2.4 面向“美丽中国”的空气质量改善目标

2.4.1 目标计算方法

2000—2019 年气象条件波动对 $PM_{2.5}$ 浓度影响的研究结果表明，气象条件对区域 $PM_{2.5}$ 年均浓度影响的幅度可达 10%，对个别城市可达 15%。为消除气象条件波动的影响，美国、欧洲各国等均利用大气污染物浓度的 3 年滑动平均值来确定空气质量目标。借鉴欧美经验，同时考虑新冠肺炎疫情对 2020 年空气质量的影响，本书以 2017—2019 年我国 $PM_{2.5}$ 年均浓度的平均值为基准并代表 2019 年数据进行研究。以 $PM_{2.5}$ 浓度 3 年滑动平均值达到《环境空气质量标准》（GB 3095—2012）中 35 μg/m^3 的浓度限值为主要目标，结合“基本实现美丽中国目标”的战略要求，研究全国—重点区域—省（区、市）分阶段 $PM_{2.5}$ 浓度目标。其中，以 2023—2025 年、2028—2030 年和 2033—2035 年每 3 年 $PM_{2.5}$ 预期浓度均值作为“十四五”“十五五”和“十六五”3 个阶段的目标。

采用自上而下的计算方法，以地级及以上城市为基本单元，按城市上一年 $PM_{2.5}$ 污染程度分类确定 $PM_{2.5}$ 年均浓度下降比例，逐年计算城市 $PM_{2.5}$ 浓度目标。并以此为基础，计算省（区、市）、重点区域以及全国 2025 年、2030 年和 2035 年 $PM_{2.5}$ 年均浓度改善目标。计算公式如下：

$$C_{i,j} = C_{i-1,j} \times (1 - x) \tag{2-1}$$

$$C_{i,p} = \frac{\left(\sum_{j=1}^{n} C_{i,j}\right)}{n} \tag{2-2}$$

式中：C 为 $PM_{2.5}$ 年均浓度，单位为 μg/m^3；i 为年份；j 为城市；x 为 $PM_{2.5}$ 年均浓度下降率，单位为 %；p 为省份或区域；n 为省份或区域所包含的城市数量，单位为个。

2.4.2 改善目标

本书共设置了三种改善情景：

①基于《打赢蓝天保卫战三年行动计划》$PM_{2.5}$ 浓度下降目标，设置我国城市 $PM_{2.5}$ 年均浓度改善的基准情景；

②借鉴国内外 $PM_{2.5}$ 浓度改善经验，并基于城市 $PM_{2.5}$ 污染程度分类确定 $PM_{2.5}$ 年均浓度下降比例，设置了分类改善情景；

③在分类改善情景的基础上，考虑到京津冀及周边地区、长三角地区、汾渭平原等重点区域将作为大气污染防治的主战场，在大气污染防治措施、资金投入等方面将持续加大力度，有望加快改善进程，应设置重点区域强化情景。

2.4.2.1 全国 $PM_{2.5}$ 平均浓度改善路线

根据所设计的 $PM_{2.5}$ 浓度改善情景计算，到 2025 年前后，三种情景下全国 $PM_{2.5}$ 平均浓度分别为 34 μg/m³、32 μg/m³ 和 32 μg/m³；到 2030 年前后，三种情景下全国 $PM_{2.5}$ 平均浓度分别为 32 μg/m³、28 μg/m³ 和 28 μg/m³；到 2035 年前后，三种情景下全国 $PM_{2.5}$ 平均浓度分别为 31 μg/m³、25 μg/m³ 和 25 μg/m³。在三种情景下，全国 $PM_{2.5}$ 平均浓度将分别在 2024 年、2023 年和 2022 年前后达到二级标准浓度限值。具体如图 2-13 所示。

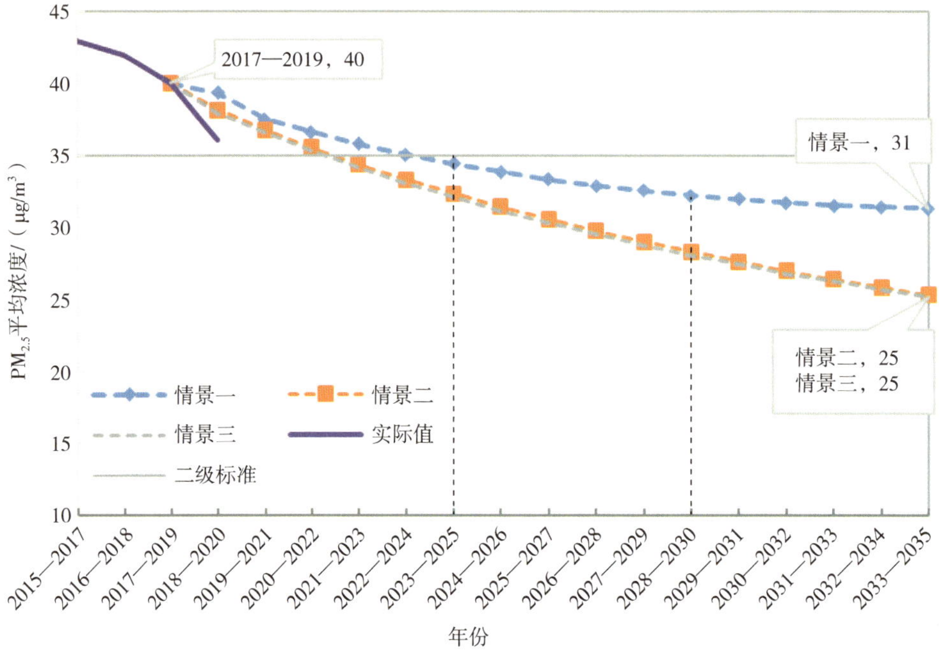

图 2-13 三种情景下全国 $PM_{2.5}$ 平均浓度改善预期

2.4.2.2 省（区、市）$PM_{2.5}$ 浓度改善路线

根据城市 $PM_{2.5}$ 年均浓度计算的结果，统计了三种情景下各阶段所辖城市 $PM_{2.5}$

年均浓度全部达标的省（区、市）。结果显示，到 2035 年前后，在情景一下河北、山西、河南、陕西、新疆仍存在不达标城市（除受沙尘及境外传输等非人为因素影响大的城市外），在情景二下河北、河南、新疆仍存在不达标城市；在情景三下 31 个省（区、市）的所有城市均可实现达标（除受沙尘及境外传输等非人为因素影响大的城市外）。具体见表 2-3。

表 2-3 三种情景下各阶段达标省（区、市）（所辖城市全部达标）

时间节点	情景一	情景二	情景三
2020—2025 年	内蒙古、吉林、上海、浙江、福建、广东、广西、海南、重庆、贵州、云南、西藏、甘肃、青海、宁夏	内蒙古、吉林、上海、浙江、福建、广东、广西、海南、重庆、贵州、云南、西藏、青海、宁夏	内蒙古、吉林、上海、浙江、福建、广东、广西、海南、重庆、贵州、云南、西藏、青海、宁夏
2026—2030 年	北京、内蒙古、辽宁、吉林、黑龙江、上海、浙江、福建、江西、湖南、广东、广西、海南、重庆、贵州、云南、西藏、甘肃、青海、宁夏	北京、内蒙古、辽宁、吉林、黑龙江、上海、浙江、福建、江西、湖南、广东、广西、海南、重庆、贵州、云南、西藏、甘肃、青海、宁夏	北京、天津、内蒙古、辽宁、吉林、黑龙江、上海、浙江、福建、江西、湖南、广东、广西、海南、重庆、贵州、云南、西藏、甘肃、青海、宁夏
2031—2035 年	除河北、山西、河南、陕西、新疆外省（区、市）	除河北、河南、新疆外省（区、市）	31 个省（区、市）

2.4.2.3 重点区域 $PM_{2.5}$ 浓度改善路线

根据城市的 $PM_{2.5}$ 年均浓度计算结果，分别对京津冀及周边地区、汾渭平原、长三角、珠三角、成渝等区域的 $PM_{2.5}$ 分阶段改善预期进行了测算。三种情景下，重点区域各阶段 $PM_{2.5}$ 平均浓度见表 2-4。

从重点区域城市达标情况来看：

①在情景三下，到 2035 年前后京津冀及周边地区“2+26”城市 $PM_{2.5}$ 年均浓度可全部实现达标，在情景一和情景二下分别有 6 个城市和 3 个城市在 2035 年之后才可实现达标；

②在情景二和情景三下，到 2035 年前后汾渭平原 11 个城市 $PM_{2.5}$ 年均浓度可全部实现达标；

③在三种情景下，长三角地区 41 个城市将分别于 2034 年、2033 年和 2031 年前后全部实现达标。

表 2-4 重点区域 $PM_{2.5}$ 平均浓度阶段改善预期

区域	情景	$PM_{2.5}$ 平均浓度 / (μg/m^3)			
		2018—2020 年	2023—2025 年	2028—2030 年	2033—2035 年
京津冀及周边地区	情景一	56	49	40	35
	情景二	56	46	38	33
	情景三	56	44	37	32
汾渭平原	情景一	54	47	39	35
	情景二	54	45	37	32
	情景三	54	43	36	32
长三角	情景一	40	37	34	33
	情景二	40	36	31	28
	情景三	40	35	31	28
珠三角	情景一	27	31	31	31
	情景二	27	28	25	23
	情景三	27	28	25	23
成渝	情景一	39	36	34	34
	情景二	39	35	31	28
	情景三	39	35	31	28

2.4.2.4 城市 $PM_{2.5}$ 浓度改善路线

根据所设计的 $PM_{2.5}$ 浓度改善情景计算了我国 337 个城市 $PM_{2.5}$ 年均浓度和达标城市的比例，考虑到我国部分城市 $PM_{2.5}$ 在很大程度上受沙尘及境外传输等非人为因素的影响，而这一部分影响在情景分析中难以加以考虑，需要对最终预估结果进行调整；结果显示，情景三下预计在 2025 年、2030 年和 2035 年全国将分别有 213 个、281 个和 327 个城市 $PM_{2.5}$ 年均浓度不高于 35 μg/m^3。具体见表 2-5 和图 2-14。

表 2-5 各阶段城市 $PM_{2.5}$ 年均浓度达标预期

时间节点	项目	情景一	情景二	情景三
2018—2020 年（实际值）	达标城市数量 / 个	178	178	178
	达标比例 /%	52.8	52.8	52.8
2023—2025 年	达标城市数量 / 个	220	212	213
	达标比例 /%	65.3	62.9	63.2
2028—2030 年	达标城市数量 / 个	275	277	281
	达标比例 /%	81.6	82.2	83.4
2033—2035 年	达标城市数量 / 个	318	322	327
	达标比例 /%	94.4	95.5	97.0

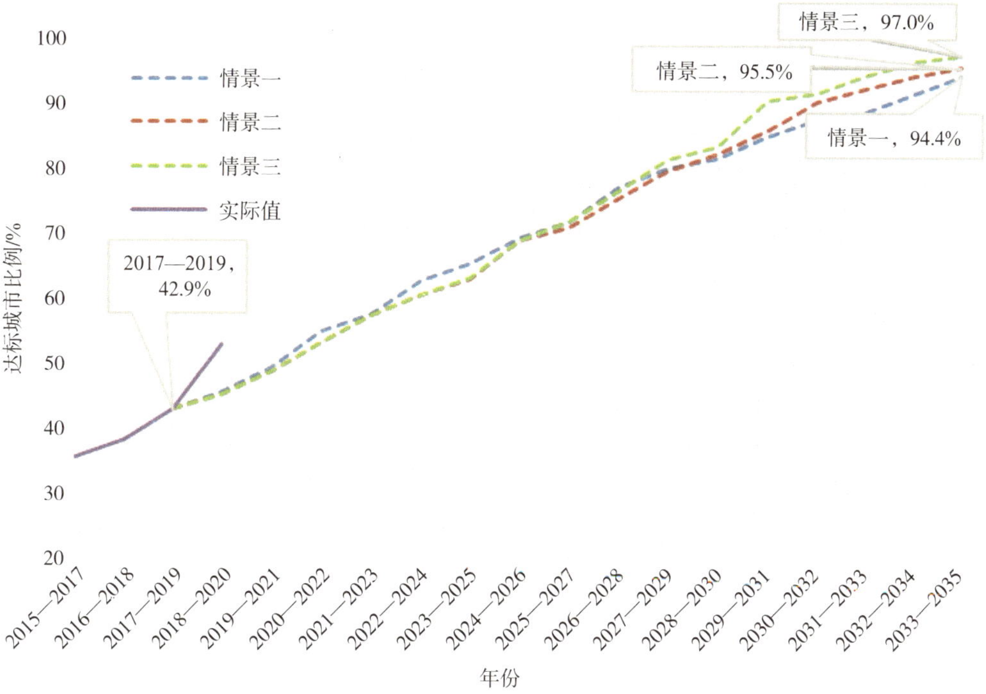

图 2-14 $PM_{2.5}$ 年均浓度达标城市比例

三种情景下，到 2020 年前后达到世界卫生组织（WHO）第二过渡阶段目标的城市分别为 44 个、47 个和 47 个，分别占到全国地级及以上城市的 13.1%、13.9% 和 13.9%；到 2025 年前后达到 WHO 第二过渡阶段目标的城市分别为 44 个、69 个和 69 个，分别占到全国地级及以上城市的 13.1%、20.5% 和 20.5%；到 2030 年前后达到 WHO 第二过渡阶段目标的城市分别为 44 个、102 个和 102 个，分别占到全国地级及以上城市的 13.1%、30.3% 和 30.3%；到 2035 年前后达到 WHO 第二过渡阶段目标的城市分别为 44 个、135 个和 135 个，分别占到全国地级及以上城市的 13.1%、40.1% 和 40.1%。具体如图 2-15 所示。

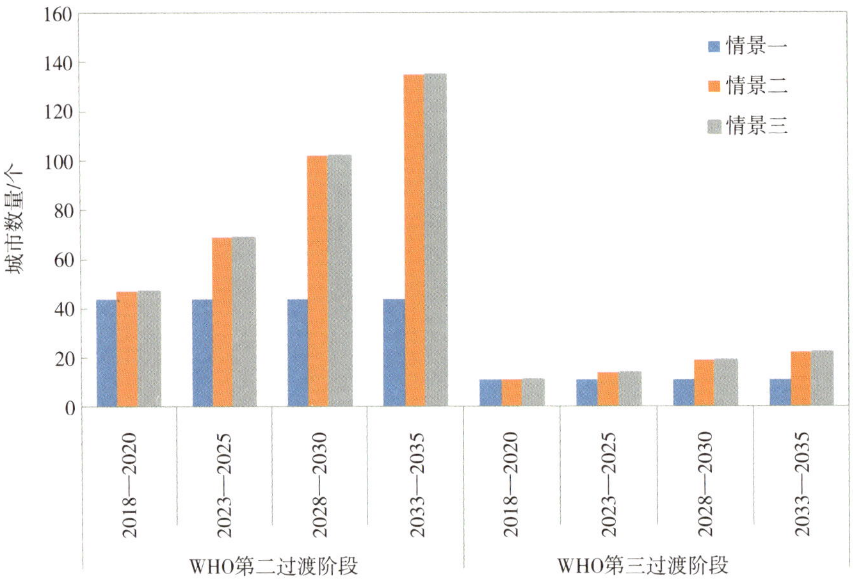

图 2-15 $PM_{2.5}$ 年均浓度达到 WHO 第二、第三过渡阶段目标城市数量

2.4.3 空气质量目标改善路线图

按照持续改善、分类指导、重点强化的原则设计 $PM_{2.5}$ 年均浓度下降情景（情景三），能够实现 2035 年“美丽中国”空气质量要求。

全国 $PM_{2.5}$ 平均浓度将在 2022 年前后下降至 35 μg/m^3 以下，到 2035 年前后下降至 25 μg/m^3 以下，基本达到 WHO 第二阶段过渡目标；预计在 2025 年、2030 年和 2035 年全国将分别有 213 个、281 个和 327 个城市 $PM_{2.5}$ 年均浓度不高于 35 μg/m^3，达标城市的比例分别为 63.2%、83.4% 和 97.0%。

按所辖城市全部实现达标统计，在 2021—2025 年实现达标的省（区、市）包括内蒙古、上海、浙江、广西、重庆、甘肃和宁夏；在 2026—2030 年实现达标的省（区、市）包括北京、天津、山西、辽宁、吉林、黑龙江、江苏、安徽、江西、湖南和陕西；在 2031—2035 年实现达标的省（区、市）包括河北、山东、河南、湖北、四川和新疆。

到 2025 年、2030 年和 2035 年前后，京津冀及周边地区 $PM_{2.5}$ 平均浓度将分别下降至 44 μg/m^3、37 μg/m^3 和 32 μg/m^3；汾渭平原 $PM_{2.5}$ 平均浓度将分别下降至 43 μg/m^3、36 μg/m^3 和 32 μg/m^3；长三角地区 $PM_{2.5}$ 平均浓度将分别下降至 35 μg/m^3、31 μg/m^3 和 28 μg/m^3。具体如图 2-16 所示。

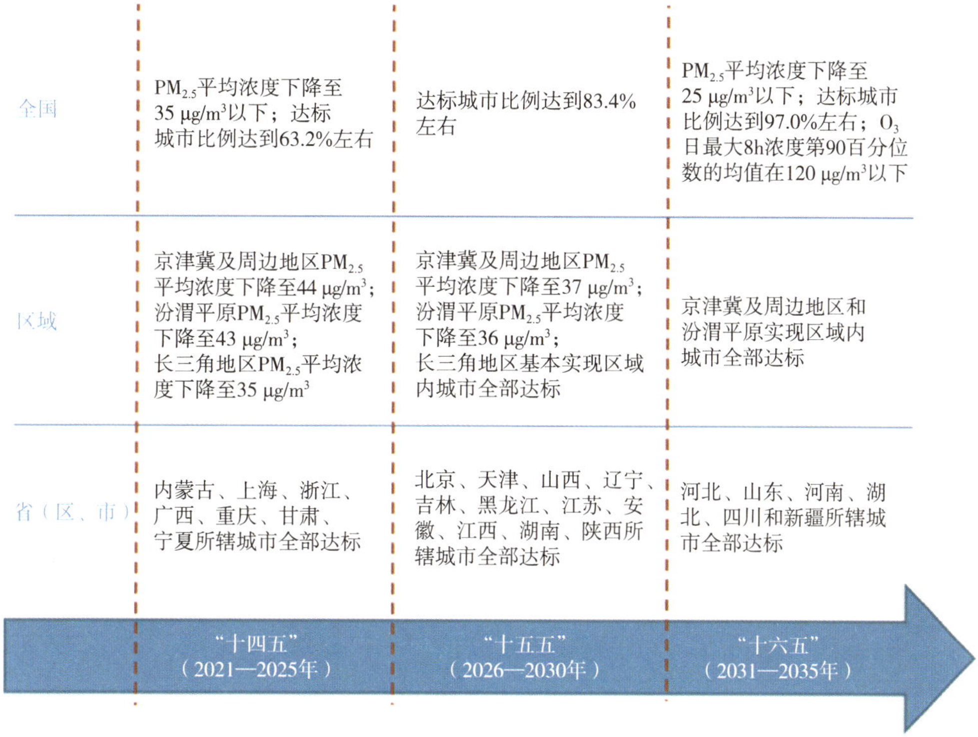

图 2-16 实现“美丽中国”预期下的分阶段改善路线图

3 $PM_{2.5}$浓度达标约束下的大气环境容量

大气中 $PM_{2.5}$ 浓度的高低主要由污染源和大气对颗粒物的扩散作用共同决定。污染物通过气象因子的影响稀释扩散或积聚，通常在高湿环境和静稳天气条件下快速积聚，形成以高浓度 $PM_{2.5}$ 为特征的大气污染。本书利用第三代空气质量模型（WRF-CMAQ），采用情景分析法，系统性模拟了气象条件对我国 $PM_{2.5}$ 污染的影响，识别出影响大气环境容量的关键因素。此外，本书基于 2013 年高时空分辨率排放清单和最不利气象年的气象条件，利用 WRF-CAMx 空气质量模型追溯全国 337 个地级及以上城市的 $PM_{2.5}$ 空间、行业贡献，采用情景分析法，模拟 $PM_{2.5}$ 以及 PSO_4、PNO_3、PNH_4 对 NH_3 减排的敏感性，以空间、行业、前体物三个维度贡献率为削减权重系数，制定各空间单元、各行业、各污染物的迭代削减方案，模拟新削减方案下 $PM_{2.5}$ 年均浓度，从而得到 $PM_{2.5}$ 年均浓度达标下的 SO_2、NO_x、颗粒物等环境容量。

3.1 气象条件变化对 $PM_{2.5}$ 的定量影响分析

3.1.1 年度变化规律

3.1.1.1 全国

从全国来看，气象条件对 $PM_{2.5}$ 污染影响较为明显，$PM_{2.5}$ 浓度的波动区间为 -5% ~ 5%。气象条件变化导致 $PM_{2.5}$ 浓度上升比例最大的年份是 2003 年，$PM_{2.5}$ 浓度下降比例最大的年份是 2016 年。2014 年气象因素对全国 $PM_{2.5}$ 年均浓度影响波动较小，可作为基准气象年。具体如图 3-1 所示。

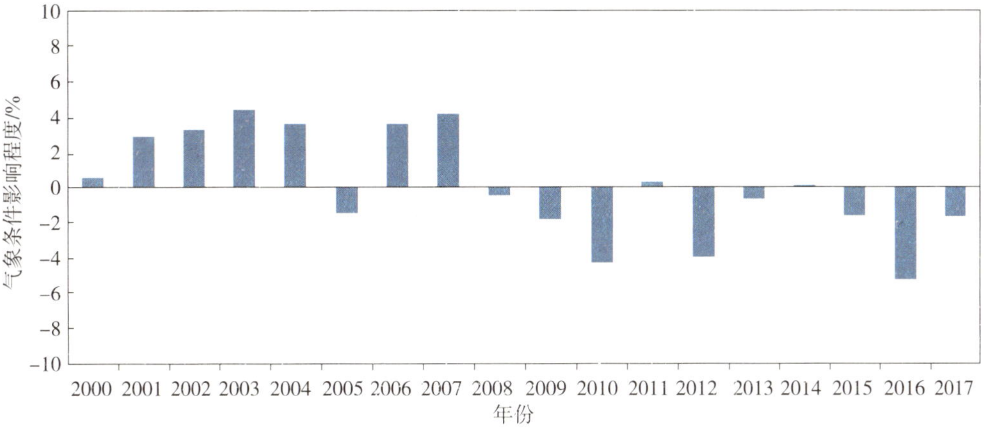

图 3-1 气象条件变化对全国 PM$_{2.5}$ 平均浓度的影响程度

3.1.1.2 重点区域

总体来看，气象条件变化导致区域 PM$_{2.5}$ 浓度的波动率的变化范围为 −13%～14%。对于京津冀（JJJ）、长三角（YRD）、珠三角（PRD）、成渝地区（CYB）4 个重点区域而言，2000—2017 年的 PM$_{2.5}$ 平均浓度分别为 78.66 μg/m^3、53.83 μg/m^3、32.60 μg/m^3 和 68.89 μg/m^3。4 个重点区域 PM$_{2.5}$ 年均浓度最高的年份分别为 2007 年、2002 年、2004 年和 2002 年。PM$_{2.5}$ 年均浓度最低的年份分别为 2016 年、2012 年、2015 年和 2016 年。2010 年后，气象条件对全国和重点区域总体有利，但 2017 年京津冀、长三角、珠三角地区气象条件恶化明显。

2000—2017 年，气象条件变化导致二次无机气溶胶（SIA，主要由硫酸盐、硝酸盐和铵盐等无机成分组成）年均浓度波动范围分别为 −2.6～3.7 μg/m^3，波动比例分别为 −16.59%～16.40%。PM$_{2.5}$ 年均浓度的变化趋势与硫酸盐、硝酸盐、铵盐的变化趋势基本一致，但气象条件变化导致二次无机盐颗粒年均浓度的变化率稍高于 PM$_{2.5}$，特别是珠三角和成渝地区，主要原因是气象要素与硫酸盐、硝酸盐、铵盐的浓度具有较强的相关性。在重污染期间，SIA 平均浓度快速升高，是平时的几倍甚至数十倍。珠三角地区属于“贫氨”区，NH_3 和 HNO_3 之间的化学反应活跃，转化为 NH_4NO_3 的过程易受到气象条件的影响，气象变化对硝酸盐浓度影响程度（Me−PNO_3）的波动率明显高于其他地区。具体如图 3−2 所示。

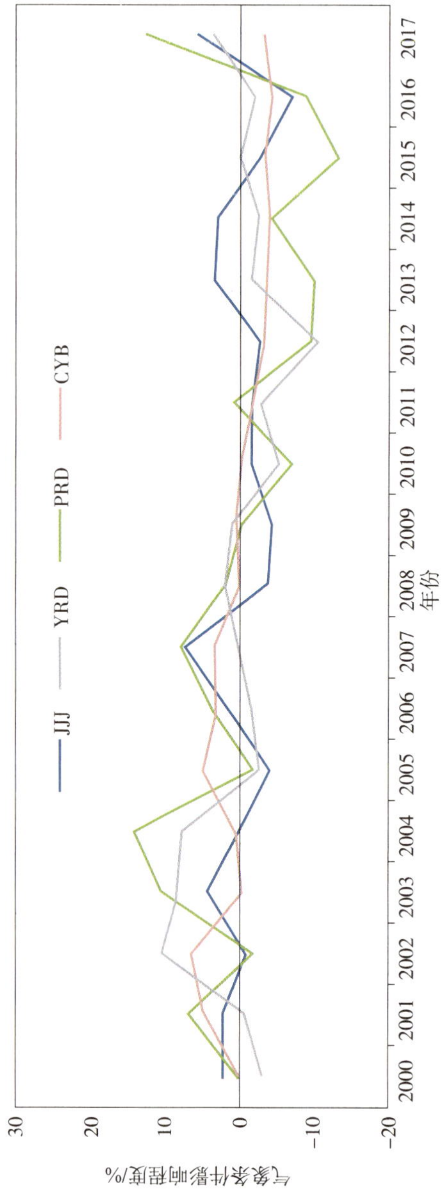
JJJ
YRD
PRD
CYB
气象条件影响程度/%
30
20
10
0
−10
−20
年份
2000
2001
2002
2003
2004
2005
2006
2007
2008
2009
2010
2011
2012
2013
2014
2015
2016
2017

（a）$PM_{2.5}$

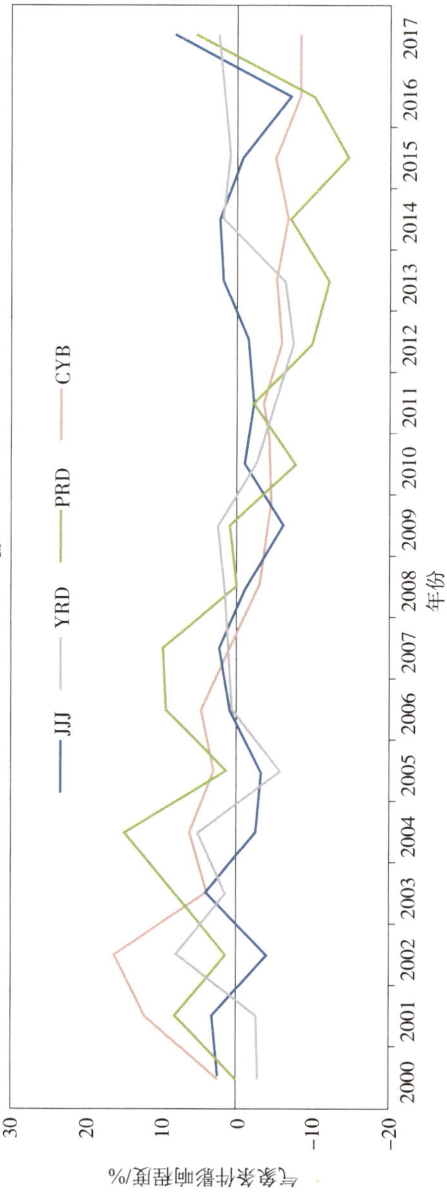
JJJ
YRD
PRD
CYB
气象条件影响程度/%
30
20
10
0
−10
−20
年份
2000
2001
2002
2003
2004
2005
2006
2007
2008
2009
2010
2011
2012
2013
2014
2015
2016
2017

（b）硫酸盐

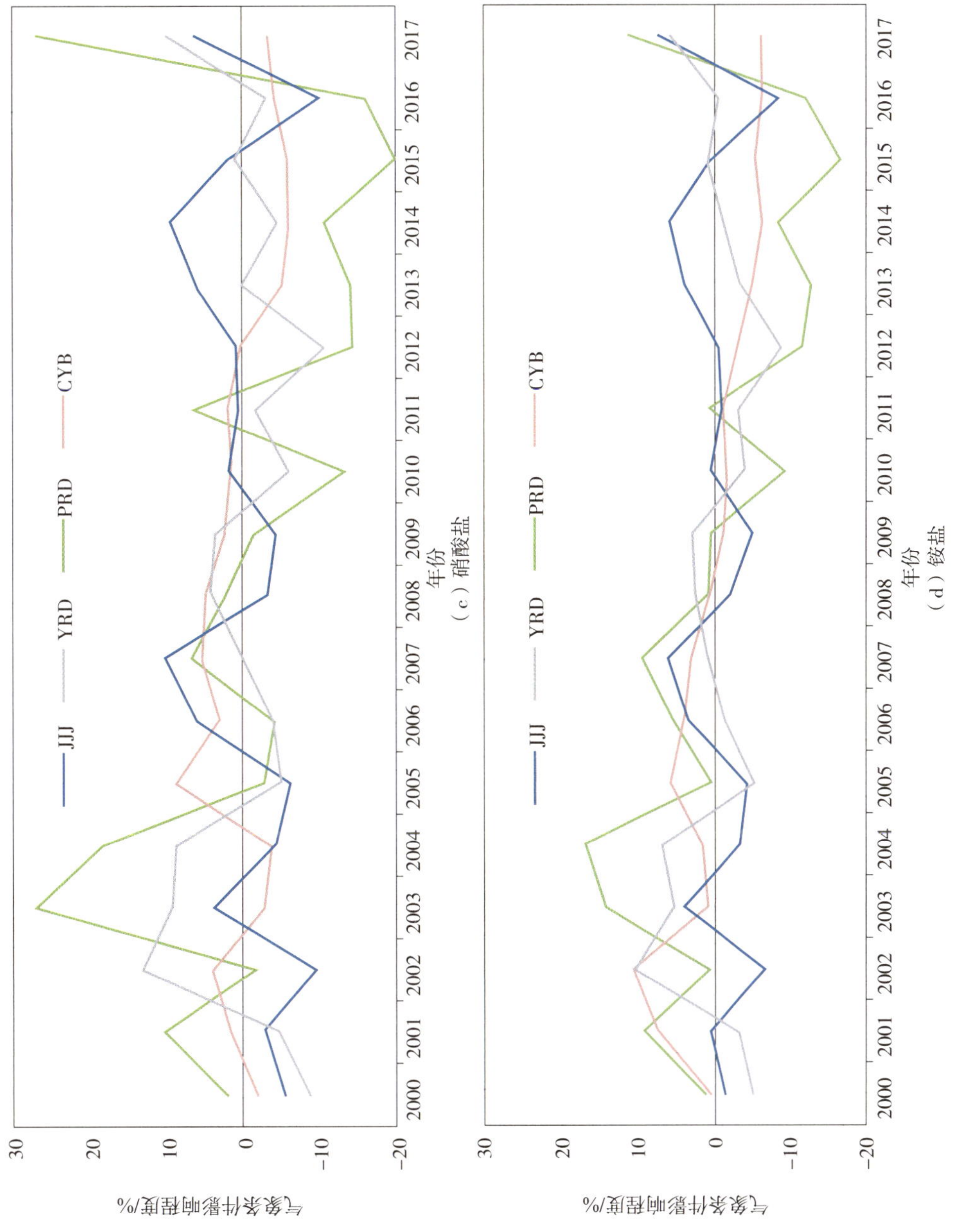

图 3-2 气象条件变化对重点区域 $PM_{2.5}$ 及 SIA 的影响程度

3.1.1.3 省（区、市）

从时间序列来看，北京的气象条件逐渐变差，内蒙古、辽宁、江西、湖北、湖南、广西、重庆、四川、西藏等省（区、市）呈现逐渐变好趋势，而上海、江苏、浙江、安徽、广东、海南等中部、东部省（区、市）呈现先变差、后变好的趋势。在不同省（区、市），气象条件变化对 $PM_{2.5}$ 年均浓度影响程度波动差异较大。云南和西藏是中国空气质量较好的地区，$PM_{2.5}$ 监测浓度年均值低于 20 μg/m³，$PM_{2.5}$ 浓度对于气象条件变化的影响更加敏感，这两个地区内的大部分城市波动率（气象条件变化对 $PM_{2.5}$ 年均浓度影响程度的最大值与最小值之间的差值）超过 30%。江苏、上海、浙江、福建、广东、广西等东南沿海地区，受东亚季风、台风、海上的冷（热）气流、强烈降水等影响，气流活动活跃，天气形势多变，气象变化对 $PM_{2.5}$ 浓度影响程度（Me-$PM_{2.5}$）的波动率在 25% 左右。受山体阻挡等影响，山西、河南、四川、陕西等地区大气环流作用减弱，气象的影响程度降低，气象条件变化对 $PM_{2.5}$ 年均浓度影响程度波动率在 10% 左右。具体如图 3-3 所示。

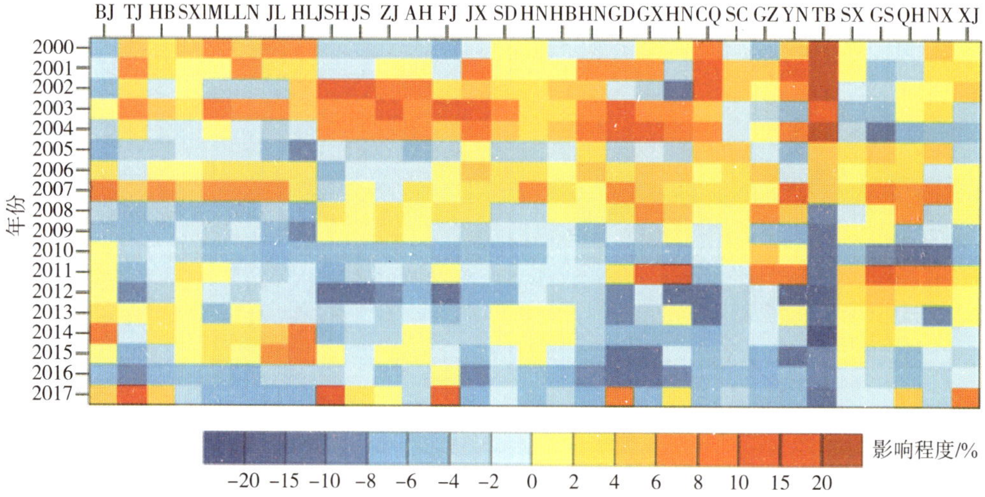

图 3-3 气象条件变化对 31 个省（区、市）的 $PM_{2.5}$ 年均浓度影响程度

3.1.2 重污染季节变化规律

在冬季（12 月、1 月、2 月），4 个重点区域的气象条件均呈现好转的趋势。在 2012 年以后，气象条件变化对 $PM_{2.5}$ 的影响力减弱，$PM_{2.5}$ 平均浓度波动率变小。长三角的 $PM_{2.5}$ 平均浓度波动范围最大，除了受本地气象要素变化的影响外，大气环流和外地污染输送等也是重要原因，相关研究表明山东和安徽等外地污染源贡

献率超过 50%～70%。京津冀地区的冬季 $PM_{2.5}$ 浓度波动高达 27.7 μg/m^3（-14.6～13.1 μg/m^3），是 $PM_{2.5}$ 年均浓度波动值的 2.5 倍。由于京津冀地区火电、钢铁、水泥等重污染企业密集，加上冬季取暖燃煤消费量大幅上升，该地区一直是中国 $PM_{2.5}$ 污染最严重的地区。气象条件恶化是造成 2017 年冬季该地区 $PM_{2.5}$ 浓度异常升高的主要原因。2017 年 1 月初，北京市 $PM_{2.5}$ 浓度连续 7 天超过了 150 μg/m^3，主要原因是小风（风速小于 2 m/s）、高湿（相对湿度高于 60%）、静稳天气使得颗粒物在近地层大气中集聚，特别是二次 $PM_{2.5}$ 粒子迅速增长，对居民健康造成威胁。具体如图 3-4 所示。

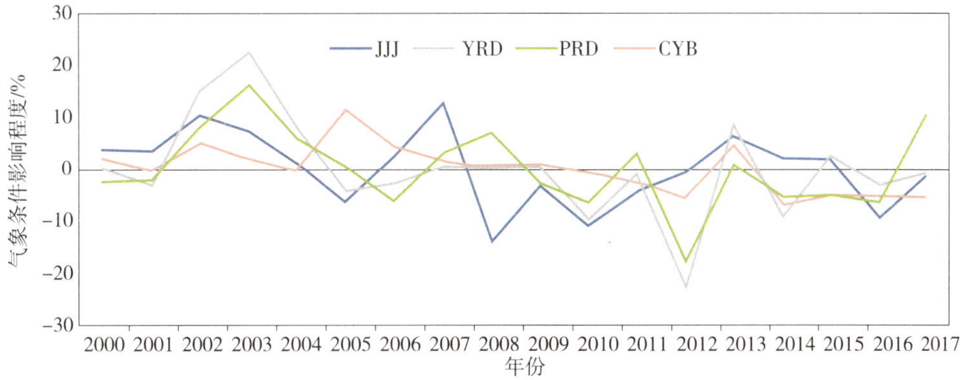

图 3-4 气象条件变化对冬季 $PM_{2.5}$ 浓度的影响

3.1.3 典型气象年筛选

分析不同气象年 $PM_{2.5}$ 年均浓度不同地区、不同季节的差异性，以 $PM_{2.5}$ 污染程度作为筛选气象年的依据，选定 $PM_{2.5}$ 年均浓度最低的年份为最有利气象年，$PM_{2.5}$ 年均浓度最高的年份为最不利气象年。表 3-1 为全国各省（区、市）气象条件筛选结果。从全国来看，典型气象年为 2014 年，最不利气象年为 2003 年，最有利气象年为 2016 年。

表 3-1 全国各省（区、市）气象条件筛选结果

省（区、市）	典型气象年	最不利气象年	最有利气象年
北京	2001	2007	2005
天津	2006	2017	2012
河北	2004	2007	2016
山西	2013	2007	2016

续表

省（区、市）	典型气象年	最不利气象年	最有利气象年
内蒙古	2004	2003	2017
辽宁	2015	2001	2017
吉林	2013	2007	2010
黑龙江	2011	2015	2005
上海	2009	2017	2012
江苏	2015	2002	2012
浙江	2007	2003	2012
安徽	2014	2002	2012
福建	2006	2017	2012
江西	2005	2003	2016
山东	2017	2003	2012
河南	2015	2007	2010
湖北	2005	2004	2016
湖南	2000	2004	2016
广东	2000	2004	2015
广西	2000	2011	2016
海南	2009	2011	2002
重庆	2006	2002	2012
四川	2008	2002	2016
贵州	2013	2011	2016
云南	2006	2001	2012
西藏	2005	2002	2014
陕西	2014	2011	2010
甘肃	2009	2011	2004
青海	2003	2011	2010
宁夏	2006	2011	2010
新疆	2012	2017	2010
全国（不包括港澳台地区）	2014	2003	2016

3.1.4 在空气质量目标评估中的应用

基于以上提出的气象条件变化对 $PM_{2.5}$ 污染影响的研究方法，本书拟采用相同的排放清单和不同的气象场，利用 WRF-CMAQ 空气质量模型，模拟分析气象因素对大气污染的影响，评估空气质量目标的完成情况。

2013 年国务院发布《大气污染防治行动计划》，2017 年是该计划实施的最后一年，但是 2017 年第一季度，全国大面积出现 $PM_{2.5}$ 污染恶化。通过模型法分析得知，全国污染气象条件总体变差，不利于大气污染扩散，是第一季度空气污染反弹的重要原因。其中，京津冀、珠三角、东北地区（辽宁、吉林）、西北地区（陕西、甘肃、青海、宁夏及新疆）、两湖平原地区（湖北、湖南）、河南、山西、四川及内蒙古等污染较重的地区气象条件均显著转差，长三角及鲁南部分地区污染气象条件有所转好。具体而言，京津冀地区同比显著转差，转差约 20%，其中，北京市转差约 40%；珠三角地区污染气象条件同比转差，比上年同期不利约 10%；长三角地区污染气象条件总体有利，同比转好约 10% 以上，其中苏北地区转好最为显著。

但是，全国第四季度 $PM_{2.5}$ 污染气象条件同比显著有利。与上年同期相比，2017 年第四季度京津冀、河南、山东、山西、陕西及东北地区 $PM_{2.5}$ 污染扩散条件明显转好，长三角、珠三角、广西、云南、贵州等地区 $PM_{2.5}$ 污染扩散条件同比转差。具体而言，京津冀及周边地区同比转好约 15%，其中北京市转好约 17%；长三角同比总体转差约 5%，苏北地区转差幅度较大；珠三角同比转差约 5%。

因此，扣除气象影响后，可以分析出人为因素导致的 $PM_{2.5}$ 变化率，从而更客观地评价各地区的实施措施对空气质量的影响。

3.2 最不利气象年 $PM_{2.5}$ 行业—空间贡献矩阵研究

3.2.1 最不利气象年的 $PM_{2.5}$ 空间传输特征

3.2.1.1 年度传输特征

基于最不利气象年 2003 年的气象条件，对我国 337 个地级及以上城市 $PM_{2.5}$ 空间来源进行分析得到 31 个省（区、市）间 $PM_{2.5}$ 相互传输矩阵。分析结果表明，由于各省（区、市）地理位置、污染物排放强度、排放源结构、气象条件等差异，各省（区、市）$PM_{2.5}$ 呈现不同的跨区域输送特征。

按各省（区、市）的污染输送贡献来看，地处京津冀的北京受到来自河北传输的影响最大，达到 27%，其次是来源于山东、天津、山西、内蒙古以及河南传输的影响，贡献率为 3.4%～5.5%。与北京类似，天津的区域污染输送来源也主要是河北，贡献比例为 28.2%。位于长三角地区的上海其 $PM_{2.5}$ 的质量浓度则受江苏的影响最大，达到 15.9%。江苏则主要受到山东地区和安徽地区的影响，传输的贡献占比为 12.0% 和 8.3%。而位于长三角南部的浙江除了受到邻近省（区、市）诸如江苏（14.5%）、安徽（6.8%）、上海（4.7%）的影响外，来自山东、河北、河南、山西、辽宁的输送也有显著贡献，其对 $PM_{2.5}$ 观测浓度的贡献比率达到 19.2%。由此也可看出，来自西北方向各重污染省（区、市）区域的污染气团对华东尤其是长三角地区的 $PM_{2.5}$ 质量浓度具有显著贡献。此外，位于华南地区的广东，其输送的来源主要是福建（6.2%）、江西（5.3%）以及安徽（4.1%）、江苏（3.7%）等省份。广西、海南、江西的外来源贡献均高于 60%。从全国范围来看，对邻近省份 $PM_{2.5}$ 输送影响最大的省份为河北、山东、江苏、安徽、山西。因此加强以上区域 $PM_{2.5}$ 污染的治理将成为我国未来一段时间内大气颗粒物控制的核心所在。具体见表 3-2、表 3-3 和图 3-5。

表 3-2　各省（区、市）$PM_{2.5}$ 受外来源的贡献

省（区、市）	贡献率 /%	省（区、市）	贡献率 /%
北京	50	湖北	47
天津	59	湖南	49
河北	35	广东	44
山西	35	广西	64
内蒙古	26	海南	71
辽宁	40	重庆	36
吉林	46	四川	35
黑龙江	25	贵州	50
上海	51	云南	47
江苏	44	西藏	3
浙江	57	陕西	44
安徽	49	甘肃	43
福建	52	青海	38
江西	62	宁夏	41
山东	38	新疆	0
河南	44		

表 3-3 2003 年气象条件下各省（区、市）$PM_{2.5}$ 年均浓度相互影响矩阵

单位：%

受体＼来源	北京	天津	河北	山西	内蒙古	辽宁	吉林	黑龙江	上海	江苏	浙江	安徽	福建	江西	山东	河南	湖北	湖南	广东	广西	海南	重庆	四川	贵州	云南	西藏	陕西	甘肃	青海	宁夏	新疆
北京	50	3	27	3	3	1	0	0	0	1	0	1	0	0	5	3	0	0	0	0	0	0	0	0	0	0	1	0	0	0	0
天津	4	41	28	2	2	1	0	0	0	1	0	1	0	0	14	4	0	0	0	0	0	0	0	0	0	0	0	0	0	0	0
河北	3	3	65	5	3	1	0	0	0	1	0	1	0	0	9	6	1	0	0	0	0	0	0	0	0	0	1	0	0	0	0
山西	0	0	6	65	5	0	0	0	0	1	0	1	0	0	2	10	1	0	0	0	0	0	0	0	0	0	4	1	0	1	1
内蒙古	1	0	4	4	74	2	1	1	0	0	0	0	0	0	2	2	0	0	0	0	0	0	0	0	0	0	3	1	0	3	1
辽宁	1	1	9	1	5	60	2	2	0	2	0	1	0	0	12	2	0	0	0	0	0	0	0	0	0	0	0	0	0	0	0
吉林	1	1	5	1	6	17	54	7	0	1	0	0	0	0	5	1	0	0	0	0	0	0	0	0	0	0	0	0	0	0	0
黑龙江	0	0	2	0	5	5	9	75	0	0	0	0	0	0	2	0	0	0	0	0	0	0	0	0	0	0	0	0	0	0	0
上海	0	0	3	1	1	2	0	0	49	16	9	4	0	1	8	2	1	0	0	0	0	0	0	0	0	0	0	0	0	0	0
江苏	1	1	4	1	1	2	0	0	3	56	4	8	0	0	12	3	1	0	0	0	0	0	0	0	0	0	0	0	0	0	0
浙江	0	0	4	2	1	2	0	0	5	15	43	7	2	1	8	3	2	1	1	0	0	0	0	0	0	0	1	0	0	0	0
安徽	0	0	5	2	1	1	0	0	1	13	3	51	0	1	10	6	2	1	0	0	0	0	0	0	0	0	1	0	0	0	0
福建	0	0	3	2	1	1	0	0	2	6	8	5	48	2	6	3	2	1	5	0	0	0	0	0	0	0	1	0	0	0	0
江西	0	0	3	2	1	1	0	0	1	8	5	11	1	38	6	5	8	3	2	0	0	0	0	0	0	0	1	0	0	0	0
山东	1	1	11	2	2	2	0	0	0	7	1	4	0	0	62	5	1	0	0	0	0	0	0	0	0	0	0	0	0	0	0
河南	1	0	11	6	2	1	0	0	0	2	0	4	0	0	8	56	4	1	0	0	0	0	0	0	0	0	2	0	0	1	0

续表

受体＼来源	北京	天津	河北	山西	内蒙古	辽宁	吉林	黑龙江	上海	江苏	浙江	安徽	福建	江西	山东	河南	湖北	湖南	广东	广西	海南	重庆	四川	贵州	云南	西藏	陕西	甘肃	青海	宁夏	新疆
湖北	0	0	4	3	1	1	0	0	0	3	1	6	0	2	5	11	53	3	0	0	0	1	1	1	0	0	2	0	0	1	0
湖南	0	0	3	2	1	0	0	0	0	2	1	4	0	4	4	7	13	51	1	1	0	1	1	1	0	0	1	0	0	0	0
广东	0	0	2	2	1	0	0	0	1	4	3	4	6	5	3	3	3	3	56	0	0	0	0	1	0	0	1	0	0	0	0
广西	0	0	2	2	1	0	0	0	0	2	1	4	1	3	3	5	7	13	10	36	1	1	1	2	1	0	1	0	0	0	0
海南	0	0	2	2	1	0	0	0	1	4	3	5	5	5	4	3	3	4	22	1	29	0	1	1	1	0	1	0	0	0	0
重庆	0	0	1	1	0	0	0	0	0	0	0	0	0	0	1	2	2	2	0	0	0	64	17	6	1	0	1	0	0	0	0
四川	0	0	1	1	1	0	0	0	0	0	0	0	0	0	1	2	3	2	0	0	0	14	65	5	1	0	2	1	0	1	0
贵州	0	0	1	2	1	0	0	0	0	1	0	1	0	1	1	4	6	7	1	2	0	6	9	50	5	0	1	0	0	0	0
云南	0	0	1	2	1	0	0	0	0	1	0	1	0	1	1	3	3	4	1	2	0	4	9	12	53	0	1	0	0	0	0
西藏	0	0	0	0	0	0	0	0	0	0	0	0	0	0	0	0	0	0	0	0	0	0	0	0	0	97	0	0	1	0	2
陕西	0	0	2	6	3	0	0	0	0	1	0	1	0	0	2	8	4	1	0	0	0	2	4	1	0	0	56	3	0	3	1
甘肃	0	0	1	2	3	0	0	0	0	0	0	0	0	0	1	2	1	1	0	0	0	3	8	1	0	0	8	57	3	6	3
青海	0	0	0	1	3	0	0	0	0	0	0	0	0	0	0	0	0	0	0	0	0	1	3	0	0	0	2	18	62	5	3
宁夏	0	0	0	2	14	0	0	0	0	0	0	0	0	0	0	1	1	0	0	0	0	1	3	1	0	0	4	10	1	59	3
新疆	0	0	0	0	0	0	0	0	0	0	0	0	0	0	0	0	0	0	0	0	0	0	0	0	0	0	0	0	0	0	100

注：①各省（区、市）统计数据来源不同，因此各表数据略有差异；

②由于影响因素的复杂性、多元化，部分数据加和不为100%，如个别城市未统计。

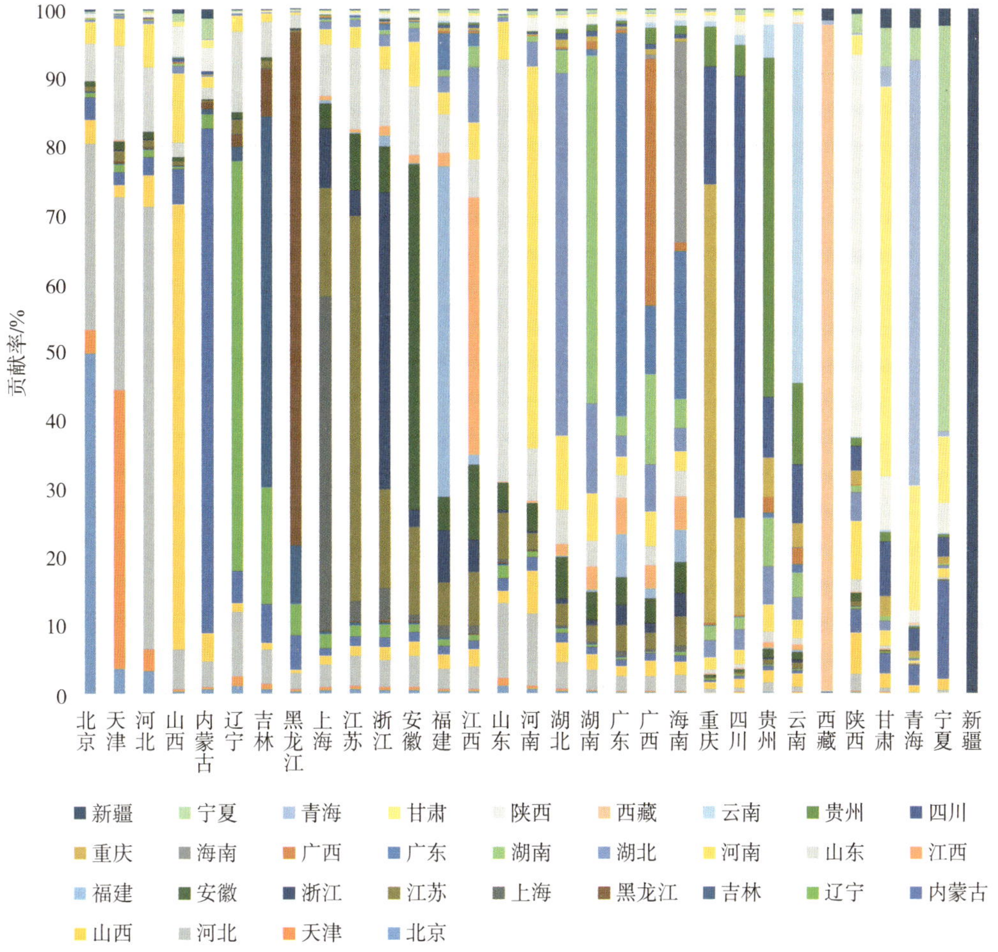

图 3-5 2003 年各省（区、市）$PM_{2.5}$ 跨区域传输贡献

3.2.1.2 季节传输特征

对于一年中不同的 4 个季节，由于气象条件的不同，各个地区所受的传输影响也不一样。对 4 个不同季节典型月的传输规律进行研究，不同季节的典型月选取结果为春季 4 月、夏季 7 月、秋季 10 月、冬季 1 月。

对于北京来说，受到外界传输对本地 $PM_{2.5}$ 浓度影响最严重的季节是春季，达到了 60.2%；其次是夏季，达到了 59.3%，这些外地源的贡献主要来自与北京接壤的河北，两个季节分别贡献了北京 $PM_{2.5}$ 的 29.6% 和 35.4%。与北京一样，天津受到外地传输影响较大的季节也发生在春季；其次是在夏季和秋季，这些外地源的贡献同样来自河北，春、夏、秋季分别贡献了天津市 $PM_{2.5}$ 的 25.9%、25.1%

和 26.6%。位于长三角地区的上海，外地传输影响较严重的季节是冬季，达到了 60.3%，最低的是夏季，为 41.2%，冬季传输影响主要来自西北方向的江苏和山东，夏季传输影响主要来自西北方向的江苏和西南方向的浙江。江苏不同季节受外地传输影响的情况与上海类似，最高为冬季（51.0%），最低为夏季（33.8%）。对于浙江来说，外界传输的贡献大小依次为冬季>春季>秋季>夏季，冬季贡献主要来自西北方向的江苏、安徽、山东、河北；春季贡献主要来自西北方向的江苏、山东、上海；秋季贡献主要来自江苏、山东、安徽、上海；夏季贡献主要来自福建、江苏。此外，位于华南地区的广东，受外地传输影响最大的季节为冬季（60.6%），其次为秋季（43.9%），最轻的为夏季（2.3%）。因此，2003 年不同季节的 $PM_{2.5}$ 污染传输规律差异性明显。以长三角地区为例，1 月区域内污染传输明显，7 月区域内污染传输较弱。具体如图 3-6～图 3-9 和表 3-4 所示。下一阶段将开展多年份污染传输矩阵研究与对比分析，以便更好地探讨区域间污染传输贡献的季节性规律，研究开展分季节差别化分区控制的可行性。

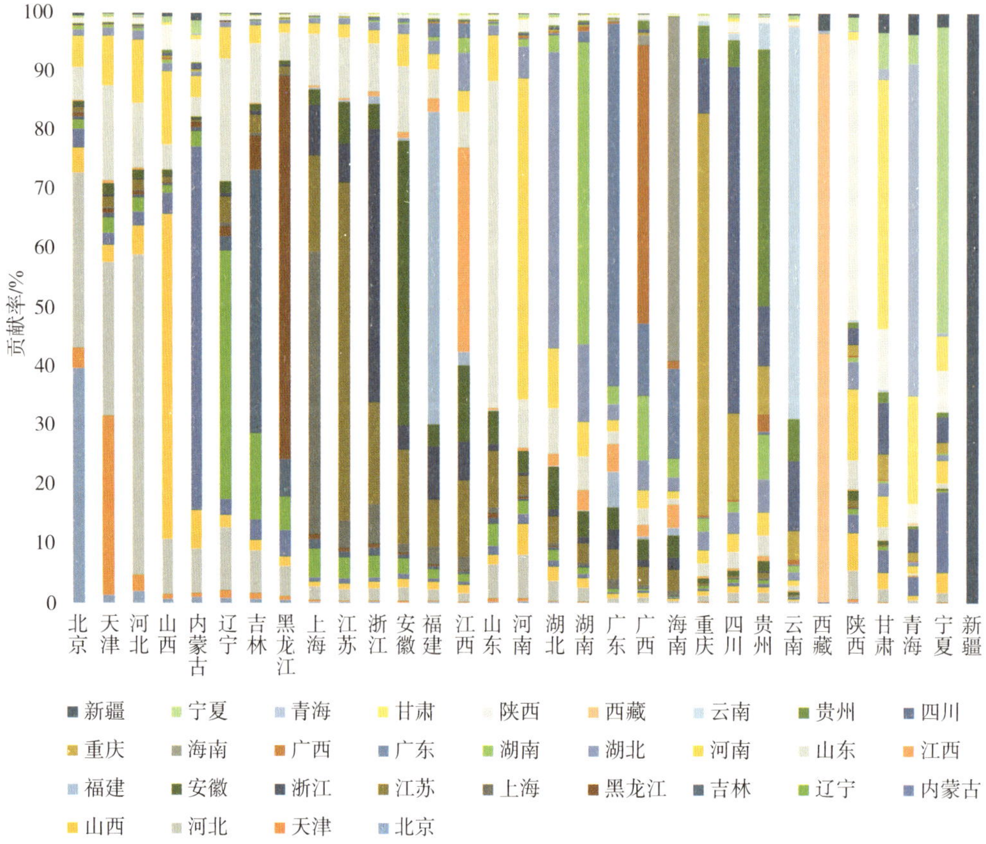

图 3-6　春季（4 月）各省（区、市）$PM_{2.5}$ 跨区域传输贡献

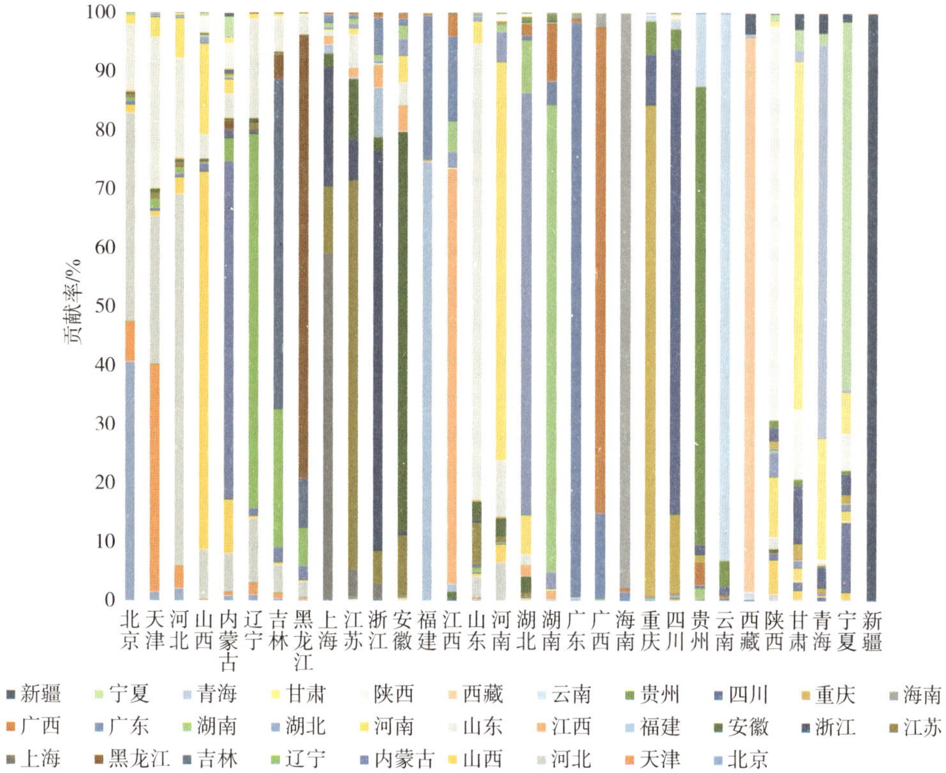

图 3-7　夏季（7 月）各省（区、市）PM$_{2.5}$跨区域传输贡献

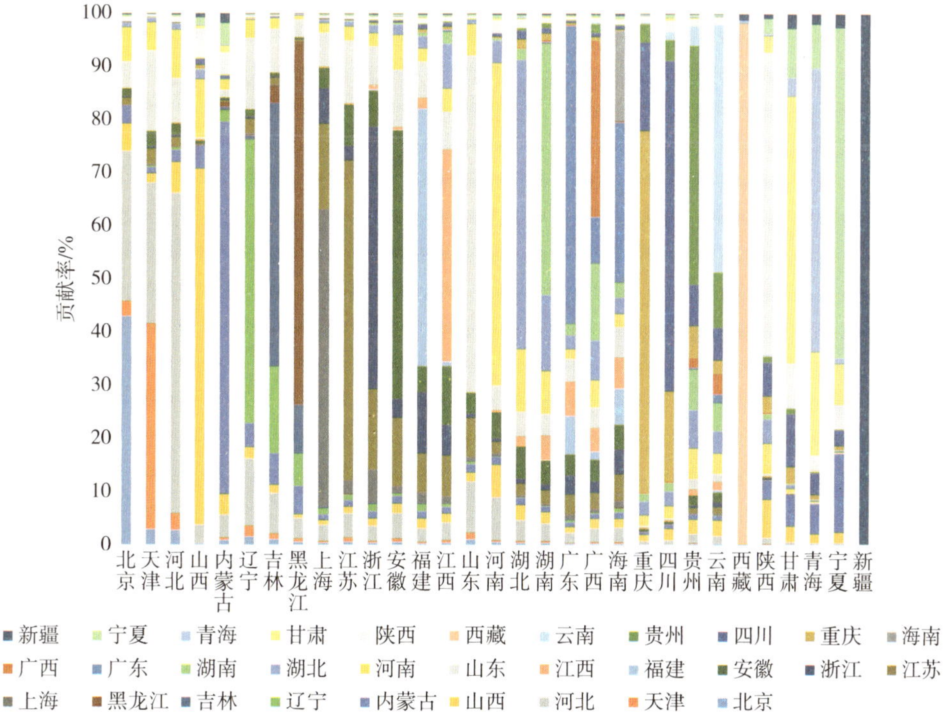

图 3-8　秋季（10 月）各省（区、市）PM$_{2.5}$跨区域传输贡献

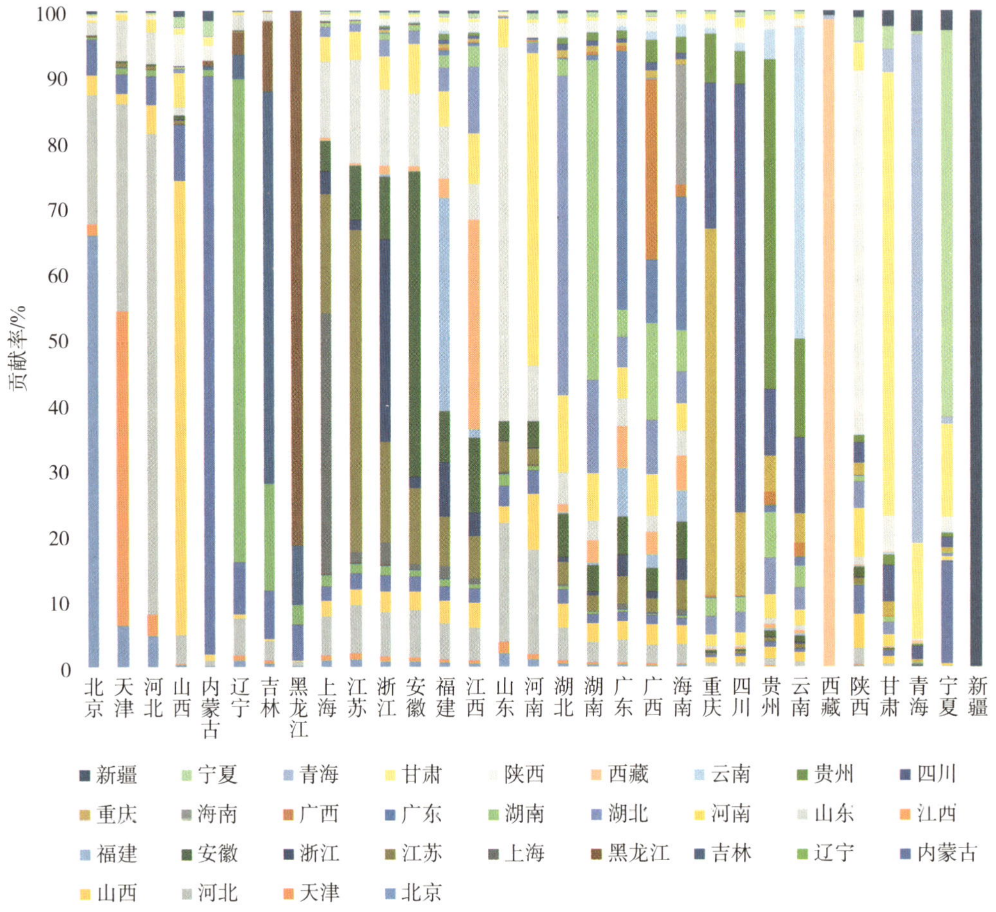

图 3-9　冬季（1 月）各省（区、市）$PM_{2.5}$ 跨区域传输贡献

表 3-4　各省（区、市）$PM_{2.5}$ 受外来源的贡献　　单位：%

省（区、市）	春季（4 月）	夏季（7 月）	秋季（10 月）	冬季（1 月）
北京	60	59	57	34
天津	70	61	61	52
河北	46	37	40	27
山西	45	36	33	31
内蒙古	39	43	30	12
辽宁	58	36	46	26
吉林	56	44	50	40
黑龙江	35	25	32	19
上海	52	41	44	60

续表

省（区、市）	春季（4月）	夏季（7月）	秋季（10月）	冬季（1月）
江苏	43	34	40	51
浙江	54	32	51	69
安徽	52	32	49	54
福建	47	25	52	68
江西	65	30	60	68
山东	45	22	37	43
河南	46	32	39	52
湖北	50	28	46	51
湖南	49	21	53	51
广东	39	2	44	61
广西	53	17	67	73
海南	42	2	83	82
重庆	32	17	32	44
四川	41	21	38	35
贵州	57	22	55	50
云南	34	7	53	53
西藏	4	6	2	1
陕西	53	33	43	45
甘肃	58	41	50	33
青海	44	33	47	22
宁夏	48	37	38	41
新疆	0	0	0	0

3.2.2 最不利气象年的 $PM_{2.5}$ 行业贡献矩阵

以 2000—2018 年最不利气象年 2003 年为基础，采用 WRF-CAMx 空气质量模型，首次在全国层面建立了电力、工业、生活、交通、农业 5 个行业分别对各省（区、市）$PM_{2.5}$ 年均浓度的贡献矩阵，从全国尺度、气候尺度揭示了 $PM_{2.5}$ 污染的部门归因特征。

3.2.2.1 年度特征

研究结果表明：电力、工业、生活、交通、农业 5 个行业对全国 $PM_{2.5}$ 年均浓度的贡献率分别为 10.75%、40.31%、25.14%、12.59%、11.21%。分行业来看污染输送贡献，地处京津冀的北京受到来自工业、生活、交通源排放的影响较大，分别达到 40.08%、26.87%、18.93%，其次是来源于农业、电力源排放的影响，贡献率为 8.08%、6.04%。与北京类似，天津的行业排放来源也主要是工业、生活和交通。位于长三角地区的上海 $PM_{2.5}$ 的年均浓度受工业源排放的影响最大，达到 48.24%，其次为交通、生活、电力和农业，贡献率为 10.05%～14.47%。江苏受到工业排放的影响最大，达到 42.86%，生活源排放次之，为 19.55%，其他行业源排放的贡献占比为 10.39%～15.04%。而位于长三角南部的浙江受到工业源排放的影响最大，为 43.29%，交通、生活、电力、农业次之，贡献率为 12.41%～15.87%。此外，位于华南地区的广东受到工业源排放的影响最大，为 46.72%，生活、交通、农业、电力的贡献次之，为 11.24%～16.00%。广西、海南、江西的行业排放贡献情况类似，工业贡献率均高于 40%，生活源贡献次之，均高于 20%，电力行业排放贡献均较低。从全国范围来看，对各省（区、市）$PM_{2.5}$ 浓度影响最大的行业为工业，生活和交通行业次之，电力和农业行业的影响较小。因此，加强以上贡献较高的行业的治理将成为我国未来一段时间内大气颗粒物控制的核心所在。具体见表 3-5 和图 3-10。

表 3-5 2003 年气象条件下主要行业对各省（区、市）$PM_{2.5}$ 年均浓度贡献矩阵

单位：%

省（区、市）	电力	工业	生活	交通	农业
北京	6.04	40.08	26.87	18.93	8.08
天津	8.52	46.68	22.89	12.81	9.10
河北	9.09	45.71	24.02	11.78	9.39
山西	14.91	48.28	18.33	9.14	9.33
内蒙古	24.60	34.66	24.02	6.88	9.84
辽宁	11.20	44.02	22.47	11.71	10.60
吉林	13.02	37.39	29.83	9.71	10.06
黑龙江	11.34	27.77	44.88	7.87	8.15
上海	13.01	48.24	13.23	14.47	10.05

续表

省（区、市）	电力	工业	生活	交通	农业
江苏	12.16	42.86	19.55	15.04	10.39
浙江	12.43	43.29	15.00	15.87	12.41
安徽	11.61	38.38	25.42	14.43	10.16
福建	11.83	43.73	19.31	12.82	12.32
江西	9.69	41.52	20.40	15.60	12.80
山东	12.22	41.86	21.98	13.60	10.33
河南	11.58	40.23	22.06	15.23	10.90
湖北	8.28	37.16	30.19	13.43	10.93
湖南	7.89	36.16	31.51	12.55	11.89
广东	11.24	46.72	16.00	14.03	12.01
广西	8.73	42.12	22.95	12.71	13.48
海南	9.02	41.39	25.74	12.03	11.82
重庆	4.90	46.05	31.30	8.11	9.64
四川	6.12	36.23	34.49	10.27	12.89
贵州	7.92	27.73	43.24	8.44	12.67
云南	6.97	38.70	31.65	7.87	14.81
西藏	0.20	28.41	4.11	27.10	40.17
陕西	12.00	36.15	27.02	12.95	11.89
甘肃	12.42	35.05	26.87	11.32	14.34
青海	16.39	40.25	18.64	9.59	15.14
宁夏	30.58	35.79	15.00	7.09	11.54
新疆	15.97	52.56	14.14	7.59	9.74
全国（不包括港澳台地区）	10.75	40.31	25.14	12.59	11.21

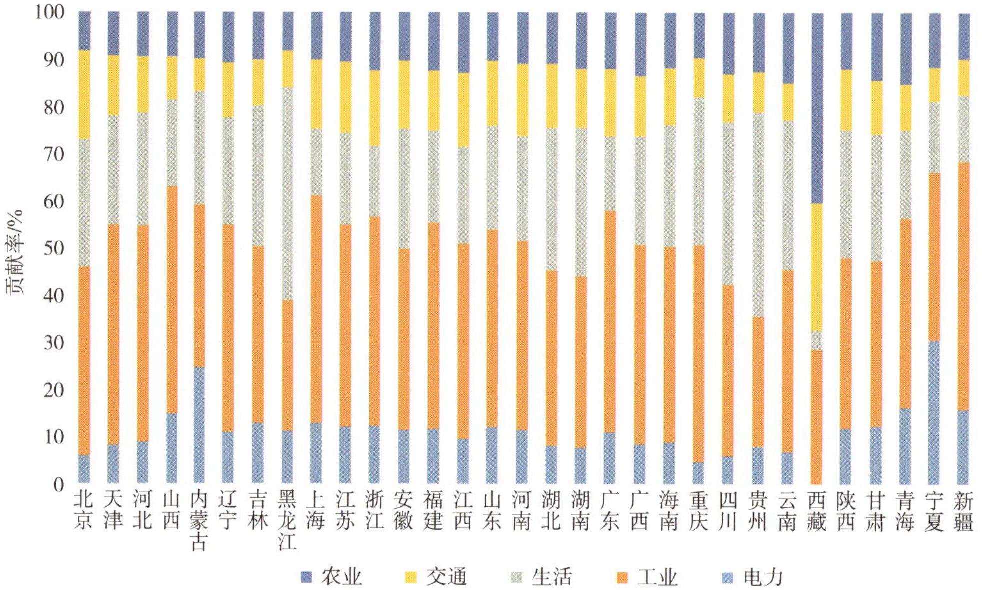

图 3-10　2003 年各行业 $PM_{2.5}$ 跨区域传输贡献

3.2.2.2　季节特征

对于一年中不同的 4 个季节，由于气象条件的不同，各个地区所受的行业贡献影响也不一样。对 4 个不同季节典型月的传输规律进行研究，不同季节的典型月选取方法为春季（4 月）、夏季（7 月）、秋季（10 月）、冬季（1 月）。

对于北京来说，春季、夏季、秋季的工业源排放贡献最高，均高于 44%，然后交通、生活源排放贡献次之；但冬季生活源排放贡献最高，为 48.3%，工业、交通源贡献次之，分别为 29.4%、13.1%，生活源排放贡献较高可能与取暖有关。与北京一样，天津春季、夏季、秋季的工业源排放贡献最高，均高于 49%；冬季情况不同，为生活源贡献最高，为 41.4%，工业源贡献次之，为 37.5%。位于长三角地区的上海，春季、夏季、秋季均是工业源贡献最高，均高于 50%，交通和电力源排放贡献次之，农业和生活源排放贡献较低；冬季工业源贡献最高，为 39.5%，与其他三个季度不同的是生活源贡献次之，为 25.4%，交通、电力、农业贡献较低。江苏春季和夏季工业源贡献最高，生活源贡献最低；秋季工业源排放贡献最高，农业源贡献最低；冬季情况较为特殊，工业源和生活源贡献均很高，分别为 33.1%、33.9%。与江苏情况类似，浙江春季、夏季、秋季工业源排放贡献均为最高，生活源贡献最低；冬季则是工业源和生活源贡献均较高，分别为 35.3%、25.8%。此外，位于华南地区的广东，春季、夏季和秋季均是工业源贡献最高，其他行业源类排放贡献水平一致；冬季工业源和生活源贡献较高，分别达到 38.9%、22.8%。因此，

2003 年不同季节的 $PM_{2.5}$ 污染传输规律差异性明显。整体上，工业源排放贡献在春季、夏季和秋季均最高，生活源排放在春季、夏季和秋季贡献低，在冬季贡献较高。具体如图 3-11 ～图 3-14 和表 3-6 所示。

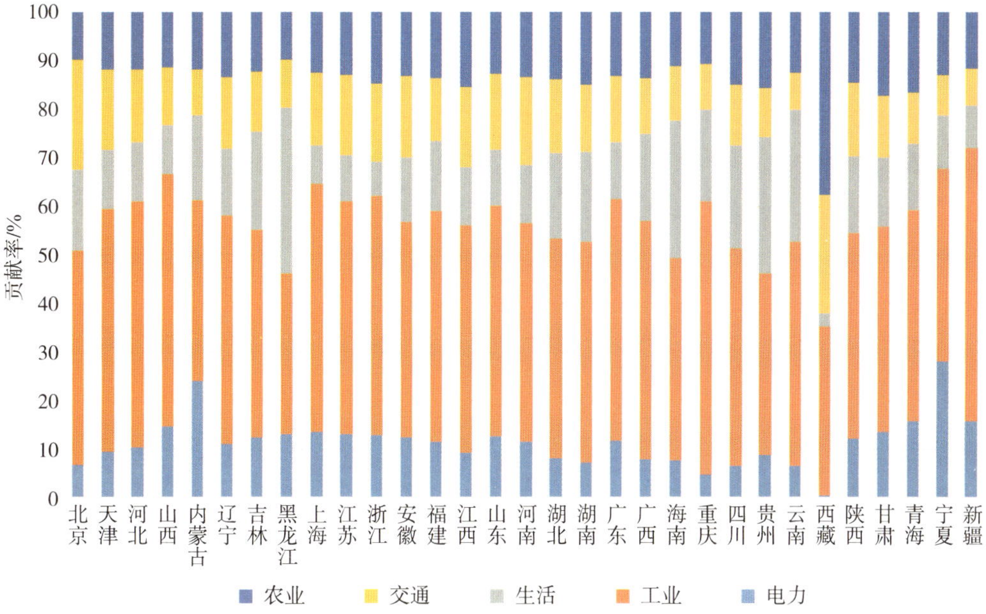

图 3-11 春季（4 月）各行业 $PM_{2.5}$ 跨区域传输贡献

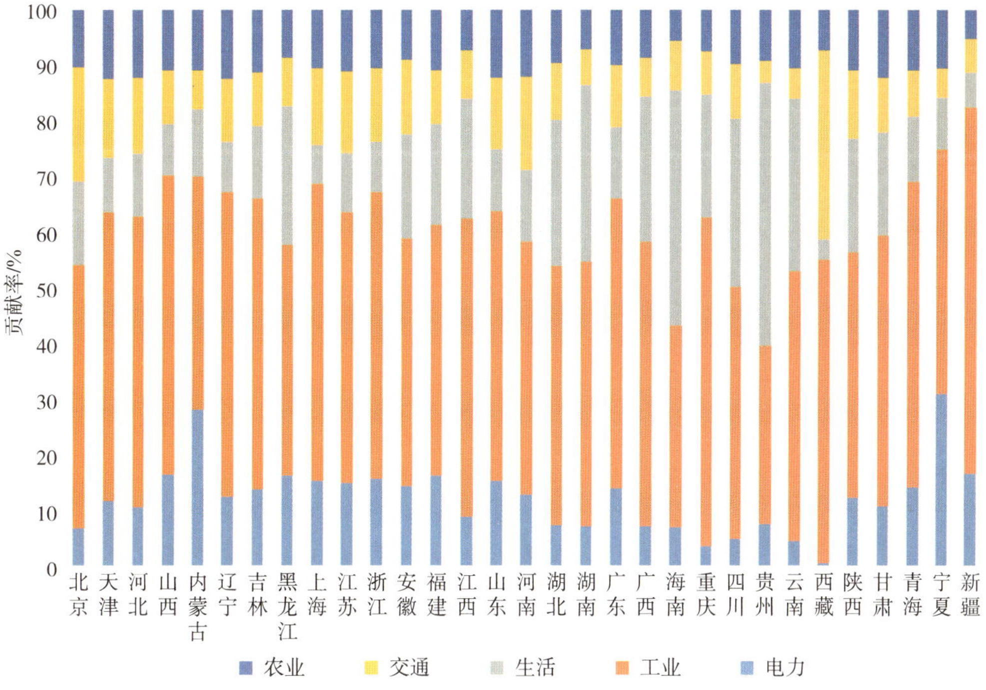

图 3-12 夏季（7 月）各行业 $PM_{2.5}$ 跨区域传输贡献

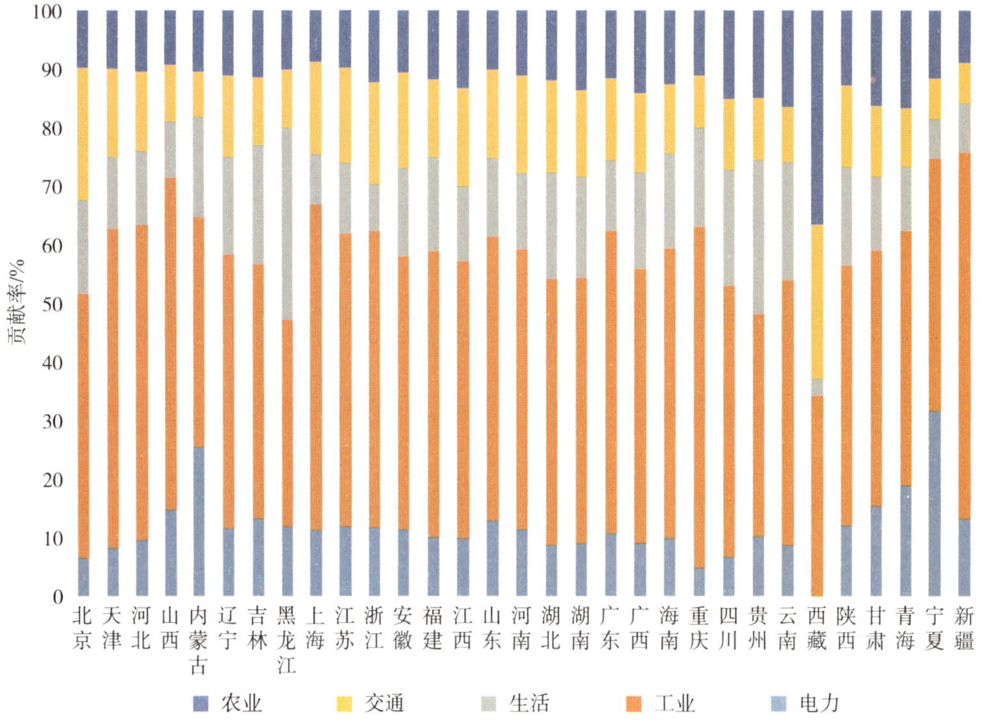

图 3-13 秋季（10 月）各行业 $PM_{2.5}$ 跨区域传输贡献

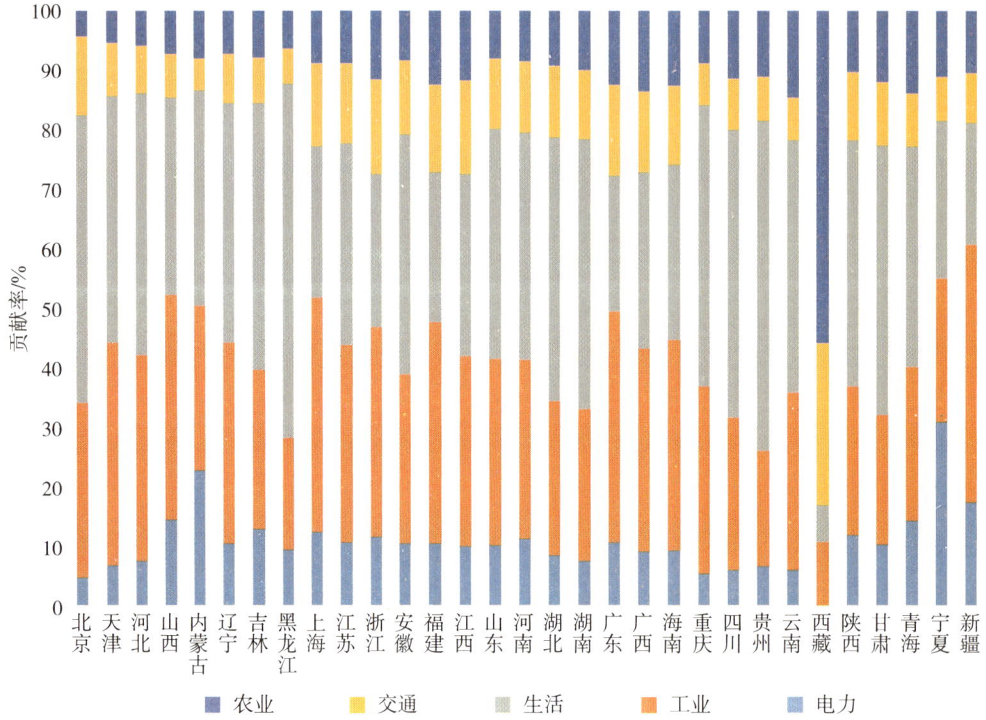

图 3-14 冬季（1 月）各行业 $PM_{2.5}$ 跨区域传输贡献

表 3-6 各省（区、市）$PM_{2.5}$受主要部门的贡献

单位：%

省（区、市）	春季（4 月）					夏季（7 月）					秋季（10 月）					冬季（1 月）				
	电力	工业	生活	交通	农业	电力	工业	生活	交通	农业	电力	工业	生活	交通	农业	电力	工业	生活	交通	农业
北京	7	44	17	23	10	7	47	15	21	10	7	45	16	23	10	5	29	48	13	4
天津	9	50	12	17	12	12	52	10	14	12	8	55	12	15	10	7	38	41	9	5
河北	10	51	12	15	12	10	52	11	14	12	10	54	13	14	10	7	35	44	8	6
山西	15	52	10	12	11	16	54	9	10	11	15	57	10	10	9	14	38	33	7	7
内蒙古	24	37	18	9	12	28	42	12	7	11	26	39	17	8	11	23	28	36	5	8
辽宁	11	47	14	15	13	12	55	9	11	13	12	47	17	14	11	10	34	40	8	7
吉林	12	43	20	12	12	14	52	13	10	11	13	43	20	11	12	13	27	45	8	8
黑龙江	13	33	34	10	10	16	41	25	9	9	12	35	33	10	10	9	19	59	6	6
上海	13	51	8	15	13	15	53	7	14	11	11	56	9	16	9	12	40	25	14	9
江苏	13	48	10	17	13	15	49	10	15	11	12	50	12	16	10	11	33	34	14	9
浙江	13	49	7	16	15	16	51	9	13	11	12	51	8	17	12	12	35	26	16	12
安徽	12	45	13	17	13	14	44	19	13	9	12	47	15	16	11	11	28	40	12	8
福建	11	48	14	13	14	16	45	18	10	11	10	49	16	13	12	10	37	25	15	13
江西	9	47	12	17	15	9	54	22	9	7	10	47	13	17	13	10	32	31	16	12
山东	12	48	11	16	13	15	49	11	13	12	13	48	13	15	10	10	31	39	12	8
河南	11	45	12	18	13	13	45	13	17	12	11	48	13	17	11	11	30	38	12	9

续表

省（区、市）	春季（4月）					夏季（7月）					秋季（10月）					冬季（1月）				
	电力	工业	生活	交通	农业	电力	工业	生活	交通	农业	电力	工业	生活	交通	农业	电力	工业	生活	交通	农业
湖北	8	45	18	15	14	7	47	26	10	10	9	45	18	16	12	8	26	44	12	9
湖南	7	45	19	14	15	7	48	32	6	7	9	45	17	15	14	8	26	45	12	10
广东	12	50	12	14	13	14	52	13	11	10	11	52	12	14	12	11	39	23	15	13
广西	8	49	18	11	14	7	51	26	7	9	9	47	16	13	14	9	34	30	13	14
海南	8	42	28	11	11	7	36	42	9	6	10	49	16	12	13	9	36	29	13	13
重庆	5	57	19	9	11	4	59	22	8	8	5	58	17	9	11	5	32	47	7	9
四川	6	45	21	13	15	5	45	30	10	10	7	46	20	12	15	6	26	48	9	11
贵州	9	37	28	10	16	7	32	47	4	9	10	38	26	10	15	7	20	55	7	11
云南	6	46	27	8	13	4	49	31	6	11	9	45	20	9	17	6	30	42	7	15
西藏	0	35	3	24	38	0	55	4	34	8	0	34	3	26	37	0	11	6	27	56
陕西	12	42	16	15	14	12	44	20	12	11	12	45	17	14	13	12	25	41	11	10
甘肃	13	42	14	13	17	11	49	19	10	12	15	44	13	12	16	10	22	45	11	12
青海	16	44	14	10	17	14	55	12	8	11	19	43	11	10	17	14	26	37	9	14
宁夏	28	40	11	8	13	31	44	9	5	11	32	43	7	7	12	31	24	26	7	11
新疆	16	57	9	8	12	16	66	6	6	5	13	62	8	7	9	17	43	20	8	10

3.2.3 最不利气象年的行业 - 空间两维交叉贡献矩阵

以 2000—2018 年最不利气象年 2003 年为基础，采用 WRF-CAMx 空气质量模型，从全国尺度、气候尺度探索了不同空间、不同行业部门对 $PM_{2.5}$ 污染的影响。

地处京津冀的北京大气 $PM_{2.5}$ 受到外来源贡献占比为 50%，主要由河北工业、河北生活、河北交通、天津工业、天津生活、天津交通等贡献。天津外来源贡献为 59%，主要由北京工业、河北工业、辽宁工业、山东工业、北京生活、河北生活贡献。由此可知北京和天津受到河北行业排放的影响较大。位于长三角地区的上海 $PM_{2.5}$ 的质量浓度受外来源贡献影响为 51%，外来源贡献中，浙江工业源排放贡献率最高，其次还有江苏工业、浙江交通的贡献，整体上浙江对上海的影响较大。江苏受到外来源贡献影响占比为 44%，其中上海、浙江和安徽对江苏的影响较大。位于长三角南部的浙江受到外来源贡献影响为 57%，外来源贡献中，上海工业对浙江影响最大，此外还有江苏工业、上海电力、福建工业等的贡献。位于华南地区的广东受到外来源贡献为 44%，其中海南工业、广西工业、海南交通等贡献较大，由此可知外来工业源排放对广东影响较大。从全国范围来看，对各省（区、市）$PM_{2.5}$ 浓度影响较大的外来源行业为工业。具体见表 3-7。

表 3-7 各省（区、市）$PM_{2.5}$ 受不同空间主要部门的贡献

单位：%

源 / 受体		北京	天津	河北	山西	内蒙古	辽宁	吉林	黑龙江	上海	江苏	浙江	安徽	福建	江西	山东	河南	湖北	湖南	广东	广西	海南	重庆	四川	贵州	云南	西藏	陕西	甘肃	青海	宁夏	新疆
电力	北京	1	0	0	0	0	0	0	0	0	0	0	0	0	0	0	0	0	0	0	0	0	0	0	0	0	0	0	0	0	0	0
	天津	0	3	0	0	0	0	0	0	0	0	0	0	0	0	0	0	0	0	0	0	0	0	0	0	0	0	0	0	0	0	0
	河北	1	1	4	0	0	1	0	0	0	0	0	0	0	0	1	1	0	0	0	0	0	0	0	0	0	0	0	0	0	0	0
	山西	1	0	1	9	1	0	0	0	0	0	0	0	0	1	0	1	1	0	0	0	0	0	0	0	0	0	1	0	0	0	0
	内蒙古	1	1	1	2	20	1	1	1	0	0	0	0	0	0	1	1	1	0	0	0	0	0	0	0	0	0	1	1	1	8	0
	辽宁	0	0	0	0	0	6	2	1	0	0	0	0	0	0	0	0	0	0	0	0	0	0	0	0	0	0	0	0	0	0	0
	吉林	0	0	0	0	0	0	7	1	0	0	0	0	0	0	0	0	0	0	0	0	0	0	0	0	0	0	0	0	0	0	0
	黑龙江	0	0	0	0	0	0	1	8	0	0	0	0	0	0	0	0	0	0	0	0	0	0	0	0	0	0	0	0	0	0	0
	上海	0	0	0	0	0	0	0	0	6	0	1	0	0	0	0	0	0	0	0	0	0	0	0	0	0	0	0	0	0	0	0
	江苏	0	0	0	0	0	0	0	0	2	7	2	1	1	1	1	0	0	0	0	0	0	0	0	0	0	0	0	0	0	0	0
	浙江	0	0	0	0	0	0	0	0	1	1	5	0	1	1	0	0	0	0	0	0	0	0	0	0	0	0	0	0	0	0	0
	安徽	0	0	0	0	0	0	0	0	0	1	1	6	0	1	0	0	1	0	0	0	0	0	0	0	0	0	0	0	0	0	0
	福建	0	0	0	0	0	0	0	0	0	0	0	0	4	0	0	0	0	0	1	0	1	0	0	0	0	0	0	0	0	0	0
	江西	0	0	0	0	0	0	0	0	0	0	0	0	0	3	0	0	0	0	0	0	0	0	0	0	0	0	0	0	0	0	0
	山东	1	2	1	0	0	2	1	0	1	1	1	1	1	1	8	1	1	1	0	0	0	0	0	0	0	0	0	0	0	0	0
	河南	0	0	1	1	0	0	0	0	0	0	0	0	0	0	0	6	1	1	0	0	0	0	0	0	0	0	1	0	0	0	0
	湖北	0	0	0	0	0	0	0	0	0	0	0	0	0	0	0	0	3	1	0	0	0	0	0	0	0	0	0	0	0	0	0
	湖南	0	0	0	0	0	0	0	0	0	0	0	0	0	0	0	0	0	3	0	1	0	0	0	0	0	0	0	0	0	0	0
	广东	0	0	0	0	0	0	0	0	0	0	0	0	1	0	0	0	0	0	6	1	2	0	0	0	0	0	0	0	0	0	0

续表

源 / 受体		北京	天津	河北	山西	内蒙古	辽宁	吉林	黑龙江	上海	江苏	浙江	安徽	福建	江西	山东	河南	湖北	湖南	广东	广西	海南	重庆	四川	贵州	云南	西藏	陕西	甘肃	青海	宁夏	新疆
电力	广西	0	0	0	0	0	0	0	0	0	0	0	0	0	0	0	0	0	0	0	2	0	0	0	0	0	0	0	0	0	0	0
	海南	0	0	0	0	0	0	0	0	0	0	0	0	0	0	0	0	0	0	0	0	2	0	0	0	0	0	0	0	0	0	0
	重庆	0	0	0	0	0	0	0	0	0	0	0	0	0	0	0	0	0	0	0	0	0	2	1	0	0	0	0	0	0	0	0
	四川	0	0	0	0	0	0	0	0	0	0	0	0	0	0	0	0	0	0	0	0	0	1	3	1	1	0	0	0	0	0	0
	贵州	0	0	0	0	0	0	0	0	0	0	0	0	0	0	0	0	0	0	0	0	0	1	1	3	1	0	0	0	0	0	0
	云南	0	0	0	0	0	0	0	0	0	0	0	0	0	0	0	0	0	0	0	0	0	0	0	0	2	0	0	0	0	0	0
	西藏	0	0	0	0	0	0	0	0	0	0	0	0	0	0	0	0	0	0	0	0	0	0	0	0	0	0	0	0	0	0	0
	陕西	0	0	0	1	1	0	0	0	0	0	0	0	0	0	0	0	0	0	0	0	0	0	0	0	0	0	5	1	0	1	0
	甘肃	0	0	0	0	0	0	0	0	0	0	0	0	0	0	0	0	0	0	0	0	0	0	0	0	0	0	0	5	2	1	0
	青海	0	0	0	0	0	0	0	0	0	0	0	0	0	0	0	0	0	0	0	0	0	0	0	0	0	0	0	1	9	0	0
	宁夏	0	0	0	1	1	0	0	0	0	0	0	0	0	0	0	0	0	0	0	0	0	0	0	0	0	0	1	2	2	20	0
	新疆	0	0	0	0	0	0	0	0	0	0	0	0	0	0	0	0	0	0	0	0	0	0	0	0	0	0	0	1	0	1	16
工业	北京	16	1	1	0	0	0	0	0	0	0	0	0	0	0	0	0	0	0	0	0	0	0	0	0	0	0	0	0	0	0	0
	天津	2	21	1	0	0	1	0	0	0	0	0	0	0	0	1	0	0	0	0	0	0	0	0	0	0	0	0	0	0	0	0
	河北	13	13	31	3	2	5	3	1	2	2	2	2	1	2	4	5	2	1	1	1	1	0	0	1	0	0	1	0	0	0	0
	山西	2	1	2	34	2	1	0	0	1	1	1	1	1	1	1	3	1	1	1	1	1	0	1	1	1	0	3	1	0	1	0
	内蒙古	1	1	1	2	23	1	1	1	0	0	0	0	0	0	1	1	0	0	0	0	0	0	0	0	0	0	1	1	1	4	0
	辽宁	0	1	0	0	1	26	7	2	1	1	1	1	1	0	1	0	0	0	0	0	0	0	0	0	0	0	0	0	0	0	0
	吉林	0	0	0	0	0	1	19	2	0	0	0	0	0	0	0	0	0	0	0	0	0	0	0	0	0	0	0	0	0	0	0

续表

源 / 受体		北京	天津	河北	山西	内蒙古	辽宁	吉林	黑龙江	上海	江苏	浙江	安徽	福建	江西	山东	河南	湖北	湖南	广东	广西	海南	重庆	四川	贵州	云南	西藏	陕西	甘肃	青海	宁夏	新疆
工业	黑龙江	0	0	0	0	0	1	2	18	0	0	0	0	0	0	0	0	0	0	0	0	0	0	0	0	0	0	0	0	0	0	0
	上海	0	0	0	0	0	0	0	0	26	2	3	1	1	1	0	0	0	0	0	0	1	0	0	0	0	0	0	0	0	0	0
	江苏	0	1	0	0	0	1	0	0	7	24	6	5	3	3	2	1	1	1	2	1	2	0	0	0	0	0	0	0	0	0	0
	浙江	0	0	0	0	0	0	0	0	4	2	20	1	3	2	0	0	0	0	1	1	2	0	0	0	0	0	0	0	0	0	0
	安徽	0	0	0	0	0	0	0	0	1	3	2	18	1	3	1	1	2	1	1	1	2	0	0	0	0	0	0	0	0	0	0
	福建	0	0	0	0	0	0	0	0	0	0	1	0	21	1	0	0	0	0	3	1	2	0	0	0	0	0	0	0	0	0	0
	江西	0	0	0	0	0	0	0	0	0	0	1	1	1	17	0	0	1	1	2	1	2	0	0	0	0	0	0	0	0	0	0
	山东	2	6	4	1	1	5	2	1	3	5	3	4	2	2	26	3	2	2	1	1	2	0	0	1	0	0	1	0	0	0	0
	河南	1	2	3	4	1	1	0	0	1	1	1	2	1	2	2	22	3	2	1	2	1	1	1	1	1	0	3	1	0	1	0
	湖北	0	0	0	0	0	0	0	0	0	0	1	1	1	2	0	2	19	4	1	2	1	1	1	2	1	0	2	1	0	0	0
	湖南	0	0	0	0	0	0	0	0	0	0	0	0	0	1	0	0	1	17	1	4	1	1	1	2	1	0	0	0	0	0	0
	广东	0	0	0	0	0	0	0	0	0	0	0	0	2	1	0	0	0	0	28	4	9	0	0	0	1	0	0	0	0	0	0
	广西	0	0	0	0	0	0	0	0	0	0	0	0	0	0	0	0	0	1	0	17	1	0	0	1	1	0	0	0	0	0	0
	海南	0	0	0	0	0	0	0	0	0	0	0	0	0	0	0	0	0	0	0	0	9	0	0	0	0	0	0	0	0	0	0
	重庆	0	0	0	0	0	0	0	0	0	0	0	0	0	0	0	0	0	0	0	0	0	35	7	3	2	0	1	2	1	1	0
	四川	0	0	0	0	0	0	0	0	0	0	0	0	0	0	0	0	0	0	0	0	0	5	22	3	3	0	1	3	1	1	0
	贵州	0	0	0	0	0	0	0	0	0	0	0	0	0	0	0	0	0	0	0	0	0	1	1	9	2	0	0	0	0	0	0
	云南	0	0	0	0	0	0	0	0	0	0	0	0	0	0	0	0	0	0	0	0	0	0	0	1	22	0	0	0	0	0	0
	西藏	0	0	0	0	0	0	0	0	0	0	0	0	0	0	0	0	0	0	0	0	0	0	0	0	0	27	0	0	0	0	0

续表

源 / 受体		北京	天津	河北	山西	内蒙古	辽宁	吉林	黑龙江	上海	江苏	浙江	安徽	福建	江西	山东	河南	湖北	湖南	广东	广西	海南	重庆	四川	贵州	云南	西藏	陕西	甘肃	青海	宁夏	新疆
工业	陕西	0	0	0	2	1	0	0	0	0	0	0	0	0	0	0	1	0	0	0	0	0	0	1	0	0	0	19	3	1	2	0
	甘肃	0	0	0	0	0	0	0	0	0	0	0	0	0	0	0	0	0	0	0	0	0	0	0	0	0	0	1	18	7	2	0
	青海	0	0	0	0	0	0	0	0	0	0	0	0	0	0	0	0	0	0	0	0	0	0	0	0	0	0	0	1	25	0	0
	宁夏	0	0	0	0	1	0	0	0	0	0	0	0	0	0	0	0	0	0	0	0	0	0	0	0	0	0	1	2	2	22	0
	新疆	0	0	0	0	1	0	0	0	0	0	0	0	0	0	0	0	0	0	0	0	0	0	0	0	0	1	0	1	1	1	52
生活	北京	18	2	1	0	0	0	0	0	0	0	0	0	0	0	0	0	0	0	0	0	0	0	0	0	0	0	0	0	0	0	0
	天津	1	10	1	0	0	0	0	0	0	0	0	0	0	0	0	0	0	0	0	0	0	0	0	0	0	0	0	0	0	0	0
	河北	6	8	18	1	0	1	1	0	1	1	1	1	1	1	3	3	1	1	1	0	1	0	0	0	0	0	0	0	0	0	0
	山西	1	0	1	13	1	0	0	0	0	0	0	0	1	1	0	1	1	0	0	1	1	0	0	0	0	0	1	0	0	0	0
	内蒙古	1	1	1	1	21	2	2	2	0	0	0	0	0	0	0	0	0	0	0	0	0	0	0	0	0	0	0	0	0	1	0
	辽宁	0	0	0	0	1	17	4	1	0	0	0	0	0	0	0	0	0	0	0	0	0	0	0	0	0	0	0	0	0	0	0
	吉林	0	0	0	0	0	1	20	3	0	0	0	0	0	0	0	0	0	0	0	0	0	0	0	0	0	0	0	0	0	0	0
	黑龙江	0	0	0	0	0	1	3	39	0	0	0	0	0	0	0	0	0	0	0	0	0	0	0	0	0	0	0	0	0	0	0
	上海	0	0	0	0	0	0	0	0	7	0	0	0	0	0	0	0	0	0	0	0	0	0	0	0	0	0	0	0	0	0	0
	江苏	0	0	0	0	0	0	0	0	2	11	2	2	1	1	1	0	0	0	0	0	1	0	0	0	0	0	0	0	0	0	0
	浙江	0	0	0	0	0	0	0	0	0	0	5	0	1	0	0	0	0	0	0	0	0	0	0	0	0	0	0	0	0	0	0
	安徽	0	0	0	0	0	0	0	0	1	2	2	16	1	3	1	1	2	1	1	1	1	0	0	0	0	0	0	0	0	0	0
	福建	0	0	0	0	0	0	0	0	0	0	0	0	10	0	0	0	0	0	1	0	1	0	0	0	0	0	0	0	0	0	0
	江西	0	0	0	0	0	0	0	0	0	0	0	0	0	8	0	0	0	1	1	1	1	0	0	0	0	0	0	0	0	0	0

续表

源 / 受体		北京	天津	河北	山西	内蒙古	辽宁	吉林	黑龙江	上海	江苏	浙江	安徽	福建	江西	山东	河南	湖北	湖南	广东	广西	海南	重庆	四川	贵州	云南	西藏	陕西	甘肃	青海	宁夏	新疆
生活	山东	1	2	1	0	0	1	0	0	1	2	2	2	1	1	14	2	1	1	1	0	1	0	0	0	0	0	0	0	0	0	0
	河南	0	0	1	1	0	0	0	0	0	1	1	2	1	1	1	12	2	1	1	1	1	0	0	1	0	0	1	0	0	0	0
	湖北	0	0	0	0	0	0	0	0	0	0	1	1	1	3	0	1	20	5	1	2	2	1	1	2	1	0	1	1	0	0	0
	湖南	0	0	0	0	0	0	0	0	0	0	0	0	0	1	0	0	1	20	1	4	2	1	1	3	1	0	0	0	0	0	0
	广东	0	0	0	0	0	0	0	0	0	0	0	0	1	0	0	0	0	0	7	1	2	0	0	0	0	0	0	0	0	0	0
	广西	0	0	0	0	0	0	0	0	0	0	0	0	0	0	0	0	0	0	0	8	0	0	0	0	0	0	0	0	0	0	0
	海南	0	0	0	0	0	0	0	0	0	0	0	0	0	0	0	0	0	0	0	0	12	0	0	0	0	0	0	0	0	0	0
	重庆	0	0	0	0	0	0	0	0	0	0	0	0	0	0	0	0	0	0	0	0	0	18	3	1	1	0	0	0	0	0	0
	四川	0	0	0	0	0	0	0	0	0	0	0	0	0	0	0	0	0	0	0	0	0	6	25	3	3	0	1	2	1	1	0
	贵州	0	0	0	0	0	0	0	0	0	0	0	0	0	0	0	0	0	1	0	2	1	3	3	30	7	0	1	1	0	0	0
	云南	0	0	0	0	0	0	0	0	0	0	0	0	0	0	0	0	0	0	0	0	0	0	0	2	16	0	0	0	0	0	0
	西藏	0	0	0	0	0	0	0	0	0	0	0	0	0	0	0	0	0	0	0	0	0	0	0	0	0	3	0	0	0	0	0
	陕西	0	0	0	1	0	0	0	0	0	0	0	0	0	0	0	0	0	0	0	0	0	0	1	0	0	0	18	2	0	1	0
	甘肃	0	0	0	0	0	0	0	0	0	0	0	0	0	0	0	0	0	0	0	0	0	0	0	0	0	0	1	18	3	3	0
	青海	0	0	0	0	0	0	0	0	0	0	0	0	0	0	0	0	0	0	0	0	0	0	0	0	0	0	0	1	13	0	0
	宁夏	0	0	0	0	0	0	0	0	0	0	0	0	0	0	0	0	0	0	0	0	0	0	0	0	0	0	0	1	0	8	0
	新疆	0	0	0	0	0	0	0	0	0	0	0	0	0	0	0	0	0	0	0	0	0	0	0	0	0	0	0	0	0	0	14

续表

源 / 受体		北京	天津	河北	山西	内蒙古	辽宁	吉林	黑龙江	上海	江苏	浙江	安徽	福建	江西	山东	河南	湖北	湖南	广东	广西	海南	重庆	四川	贵州	云南	西藏	陕西	甘肃	青海	宁夏	新疆
交通	北京	12	1	1	0	0	0	0	0	0	0	0	0	0	0	0	0	0	0	0	0	0	0	0	0	0	0	0	0	0	0	0
	天津	0	4	0	0	0	0	0	0	0	0	0	0	0	0	0	0	0	0	0	0	0	0	0	0	0	0	0	0	0	0	0
	河北	4	3	6	1	1	2	1	0	1	1	1	1	0	1	2	2	1	1	0	0	0	0	0	0	0	0	0	0	0	0	0
	山西	0	0	0	4	0	0	0	0	0	0	0	0	0	0	0	1	0	0	0	0	0	0	0	0	0	0	1	0	0	0	0
	内蒙古	0	0	0	0	3	0	1	0	0	0	0	0	0	0	0	0	0	0	0	0	0	0	0	0	0	0	0	0	0	1	0
	辽宁	0	0	0	0	0	5	2	1	0	0	0	0	0	0	0	0	0	0	0	0	0	0	0	0	0	0	0	0	0	0	0
	吉林	0	0	0	0	0	0	3	1	0	0	0	0	0	0	0	0	0	0	0	0	0	0	0	0	0	0	0	0	0	0	0
	黑龙江	0	0	0	0	0	0	1	4	0	0	0	0	0	0	0	0	0	0	0	0	0	0	0	0	0	0	0	0	0	0	0
	上海	0	0	0	0	0	0	0	0	6	0	1	0	0	0	0	0	0	0	0	0	0	0	0	0	0	0	0	0	0	0	0
	江苏	0	0	0	0	0	0	0	0	3	7	3	2	1	2	1	1	1	1	1	1	1	0	0	0	0	0	0	0	0	0	0
	浙江	0	0	0	0	0	0	0	0	2	1	6	1	2	1	0	0	0	0	1	0	1	0	0	0	0	0	0	0	0	0	0
	安徽	0	0	0	0	0	0	0	0	1	1	1	5	1	2	1	1	2	1	1	1	1	0	0	0	0	0	0	0	0	0	0
	福建	0	0	0	0	0	0	0	0	0	0	0	0	5	0	0	0	0	0	1	0	1	0	0	0	0	0	0	0	0	0	0
	江西	0	0	0	0	0	0	0	0	0	0	0	0	0	4	0	0	0	1	1	1	1	0	0	0	0	0	0	0	0	0	0
	山东	1	2	2	0	0	2	1	0	2	2	2	2	1	1	7	2	1	1	1	1	0	0	0	0	0	0	0	0	0	0	0
	河南	1	1	1	2	0	1	0	0	1	1	1	1	1	1	1	8	3	2	1	1	0	0	1	1	0	0	2	0	0	0	0
	湖北	0	0	0	0	0	0	0	0	0	0	0	0	0	1	0	1	4	2	0	1	0	0	0	1	0	0	1	0	0	0	0
	湖南	0	0	0	0	0	0	0	0	0	0	0	0	0	0	0	0	0	3	0	1	0	0	0	1	0	0	0	0	0	0	0
	广东	0	0	0	0	0	0	0	0	0	0	0	0	1	0	0	0	0	0	7	2	4	0	0	0	0	0	0	0	0	0	0
	广西	0	0	0	0	0	0	0	0	0	0	0	0	0	0	0	0	0	0	0	3	0	0	0	0	0	0	0	0	0	0	0
	海南	0	0	0	0	0	0	0	0	0	0	0	0	0	0	0	0	0	0	0	0	3	0	0	0	0	0	0	0	0	0	0

续表

源 / 受体		北京	天津	河北	山西	内蒙古	辽宁	吉林	黑龙江	上海	江苏	浙江	安徽	福建	江西	山东	河南	湖北	湖南	广东	广西	海南	重庆	四川	贵州	云南	西藏	陕西	甘肃	青海	宁夏	新疆
交通	重庆	0	0	0	0	0	0	0	0	0	0	0	0	0	0	0	0	0	0	0	0	0	4	2	1	0	0	0	0	0	0	0
	四川	0	0	0	0	0	0	0	0	0	0	0	0	0	0	0	0	0	0	0	0	0	1	6	1	1	0	0	1	0	0	0
	贵州	0	0	0	0	0	0	0	0	0	0	0	0	0	0	0	0	0	0	0	0	0	0	0	2	0	0	0	0	0	0	0
	云南	0	0	0	0	0	0	0	0	0	0	0	0	0	0	0	0	0	0	0	0	0	0	0	0	3	0	0	0	0	0	0
	西藏	0	0	0	0	0	0	0	0	0	0	0	0	0	0	0	0	0	0	0	0	0	0	0	0	0	26	0	0	0	0	0
	陕西	0	0	0	1	0	0	0	0	0	0	0	0	0	0	0	0	0	0	0	0	0	0	0	0	0	0	6	1	0	1	0
	甘肃	0	0	0	0	0	0	0	0	0	0	0	0	0	0	0	0	0	0	0	0	0	0	0	0	0	0	0	6	3	1	0
	青海	0	0	0	0	0	0	0	0	0	0	0	0	0	0	0	0	0	0	0	0	0	0	0	0	0	0	0	0	4	0	0
	宁夏	0	0	0	0	0	0	0	0	0	0	0	0	0	0	0	0	0	0	0	0	0	0	0	0	0	0	0	1	0	3	0
	新疆	0	0	0	0	0	0	0	0	0	0	0	0	0	0	0	0	0	0	0	0	0	0	0	0	0	0	0	0	0	0	8
农业	北京	3	0	0	0	0	0	0	0	0	0	0	0	0	0	0	0	0	0	0	0	0	0	0	0	0	0	0	0	0	0	0
	天津	0	3	0	0	0	0	0	0	0	0	0	0	0	0	0	0	0	0	0	0	0	0	0	0	0	0	0	0	0	0	0
	河北	3	3	6	1	0	1	0	0	0	0	0	0	0	0	1	1	0	0	0	0	0	0	0	0	0	0	0	0	0	0	0
	山西	0	0	0	5	0	0	0	0	0	0	0	0	0	0	0	0	0	0	0	0	0	0	0	0	0	0	0	0	0	0	0
	内蒙古	0	0	0	0	7	0	1	1	0	0	0	0	0	0	0	0	0	0	0	0	0	0	0	0	0	0	0	0	0	1	0
	辽宁	0	0	0	0	0	6	2	0	0	0	0	0	0	0	0	0	0	0	0	0	0	0	0	0	0	0	0	0	0	0	0
	吉林	0	0	0	0	0	0	5	1	0	0	0	0	0	0	0	0	0	0	0	0	0	0	0	0	0	0	0	0	0	0	0
	黑龙江	0	0	0	0	0	0	0	6	0	0	0	0	0	0	0	0	0	0	0	0	0	0	0	0	0	0	0	0	0	0	0
	上海	0	0	0	0	0	0	0	0	4	0	0	0	0	0	0	0	0	0	0	0	0	0	0	0	0	0	0	0	0	0	0
	江苏	0	0	0	0	0	0	0	0	2	7	2	1	1	1	1	0	0	0	0	0	0	0	0	0	0	0	0	0	0	0	0

续表

源 / 受体		北京	天津	河北	山西	内蒙古	辽宁	吉林	黑龙江	上海	江苏	浙江	安徽	福建	江西	山东	河南	湖北	湖南	广东	广西	海南	重庆	四川	贵州	云南	西藏	陕西	甘肃	青海	宁夏	新疆
农业	浙江	0	0	0	0	0	0	0	0	1	0	7	0	1	0	0	0	0	0	0	0	0	0	0	0	0	0	0	0	0	0	0
	安徽	0	0	0	0	0	0	0	0	0	1	1	6	1	1	0	0	1	0	0	0	1	0	0	0	0	0	0	0	0	0	0
	福建	0	0	0	0	0	0	0	0	0	0	0	0	8	0	0	0	0	0	1	0	1	0	0	0	0	0	0	0	0	0	0
	江西	0	0	0	0	0	0	0	0	0	0	0	0	0	7	0	0	0	0	1	0	1	0	0	0	0	0	0	0	0	0	0
	山东	1	2	1	0	0	1	1	0	1	1	1	1	1	0	7	0	0	0	0	0	0	0	0	0	0	0	0	0	0	0	0
	河南	0	1	1	2	0	0	0	0	0	0	1	1	1	1	1	8	2	1	0	1	1	0	0	1	0	0	1	0	0	0	0
	湖北	0	0	0	0	0	0	0	0	0	0	0	0	0	1	0	0	7	2	0	1	0	0	0	1	0	0	1	0	0	0	0
	湖南	0	0	0	0	0	0	0	0	0	0	0	0	0	0	0	0	0	7	0	2	1	0	0	1	1	0	0	0	0	0	0
	广东	0	0	0	0	0	0	0	0	0	0	0	0	0	0	0	0	0	0	8	1	3	0	0	0	0	0	0	0	0	0	0
	广西	0	0	0	0	0	0	0	0	0	0	0	0	0	0	0	0	0	0	0	7	0	0	0	0	0	0	0	0	0	0	0
	海南	0	0	0	0	0	0	0	0	0	0	0	0	0	0	0	0	0	0	0	0	5	0	0	0	0	0	0	0	0	0	0
	重庆	0	0	0	0	0	0	0	0	0	0	0	0	0	0	0	0	0	0	0	0	0	5	1	1	0	0	0	0	0	0	0
	四川	0	0	0	0	0	0	0	0	0	0	0	0	0	0	0	0	0	0	0	0	0	3	10	2	1	0	1	1	1	0	0
	贵州	0	0	0	0	0	0	0	0	0	0	0	0	0	0	0	0	0	0	0	0	0	1	0	6	1	0	0	0	0	0	0
	云南	0	0	0	0	0	0	0	0	0	0	0	0	0	0	0	0	0	0	0	0	0	0	0	1	10	0	0	0	0	0	0
	西藏	0	0	0	0	0	0	0	0	0	0	0	0	0	0	0	0	0	0	0	0	0	0	0	0	0	41	0	0	0	0	0
	陕西	0	0	0	0	0	0	0	0	0	0	0	0	0	0	0	0	0	0	0	0	0	0	0	0	0	0	8	1	0	1	0
	甘肃	0	0	0	0	0	0	0	0	0	0	0	0	0	0	0	0	0	0	0	0	0	0	0	0	0	0	0	10	2	2	0
	青海	0	0	0	0	0	0	0	0	0	0	0	0	0	0	0	0	0	0	0	0	0	0	0	0	0	0	0	0	11	0	0
	宁夏	0	0	0	0	0	0	0	0	0	0	0	0	0	0	0	0	0	0	0	0	0	0	0	0	0	0	0	1	0	7	0
	新疆	0	0	0	0	0	0	0	0	0	0	0	0	0	0	0	0	0	0	0	0	0	0	0	0	0	0	0	0	0	0	10

3.3 基于三维优化的大气污染物环境容量核定技术研究

3.3.1 大气环境容量核算方法构建

利用空气质量模型系统，模拟研究区域 $PM_{2.5}$ 及关键组分平均浓度，以空间、行业、前体物三个维度贡献率为削减权重系数，制定各空间单元、各行业、各污染物的迭代削减方案，创建新的多污染物排放清单，利用空气质量模型迭代计算，建立新的空间传输矩阵、行业贡献矩阵和前体物贡献矩阵。在此基础上，建立新的削减方案，模拟新削减方案下 $PM_{2.5}$ 年均浓度。按此方法，迭代计算，直到 $PM_{2.5}$ 年均浓度达标，进而得到 SO_2、NO_x、一次 $PM_{2.5}$ 等环境容量。基于三维优化的环境容量核定技术路线如图 3-15 所示。

3.3.1.1 污染源三维分类与受体点的优化选择

根据污染源的空间分布、行业类型及污染物指标特征，对污染源进行分类，并且根据研究目标和研究区域的环境空气质量监测点位，采用层次分级法，优化选择受体点。

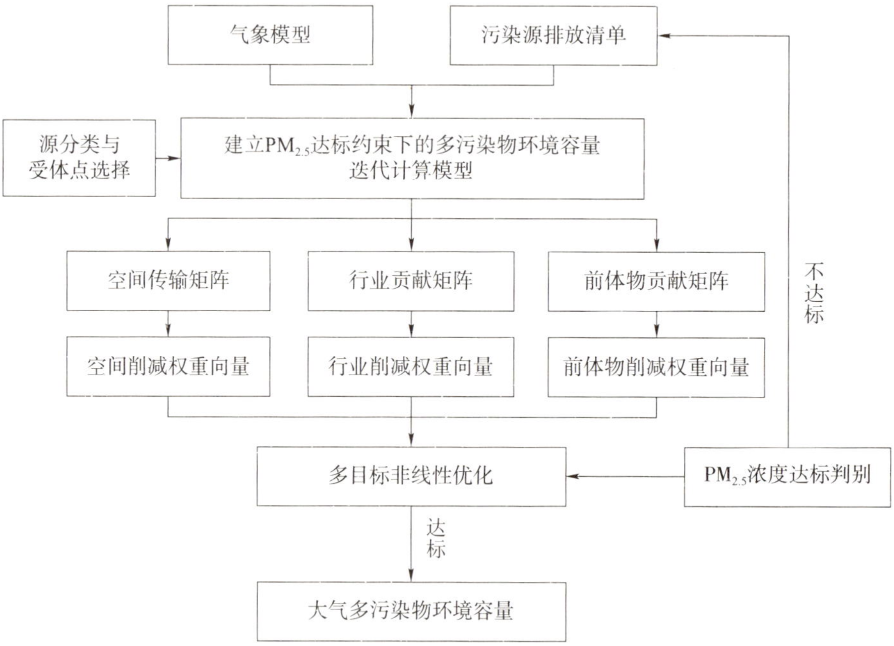

图 3-15 基于三维优化的环境容量核定技术路线

（1）污染源三维分类

根据污染源排放特征，建立基于空间、行业、前体物的污染源三维分类体系。

空间上，按照行政单元对污染源进行分类，得到向量 $\boldsymbol{M}$，$\boldsymbol{M}$=（M_1，M_2，M_3，…，M_m）；行业上，按照行业分类代码，对污染源进行分类，得到向量 $\boldsymbol{N}$，$\boldsymbol{N}$=（N_1，N_2，N_3，…，N_n）；在污染物指标上，按照 SO_2、NO_x、一次 $PM_{2.5}$、NH_3 等前体物进行分类，得到向量 $\boldsymbol{T}$，$\boldsymbol{T}$=（T_1，T_2，T_3，…，T_t）。最后，建立涵盖空间、行业、前体物的三维排放矩阵 $\boldsymbol{E}$，$\boldsymbol{E}=\boldsymbol{M}\times\boldsymbol{N}\times\boldsymbol{T}$。以上公式中，$m$ 代表共有 m 个空间源分类，n 代表共有 n 个行业源分类，t 代表共有 t 种前体物。

（2）优化选择受体点

根据层次分级法，优化选择受体点。受体点可分为四级，其中，一级是区域层面，以区域所有受体点 $PM_{2.5}$ 平均浓度达标为约束；二级是省级层面，以省辖区内所有受体点 $PM_{2.5}$ 平均浓度达标为约束；三级是地市层面，以市辖区内所有受体点 $PM_{2.5}$ 平均浓度达标为约束；四级是监测点位，以市辖区内每个受体点 $PM_{2.5}$ 浓度达标为约束。以上述四类受体点选取原则及约束条件为基础，计算不同约束条件下的多污染物环境容量。

3.3.1.2 基于空间、行业、前体物的三维迭代动态优化

（1）空间迭代动态优化

基于环境容量三维迭代模型，通过溯源追踪技术，解析区域内 $PM_{2.5}$ 的空间来源，确定周边地区对受体点 $PM_{2.5}$ 的污染贡献，分析不同地区排放与 $PM_{2.5}$ 浓度的耦合关系，建立基准情景下空间传输矩阵，计算污染源空间削减权重向量；采用贡献大的地区优先削减原则，对 $PM_{2.5}$ 平均浓度未达标的地区制定削减方案，迭代创建新的多污染物排放清单；空气质量模型第 n 次迭代计算后，可得到空间传输矩阵；以不同地区排放源对受体点贡献大小为权重，优化确定第 n+1 次的空间削减方案，建立第 n+1 次的多污染物排放清单。在此基础上，建立动态空间传输矩阵和污染源动态空间削减权重向量。

$$\begin{bmatrix} \rho_{11} & \rho_{12} & \cdots & \rho_{1m} \\ \rho_{21} & \rho_{22} & \cdots & \rho_{2m} \\ \cdots & \cdots & \cdots & \cdots \\ \rho_{a1} & \rho_{a2} & \cdots & \rho_{am} \end{bmatrix} \tag{3-1}$$

$$\rho_{ij} = C_{ij} / C_i$$

式中：ρ_{ij} 为第 j 个空间对第 i 受体点 $PM_{2.5}$ 平均浓度贡献率，单位为 %；a 代表共有 a 个受体点；m 代表共有 m 个空间源分类；C_{ij} 为第 j 个空间对第 i 受体点 $PM_{2.5}$ 平均浓度贡献值，单位为 μg/m^3；C_i 为第 i 受体点 $PM_{2.5}$ 平均浓度值，单位为 μg/m^3。

根据第 j 类源对区域所有受体点 $PM_{2.5}$ 浓度的贡献率，建立污染源空间削减权重向量 $\boldsymbol{U}$，其表达式为：

$$\boldsymbol{U}=(U_1,\ U_2,\ U_3,\ \cdots,\ U_j) \tag{3-2}$$

式中：U_j 为第 j 类源对区域所有受体点 $PM_{2.5}$ 平均浓度的贡献率，单位为 %。

（2）行业迭代动态优化

基于环境容量三维迭代模型，通过溯源追踪技术，解析研究区域内重点行业对 $PM_{2.5}$ 的贡献，分析不同行业排放与 $PM_{2.5}$ 平均浓度的关联，建立基准情景下行业贡献矩阵，计算污染源行业削减权重向量；采用贡献大的行业优先削减原则，制定重点行业污染物削减方案，迭代创建新的多污染物排放清单；空气质量模型第 n 次迭代计算后，可得到权重矩阵；以不同行业对受体点贡献大小为权重，优化确定第 n+1 次的行业削减方案，建立第 n+1 次的多污染物排放清单。在此基础上，建立动态行业贡献矩阵和动态行业削减权重向量。

$$\begin{bmatrix} \gamma_{11} & \gamma_{12} & \cdots & \gamma_{1n} \\ \gamma_{21} & \gamma_{22} & \cdots & \gamma_{2n} \\ \cdots & \cdots & \cdots & \cdots \\ \gamma_{a1} & \gamma_{a2} & \cdots & \gamma_{an} \end{bmatrix} \tag{3-3}$$

$$\gamma_{ij}=C_{ij}/C_i$$

式中：γ_{ij} 为第 j 个行业对第 i 受体点 $PM_{2.5}$ 平均浓度贡献的权重值，单位为 %；n 代表共有 n 个行业源分类；C_{ij} 为第 j 个行业对第 i 受体点 $PM_{2.5}$ 平均浓度贡献值，单位为 μg/m^3；C_i 为第 i 受体点 $PM_{2.5}$ 平均浓度值，单位为 μg/m^3。

根据第 j 个行业对区域所有受体点 $PM_{2.5}$ 平均浓度的贡献率，建立污染源行业削减权重向量 $\boldsymbol{V}$，其表达式为：

$$\boldsymbol{V}=(V_1,\ V_2,\ V_3,\ \cdots,\ V_j) \tag{3-4}$$

式中：V_j 为第 j 个行业对区域所有受体点 $PM_{2.5}$ 平均浓度的贡献率，单位为 %。

（3）前体物迭代动态优化

基于环境容量三维迭代模型，识别研究区域 $PM_{2.5}$ 组分中硫酸盐、硝酸盐、铵盐、一次 $PM_{2.5}$ 所占比例，解析 SO_2、NO_x、一次 $PM_{2.5}$、NH_3 等前体物对 $PM_{2.5}$ 的污染贡献，分析大气污染物排放与 $PM_{2.5}$ 的响应关系，建立基准情景下 SO_2、NO_x、

一次 $PM_{2.5}$、NH_3 等 $PM_{2.5}$ 前体物贡献矩阵，计算前体物削减权重向量；采用贡献大的前体物优先削减原则，制定不同污染物削减方案，迭代创建新的多污染物排放清单；空气质量模型第 n 次迭代计算后，可得到权重矩阵；以不同前体物对受体点贡献大小为权重，优化确定第 n+1 次的前体物削减方案，建立第 n+1 次的多污染物排放清单。在此基础上，建立动态前体物贡献矩阵和动态前体物削减权重向量。

$$\begin{bmatrix} \lambda_{11} & \lambda_{12} & \cdots & \lambda_{1t} \\ \lambda_{21} & \lambda_{22} & \cdots & \lambda_{2t} \\ \cdots & \cdots & \cdots & \cdots \\ \lambda_{a1} & \lambda_{a2} & \cdots & \lambda_{at} \end{bmatrix} \tag{3-5}$$

$$\lambda_{ij} = C_{ij} / C_i$$

式中：λ_{ij} 为第 j 种大气污染物对第 i 受体点 $PM_{2.5}$ 平均浓度贡献率，单位为 %；t 代表共有 t 种前体物；C_{ij} 为第 j 种大气污染物对第 i 受体点 $PM_{2.5}$ 平均浓度贡献值，单位为 $\mu g/m^3$；C_i 为第 i 受体点 $PM_{2.5}$ 平均浓度值，单位为 $\mu g/m^3$。

根据第 j 种大气污染物对区域所有受体点 $PM_{2.5}$ 平均浓度的贡献率，建立前体物削减权重向量 $\boldsymbol{W}$，其表达式为：

$$\boldsymbol{W}=(W_1, W_2, W_3, \cdots, W_j) \tag{3-6}$$

式中：W_j 为第 j 种大气污染物对区域所有受体点 $PM_{2.5}$ 平均浓度的贡献率，单位为 %。

3.3.1.3 基于空间、行业、前体物环境容量的三维耦合方法

基于空间、行业和前体物的削减权重向量 $\boldsymbol{U}$、$\boldsymbol{V}$、$\boldsymbol{W}$，采用多目标非线性优化法，以受体点 $PM_{2.5}$ 浓度达标为约束，计算各空间、各行业、各种污染物最大允许排放量，最终得到各地区分行业 SO_2、NO_x、一次 $PM_{2.5}$、NH_3、VOCs 等大气污染物的环境容量，其表达式为：

$$\max z = \sum_{i=1,\ j=1,\ k=1} q_{ijk} \tag{3-7}$$

$$\theta_{ijk}=f(Me, q, etc) \tag{3-8}$$

约束方程为：

$$\sum_{i=1,\ j=1,\ k=1} \theta_{ijk} C_l \leqslant S_{PM_{2.5}} \tag{3-9}$$

式中：q_{ijk} 为第 i 个空间、j 个行业、k 个前体物的最大允许排放量；Me 为气象条件；q 为每次迭代计算中的排放清单；etc 为物理、化学等影响因素；θ_{ijk} 为

第 i 个空间、j 个行业、k 个前体物对第 l 个受体点的 $PM_{2.5}$ 平均浓度的贡献率，单位为 %；C_l 为第 l 个受体点的 $PM_{2.5}$ 平均浓度，单位为 μg/m^3；$S_{PM_{2.5}}$ 为环境空气质量标准中 $PM_{2.5}$ 的二级浓度限值，单位为 μg/m^3。

3.3.2 不同气象年的大气环境容量特征研究

以最不利气象年（2003 年）、典型气象年（2014 年）和最有利气象年（2016 年）的气象条件为背景，基于空气质量反推法原则（空气质量达标地区污染物排放量不允许增加），核算我国地级城市 $PM_{2.5}$ 年均浓度达标时 SO_2、NO_x、一次 $PM_{2.5}$、VOCs 及 NH_3 的最大允许排放量（环境容量）。

最不利气象年情景下，2003 年各省（区、市）间 SO_2、NO_x、一次 $PM_{2.5}$、VOCs 及 NH_3 环境容量存在较大差异，其中 SO_2 环境容量较大的省（区、市）有辽宁、内蒙古、山西、山东，其环境容量均超过 70×10^4t，天津、北京、青海、海南、西藏 SO_2 环境容量较小，均低于 10×10^4t；NO_x 环境容量大于 60×10^4t 的省（区、市）依次为辽宁、新疆、黑龙江、广东、内蒙古；西藏、天津、上海、北京、重庆、海南 NO_x 环境容量均小于 10×10^4t；一次 $PM_{2.5}$ 环境容量高值区主要集中在河南、内蒙古、山西、山东等省（区、市），低值区主要包括海南、天津、上海、西藏等省（区、市）；NH_3 环境容量高值省（区、市）依次为四川、内蒙古、云南等，而北京、天津、上海等省（区、市）NH_3 环境容量相对较小；VOCs 环境容量高值区主要集中在广东、山东、浙江、四川、江苏、辽宁等省（区、市），低值区集中在西藏、天津、青海、宁夏等省（区、市）。具体见表 3-8。

表 3-8 最不利气象年（2003 年）分省（区、市）环境容量

省（区、市）	$SO_2/10^4$t	$NO_x/10^4$t	$NH_3/10^4$t	一次 $PM_{2.5}/10^4$t	$VOCs/10^4$t
北京	7.38	6.81	1.67	3.98	22.97
天津	9.76	5.99	1.12	2.68	9.78
河北	69.13	49.57	20.39	27.65	52.40
山西	116.80	52.40	10.65	37.58	27.95
内蒙古	91.76	148.45	38.83	31.77	63.57
辽宁	74.89	72.20	23.59	28.05	86.23
吉林	41.64	57.17	20.97	20.28	50.60
黑龙江	43.10	81.83	29.35	28.35	64.48
上海	11.80	6.73	0.76	2.67	34.06

续表

省（区、市）	$SO_2/10^4t$	$NO_x/10^4t$	$NH_3/10^4t$	一次 $PM_{2.5}/10^4t$	$VOCs/10^4t$
江苏	52.07	26.08	17.79	24.32	108.29
浙江	31.01	32.61	7.21	15.07	122.56
安徽	20.37	13.42	11.52	20.78	34.41
福建	20.88	44.44	15.81	11.90	84.41
江西	21.94	15.51	10.79	20.00	33.94
山东	125.05	48.54	23.14	43.15	150.65
河南	48.07	23.38	28.52	30.82	32.28
湖北	45.82	17.88	19.77	24.76	55.06
湖南	37.42	19.50	18.49	24.32	53.48
广东	41.60	82.69	28.25	27.29	181.06
广西	26.17	30.56	24.18	25.37	63.48
海南	3.86	8.84	5.84	2.94	16.04
重庆	11.37	8.83	3.34	4.50	45.30
四川	25.85	36.89	34.08	28.87	109.97
贵州	29.57	36.30	10.95	25.63	42.28
云南	44.56	52.73	46.31	23.22	52.52
西藏	0.13	5.92	8.51	0.56	3.61
陕西	48.49	39.41	18.34	19.89	36.72
甘肃	23.54	44.34	17.48	13.92	30.46
青海	4.97	12.84	6.47	4.73	11.35
宁夏	24.13	32.82	5.08	5.78	13.66
新疆	35.03	74.55	29.84	14.87	26.12

典型气象年情景下，2014 年 SO_2 环境容量较大的省（区、市）有辽宁、内蒙古、山西、山东，其环境容量均超过 70×10^4t，北京、青海、海南、西藏 SO_2 环境容量较小，均低于 10×10^4t；NO_x 环境容量大于 60×10^4t 的省（区、市）依次为辽宁、黑龙江、广东、新疆、内蒙古，海南、重庆、天津、西藏、北京 NO_x 环境容量均小于 10×10^4t；一次 $PM_{2.5}$ 环境容量高值区主要集中在辽宁、内蒙古、山西、山东等省（区、市），低值区主要包括天津、北京、西藏等省（区、市）；NH_3 环境容量高值省（区、市）依次为四川、内蒙古、云南等，而上海、北京、天津等地区 NH_3 环境容量相对较小；VOCs 环境容量较高的省（区、市）依次为广东、山东、浙

江、江苏等，较低的省（区、市）为西藏、天津、青海、宁夏等。具体见表 3-9。

表 3-9 典型气象年（2014 年）分省（区、市）环境容量

省（区、市）	$SO_2/10^4t$	$NO_x/10^4t$	$NH_3/10^4t$	一次 $PM_{2.5}/10^4t$	$VOCs/10^4t$
北京	6.32	4.85	1.31	2.76	16.66
天津	10.13	6.76	1.28	2.81	10.52
河北	69.62	37.29	18.81	26.41	47.71
山西	118.01	48.51	10.46	34.59	26.21
内蒙古	92.97	158.55	42.86	33.14	66.90
辽宁	86.07	60.26	23.33	30.39	88.68
吉林	45.51	44.89	19.96	19.60	47.23
黑龙江	54.33	71.86	31.50	27.70	64.15
上海	19.76	16.52	1.72	3.76	58.46
江苏	65.50	42.85	26.86	27.42	140.36
浙江	37.23	53.40	9.93	15.36	142.22
安徽	24.64	17.53	15.29	21.44	39.19
福建	22.93	46.93	17.81	12.34	89.30
江西	28.54	18.14	13.71	19.17	36.11
山东	140.49	58.16	28.86	43.84	164.64
河南	49.89	25.73	32.08	27.50	31.56
湖北	49.84	18.39	20.67	21.80	52.30
湖南	48.17	19.07	20.28	21.13	51.33
广东	48.85	75.94	31.64	27.70	185.63
广西	30.76	31.59	27.33	23.33	62.70
海南	4.10	9.46	6.57	3.15	17.25
重庆	15.46	8.44	4.02	4.36	46.38
四川	30.62	30.34	34.04	24.36	97.19
贵州	53.42	23.87	14.34	22.86	38.98
云南	43.79	55.24	49.47	25.44	56.08
西藏	0.14	6.33	9.57	0.59	3.88
陕西	46.97	40.67	19.04	21.04	38.17
甘肃	25.01	47.46	19.67	14.89	32.76

续表

省（区、市）	$SO_2/10^4t$	$NO_x/10^4t$	$NH_3/10^4t$	一次 $PM_{2.5}/10^4t$	$VOCs/10^4t$
青海	5.76	13.66	7.47	4.98	12.21
宁夏	25.63	35.13	5.72	6.19	14.69
新疆	36.26	80.63	33.49	15.78	27.94

最有利气象年情景下，2016 年 SO_2 环境容量较大的省（区、市）有江苏、河北、辽宁、内蒙古、山西、山东，其环境容量均超过 70×10^4t，北京、青海、海南、西藏 SO_2 环境容量较小，均低于 10×10^4t；NO_x 环境容量大于 60×10^4t 的省（区、市）依次为浙江、新疆、辽宁、黑龙江、广东、内蒙古，海南、天津、重庆、西藏、北京 NO_x 环境容量均小于 10×10^4t；一次 $PM_{2.5}$ 环境容量高值区主要集中在内蒙古、山西、山东等省（区、市），低值区主要包括北京、海南、西藏等省（区、市）；NH_3 环境容量高值省（区、市）依次为四川、广东、内蒙古、云南等，而天津、上海、北京等省（区、市）NH_3 环境容量相对较小；广东、山东、浙江、江苏、四川、辽宁等省（区、市）的 VOCs 容量较高，西藏、青海、天津、宁夏等省（区、市）的 VOCs 环境容量较低。具体见表 3-10。

表 3-10 最有利气象年（2016 年）分省（区、市）环境容量

省（区、市）	$SO_2/10^4t$	$NO_x/10^4t$	$NH_3/10^4t$	一次 $PM_{2.5}/10^4t$	$VOCs/10^4t$
北京	7.28	5.31	1.46	3.90	21.03
天津	14.06	8.56	1.67	4.01	14.43
河北	75.39	50.75	22.36	29.66	55.86
山西	128.27	56.97	11.86	39.30	29.84
内蒙古	97.67	156.72	42.69	35.37	69.48
辽宁	81.09	86.08	28.72	31.20	98.00
吉林	46.10	53.87	22.66	21.65	52.73
黑龙江	49.57	86.13	33.28	32.08	71.91
上海	19.03	14.61	1.56	4.40	60.58
江苏	70.31	37.65	24.19	33.62	150.42
浙江	36.33	61.91	11.29	15.80	150.79
安徽	30.80	21.36	18.13	29.52	51.00
福建	22.58	46.57	17.56	12.97	91.29
江西	29.58	26.17	16.78	24.29	45.67

续表

省（区、市）	$SO_2/10^4t$	$NO_x/10^4t$	$NH_3/10^4t$	一次 $PM_{2.5}/10^4t$	$VOCs/10^4t$
山东	146.23	54.03	28.06	48.47	171.02
河南	58.57	25.71	34.55	33.32	35.91
湖北	58.50	21.57	25.13	27.35	63.91
湖南	53.44	22.35	23.85	30.23	66.44
广东	54.68	127.96	37.90	30.29	223.14
广西	31.38	41.31	32.08	26.08	72.03
海南	4.16	9.17	6.45	3.27	17.48
重庆	13.47	6.94	3.41	4.23	42.10
四川	33.63	32.83	37.45	29.09	111.36
贵州	59.53	35.45	17.93	28.79	50.03
云南	46.38	53.22	48.73	26.45	57.07
西藏	0.14	6.13	9.39	0.62	3.93
陕西	48.62	41.78	20.50	21.08	38.90
甘肃	25.37	45.98	19.29	15.47	33.18
青海	6.75	12.73	7.53	5.11	12.41
宁夏	26.00	34.03	5.61	6.42	14.88
新疆	38.50	79.61	33.14	16.72	28.92

3.3.3 环境容量超载评估

2016年全国各省（区、市）环境容量超载率见表3-11，按照各省（区、市）SO_2、NO_x、一次 $PM_{2.5}$、VOCs 及 NH_3 超载率大小将超载程度分为五个等级，分类结果见表3-12。京津冀地区，北京、天津、河北 NO_x、NH_3、VOCs 排放量均超过环境容量1倍以上；长三角地区，上海、江苏、浙江 SO_2 均未超载，上海 NO_x 排放量、江苏 NO_x 及 NH_3 排放量均超过环境容量1倍以上；珠三角地区，广东 SO_2、NO_x 及 VOCs 未超载，一次 $PM_{2.5}$ 及 NH_3 超载率均小于15%；31个省（区、市）中，重庆空气污染较重，有3项污染物排放量均超过环境容量2倍以上，空气污染较轻的省（区、市）环境容量超载率明显偏小，其中青海和黑龙江所辖地市空气质量达标，SO_2、NO_x、一次 $PM_{2.5}$ 及 NH_3 均未超载，青海 VOCs 未超载。上述结果表明，不同省（区、市）、不同污染物环境容量超载程度均存在显著差异。2016年全国各省（区、市）五项污染物减排量见表3-13。

表 3-11　2016 年情景下全国各省（区、市）超载率

省（区、市）	SO_2/%	NO_x/%	NH_3/%	一次 $PM_{2.5}$/%	VOCs/%
北京	−54.60	323.03	102.84	36.05	123.94
天津	−13.83	283.23	132.45	62.55	281.46
河北	18.42	243.23	135.06	92.45	185.80
山西	−4.28	70.55	52.16	9.00	141.03
内蒙古	−18.37	−20.89	2.98	−4.78	0.59
辽宁	−26.75	42.62	20.81	8.40	23.70
吉林	−41.00	16.73	8.92	2.50	22.18
黑龙江	−38.04	−10.14	−1.17	−0.01	11.03
上海	−11.82	136.11	62.00	16.63	12.67
江苏	−33.42	321.27	119.93	15.37	41.48
浙江	−22.96	40.10	41.26	−4.43	10.79
安徽	−28.37	346.86	140.89	47.31	104.99
福建	−14.48	9.27	11.47	18.82	0.00
江西	−18.55	75.75	49.77	−19.59	35.22
山东	−11.72	316.42	156.37	49.06	60.80
河南	−9.56	408.14	181.54	47.58	306.98
湖北	14.42	230.26	130.95	38.43	79.13
湖南	19.19	199.54	130.80	23.46	37.29
广东	−0.20	−12.16	10.04	1.83	0.00
广西	2.25	8.58	21.22	0.74	9.57
海南	24.42	9.09	23.64	20.16	0.00
重庆	292.84	454.50	601.17	30.00	30.18
四川	38.68	140.89	107.33	36.07	30.53
贵州	43.87	12.06	60.77	27.70	0.00
云南	−14.85	−17.65	8.37	−12.19	0.00
西藏	−20.35	−18.93	4.22	−9.76	0.00
陕西	−7.03	35.84	36.82	14.06	103.78
甘肃	−16.71	−20.12	0.98	−9.93	4.84
青海	−33.89	−15.39	−1.65	−5.39	0.00
宁夏	−11.00	−13.09	6.67	−3.27	13.56
新疆	−15.37	−18.84	3.13	1.17	106.94

表 3-12 2016 年情景下各省（区、市）超载程度分级

超载率 /%	>150	[100，150)	[50，100)	(0，50)	未超载
SO_2	重庆	—	—	广西、湖北、河北、湖南、海南、四川、贵州	北京、吉林、黑龙江、青海、江苏、安徽、辽宁、浙江、西藏、江西、内蒙古、甘肃、新疆、云南、福建、天津、上海、山东、宁夏、河南、陕西、山西、广东
NO_x	湖南、湖北、河北、天津、山东、江苏、北京、安徽、河南、重庆	上海、四川	山西、江西	广西、海南、福建、贵州、吉林、陕西、浙江、辽宁	内蒙古、甘肃、西藏、新疆、云南、青海、宁夏、广东、黑龙江
一次 $PM_{2.5}$	重庆	—	天津、河北	广西、新疆、广东、吉林、辽宁、山西、陕西、江苏、上海、福建、海南、湖南、贵州、北京、四川、湖北、安徽、河南、山东	江西、云南、甘肃、西藏、青海、内蒙古、浙江、宁夏、黑龙江
NH_3	山东、河南、重庆	北京、四川、江苏、湖南、湖北、天津、河北、安徽	山西、贵州、上海	甘肃、内蒙古、新疆、西藏、宁夏、云南、吉林、广东、福建、辽宁、广西、海南、陕西、浙江、江西	青海、黑龙江
VOCs	河南、天津、河北	山西、北京、新疆、安徽、陕西	湖北、山东	江苏、湖南、江西、四川、重庆、辽宁、吉林、宁夏、上海、黑龙江、浙江、广西、甘肃、内蒙古	福建、广东、海南、贵州、云南、西藏、青海

表 3-13 2016 年情景下全国各省（区、市）减排量

省（区、市）	SO_2/t	NO_x/t	NH_3/t	一次 $PM_{2.5}$/t	VOCs/t
北京	—	171 393	15 005	14 056	260 712
天津	—	242 529	22 109	25 112	406 137
河北	138 842	1 234 356	302 020	274 237	1 037 931
山西	—	401 937	61 854	35 373	420 762
内蒙古	—	—	12 736	—	4 102
辽宁	—	366 871	59 778	26 191	232 283
吉林	—	90 155	20 215	5 410	116 941
黑龙江	—	—	—	—	79 319
上海	—	198 917	9 665	7 312	76 777
江苏	—	1 209 440	290 143	51 676	623 950
浙江	—	248 277	46 581	—	162 777
安徽	—	740 790	255 411	139 651	535 467
福建	—	43 149	20 140	24 397	—
江西	—	198 242	83 497	—	160 875
山东	—	1 709 765	438 829	237 751	1 039 795
河南	—	1 049 307	627 253	158 525	1 102 449
湖北	84 379	496 584	329 009	105 105	505 690
湖南	102 564	445 975	311 899	70 905	247 745
广东	—	—	38 037	5 543	—
广西	7 065	35 427	68 051	1 922	68 948
海南	10 166	8 333	15 245	6 593	—
重庆	394 384	315 500	205 102	27 700	127 057
四川	130 080	462 593	402 002	104 934	340 014
贵州	261 180	42 745	108 967	79 754	—
云南	—	—	40 771	—	—
西藏	—	—	3 964	—	—

续表

省（区、市）	SO_2/t	NO_x/t	NH_3/t	一次 $PM_{2.5}$/t	VOCs/t
陕西	—	149 718	75 498	29 637	403 715
甘肃	—	—	1 886	—	16 067
青海	—	—	—	—	—
宁夏	—	—	3 745	—	20 166
新疆	—	—	10 380	1 955	309 223

4 全国和主要区域 $PM_{2.5}$ 及 O_3 协同改善路径

当前 $PM_{2.5}$ 与 O_3 污染已成为实现 2035 年“美丽中国”目标的关键短板，亟须开展协同控制。$PM_{2.5}$ 与 O_3 协同控制的关键在于削减两者共同前体物 NO_x 和 VOCs 的排放。就控制 $PM_{2.5}$ 污染而言，大幅减排 NO_x 和 VOCs 将带来持续收益。就控制 O_3 污染而言，由于其生成机制复杂，浓度与前体物排放呈高度非线性关系：VOCs 减排可降低 O_3 浓度，在 O_3 浓度较高的区域和时段效果更加明显，但由于天然源 VOCs 排放量很大，进一步减排人为源 VOCs 对控制 O_3 污染的效果有限；NO_x 减排初期可能导致部分地区 O_3 浓度升高，但进一步减排 NO_x 后 O_3 浓度呈现加速下降趋势。因此，平衡好 NO_x 与 VOCs 减排在局地与区域、短期与长期上的收益，并基于此探讨我国 NO_x 与 VOCs 减排的中长期路线图，这对于开展 $PM_{2.5}$ 和 O_3 协同控制至关重要。针对上述问题，基于全国空气质量模拟系统，结合环境空气质量监测数据、污染源排放清单，我们模拟分析了不同 NO_x、VOCs 减排情景下 $PM_{2.5}$ 与 O_3 浓度变化趋势，并在此基础上对我国 NO_x 和 VOCs 减排策略提出建议；还分析了 NO_x、VOCs 减排 20% 对 $PM_{2.5}$ 与 O_3 浓度的影响。

4.1 发达国家和地区协同治理经验与成效

4.1.1 美国

美国根据 $PM_{2.5}$ 和 O_3 浓度超标程度不同在各州设定了有针对性的达标期限。在空气质量目标约束下，在依托传统法律法规标准的基础上，经济政策逐渐成为美国控制大气污染的主要政策工具。美国各地区有针对性地采用了包括环境税、总量管制和排放交易系统、财政补贴等一系列经济政策。如美国东部多个州实施了氮氧化物（NO_x）排放总量限额与交易制度；美国多个州通过排污收费来限制包括 NO_x、挥发性有机物（VOCs）在内的主要大气污染物排放。在执行过程中，通过明确执行期限、明确责任实体、公开评估落实情况、监督和问责等机制来严格落实环境政策。在政策制定与落实过程中，从大气污染物浓度、大气污染物排放量趋势、大气污染公共健康影响变化趋势、大气污染物沉降环境影响变化趋势、检查和合规报告、政策落实的成本和效益等方面对政策效果进行科学评估，确保落实成效。

在具体落实层面，根据 $PM_{2.5}$ 和 O_3 浓度超标程度不同（表 4-1 为基于 O_3 浓度的未达标区域分类），美国将未达标区域划分为轻度超标、中度超标、重度超标、严重超标、极度超标 5 个类型，分别设定达标期限，针对不同超标程度提出针对 VOCs 和 NO_x 的不同的减排要求（表 4-2 为不同 O_3 超标幅度的未达标区域排放控制要求）。1990—2019 年，美国的主要大气污染物排放量整体呈下降趋势，NO_x 和 VOCs 排放分别下降了 65% 和 30%（图 4-1）；同期美国平均地表 O_3 浓度下降了 26%（图 4-2）。全美平均 $PM_{2.5}$ 浓度在 2000—2019 年下降了 43%（图 4-3）。值得注意的是，美国的平均地表 O_3 浓度整体呈现锯齿形下降趋势，由于受到气象条件年际波动的影响，年际间 O_3 浓度波动剧烈。

表 4-1　基于 2019 年 O_3 浓度的未达标区域分类

	轻度超标	中度超标	重度超标	严重超标	极度超标
达标期限 / 年	2021	2024	2027	2033	2038
未达标区域数 / 个	40	5	2	2	2
浓度界限 /（$\mu g/m^3$）	0.071～0.081	0.081～0.093	0.093～0.105	0.105～0.111	≥0.163
超标幅度 /%	0～15	16～33	34～50	51～60	≥133

表 4-2　不同 O_3 超标幅度的未达标区域排放控制要求

	VOCs 控制	NO_x 控制
轻度	1.1∶1 的补偿（新增 VOCs 源必须减少区域中已有排放源的排放量） 9 大类工业中排放量高于 100 t 的所有主要排放源采用最佳可得技术	
中度	6 年内 VOCs 排放量降低 15% 排放量＞100 t 的排放源采用最佳可得技术 月销量＞10 000 gal 的加油站油气回收 1.15∶1 的补偿	提高机动车 I/M 要求

续表

	VOCs 控制	NO_x 控制
重度	前 6 年 VOCs 排放量降低 15%，第 7～9 年 VOC 年均降低 3%，9 年共降低 24% 要求 1.2∶1 的补偿	强化机动车 I/M 制度 要求车辆使用清洁燃料 如果区域内车辆里程数超过要求则采取控制措施
严重	要求 1.3∶1 的补偿	采取交通控制措施和更严格的汽油机排放控制措施
极度	要求 1.5∶1 的补偿	排放量>25 t 的工业锅炉采用清洁燃料或先进控制技术

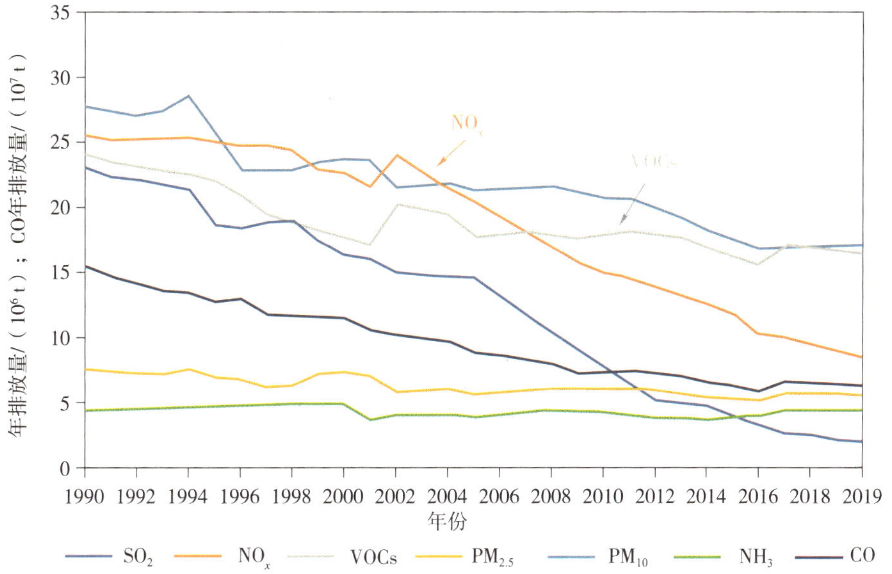

图 4-1 1990—2019 年美国主要大气污染物排放变化趋势

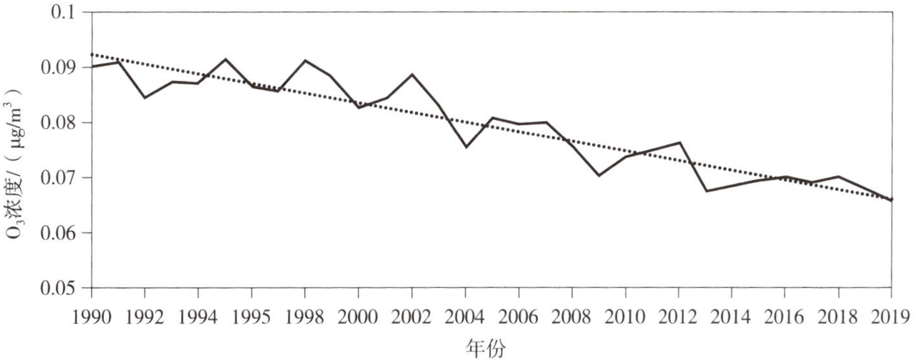

图 4-2 1990—2019 年美国平均地表 O_3 浓度变化趋势

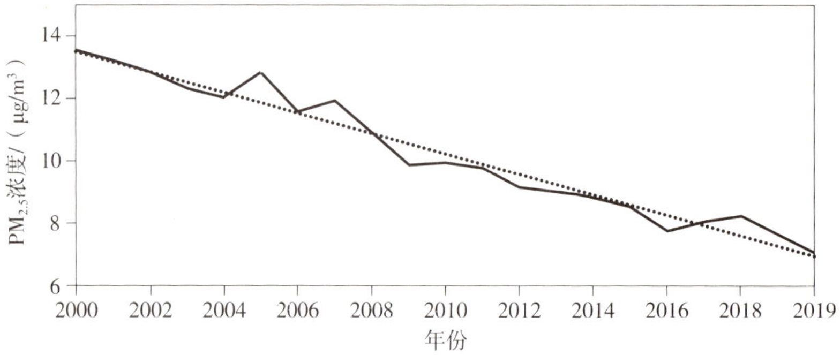

图 4-3 2000—2019 年美国全国平均 PM$_{2.5}$ 浓度变化趋势

4.1.2 欧洲

欧盟通过立法基于《环境空气质量和清洁空气指令》对各国提出约束性的 PM$_{2.5}$ 浓度限值和指导性 O_3 浓度目标；基于《大气污染物远距离传输公约》《哥德堡议定书》和《国家排放上限指令》对各国提出包括 NO_x 和 VOCs 的主要大气污染物排放控制刚性目标是开展 PM$_{2.5}$ 和 O_3 协同控制的核心管理手段。

在此基础上，欧盟各成员国大力推进减排措施，包括实施经济和结构调整、关闭老旧发电厂、推进清洁能源、实施新车排放标准和溶剂产品标准等。欧洲各国也采取了一系列经济政策来推动空气质量改善。如荷兰落实了针对 NO_x 的排放权交易系统，法国、意大利和瑞典对 NO_x 排放征收排污费，瑞士对 VOCs 排放征收排污费。1990—2018 年，欧盟 NO_x 和 VOCs 排放总量均下降了 60% 左右（见图 4-4），有效推动了 PM$_{2.5}$ 和 O_3 污染的协同防治。

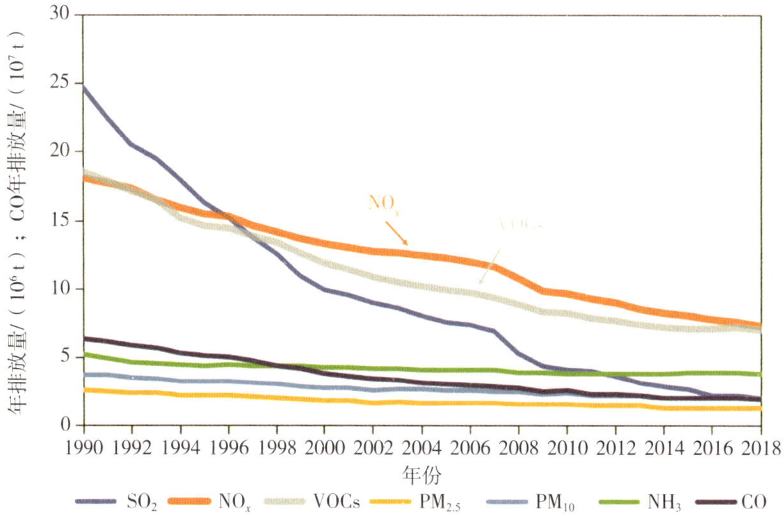

图 4-4 1990—2018 年欧盟主要大气污染物排放变化趋势

4.2 NO_x 减排对 $PM_{2.5}$ 和 O_3 的协同效应

4.2.1 与 $PM_{2.5}$ 浓度间的响应关系

随着 NO_x 减排的深入及空气质量的进一步改善，河南省、湖北省和湖南省等氨排放量较大的省份 $PM_{2.5}$ 浓度降幅较大，主要因为与氨相比，这些地区硝酸盐（$PM_{2.5}$ 的重要组分）生成主要受到 NO_x 排放约束。例如，NO_x 削减 20%、40%、50%、60% 时，全国 $PM_{2.5}$ 浓度分别下降 4.9%、10.7%、13.9%、17.4%；河南省 $PM_{2.5}$ 浓度分别下降 5.5%、12.7%、16.9%、21.4%；湖北省 $PM_{2.5}$ 浓度分别下降 7.0%、14.8%、18.8%、22.9%；湖南省 $PM_{2.5}$ 浓度分别下降 7.2%、14.8%、18.6%、22.4%。

NO_x 减排带来的 $PM_{2.5}$ 近期、远期效益均较大，NO_x 深度减排对于降低 $PM_{2.5}$ 浓度效果明显。随着 NO_x 减排程度增大，全国及各重点区域 $PM_{2.5}$ 浓度基本呈线性下降，其中“2+26”城市和长三角地区随着 NO_x 减排 $PM_{2.5}$ 浓度呈现略微加速下降的特征。长三角随着 NO_x 减排 $PM_{2.5}$ 浓度降幅最大，当 NO_x 减排 60% 时，$PM_{2.5}$ 浓度下降 20.3%；汾渭平原、“2+26”城市次之；珠三角降幅最小，当 NO_x 减排 60% 时，$PM_{2.5}$ 浓度下降 11.8%。具体如图 4-5 所示。

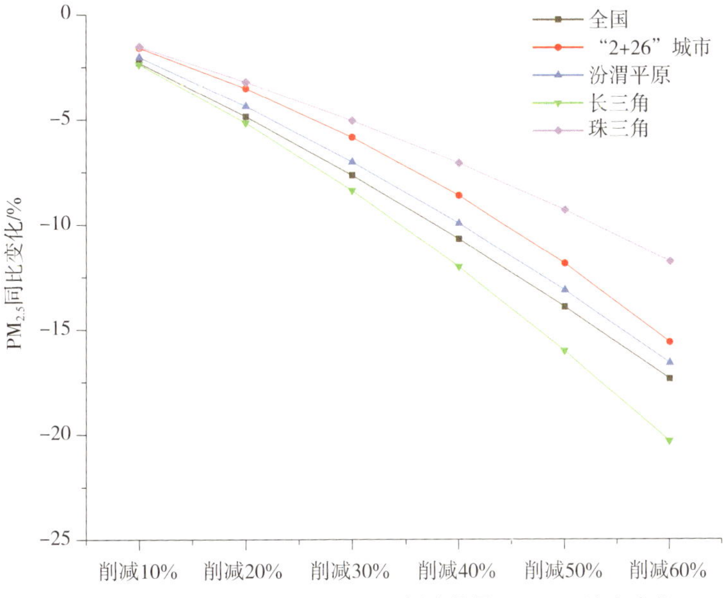

图 4-5 全国及重点区域不同 NO_x 削减情景下 $PM_{2.5}$ 浓度变化

4.2.2 与 O_3 浓度间的响应关系

NO_x 削减 10%、20%、40%、50%、60% 时，全国 O_3 浓度分别下降 1.5%、3.3%、8.4%、11.7%、15.6%。NO_x 减排力度较小时，全国 O_3 浓度改善效果较小，且部分城市市中心 O_3 浓度上升。但随着 NO_x 减排力度增大，全国 O_3 浓度大幅改善，NO_x 减排初期部分 O_3 浓度上升的城市 O_3 浓度开始下降。可能因为当前部分城市市区 NO_x 排放相对较高，O_3 生成相对郊区偏向 VOCs 控制型，市区减排 NO_x 会使得 NO 对 O_3 滴定作用减弱从而使得 O_3 浓度上升；但随着 NO_x 排放量下降，O_3 生成逐步向 NO_x 控制型转化，减排 NO_x 会减弱 NO_2 光解与 O_2 生成 O_3 的强度，从而使得 O_3 浓度下降。

NO_x 减排可有效并持续加速改善 O_3 浓度，全国及重点区域（除珠三角外）O_3 浓度随着 NO_x 减排的深入而加速下降。珠三角在 NO_x 减排初期（NO_x 削减 10%、20%）O_3 浓度轻微上升，之后随着 NO_x 削减力度加大 O_3 浓度开始加速下降；而广东省随着 NO_x 减排 O_3 浓度一直保持加速下降趋势。该结果可能与珠三角城市数量较少且离海近，模型模拟不确定性较大有关。长三角 O_3 浓度降幅较大，NO_x 削减 60% 时，O_3 浓度分别下降 18.6%、18.1%，高于汾渭平原和珠三角 O_3 浓度降幅。此外，当 NO_x 减排比例高于 40% 时，长三角减排速度超过“2+26”城市，可能与长三角夏季天然源 VOCs 排放量大，O_3 生成相对北方对 NO_x 减排更敏感有关。具体如图 4-6 所示。

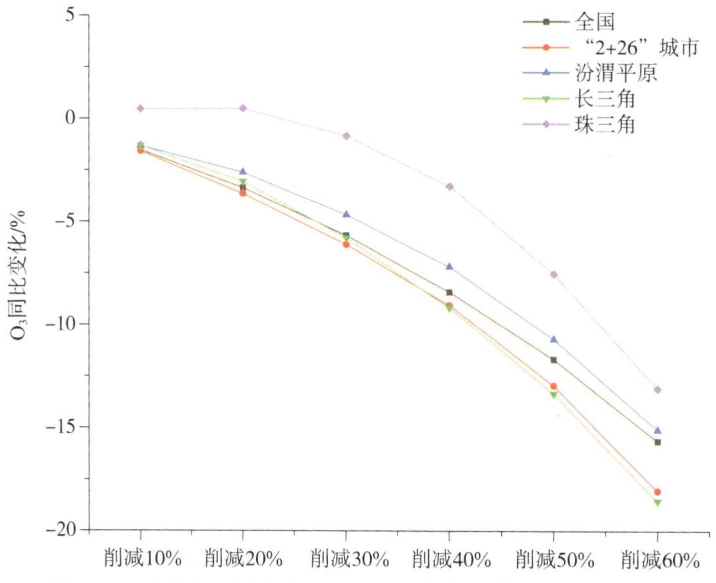

图 4-6 全国及重点区域不同 NO_x 减排情景下的 O_3 浓度变化

4.3 VOCs 减排对 $PM_{2.5}$ 和 O_3 的协同效应

4.3.1 与 $PM_{2.5}$ 浓度间的响应关系对比分析

VOCs 减排也可改善 $PM_{2.5}$ 浓度，改善区域主要集中在京津冀及周边地区和长三角地区，减排初期对 $PM_{2.5}$ 的改善幅度较小，随着减排力度加大，对 $PM_{2.5}$ 浓度改善效果加强。如 VOCs 削减 10% 时，全国 $PM_{2.5}$ 浓度并未呈现出明显下降趋势（同比下降 0.5%）；削减 20%、40%、50%、60% 时，全国 $PM_{2.5}$ 浓度分别下降 1.0%、2.3%、3.1%、4.0%。VOCs 排放对 $PM_{2.5}$ 浓度变化有重要影响，主要因为 VOCs 是直接生成二次有机气溶胶（$PM_{2.5}$ 的重要组分）的重要前体物，此外，VOCs 通过影响 O_3 生成从而影响大气氧化性，大气氧化性越强越利于 SO_2、NO_2、VOCs 等前体物向二次无机盐和二次有机气溶胶（均为 $PM_{2.5}$ 的重要组分）转化。

VOCs 减排可持续改善全国及各重点区域 $PM_{2.5}$ 浓度，随着 VOCs 削减，$PM_{2.5}$ 浓度基本呈现线性下降趋势。“2+26”城市 $PM_{2.5}$ 浓度随着 VOCs 减排降幅最大，当 VOCs 减排 60% 时，$PM_{2.5}$ 浓度下降 7.5%；长三角次之（同比下降 6.9%）；汾渭平原降幅最小，当 VOCs 减排 60% 时，$PM_{2.5}$ 浓度下降 4.9%。具体如图 4-7 所示。

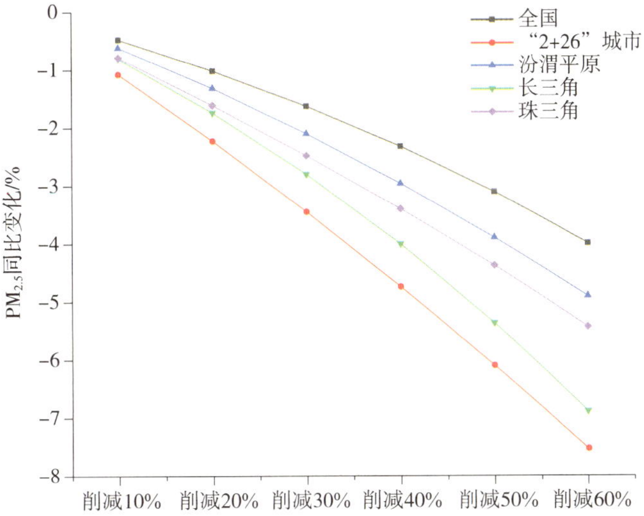

图 4-7 全国及重点区域不同 VOCs 削减情景下 $PM_{2.5}$ 浓度变化

4.3.2 与 O_3 浓度间的响应关系

VOCs 削减 20%、40%、50%、60% 时，全国 O_3 浓度分别下降 2.6%、5.7%、

7.3%、9.1%。VOCs减排可持续降低O_3浓度，随着VOCs减排力度加大，O_3浓度改善效果加强。O_3浓度改善主要集中在京津冀及周边地区、长三角和珠三角等发达地区，主要因为这些地区大部分城市O_3生成处于VOCs控制区或VOCs-NO_x协同控制区，减排VOCs会使得O_3浓度大幅下降。

O_3浓度随着VOCs减排线性下降，VOCs减排可有效并持续改善全国及各重点区域O_3浓度。长三角、珠三角、京津冀及周边地区随着VOCs减排O_3浓度降幅最为明显，其中珠三角O_3浓度下降幅度最大，VOCs削减60%时，O_3浓度同比下降23.2%；长三角、京津冀及周边地区次之；汾渭平原降幅最小，当VOCs减排60%时，O_3浓度下降约10.5%。具体如图4-8所示。

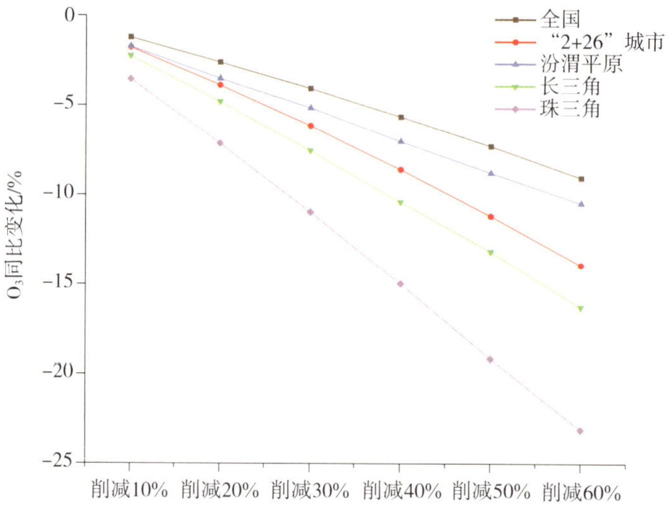

图4-8 VOCs减排对O_3日最大8 h第90百分位数的影响

4.4 NO_x和VOCs减排对$PM_{2.5}$和O_3的协同效应

4.4.1 与$PM_{2.5}$浓度间的响应关系对比分析

NO_x减排对全国及各重点区域$PM_{2.5}$浓度的改善效果明显强于VOCs减排所带来的效果。随着减排力度增大，相较于VOCs，NO_x减排会使得$PM_{2.5}$浓度加速下降。如NO_x削减20%、40%、50%、60%，全国$PM_{2.5}$浓度分别下降4.9%、10.7%、13.9%、17.4%；VOCs削减20%、40%、50%、60%时，全国$PM_{2.5}$浓度仅分别下降1.0%、2.3%、3.1%、4.0%。具体如图4-9所示。

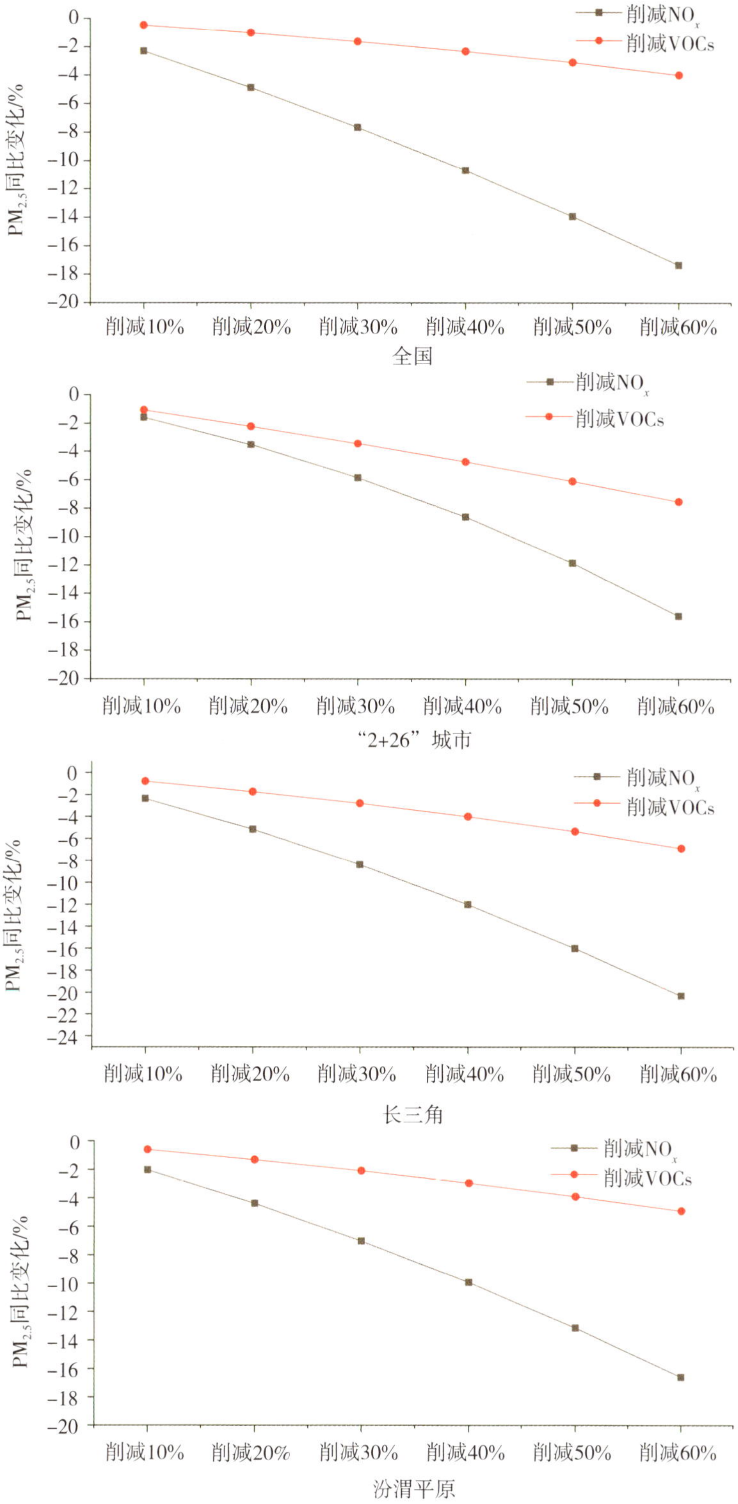

图 4-9　NO_x 和 VOCs 减排对 $PM_{2.5}$ 浓度产生的影响

4.4.2 与 O_3 浓度间的响应关系对比分析

全国尺度削减 NO_x 引起的 O_3 浓度降幅要高于 VOCs 减排，并且随着 NO_x 削减幅度加大，O_3 浓度呈加速下降特征。重点区域中，“2+26”城市、长三角和汾渭平原减排初期 VOCs 带来的 O_3 浓度改善效果高于 NO_x 减排，但随着 VOCs 减排力度加大，人为源 VOCs 排放在 VOCs 排放总量中占比逐步降低，VOCs 减排对 O_3 的改善效果逐步低于 NO_x 减排，该特征在南方地区尤为明显。例如，“2+26”城市 NO_x-VOCs 削减比例大于 30%、长三角削减比例大于 50%、汾渭平原削减比例大于 40% 时，NO_x 减排对 O_3 浓度的改善效果将超过 VOCs 减排。具体如图 4-10 所示。

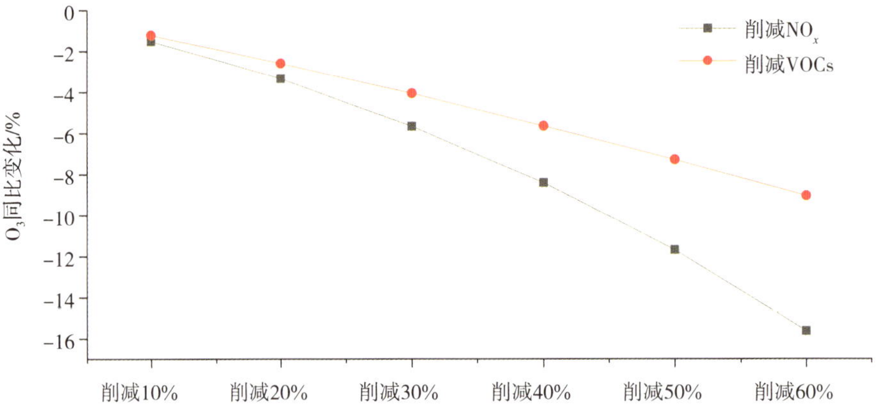

全国

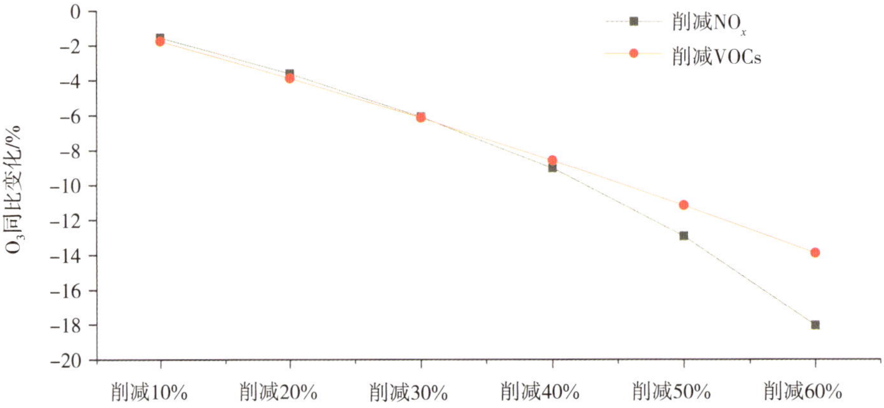

“2+26”城市

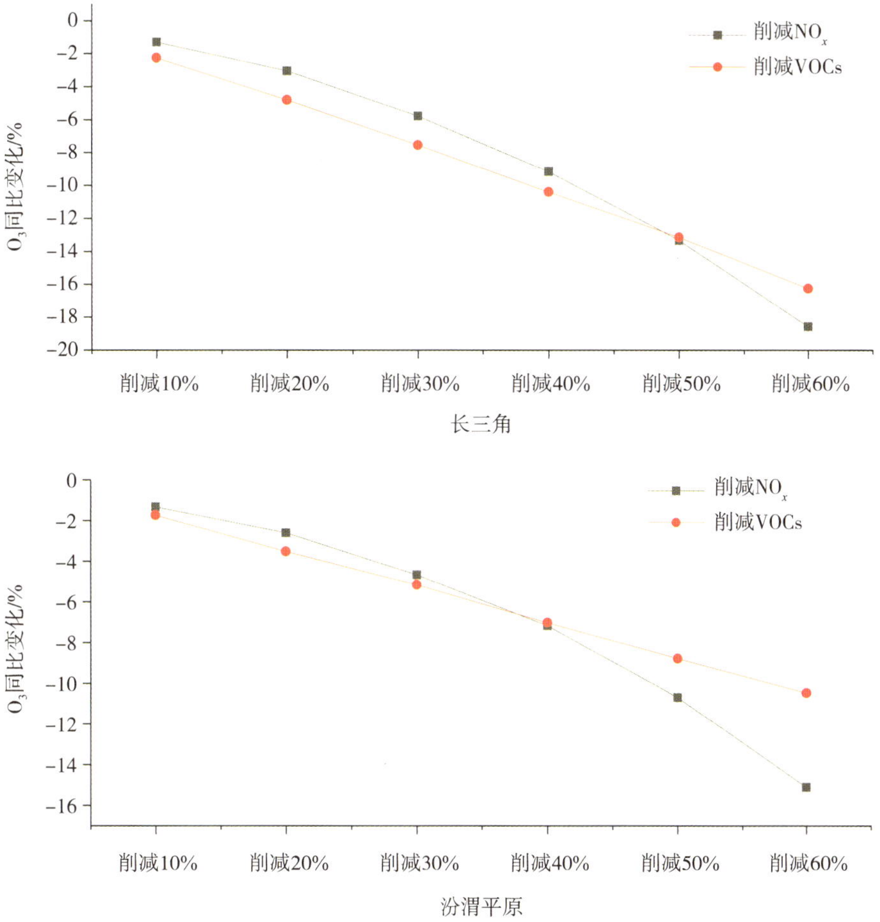

图 4-10 NO_x 和 VOCs 减排对 O_3 日最大 8 h 第 90 百分位数产生的影响

5　全国和主要区域大气污染物减排潜力

本章采用 IPAC-AIM/Local 模型，对未来社会经济发展进行了理论方面的预测，充分考虑能源结构改善潜力，得出能源发展情景。在此基础上，采用情景分析方法，分析不同控制情景下分阶段、分地区的大气污染物排放进行动态评估，实现对不同布局情景下相应阶段和地区的结构减排和末端减排潜力的测算。

5.1　大气污染物排放现状

根据清华大学多尺度大气污染物排放清单（MEIC），我国 2017 年 SO_2、NO_x、NH_3、一次 $PM_{2.5}$、VOCs 等污染物排放量分别为 1 050.3 万 t、2 198.2 万 t、1 026.9 万 t、762.0 万 t 和 2 861.7 万 t。从部门污染物排放分布来看，SO_2 排放量主要来自工业、民用、电力部门，排放贡献比例分别为 56.9%、22.6% 和 17.4%；NO_x 排放量主要来自工业、交通和电力部门，排放贡献比例分别为 41.9%、35.1%、19.0%；VOCs 排放量主要来自工业和交通部门，排放贡献比例分别为 70.7% 和 16.7%；$PM_{2.5}$ 排放量主要来自工业和民用部门，排放贡献比例分别为 45.8% 和 39.7%；NH_3 排放量主要来自农业部门，排放贡献比例为 93.6%。具体如图 5-1 所示。

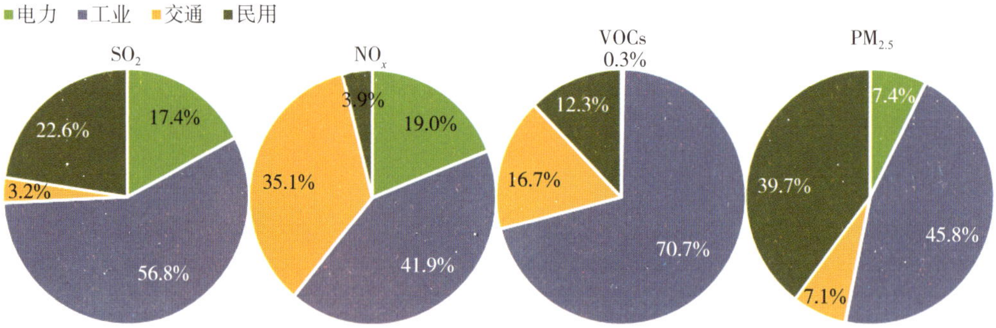

图 5-1　我国主要大气污染物排放量部门分布

从大气污染物排放的空间分布来看，处于京津冀及周边地区和长三角区域的各省（区、市）大气污染物排放量均明显较高。其中，因产业结构重、能源消耗多，电力、工业部门的污染物排放量大，河北、山东、河南、江苏、山西等地的污染物排放显著高于其他省（区、市）。例如，河北省电力和工业部门的 SO_2 和 NO_x 排放量分别可占总排放量的 81% 和 63% 左右；山东省电力和工业部门的 SO_2 和 NO_x 排放量分别可占总排放量的 81% 和 61% 左右。具体如图 5-2 所示。

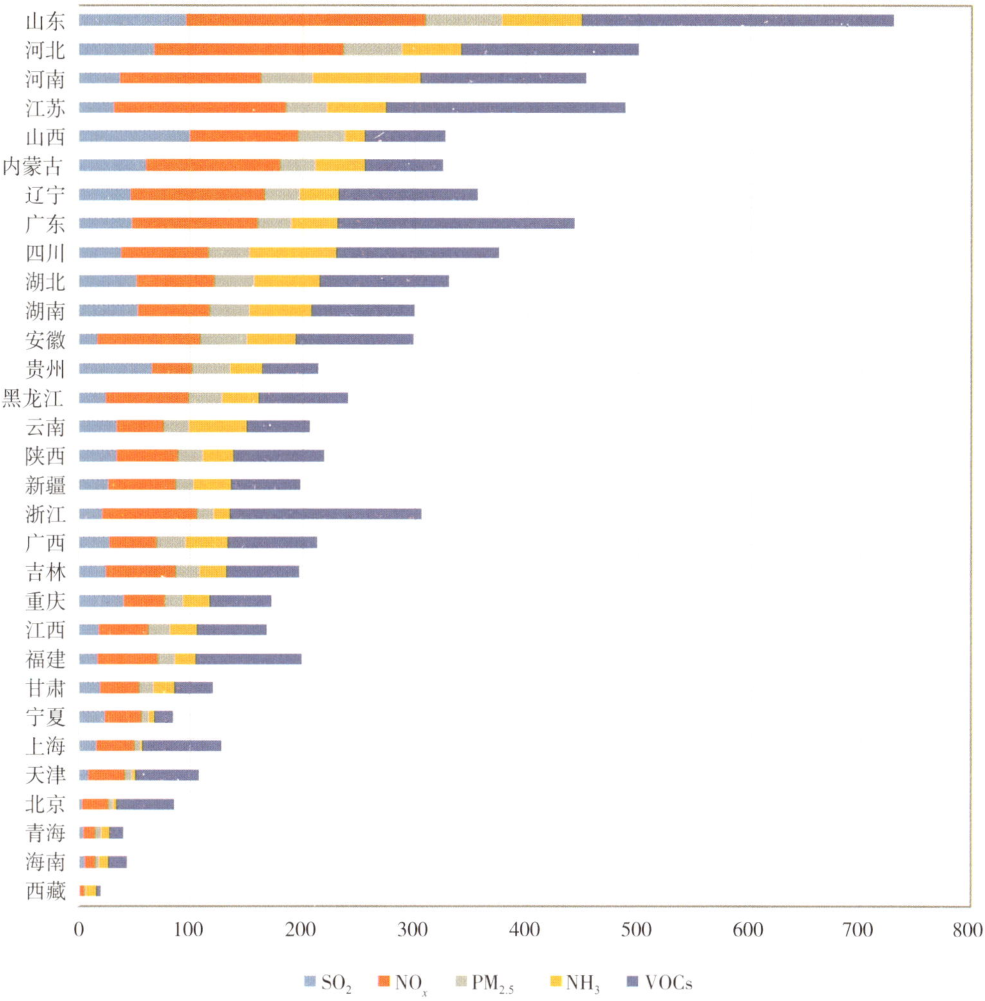

图 5-2　各省（区、市）主要大气污染物排放量分布

基于全国环境容量的研究结果进行初步测算，在 $PM_{2.5}$ 浓度达到环境空气质量二级标准的约束下，以 2017 年为基准年，考虑气象条件对达标约束下环境容量的影响，全国 SO_2、NO_x、一次 $PM_{2.5}$ 的减排比例至少需达到 0%～11%、39%～47%、

17%～27%。各省（区、市）以质量达标为约束的污染物减排需求测算结果见表 5-1。

表 5-1 各省（区、市）以质量达标为约束的各类污染物减排比例需求范围

省（区、市）	SO_2	NO_x	$PM_{2.5}$
北京	0%	70%～76%	25%～26%
天津	0%～19%	74%～82%	39%～59%
河北	16%～23%	71%～72%	48%～52%
山西	0%～5%	41%～46%	8%～12%
内蒙古	0%	0%	0%～6%
辽宁	0%	30%～41%	8%～17%
吉林	0%	9%～14%	2%～9%
黑龙江	0%	0%	0%～12%
上海	0%～30%	58%～80%	14%～48%
江苏	0%	76%～84%	13%～37%
浙江	0%	29%～62%	0%
安徽	0%～8%	78%～86%	32%～52%
福建	0%	8%～13%	16%～23%
江西	0%～9%	43%～66%	0%
山东	0%～3%	76%～78%	33%～40%
河南	0%～9%	80%～82%	32%～37%
湖北	13%～32%	70%～75%	28%～35%
湖南	16%～41%	67%～71%	28%～35%
广东	0%～24%	0%～26%	2%～12%
广西	2%～18%	8%～32%	1%～3%
海南	20%～25%	8%～12%	17%～25%
重庆	75%～79%	77%～82%	73%～75%
四川	28%～45%	53%～58%	26%～27%
贵州	30%～65%	9%～11%	22%～30%
云南	0%	0%	0%

续表

省（区、市）	SO_2	NO_x	$PM_{2.5}$
西藏	0%	0%	0%
陕西	0%	26%～31%	12%～17%
甘肃	0%	0%	0%
青海	0%	0%	0%～2%
宁夏	0%	0%	0%～7%
新疆	0%	0%	1%～12%
合计	0%～11%	39%～47%	17%～27%

5.2 全国和地区社会经济发展情景分析

5.2.1 基本思考

可靠的社会经济发展情景是建立能源情景的前提条件。建立能源以及污染物、温室气体排放情景时，必须事先设定社会经济发展情景，既包括总量尺度，如人口、GDP 等，也包括结构的变化，如产业结构、人口结构、年龄分布、城乡比例等，还包括其他一些社会特征，如收入分配公平性、消费倾向以及价值观取向等。这些都是能源发展情景的社会驱动因素，因此，社会经济发展情景的可靠性是决定能源情景优劣的前提条件。

但准确设定社会经济发展情景相当困难。改革开放以来，中国经历了 40 多年的快速转型期，未来国民经济和社会发展将呈现怎样的趋势？利用过去 40 多年的经历来描绘未来 30 年甚至 50 年的蓝图，要做到一劳永逸地精确预测，是一件相当困难的事情。当前，有关中国的排放情景存在这样的问题：几年之前基准情景所设定的社会经济发展情景，现在看起来已经不合时宜，如经济增长率和产业结构都发生了显著的改变。困难有多个方面：首先，投射的时间越长，误差越大，方法本身使然。对于指数增长而言，一个百分点的差异，短期来看虽没有什么影响，但是长期来看影响会相当显著。其次，经济结构的变化出乎意料。2003 年之前，中国能源消费弹性系数在 0.5 上下浮动，重工业比重在 60% 左右。随着中国重化工业比重的增加，弹性系数迅速提高，2004 年猛增到 1.6，2007 年能源消费总量较

2000年翻番，这使得2003年之前所作的情景对近期的描述“失准”。在资源环境压力下，2006年开始执行严格的节能减排目标责任制，倒逼经济结构调整。如此剧烈的政策调整和扰动也对预测带来了难度。再次，经济周期的干扰使准确预测变得尤为困难，这与第二个原因有某种关联，因为经济周期可能与经济结构同时起作用。投射通常是根据时间序列做出的，时间距离现在越近，所赋予的权重越大。如果在经济低谷进行预测并且对未来持悲观态度，那么当经济拐点到来的时候，会发现之前的预测偏低，反之亦然。这也是为什么早期认为中国碳排放要在2030年前后超过美国，而近期研究则较准确地预测到中国碳排放巨量增长的原因。投射或预测的局限就在于不能确定动力机制何时改变以及如何改变，因此无法对趋势变化进行判断。

过去几十年来，我国经济长期保持高速增长，但过多依赖增加物质资源消耗、过多依赖规模粗放扩张、过多依赖高能耗高排放产业的发展模式也积累了一定的结构性问题，包括严重的生态环境问题。目前，我国经济发展由高速度进入高质量阶段，其中资源环境约束越来越强、越来越被重视，将成为影响未来情景最重要的因素。习近平生态文明思想的特征就是不断满足人民群众日益增长的优美生态环境需要、为百姓提供更多优质的生态产品，是生态文明建设各项工作的出发点。基本途径是绿色发展、产业生态化和生态产业化。

党的十九大和习近平生态文明思想描述了到21世纪中叶我国的发展蓝图和生态文明建设的重要地位：

- 从现在到二〇二〇年，是全面建成小康社会决胜期；
- 从二〇二〇年到二〇三五年，在全面建成小康社会的基础上，再奋斗十五年，基本实现社会主义现代化。到那时，我国经济实力、科技实力将大幅跃升，跻身创新型国家前列；人民平等参与、平等发展权利得到充分保障，法治国家、法治政府、法治社会基本建成，各方面制度更加完善，国家治理体系和治理能力现代化基本实现；社会文明程度达到新的高度，国家文化软实力显著增强，中华文化影响更加广泛深入；人民生活更为宽裕，中等收入群体比例明显提高，城乡区域发展差距和居民生活水平差距显著缩小，基本公共服务均等化基本实现，全体人民共同富裕迈出坚实步伐；现代社会治理格局基本形成，社会充满活力又和谐有序；生态环境质量实现根本好转，美丽中国目标基本实现；
- 从二〇三五年到本世纪中叶，在基本实现现代化的基础上，再奋斗十五年，把我国建成富强民主文明和谐美丽的社会主义现代化强国。到那时，我国物质文明、政治文明、精神文明、社会文明、生态文明将全面提升，实现国家治理体系和治理能力现代化，成为综合国力和国际影响力领先的国家，全体人民共同富裕基本实现，我国人民将享有更加幸福安康的生活，中华民族将以更加昂扬的姿态屹立于世界民族之林。绿色发展方式和生活方式全面形成，人与自然和谐共生，生态环境领域国家治理体系和治理能力现代化全面实现，建成美丽中国。

环境保护和经济发展，不能偏废其中任何一个。简而言之，2035 年初步实现社会主义现代化，美丽中国基本实现；2050 年建成社会主义现代化强国和美丽中国。如果说，什么是社会主义现代化、现代化强国的图景还需要共同探讨，但“美丽中国”中的青山绿水、鱼翔浅底鹰击长空、蓝天白云是非常明确的。

本研究将以生态文明建设为根本目标、以经典经济学理论为基础、以宏观（省级）/ 中观（城市级）区域发展为主线、辅以中微观主体功能区（地级市、县级）理念为基本思路进行未来情景的设置。将中微观因素纳入研究，将是本研究的重要特点。

5.2.2 全国和区域发展政策展望

5.2.2.1 以绿色低碳发展为基调

党的十九大报告是对习近平新时代中国特色社会主义思想的全面阐释。党的十九大将坚持人与自然和谐共生作为新时代坚持和发展中国特色社会主义的基本方略之一，将建设生态文明作为中华民族永续发展的千年大计，同时也将构筑尊崇自然、绿色发展的生态体系作为坚持推动构建人类命运共同体的重要内容。这表明党的十九大报告在科学发展观强调全面、协调、可持续发展的基础上，明确了建设生态文明、建设美丽中国的总体要求，集中体现了习近平新时代中国特色社会主义思想的生态文明观，明确揭示了人与自然是生命共同体，人类必须尊重自然、顺应自然、保护自然的客观规律，提出了我们要建设的现代化是人与自然和谐共生的现代化的行动纲领，确立了还自然以宁静、和谐、美丽的目标，可以说形成了系统的绿色发展理论。

“低碳”是绿色的必然内容。从我国首倡的人类命运共同体理念看，21 世纪末将温升幅度控制在 1.5～2℃是《巴黎协定》确定的基本共识，21 世纪中叶大幅度降低全球总排放是必由之路。2006 年我国超越美国坐上了 CO_2 排放量排名的头把交椅。根据 GCP 估算，2018 年我国化石 CO_2 排放（能源燃烧 + 水泥生产过程）

约 100 亿 t，占全球排放量的 28%，与美国（15%）、欧盟（9%）、日本（3%）排放之和大致相当。从人均排放看，美国为 16.6 t，依然是人均排放最高的国家之一，约为世界平均水平（4.8 t）的 3.5 倍；我国的人均排放为 7.2 t，已经超过欧盟（6.7 t），比世界平均水平高 50%。从历史累积排放的角度看，以 1870 年为起点算起，几个国家 / 集团的历史累积排序为美国（25%）、欧盟（22%）、中国（13%）、印度（4%）；如果以 1990 年为起点，排序为美国（20%）、中国（20%）、欧盟（14%）、印度（5%）。也就是说，1990—2018 年，我国和美国的累积排放量相当，2018 年之后，1990 年以来的累积排放量我国也是全球最高。1990 年以来我国 CO_2 排放增量占全球排放增量的一半以上。因此，全球排放大幅度降低的必要条件是我国的排放大幅度降低。而且，低碳与清洁是一脉相承的，低碳能够保证蓝天，而蓝天不一定能够保证低碳，从源头出发，从长期看，不仅能够少走弯路，也可以降低整体转型成本。

5.2.2.2 新冠肺炎疫情带来不确定性

2019 年年底、2020 年年初爆发的新冠肺炎疫情给世界发展带来不确定性。经历了前所未有的全球性经济“停顿”（shut-down）之后，2020 年 5 月以后各国纷纷进入重启阶段，不出所料，如 2008 年遭遇金融危机之后的反应一样，各国都出重拳刺激社会经济复苏。虽然目前的复苏计划尚不完整清晰，而且还在调整中，但从各国和各界的呼吁中能够看出，“绿色复苏”是每个国家都必须认真考虑的内容。

截至 2020 年 5 月 12 日，16 个主要经济体都提出了体量不等的全部或部分复苏计划，很多细节还不是很清楚。粗略分析，美国提出的复苏计划体量最大，达到 2.2 万亿～2.9 万亿美元，墨西哥最小，只有 260 亿美元；全球复苏计划体量总额大约超过 8 万亿美元。一个重要的共同特点是，此次“激励大包”中的大头都流向了深受疫情影响和个人、家庭和小微企业，维持就业、救济事业、维持企业现金流，都体现了“以人为本”的特点。与此同时，根据 VIVID Economics 的分析，大约有 2.2 万亿美元流向了受环境影响（包括大气污染、气候变化、生物多样性等）相对较高的行业和部门，例如农业、工业、能源和交通，如果这部分资金能够将低碳作为基本条件之一，将特别改善这些部门的绿色属性。事实上，到目前为止，并没有出现理想状态中的绿色倾向。这与 Bloomger 的跟踪分析结果类似——大约只有 0.2% 的投入具有绿色性质。大部分救助资金直接流向受困行业（如航空业等），并没有关注这些行业的低碳化转型和气候适应能力，只有非常少量的资金关注被资助行业的环境持续性（如英国、法国、加拿大，其中法国的航空业复苏计划被评价为“最清洁”）。此外，还有一些国家放宽了对高排放行业的环境管制，减免了税款，削减对环境友好产业的补贴，反而会引发环境问题，美国表现得特别明显，容易形成“褐色”发展路径，例如，2020 年 3 月 26 日，美国 EPA 宣布疫情期间暂停环境保护法的实施。在应对气候变化措施本来就不足的发展中国家，得到支持最大的行业还是那些对排放贡献最大的部门，当然也是经济产出的主要部门。从现在的态势看，绿色复苏的全球倾向并不明显。具体如图 5-3 所示。

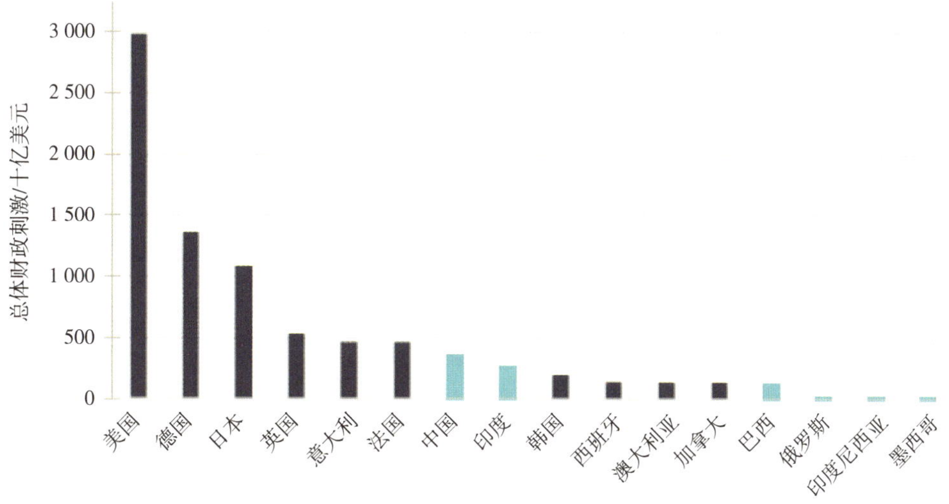

图 5-3　世界主要国家疫情期间发布的经济激励计划（截至 2020 年 5 月 12 日）

（图片来源：VIVID economics）

在 VIVID economics 的分析中，我国的复苏“绿色”指数较低，主要依据是煤电建设开闸放水，能源局大幅度缩减了 2023 年煤电装机宽裕度红色预警信号数量（2023 年只有 3 个地区标注为红色预警，而 2020 年有 25 个地区），相当于间接鼓励发展煤电。同时，2019 年下半年以来，“十四五”应继续扩大煤炭消费的主张得到很多呼应，更有人主张“十四五”应新建高达 2 亿 kW 煤电项目，引起国际社会关注。可以想象，“十四五”期间降低煤炭比重的任务将更加艰巨。同时，很多省（区、市）取消了对电动汽车的补贴，可能会延迟交通部门的电气化和低碳化进程。

“十四五”是按照习近平新时代发展理念，进行全面高质量发展转型的新阶段。无论是增加煤炭消费还是增加煤电装机容量，都不是高质量发展的正确选项，也不是能源转型的正确选项。新冠肺炎疫情下的经济复苏应选择新的发力点，传统发展带不来新的、持续的增长。

5.2.2.3 区域政策展望

区域协调发展承担经济高质量发展重任。总体上看，我国区域经济发展已初步实现了从“非均衡”增长向“均衡”增长的转变，虽然还面临许多困难和问题，但可以预见未来我国区域经济发展将在整个国民经济发展中起到越来越重要的作用。特别是在当前宏观经济处于新常态、产业经济缺乏新支柱的形势下，我国区域经济的高质量发展，以其巨大的空间回旋余地和发展潜力以及不断提升的均衡新性、调性和可持续性，正在成为保持中国经济稳定健康和协调可持续发展的重要力量和因素。

党的十八大以来，以习近平同志为核心的党中央高度重视黄河流域生态保护和经济社会发展。2019 年 9 月 18 日，习近平总书记主持召开座谈会并发表重要讲话，将黄河流域生态保护和高质量发展上升为重大国家战略。2019 年 10 月 31 日，党的十九届四中全会决定指出，要加强长江、黄河等大江大河生态保护和系统治理。2020 年 1 月 3 日，习近平总书记主持召开中央财经委员会第六次会议，专题研究黄河流域生态保护和高质量发展问题。新冠肺炎疫情相对稳定之后，习近平总书记先后赴陕西、山西、宁夏考察，再次就黄河流域生态保护和高质量发展做出重要指示。目前，《黄河流域生态保护和高质量发展规划》正在编制当中，2020 年 3 月，《2020 年河南省黄河流域生态保护和高质量发展工作要点》印发，提出要抓实抓细抓落地，把握沿黄地区生态特点和资源禀赋，从过去的立足“要”向立足“干”转变、向先行先试转变，引领沿黄生态文明建设，在全流域率先树立河南标杆。

国务院发展研究中心的刘勇研究员总结了我国三大层次区域经济格局的新变化：

高层大尺度区域经济体系发生变化。指以省域为基础单元的城乡区域经济体系，涉及整个地带和重大流域等，反映的是全国国土空间资源的利用保护的高质量发展的均衡协调新格局。截至 2020 年上半年，作为一个大国，我国大尺度城乡区域经济体系已经由“三大地带”，逐步演变形成为“四大板块 + 若干重大区域战略”的优化格局，即由西部大开发、东北全面振兴、中部地区崛起、东部率先发展组成的“四大板块”，加上由京津冀协同发展、建设粤港澳大湾区、长三角一体化发展、长江经济带、黄河流域、成渝地区、促进老少边贫衰地区加快发展和发展海洋经济组成的若干重大区域战略。该高层大尺度城乡区域经济体系和格局，为进入高质量发展新阶段，构建现代化城乡区域经济新体系奠定了坚实基础。

中层中尺度区域经济体系变化。指以地（市）域为本地域单元，涉及地级及以上城市行政区划范围内的国土空间资源的利用和保护，具有相对完整的产业结构和齐全的城乡区域结构，是城乡区域经济一体化的基础，体现的是空间市场一体化互联互通新格局的进一步完善。目前，我国中层中尺度城乡区域经济体系逐步演变形成，以地级及以上中心城市为核心、以中心城市和其直接管辖的县域行政区组成的都市圈以及以 3 个及以上都市圈（或地级行政区）组成的城市群构成的覆盖全国国土的、层次分明的城乡区域经济一体化体系和格局。其中，中心城市、都市圈和城市群又以其人口、面积和经济实力等指标划分为国际性、国家级、区域级等级别，以反映主次关系和发展政策支持重点。

基层小尺度区域经济体系变化。指以县域为基本地域单元，涉及县域、乡镇域和村域的国土空间资源利用和保护，体现的是城乡区域分工合作优势互补新格局的全面深化。作为城乡区域经济分工合作的基本地域单元的县域，按照区域分工合作原理，可分为现代化都市县和现代化农业县。其中，现代化都市县是指以现代化服务业和以非农产品原材料制造业为主的地级以上城市所在的县域，包括首都都市县（北京中心 6 城区）、直辖市都市县、省会都市县、地级市都市县等；现代化农业县，指以规模化家庭农场为主的集约高效农业县域，其县城和建制镇主要从事以农产品加工和制造业以及涉农辅助性服务业为主。全国各县域可通过“双评价”（国土空间规划的“资源环境承载能力评价”和“国土空间开发适宜性评价”）来确定其未来发展的方向。目前，我国基层小尺度城乡区域经济体系已经演化形成了 297 个地级及以上城市所在县域组成的制造业和服务业都市县以及 1 881 个农业县域（不含市辖区）。这样的县域空间结构与美国 20% 的都市统计区和 80% 的现代化农业县的县域空间结构相比，尚有一定的距离。

除了对历史发展的探究（“我们从哪里来”），从本项目研究角度出发，高层大尺度（宏观）、中层中尺度（中宏观）区域经济发展趋势是研判各省经济未来发展态势的主要依据（“我们往哪里去”），同时，在生态文明建设背景下，认为微观尺度的影响也会更加彰显，特别是各省（区、市）都出台了基于县级单元的主体功能区规划和国土空间治理政策。基于“自下而上”的县级单元主体功能汇总，将各省省域划分为重点（优化）发展区、农业主产区和生态保护区，在保证一定速度的情况下，各类地区的发展定位和内容不同，为高质量发展保驾护航。

从大的方面来看，我国正在实施西部大开发、中部崛起战略和东北振兴等区域平衡发展战略。目前，中西部与东部之间的地区相对差距已经在缩小，但地区绝对差距仍然在扩大，因此，未来工作的重点在于逐步实现缩小地区间绝对差距的目标。从具体措施看，根据世界各国的经验，未来政府调控区域发展差距的工作应该主要集中在以下几个方面：一是促进各区域农业现代化的发展，事实证明区域差距更多地体现在各地区的农业和农村发展的差距上；二是促进各地区城乡区域基础设施建设的均衡发展，公共基础设施的差距直接影响着各地区居民收入的差距；三是促进各地区社会公共服务水平的均衡化。从探索中西部产业发展新途径来看，中部地区的基础条件和发展水平已不适宜简单承接、重复发展东部地区将要淘汰或外迁的产业。从其他国家的区域产业转移规律来看，一般性产业转移的效果并不好。中西部的产业发展还是应当力求最大限度地结合新科技革命和产业革命趋势，同时，与东部地区形成合理、适度的产业分工。

总之，区域经济一体化的核心内容是建立统一的空间市场，让产品和服务以及生产要素在空间上自由流动，以达到最佳配置的效果，硬件和软件都达到一体化，目标是形成“全国经济一盘棋”，这是区域经济高质量发展的首要任务和基本前提。

5.2.3 方法论选择

一方面，IPAC-AIM/Local是基于详细能源技术的“自下而上”技术模型，更依赖于高耗能产品产量、建筑面积、机动车出行率等行业数据，并不直接依赖GDP、产业结构等社会经济发展的宏观经济参数；另一方面，宏观经济发展参数对工业发展、居民生活水平提高又有深刻的影响。首先对未来社会经济发展进行了理论方面的预测，再辅以基于主体功能因素的经验调整，基于这些判断对工业产品产量（特别是高耗能产品）、城乡发展进行情景分析，之后将这些参数与模型链接，充分考虑能源结构改善潜力，得出能源发展情景。

5.2.3.1 基本理论和模型构建

叶裕民曾在其研究中指出，关于经济增长的源泉和因素，当代西方经济学界观点基本一致，其中包括劳动力数量的增长、固定资本存量的增长以及广义的技术进步。其中广义的技术进步（即索洛意义上的技术进步）对经济增长的贡献既包括生产中使用的硬技术对经济增长的贡献，也包括生产中使用的软技术（如要素配置效率、规模经济、组织管理及经济机制等因素）对经济增长的贡献。索洛经济增长模型在当代西方经济学界还是被广泛认同的，保罗·萨缪尔森和威廉·诺德豪斯还直接以索洛经济增长模型来计算美国的全要素生产率（TFP）。

田野进行过归纳，对于中国潜在经济增长率的测算，主要包括以下几种方法：①时间序列分析法；②生产函数法；③宏观经济增长模型法；④投入产出法；⑤国际比较外推法。事实上，本书采用的分析方法属于生产函数法，其在经济分析上具有一定的优势。首先，其背后具有经济学的理论支撑，具有解释意义；其次，针对中长期经济预测而言，生产函数法具有优势，其较为全面地考虑了生产要素利用率和技术进步的影响，充分体现潜在产出的供给面特征，从而具有很强的说服力；最后，生产函数法经济含义明确，预测能力也较强，可以进行更深入的结构分析及中长期预测，根据某要素的变动进行调整也更为灵活。

但是应用于我国的实际，生产函数法也存在一定的缺点。第一，数据完整性方面，我国缺少固定资产投资价格指数的完整序列，资本存量、就业人口、人口资本等数据均需要估算，且存在一定争议，使得结果容易出现差异；第二，转型经济国家生产函数并不稳定，这使得将实际资本存量水平、估算的潜在就业水平及趋势的全要素生产率代入估算经济的加总生产函数缺少必要的前提；第三，准确测算我国的劳动力投入水平也较为困难，现有的失业率等数据难以反映真实的就业情况。

预测经济还有另外一种选择，即综合使用线性规划、回归分析、居民消费扩展线性支出系统、投入产出分析等建立较为复杂的数量经济学模型，对经济运行机制进行反映、建模和预测。建立在投入产出分析的基础上，可计算一般均衡（CGE）模型的使用成为分析中国经济增长趋势的一种新的工具选择。可以说，投入产出法可以在更深入的层面同时考虑经济增长、经济结构等多方面的问题，相比生产函数法有更强的经济解释能力，对经济发展的分析也将更全面、更细致。但是这种方法受到统计数据的局限更为明显，计算方法的复杂性也制约了该方法的进一步发展。

张延群、娄峰等利用柯布－道格拉斯生产函数和索洛增长模型实证分析了1970—2007年全要素劳动生产率、资本和劳动力对中国经济增长的贡献；在对未来影响经济增长各个因素的趋势进行分析的基础上，对中国未来的经济增长进行了分段预测和情景分析。他们的研究指出，长期增长一般不取决于外部的突然冲击或者经济行为的短期改变。长期增长主要由劳动生产率、资本存量以及劳动投入来决定。可以通过较为简单的模型对影响经济增长的各个要素进行定量分析，并对这些要素的未来趋势进行分析，从而做出较为准确的预测。

根据上述对经济预测的方法学的分析和描述、优势与局限性的对比等，我们认为针对中长期全国和各省（区、市）未来的国民生产总值的情景分析可以通过建立较为简单的罗伯特·索洛（Robert Solow）所描述的经济增长模型进行分析，这样既可以保证一定的预测准确性和经济学的解释性，完成现有的与主体功能区规划政策等进行衔接的需求，也使得模型的复杂程度和数据完整性的局限可控。这种方法的关键在于，对缺失的历史数据（固定资产平减指数时间序列的完善、固定资产存量的初始值的估计）的处理，利用永续盘存法对资本存量及流量的计算，资本折旧率的时间空间序列，资本及劳动对产出的弹性现状及未来的分析，劳动力投入水平的估计等一系列的技术性问题的处理，以及在完成针对历史情况的实证分析之后对未来情景的分析及假设的处理。

参考现有的研究，如果仅仅关心未来的GDP增长指标，我们可以建立一个由四个方程或等式构成的罗伯特·索洛经济增长模型。

第一，柯布－道格拉斯（Cobb-Douglas）生产函数方程（行为方程）。

$$Y_t = Ae^{\alpha_t} K_t^{\beta} L_t^{\gamma} \tag{5-1}$$

式中：α 测度产出随时间而产生的指数变化率，为全要素生产率的增长率；β 为资本对产出的弹性；γ 为劳动对产出的弹性，如果 $\beta+\gamma=1$，就意味着生产函数满足规模报酬不变。

第二，资本增长方程，即：

$$K_t = (1-d)K_{t-1} + I_t \tag{5-2}$$

式中：K_t 为 t 期的资本存量；I_t 为 t 期扣除资本存量的净投资；d 为折旧率。此方程为永续盘存法（PIM）计算资本存量的方程，由戈登·史密斯（Gold Smith）于1951年开创。

第三，劳动力的增长方程，即：

$$L_t = \theta L_{t-1} \tag{5-3}$$

式中：θ 为劳动力的增长率。

第四，投资的增长方程：

$$I_t = \omega Y_{t-1} \tag{5-4}$$

式中：Y_t 为 t 期国内生产总值；I_t 为实际投资；ω 是一个常数。这一等式表示，在模型中，将 t 期的实际总投资定义为 t-1 期实际GDP的一个份额。

在模型的四个方程中，生产函数是最为关键的（即第一个方程），也是本研究的重点。我们需要通过回归分析的方法来确定生产函数中的各个系数。在进行预测时，先验地给定未来劳动力的增长率 a 和未来投资占GDP的份额 b，然后就可以在上述模型的基础上进行预测。

实际操作中，我们进行了进一步的简化。参考其他人的研究，生产函数满足规模报酬不变（$\beta+\gamma=1$），表明生产效率并不会随着生产规模的扩大而提高，只有提高技术水平，才会提高经济效益。劳动力产出弹性系数 γ 为0.4。在进行完实证研究之后的情景分析阶段，投资增长率暂不与前一期GDP挂钩，依据情景进行直接设定，劳动力增长率及全要素生产率增长率也均依情景设定。

5.2.3.2 模型应用

第一步，根据方法学综述提到的道格拉斯生产函数、索洛余值及索洛增长模型、永续盘存法计算资本存量等，对各省（区、市）的经济增长以及驱动力（包括劳动力、资本以及全要素生产率）进行分析，其中包括对于基础数据的准备、经济理论的学习、模型的构建以及实证分析。

第二步，对各省（区、市）的主体功能区现状进行统计和分析，了解各省（区、市）在不同的主体功能区类型的经济分布情况，这是一个数据调研及数据处理和准备的过程。

第三步，调研文献，了解各省（区、市）所处的不同的工业化阶段以及未来所处工业化阶段的变化情况。

第四步，情景分析，对处于不同工业化阶段的各省（区、市）各类主体功能区未来的劳动力、资本以及全要素生产率的增长率（每 5 年的时间序列）进行不同的情景假设，这一过程需要考虑各省（区、市）所处的发展阶段、不同发展阶段下各省（区、市）的历史发展归因结果、专家判断、各省（区、市）发展阶段的未来展望、现有经济领域学者的研究结果等。

第五步，未来可以考虑细化的研究方向。针对历史归因，可以完善资本平减指数的序列和基年的资本存量，完善折旧率在不同空间下的时间序列（目前为恒定值），进而提高对于资本流量及资本存量计算的准确性；针对劳动力，深入研究各省（区、市）未来的劳动力数量及质量的情景（参考姜彤的研究）；深入研究资本对产出的弹性、劳动对产出的弹性未来可能出现的变化；了解资本产出比的政策含义，加强利用政策制定者的语言进行描述相关问题的能力。

5.2.3.3 关键技术问题的处理

应用前文所述方法对我国分省（区、市）的经济发展进行情景分析，面临以下几个关键性的技术问题：

第一，资本存量进行估算具有不确定性。在进行估算过程中，对于基期资本存量和资本折旧率的处理存在一定的争议，而且两者中折旧率的处理对于估算的时间序列结果影响较大。

关于资本存量的重要性，沈利生等指出资本存量是重要的指标，在经济分析和各种研究中时常用到。贾润崧等认为资本存量是宏观经济分析中一个非常关键的变量，绝大多数增长理论与波动理论的实证研究都离不开资本存量序列。很多重要变量的真实性，诸如潜在产出、全要素生产率（TFP）、资本回报率和产能利用率等在很大程度上取决于资本存量估算的准确性。正因如此，为了得到较为精确的资本存量，学者们付出了持久的努力。李宾指出用计量回归方法估计总量生产函数，用TFP判断增长的潜力，用实际经济周期理论（RBC）观察周期波动以及用新兴的气候变化综合评估模型（IAM）研究全球变暖，都须借助资本存量的数据。其在研究中针对各文献对于基期资本存量、投资流量指标、价格指数指标、折旧率等四个指标的处理方式进行了详细的对比分析。

通过贾润崧、沈利生、陈昌兵等多个研究可以发现，折旧率的选取对结果影响重大，而且现有的研究结果具有一定的差异，今后对此指标的细化研究是提高结果准确性最为重要的方向。

贾润崧在研究中指出一种学者们广泛认同的投资平减指数的选取与构造方法，这一方法在1991年以前利用统计年鉴上的固定资本形成总额指数数据和换算关系计算出隐含的固定资本形成平减指数，1991年以后采用《中国统计年鉴》公布的固定资产投资价格指数，两者结合，便可得到1952年至今的隐含的固定资本形成平减指数。在估算省际的投资平减指数时，往往面临更严重的数据缺失，这种情况下，将选用其他价格指数作为替代，可选的指数包括商品零售物价指数，GDP平减指数等。本书遵循大多数文献的做法，并对部分投资平减指数缺失或存在失真的省份，用GDP平减指数作为替代。

贾润崧指出在资本存量的计算过程中，大多数典型的中国资本存量估算文献皆采用固定资本形成总额来量度当年的投资，本研究接受该建议，使用相同的方法来度量投资的年度流量。

第二，未来情景分析的不确定性。情景分析的过程，需要根据各省不同的情况确定其未来资本投入、劳动力投入和全要素生产率变化情况的未来情景，各省经济发展的历史归因情况，已有的相关研究及分析对各要素评估的大致区间，而且要充分考虑主体功能区政策可能带来的潜在影响，尤其是不同主体功能区之间的比较差异。

关于全要素生产率。叶裕民指出，经济增长是国家的基本经济目标之一。关于经济增长的源泉或经济增长的因素，当代西方经济学界有着基本一致的看法。归纳起来，经济增长的因素可以分为三项：劳动力数量的增长、固定资本存量的增长以及广义的技术进步。其中广义的技术进步（即索洛意义上的技术进步）对经济增长的贡献既包括生产中使用的硬技术对经济增长的贡献，也包括生产中使用的软技术如要素配置效率、规模经济、组织管理及经济机制等因素对经济增长的贡献。技术进步绝大部分“体现”在劳动力质量的提高和投资中。在考虑劳动力数量的增长和固定资本存量的增长对经济增长的贡献之后，“体现”在劳动力和投资中的技术进步因素就被包含在“索洛余值”中了。

李善同等也在报告中指出 TFP 的增长对于经济增长的贡献仅次于资本，而且从发达国家发展的经验来看，随着经济的发展，TFP 将替代资本成为决定经济能否长期较快增长的决定因素。结合中国的实际分析，导致改革开放以来中国全要素生产率快速增长的主要因素有：①技术进步；②体制改革为全要素生产率的增长提供稳固的制度基础；③资本、劳动力、土地等要素在生产部门之间的重新配置；④对外开放与外商直接投资带来的技术进步；⑤劳动力素质的提高；⑥基础设施以及现代服务业的发展以及其他因素。这些因素在周大地等的研究中被归结为两种途径：一是技术进步带来的效率改进，包括采用新技术、新工艺、新设备等；二是制度进步带来的资源配置效率提升，包括体制优化、组织创新、管理提升等。

李善同等也在报告中采用 DRCCGE 模型对 2030 年中国经济增长的前景进行展望。在本模型中，人口、劳动力和劳动生产率的增长率是外生的。资本增长率由模型的储蓄 / 投资关系内生决定。在总量水平上，当期的资本存量等于前一时期的资本存量减去折旧加上总投资。模型采用的是递推动态结构，即模型采用一系列相互联系的静态均衡来反映动态变化。该研究中 TFP 外生，假设 2005—2020 年全要素生产率的增长率仍然延续过去 25 年的趋势，即整体保持在 2% 左右的水平（其中制造业的 TFP 要比服务业高 0.5～1 个百分点）。城市化加速情景在城市化进程和政府消费的增长速度设定方面要比基准情景略快。发展方式转变较快情景中，除了通过征收能源税和碳税，提高能源利用效率还需要深入探究城市化进程加快消除劳动力转移的壁垒、增加政府公共支出、提高转移支付、降低服务业税负等内容，使得服务业全要素生产率比基准情景提高 0.9 个百分点。

本研究的实证分析过程中，TFP 根据索洛的增长核算的公式计算，公式见下：

$$\text{TFP} = \text{GDP 的增长率} - \alpha \times \text{资本的增长率} - (1-\alpha) \times \text{劳动力的增长率}$$

关于投资，李善同等的报告指出高投资率促进了资本的加速积累，成为加快中国经济发展的主要动力之一。1980—2000 年，投资占 GDP 的平均比例为 35%，2000 年后超过 40%，并于 2005 年达到 43.4%。

20 世纪 90 年代末以来，投资主要集中于基础设施的公共投资、在某些制造领域的国内外投资以及日益扩大的居民住房投资。

在通信、交通、水利和城镇公共设施等基础设施方面的公共投资有所增加，而这又促进了服务业的发展。虽然基础设施投资被认为是非生产性投资，但它有助于促进整体经济的发展，降低交易成本，促进资源的合理配置并提高人们的生活水平。尽管我国政府最近加大了投资力度，但我国的基础设施仍然相对落后，地区之间的基础设施状况仍然存在明显差距，并且城镇化水平较低，所以我国仍然需要大量的基础设施投资。

20 世纪 90 年代末以来，制造业的投资表现为扩大的趋势，尽管每年的投资规模并不一定持续增长，而且这些投资主要集中在钢铁、铝、水泥、纺织品和汽车等产业。不过，某些产业的过度投资已经导致了生产能力过剩和投资效率低下。

居民的住房投资是伴随着收入的增加而出现的，在沿海地区表现得尤为明显。按照国民经济核算体系的规则，虽然居民的住房开支是非生产性的，但它被看作是投资而非消费。不过，关于建筑业及其相关产业的模拟表明，住房投资对现阶段的需求具有促进作用。人口增长、城镇化加速和收入水平的提高将继续推动住房投资的发展势头。

投资 / 消费比与一个国家的消费和储蓄习惯以及发展水平相关。国际比较发现，包括中国在内的东亚国家的储蓄率普遍高于世界其他国家。在发达的东亚国家，当人均 GDP 达到 7 000 美元时投资率开始下降。中国居民的收入水平较低，并且家庭的经济保障比较脆弱，中国经济的发展仍然任重而道远，因此其储蓄率和投资率将会继续保持较高的水平。

第三，模型方程组中的行为方程（柯布－道格拉斯生产函数）中的劳动力产出弹性系数以及资本产出弹性系数的取值及二者之间的关系。

资本的产出弹性 α 在 1978—2004 年平均为 0.56，且呈下降趋势，劳动的产出弹性平均为 0.44。

李善同等的报告采用了一种方法来分析未来中国经济的发展前景，其中对于资本弹性系数设置为 0.4，劳动力产出弹性系数设为 0.6。但是李善同等在较新的研究报告中，对于资本弹性系数设置为 0.6，劳动力产出弹性系数设为 0.4。

陈昌兵等的研究结论显示，估计我国劳动力产出弹性系数为 0.4 左右，劳动份额大约为 0.43；发达国家劳动力产出弹性系数为 0.60 左右，劳动份额大约为 0.60。未来我国劳动力弹性系数将会发生逆转，为了顺利实现这一逆转我们应大幅度提升人力资本积累水平，从而提高我国劳动份额。

关于劳动力产出弹性系数与资本弹性系数的设置，我们采用经济学中普适的规模报酬不变，即两个弹性系数之和为 1，根据研究的回顾，将资本弹性系数设置为

0.6，劳动力产出弹性系数设置为 0.4。

5.2.3.4 基础数据来源

数据来源为数据库 *RENM Database/Economics-China*，该数据集合的来源包括《中国统计年鉴》《新中国五十年统计资料汇编》《新中国 60 年统计资料汇编》《中国国内生产总值核算历史资料（1952—1995）》《中国国内生产总值核算历史资料（1952—2004）》以及区域统计年鉴等。

（1）GDP

海南、湖北、西藏、宁夏改革开放之前的数据缺失，其中西藏自治区直到 1993 年开始才有数据基础。

（2）固定资产折旧

可以借用这个数据估算一下 90 年代之后的折旧率水平。实际操作上，我们统一使用 5% 作为折旧率的水平，进行简化处理。

（3）固定资本形成总额

20 世纪 90 年代以后数据较为齐全，之前较多省（区、市）的数据并不齐全。该数据结合固定资产投资价格指数，计算平减之后的资本流量数据。

（4）从业人员数

第一产业、第二产业、第三产业从业人员，用于计算劳动力、人力资本的投入数据。

5.2.4 初步情景结果

5.2.4.1 实证研究结果

各省（区、市）全要素增长率、从业人员增长率、资本增长率及 GDP 历史增长率（部分）结果参见表 5-2～表 5-4。

表 5-2 后工业化省（区、市）全要素增长率、从业人员增长率、资本增长率及 GDP 历史增长率

		2001—2005 年	2006—2010 年	2011—2015 年	2016 年
北京	TFP 增长率	5.50%	6.90%	2.90%	4.00%
上海	TFP 增长率	5.30%	3.60%	1.00%	6.10%
天津	TFP 增长率	6.50%	3.30%	-0.60%	1.80%

续表

		2001—2005 年	2006—2010 年	2011—2015 年	2016 年
北京	从业人员增长率	7.20%	3.30%	2.80%	2.90%
上海	从业人员增长率	0.80%	4.80%	4.50%	0.30%
天津	从业人员增长率	2.20%	6.10%	4.20%	0.60%
北京	资本增长率	14.40%	11.60%	10.40%	10.70%
上海	资本增长率	14.10%	12.70%	8.30%	9.90%
天津	资本增长率	17.90%	21.60%	18.90%	10.20%
北京	GDP 历史增长率	17.10%	15.20%	10.30%	11.50%
上海	GDP 历史增长率	14.20%	13.20%	7.90%	12.20%
天津	GDP 历史增长率	18.10%	18.80%	12.40%	8.10%

表 5-3 部分工业化后期省（区、市）全要素增长率、从业人员增长率、资本增长率及 GDP 历史增长率

		1996—2000 年	2001—2005 年	2006—2010 年	2011—2015 年	2016 年
广东	TFP 增长率	-0.70%	4.20%	4.50%	0.80%	3.20%
河北	TFP 增长率	-7.40%	4.50%	3.80%	-1.50%	0.90%
湖北	TFP 增长率	-1.80%	3.70%	10.20%	4.50%	-3.20%
吉林	TFP 增长率	-3.00%	3.40%	2.50%	0.30%	-11.20%
内蒙古	TFP 增长率	-1.00%	4.00%	6.40%	-3.70%	-4.00%
山东	TFP 增长率	2.40%	7.10%	5.40%	1.80%	1.80%
浙江	TFP 增长率	-6.40%	3.50%	5.30%	2.00%	3.30%
重庆	TFP 增长率	—	-0.40%	6.20%	4.60%	4.30%
广东	从业人员增长率	2.40%	4.70%	3.20%	1.20%	1.00%
河北	从业人员增长率	0.80%	1.10%	1.60%	1.70%	0.30%
湖北	从业人员增长率	0.90%	0.90%	0.60%	0.10%	-0.70%
吉林	从业人员增长率	-1.70%	1.30%	1.10%	2.50%	1.40%
内蒙古	从业人员增长率	0.60%	-0.40%	2.60%	4.30%	0.70%

续表

		1996—2000 年	2001—2005 年	2006—2010 年	2011—2015 年	2016 年
山东	从业人员增长率	0.90%	1.40%	1.90%	0.70%	0.30%
浙江	从业人员增长率	0.60%	2.60%	3.20%	0.50%	0.70%
重庆	从业人员增长率	—	-2.60%	1.10%	2.10%	0.60%
广东	资本增长率	20.60%	16.50%	15.90%	13.90%	12.40%
河北	资本增长率	31.70%	16.30%	18.10%	14.50%	11.00%
湖北	资本增长率	17.60%	12.60%	15.80%	15.80%	13.50%
吉林	资本增长率	23.50%	18.60%	28.30%	15.70%	9.80%
内蒙古	资本增长率	22.90%	27.70%	28.30%	18.10%	9.00%
山东	资本增长率	14.10%	15.70%	17.00%	13.20%	10.10%
浙江	资本增长率	28.90%	20.60%	15.10%	11.50%	11.00%
重庆	资本增长率	—	25.90%	18.80%	15.40%	13.80%
广东	GDP 历史增长率	12.60%	16.00%	15.30%	9.60%	11.00%
河北	GDP 历史增长率	12.10%	14.70%	15.30%	7.90%	7.60%
湖北	GDP 历史增长率	9.10%	11.60%	19.90%	14.10%	4.60%
吉林	GDP 历史增长率	10.40%	15.10%	20.00%	10.60%	-4.70%
内蒙古	GDP 历史增长率	13.10%	20.50%	24.50%	8.80%	1.70%
山东	GDP 历史增长率	11.20%	17.10%	16.40%	10.00%	8.00%
浙江	GDP 历史增长率	11.50%	16.90%	15.60%	9.10%	10.20%
重庆	GDP 历史增长率	12.00%	14.10%	18.00%	14.70%	12.905%

表 5-4 部分工业化中期省（区、市）全要素增长率、从业人员增长率、资本增长率及 GDP 历史增长率

		1996—2000 年	2001—2005 年	2006—2010 年	2011—2015 年	2016 年
海南	TFP 增长率	1.50%	4.60%	8.50%	0.30%	2.10%
黑龙江	TFP 增长率	-7.10%	2.30%	2.40%	—	—
青海	TFP 增长率	1.00%	5.90%	10.50%	-1.00%	-4.70%

续表

		1996—2000 年	2001—2005 年	2006—2010 年	2011—2015 年	2016 年
四川	TFP 增长率	1.10%	5.40%	8.60%	3.40%	2.70%
西藏	TFP 增长率	-5.80%	-3.10%	-1.70%	0.10%	-0.60%
新疆	TFP 增长率	3.70%	5.30%	7.50%	-1.50%	-6.70%
海南	从业人员增长率	0.00%	2.50%	3.00%	4.80%	0.40%
黑龙江	从业人员增长率	0.70%	1.80%	2.00%	—	—
青海	从业人员增长率	1.60%	0.50%	1.10%	0.90%	0.90%
四川	从业人员增长率	0.20%	0.20%	0.30%	0.30%	0.30%
西藏	从业人员增长率	1.50%	3.00%	3.80%	6.20%	8.40%
新疆	从业人员增长率	-0.10%	3.30%	2.50%	6.00%	5.30%
海南	资本增长率	10.20%	9.40%	14.00%	17.00%	11.90%
黑龙江	资本增长率	27.20%	14.70%	17.10%	15.50%	9.90%
青海	资本增长率	13.50%	15.70%	15.00%	21.60%	18.00%
四川	资本增长率	13.70%	13.30%	16.10%	13.80%	11.20%
西藏	资本增长率	26.40%	29.50%	25.80%	20.80%	15.70%
新疆	资本增长率	11.40%	12.00%	12.30%	17.30%	13.50%
海南	GDP 历史增长率	7.70%	11.30%	18.10%	12.40%	9.50%
黑龙江	GDP 历史增长率	9.60%	11.80%	13.50%	7.80%	2.00%
青海	GDP 历史增长率	9.70%	15.60%	20.00%	12.30%	6.40%
四川	GDP 历史增长率	9.40%	13.50%	18.40%	11.80%	9.60%
西藏	GDP 历史增长率	11.10%	16.10%	15.30%	15.10%	12.20%
新疆	GDP 历史增长率	10.60%	13.80%	51.90%	11.40%	3.50%

5.2.4.2 纳入主体功能因素的情景调整

（1）基本考虑

首先，全要素劳动生产率、投资率都呈现出缓慢递减的趋势。劳动生产率的提高主要是作为发展中国家利用追赶者优势进行的发展，增长会随着国家人均 GDP

与发达国家的差距缩小而缓慢下降；另外，日韩的发展经验也显示人均 GDP 达到一定水平后，全要素劳动生产率（TFP）的快速增长趋势将难以持续。

不过，根据李善同等的研究，我们从体制改革，资本、劳动力、土地等要素在生产部门之间的重新配置，劳动力素质的持续提高，基础设施以及现代服务业的发展等因素方面考虑，这些因素可能对于维持全要素生产率的增长有一定的正面作用。

虽然我国吸引了大量外资，但是总体来看投资来源主要为国内储蓄，这包括来自居民、企业和政府的储蓄，过去中国高水平的储蓄率在近年来出现了根本性的变化，2018 年工商银行董事长发声，提醒要高度重视居民储蓄率下降问题，而且长期以来靠增加债务，提高杠杆率驱动投资的高增长，进而刺激经济，在经济新常态以及供给侧改革的背景下，更将难以持续。

中国经济发展基本以增量投入实现规模扩张的模式有一定的必然性，郑玉歆（2007）指出，作为发展中国家与发达国家的资产存量方面差距巨大，中国的发展必然要经历一个漫长的资本积累过程，才可能实现产业技术由劳动密集型为主向资本密集型为主的转变。考虑资源禀赋情况，中国资本积累有一个持续较高的增长合乎逻辑。

但是，由于环境容量以及资源的约束和限制，单纯依靠投资增长拉动经济发展也是不可持续的。

国外需求曾经是中国投资高速增长的重要驱动力量，国内外各行业存在的严重产能过剩使得受全球需求减少的影响而出现投资增长速度明显放缓成为可能的情景，投资增速有可能较早出现程度较深的下降。

“如果未来中国能够通过深化金融体制以及国有企业所有制的改革，使现有的生产力得到进一步提高，中国还是有可能在未来一段时期继续保持较高的劳动生产率的增长的。但是，可以预见，在中国人均 GDP 达到一定水平后，生产率以及投资和资本存量的增长速度必然会有所放慢。”

未来根据研究的需要，这两个假设条件可能放弃，并进行细化研究，使得情景与现实结合得更为密切。根据主体功能区的政策内涵的初步研究，具体的情景设置情况参见表 5-5。

（2）影响因素：主体功能定位

根据不同主体功能区定位不同，各省（区、市）不同主体功能区的经济增速预期是不同的（即重点开发区有一定增长空间，优化开发区以优化发展模式为主，重点生态保护区和农产品主产区为限制开发区），各主体功能区所占的经济比例会依据增速进行动态调整，各主体功能区所占的经济比例的调整也会进一步影响各省（区、市）未来经济的增长速度。

表 5-5　各类主体功能区 TFP、劳动力、资本的未来增长情景

工业发展阶段	主体功能区	增长的源泉	2016—2020 年	2021—2025 年	2026—2030 年	2031—2035 年	2036—2050 年	趋势
后工业化	生态保护区	TFP	1.0%	1.0%	1.0%	1.0%	1.0%	
		劳动力	-0.5%	-0.5%	-0.5%	-0.5%	-0.5%	
		资本	-1.0%	-1.0%	-1.0%	-1.0%	-1.0%	
	优化开发区	TFP	2.0%	2.2%	2.2%	2.3%	2.3%	
		劳动力	1.0%	0.5%	0.5%	0.0%	0.0%	
		资本	6.0%	6.0%	5.5%	5.5%	5.5%	
	重点开发区	TFP	2.0%	2.2%	2.2%	2.0%	2.0%	
		劳动力	2.0%	1.5%	1.5%	1.0%	0.0%	
		资本	8.0%	8.0%	7.0%	7.0%	7.0%	
工业化后期	农产品主产区	TFP	2.5%	2.5%	2.5%	2.5%	2.5%	
		劳动力	-0.3%	-0.3%	-0.3%	-0.3%	-0.3%	
		资本	8.0%	8.0%	7.0%	7.0%	7.0%	
	生态保护区	TFP	1.0%	1.0%	1.0%	1.0%	1.0%	
		劳动力	-0.5%	-0.5%	-0.5%	-0.5%	-0.5%	
		资本	-1.0%	-1.0%	-1.0%	-1.0%	-1.0%	
	优化开发区	TFP	2.0%	2.0%	2.2%	2.2%	2.2%	
		劳动力	1.0%	1.0%	0.5%	0.5%	0.0%	
		资本	8.0%	8.0%	7.0%	7.0%	7.0%	
	重点开发区	TFP	2.0%	2.1%	2.2%	2.2%	2.2%	
		劳动力	1.0%	1.0%	1.0%	1.0%	1.0%	
		资本	9.0%	8.0%	7.0%	6.0%	6.0%	
工业化中期	农产品主产区	TFP	2.5%	2.5%	2.5%	2.5%	2.5%	
		劳动力	-0.3%	-0.3%	-0.3%	-0.3%	-0.3%	
		资本	8.0%	8.0%	7.0%	6.0%	6.0%	

续表

工业发展阶段	主体功能区	增长的源泉	2016—2020 年	2021—2025 年	2026—2030 年	2031—2035 年	2036—2050 年	趋势
工业化中期	生态保护区	TFP	1.0%	1.0%	1.0%	1.0%	1.0%	
		劳动力	-0.5%	-0.5%	-0.5%	-0.5%	-0.5%	
		资本	0.0%	0.0%	0.0%	0.0%	0.0%	
	重点开发区	TFP	2.2%	2.4%	2.4%	2.5%	2.5%	
		劳动力	1.0%	1.0%	1.0%	1.0%	1.0%	
		资本	10.0%	9.0%	8.0%	7.0%	6.0%	

（3）全国和各省国内生产总值增长情景结果

1）宏观经济指标

就全国而言，根据对“两个一百年”和“美丽中国”现代化发展目标下社会景象的模拟，我们认为到 2050 年，我国的基本发展参数如下：2020—2030 年的年均 GDP 增长率接近 6%，2030—2040 年为 4%，2040—2050 约为 3%；人口在 2030 年接近峰值，进入平台期，城市化率持续上升，2050 年接近 80%。具体见表 5-6。

表 5-6　2020—2050 年宏观经济参数

项目	2010 年	2015 年	2020 年	2030 年	2040 年	2050 年
GDP/ 万亿元	40.89	59.69	78.77	140.39	226.54	302.97
年均增速 /%	—	7.86	5.70	5.95	4.01	2.95
人口 / 亿人	13.41	13.75	14.26	14.70	14.71	14.13
城镇化率 /%	49.95	56.10	60.00	68.00	74.00	78.00
人均 GDP/ 万美元	0.44	0.64	0.87	1.54	2.32	3.22

注：GDP 为 2010 年不变价；为了便于比较，人均 GDP 为 2010 年美元。

以上目标分解到各省，并考虑主体功能区政策和最新区域政策发展趋势，一方面要考虑历史发展趋势、支撑全国目标的实现；另一方面也纳入主体功能因素。我们模拟了各省国内生产总值增长情景（2018—2035 年）（表 5-7）。

表 5-7 各省（区、市）国内生产总值增长情景

工业发展阶段	省（区、市）	2018 年	2021—2025 年	2026—2030 年	2031—2035 年
后工业化	北京	6.7%	5.2%	4.4%	4.0%
	上海	6.8%	5.4%	4.5%	4.1%
	天津	3.4%	5.0%	5.2%	4.6%
工业化后期	安徽	8.0%	6.7%	6.0%	5.2%
	福建	8.3%	6.6%	6.0%	5.0%
	广东	6.8%	6.2%	5.7%	5.3%
	河北	6.5%	6.0%	5.5%	5.1%
	河南	7.6%	6.2%	5.8%	5.2%
	吉林	4.4%	5.0%	4.5%	4.0%
	江苏	6.7%	6.3%	5.8%	4.9%
	江西	8.7%	6.1%	5.7%	5.3%
	辽宁	5.6%	6.0%	5.8%	5.4%
工业化后期	内蒙古	5.2%	6.5%	5.8%	5.0%
	山东	6.3%	6.1%	5.6%	5.2%
	陕西	8.1%	5.4%	5.2%	4.7%
	浙江	7.1%	6.1%	5.6%	5.3%
	重庆	6.0%	5.7%	5.4%	4.8%
工业化中期	甘肃	6.1%	5.9%	5.5%	5.1%
	广西	6.8%	6.0%	5.7%	4.8%
	贵州	9.1%	7.0%	5.2%	5.0%
	海南	5.8%	6.0%	5.9%	5.5%
	黑龙江	4.5%	5.0%	4.5%	4.0%
	青海	7.1%	6.5%	5.8%	5.4%
	山西	6.6%	5.5%	5.2%	5.0%
	四川	8.0%	5.5%	4.9%	4.8%
	西藏	8.9%	6.5%	5.6%	5.3%
	云南	8.9%	7.5%	6.1%	5.7%

2）分省（区、市）人口和城市化率

表 5-8 分省（区、市）人口发展和城市化率情景设定

序号	省（区、市）	人口 / 千万人					城市化率 /%				
		2015 年	2020 年	2030 年	2040 年	2050 年	2015 年	2020 年	2030 年	2040 年	2050 年
1	北京	2 171	2 236	2 303	2 326	2 326	87	89	92	93	93
2	天津	1 547	1 609	1 705	1 808	1 844	83	85	88	89	89
3	河北	7 425	7 722	7 954	7 954	7 397	51	56	64	70	76
4	山西	3 664	3 811	3 925	3 925	3 650	55	60	69	75	82
5	内蒙古	2 511	2 611	2 690	2 690	2 502	60	65	71	75	76
6	辽宁	4 382	4 558	4 694	4 788	4 740	67	71	78	82	84
7	吉林	2 753	2 863	2 949	2 949	2 743	55	60	69	76	82
8	黑龙江	3 812	3 964	4 083	4 083	3 797	59	64	74	80	88
9	上海	2 415	2 512	2 587	2 665	2 745	88	89	92	93	93
10	江苏	7 976	8 295	8 544	8 544	8 288	67	73	78	81	81
11	浙江	5 539	5 761	5 933	6 111	6 295	66	72	77	80	80
12	安徽	6 144	6 389	6 581	6 581	6 120	51	55	63	69	75
13	福建	3 839	3 993	4 112	4 112	4 071	63	68	74	78	81
14	江西	4 566	4 748	4 891	4 891	4 548	52	56	65	71	77
15	山东	9 847	10 241	10 548	10 548	10 443	57	61	66	70	73
16	河南	9 480	9 859	10 155	10 155	9 850	47	51	59	68	76
17	湖北	5 852	6 086	6 268	6 268	6 080	57	62	71	78	81
18	湖南	6 783	7 054	7 266	7 266	7 048	51	55	64	70	76
19	广东	10 849	11 283	11 621	11 621	10 808	69	75	79	80	82
20	广西	4 796	4 988	5 137	5 137	4 778	47	51	59	64	70
21	海南	911	947	976	976	907	55	60	69	75	82
22	重庆	3 017	3 198	3 389	3 457	3 492	61	66	76	83	91
23	四川	8 204	8 532	8 788	8 788	8 524	48	52	60	65	71

续表

序号	省（区、市）	人口 / 千万人					城市化率 /%				
		2015 年	2020 年	2030 年	2040 年	2050 年	2015 年	2020 年	2030 年	2040 年	2050 年
24	贵州	3 530	3 671	3 781	3 781	3 516	42	46	60	70	76
25	云南	4 742	4 931	5 079	5 079	4 724	43	47	56	61	67
26	西藏	324	337	347	347	323	28	32	40	47	56
27	陕西	3 793	3 945	4 063	3 941	3 665	54	59	68	74	80
28	甘肃	2 600	2 704	2 785	2 673	2 486	43	47	57	62	68
29	青海	588	612	630	605	563	50	55	63	69	75
30	宁夏	668	695	715	687	666	55	60	69	75	82
31	新疆	2 360	2 454	2 528	2 427	2 354	47	51	59	65	70

3）产业结构

在产业发展中，除实体经济应该保持一定比例外，服务业发展水平是衡量一个国家综合国力的重要标志，在已完成工业化的发达国家中，服务业都是国民经济的主导。打造服务型经济不仅有利于国家稳定发展，高层次、上水平的服务业还能为实体经济提供强有力的支撑，为工业化深化发展创造更为有利的条件。由工业经济向服务型经济转型也是提前达峰的重要着力点，因此比较注重对服务业比重的设置。具体见表 5-9。

表 5-9 三次产业结构设定（全国）

产业	2010 年	2015 年	2020 年	2030 年	2040 年	2050 年
第一产业占比 /%	10.1	8.8	8.1	6.4	5.0	3.9
第二产业占比 /%	46.8	40.9	42.5	39.4	36.9	34.8
第三产业占比 /%	43.1	50.2	49.4	54.2	58.1	61.3

根据差别化发展需求和地方调研，分省（区、市）产业发展情况设置见表 5-10。

表 5-10 分省（区、市）产业结构

序号	省（区、市）	2015 年			2020 年			2030 年			2050 年		
		一产	二产	三产	一产	二产	三产	一产	二产	三产	一产	二产	三产
1	北京	0.6%	19.7%	79.7%	0.6%	18%	81.4%	0.6%	16%	83.4%	0.6%	15%	84.4%
2	天津	1.3%	46.6%	52.2%	1.3%	42%	56.8%	1.3%	34%	64.8%	1.3%	27%	71.6%
3	河北	11.5%	48.3%	40.2%	10.7%	43%	45.8%	10.0%	35%	54.8%	8.5%	28%	63.4%
4	山西	6.1%	40.7%	53.2%	5.7%	37%	57.7%	5.3%	31%	63.6%	4.5%	25%	70.6%
5	内蒙古	9.1%	50.5%	40.5%	8.4%	45%	46.1%	7.8%	39%	53.5%	6.7%	31%	62.4%
6	辽宁	8.3%	45.5%	46.2%	7.7%	41%	51.3%	7.2%	35%	58.0%	6.1%	28%	66.0%
7	吉林	11.4%	49.8%	38.8%	10.6%	45%	44.6%	9.8%	38%	52.1%	8.3%	30%	61.2%
8	黑龙江	17.5%	31.8%	50.7%	16.2%	29%	55.1%	15.1%	24%	60.6%	12.8%	19%	67.7%
9	上海	0.4%	31.8%	67.8%	0.4%	29%	71.0%	0.4%	24%	75.3%	0.3%	19%	80.2%
10	江苏	5.7%	45.7%	48.6%	5.3%	41%	53.6%	4.9%	35%	60.1%	4.2%	28%	67.9%
11	浙江	4.3%	46.0%	49.8%	4.0%	41%	54.7%	3.7%	35%	61.1%	3.1%	28%	68.7%
12	安徽	11.2%	49.7%	39.1%	10.4%	45%	44.8%	9.7%	38%	52.3%	8.2%	30%	61.3%
13	福建	8.2%	50.3%	41.6%	7.6%	45%	47.2%	7.1%	38%	54.5%	6.0%	31%	63.2%
14	江西	10.6%	50.3%	39.1%	9.9%	45%	44.9%	9.2%	38%	52.4%	7.8%	31%	61.4%
15	山东	7.9%	46.8%	45.3%	7.3%	42%	50.5%	6.8%	36%	57.4%	5.8%	29%	65.5%
16	河南	11.4%	48.4%	40.2%	10.6%	44%	45.8%	9.8%	37%	53.1%	8.4%	30%	62.0%

续表

序号	省（区、市）	2015年			2020年			2030年			2050年		
		一产	二产	三产	一产	二产	三产	一产	二产	三产	一产	二产	三产
17	湖北	11.2%	45.7%	43.1%	10.4%	41%	48.5%	9.7%	35%	55.4%	8.2%	28%	63.8%
18	湖南	11.5%	44.3%	44.1%	10.7%	40%	49.4%	10.0%	34%	56.1%	8.5%	27%	64.4%
19	广东	4.6%	44.8%	50.6%	4.3%	40%	55.4%	4.0%	34%	61.8%	3.4%	27%	69.2%
20	广西	15.3%	45.9%	38.8%	14.2%	41%	44.5%	13.2%	35%	51.7%	11.2%	28%	60.7%
21	海南	23.1%	23.7%	53.3%	21.5%	21%	57.2%	20.0%	18%	61.9%	17.0%	14%	68.6%
22	重庆	7.3%	45.0%	47.7%	6.8%	40%	52.7%	6.3%	34%	59.3%	5.4%	28%	67.1%
23	四川	12.2%	44.1%	43.7%	11.4%	40%	48.9%	10.6%	34%	55.7%	9.0%	27%	64.0%
24	贵州	15.6%	39.5%	44.9%	14.5%	36%	49.9%	13.5%	30%	56.3%	11.5%	24%	64.3%
25	云南	15.1%	39.8%	45.1%	14.0%	36%	50.2%	13.1%	30%	56.5%	11.1%	24%	64.6%
26	西藏	9.6%	36.7%	53.8%	8.9%	33%	58.1%	8.3%	28%	63.7%	7.0%	22%	70.5%
27	陕西	8.9%	50.4%	40.7%	8.2%	45%	46.4%	7.7%	39%	53.8%	6.5%	31%	62.6%
28	甘肃	14.1%	36.7%	49.2%	13.1%	33%	53.9%	12.2%	28%	59.7%	10.3%	22%	67.2%
29	青海	8.6%	49.9%	41.4%	8.0%	45%	47.0%	7.5%	38%	54.3%	6.4%	31%	63.1%
30	宁夏	8.2%	47.4%	44.5%	7.6%	43%	49.8%	7.1%	36%	56.7%	6.0%	29%	65.0%
31	新疆	16.7%	38.6%	44.7%	15.5%	35%	49.7%	14.5%	30%	56.0%	12.3%	24%	64.1%

考虑到四大高耗能产业（黑色金属、建材、黑色金属和化工）产品的生产对能源消费有重大影响，在对地区经济发展情景设定基础上，对钢铁、水泥、平板玻璃、电解铝、合成氨和乙烯生产的区域分布进行了分析、调研和预测。就全国而言，除电解铝和乙烯生产尚能保持一定增量水平外，其余高耗能产品产量均处于下行通道。具体如图 5-4 所示。

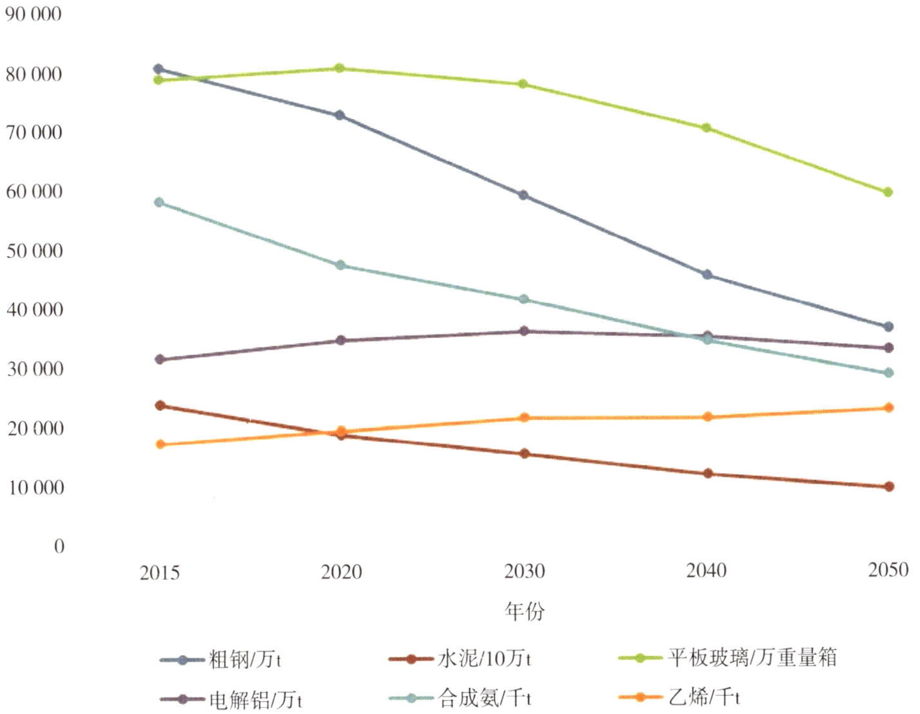

图 5-4 全国高耗能产品产量预测

分地区来看，工业产业自东向西、从北向南转移迁移的趋势依然存在，特别是有色金属业这样的耗电大户以及化工制品业；对进口原材料依赖较重或者产业门槛较高的行业（如钢铁等）布局不会发生太大变化，产品运输半径有限的产品也将维持大体的产业布局，例如建材行业。在新西部地区产业政策引领下（继续完善产业转移引导政策，适时更新产业转移指导目录。凡有条件在西部地区就地加工转化的能源、资源开发利用项目，支持在当地优先布局建设并优先审批核准），该地区的产业升级过程将持续并有所加快，相应的能源需求、电力需求也会增加，同时可能影响“西电东送”的规模。具体见表 5-11 ～表 5-16。

表 5-11 分省（区、市）粗钢产量

单位：万 t

序号	地区	2015 年	2020 年	2030 年	2040 年	2050 年
1	北京	1.5	0	0	0	0
2	天津	2 069	1 862	1 508	1 161	929
3	河北	18 832	16 572	13 423	10 336	8 269
4	山西	3 847	3 462	2 804	2 159	1 728
5	内蒙古	1 735	1 562	1 265	974	779
6	辽宁	6 071	5 464	4 426	3 408	2 726
7	吉林	1 067	1 056	855	659	527
8	黑龙江	419	414	336	258	207
9	上海	1 784	1 427	1 156	890	712
10	江苏	10 995	9 896	8 016	6 172	4 938
11	浙江	1 595	1 435	1 163	895	716
12	安徽	2 506	2 255	1 827	1 407	1 125
13	福建	1 587	1 428	1 157	891	712
14	江西	2 211	1 990	1 612	1 241	993
15	山东	6 619	5 957	4 825	3 716	2 972
16	河南	2 897	2 608	2 269	1 747	1 397
17	湖北	2 920	2 628	2 312	1 781	1 424
18	湖南	1 853	1 779	1 547	1 192	953
19	广东	1 762	1 586	1 284	989	791
20	广西	2 146	1 931	1 371	1 056	845
21	海南	24	22	15	12	9
22	重庆	690	676	547	421	337
23	四川	1 948	1 909	1 546	1 190	952
24	贵州	466	457	325	250	200
25	云南	1 418	1 276	906	698	558

续表

序号	地区	2015 年	2020 年	2030 年	2040 年	2050 年
26	西藏	0	0	0	0	0
27	陕西	1 027	986	799	615	492
28	甘肃	852	818	663	510	408
29	青海	121	116	94	72	58
30	宁夏	182	175	141	109	87
31	新疆	740	710	575	443	354

表 5-12 分省（区、市）水泥产量

单位：万 t

序号	地区	2015 年	2020 年	2030 年	2040 年	2050 年
1	北京	553.5	432	354	0	0
2	天津	777.6	607	497	383	306
3	河北	9 126.2	7 118	5 837	4 495	3 596
4	山西	3 786.1	2 953	2 422	1 865	1 492
5	内蒙古	5 830.8	4 548	3 729	2 872	2 297
6	辽宁	4 567.7	3 563	2 922	2 250	1 800
7	吉林	3 325.0	2 594	2 127	1 638	1 310
8	黑龙江	3 111.9	2 427	1 990	1 533	1 226
9	上海	433.6	338	277	0	0
10	江苏	18 056.1	14 084	11 549	8 892	7 114
11	浙江	11 330.9	8 838	7 247	5 580	4 464
12	安徽	13 207.9	10 302	8 448	6 505	5 204
13	福建	7 787.5	6 074	4 981	3 835	3 068
14	江西	9 458.1	7 377	6 049	4 658	3 726
15	山东	15 249.1	11 894	9 753	7 510	6 008
16	河南	16 676.2	13 007	10 666	8 213	6 570

续表

序号	地区	2015 年	2020 年	2030 年	2040 年	2050 年
17	湖北	11 145.5	8 693	7 129	5 489	4 391
18	湖南	11 680.1	9 110	7 471	5 752	4 602
19	广东	14 530.2	11 334	9 294	7 156	5 725
20	广西	11 144.5	8 693	7 128	5 489	4 391
21	海南	2 225.2	1 736	1 423	1 096	877
22	重庆	6 840.2	5 335	4 375	3 369	2 695
23	四川	14 091.0	10 991	9 013	6 940	5 552
24	贵州	9 940.9	7 754	6 358	4 896	3 917
25	云南	9 436.2	7 360	6 035	4 647	3 718
26	西藏	467.9	365	299	230	184
27	陕西	8 578.7	6 691	5 487	4 225	3 380
28	甘肃	4 764.3	3 716	3 047	2 346	1 877
29	青海	1 767.9	1 379	1 131	871	697
30	宁夏	1 749.8	1 365	1 119	862	689
31	新疆	4 278.5	3 337	2 737	2 107	1 686

表 5-13　分省（区、市）平板玻璃产量　　单位：万重量箱

序号	地区	2015 年	2020 年	2030 年	2040 年	2050 年
1	北京	40.9	31.9	26.2	0.0	0.0
2	天津	3 284.7	3 120.5	2 933.2	2 581.2	2 065.0
3	河北	15 844.5	15 052.3	14 149.2	12 451.3	9 961.0
4	山西	1 758.9	1 776.5	1 758.7	1 706.0	1 484.2
5	内蒙古	567.6	539.2	506.9	446.0	356.8
6	辽宁	2 529.8	2 479.2	2 454.4	2 331.7	2 051.9
7	吉林	1 190.5	1 131.0	1 063.1	935.5	748.4

续表

序号	地区	2015 年	2020 年	2030 年	2040 年	2050 年
8	黑龙江	415.5	394.7	371.0	326.5	261.2
9	上海	—	0.0	0.0	0.0	0.0
10	江苏	5 834.7	5 776.4	5 718.6	5 032.4	4 025.9
11	浙江	3 978.0	3 779.1	3 552.3	3 126.0	2 500.8
12	安徽	2 544.5	2 417.3	2 272.3	2 158.7	1 921.2
13	福建	5 241.4	4 979.3	4 680.6	4 118.9	3 295.1
14	江西	514.0	488.3	459.0	403.9	323.1
15	山东	7 624.4	7 548.2	7 472.7	6 576.0	5 260.8
16	河南	1 458.3	1 531.3	1 837.5	1 929.4	1 813.6
17	湖北	9 184.8	9 093.0	8 911.1	8 376.4	7 873.9
18	湖南	1 208.4	1 196.3	1 172.4	1 102.0	1 035.9
19	广东	8 195.4	7 785.6	7 318.5	6 440.3	5 152.2
20	广西	623.0	616.8	604.4	568.2	534.1
21	海南	—	0.0	0.0	0.0	0.0
22	重庆	1 460.8	1 387.8	1 304.5	1 148.0	918.4
23	四川	3 424.3	3 390.1	3 322.3	3 122.9	2 935.6
24	贵州	604.0	573.8	539.3	474.6	379.7
25	云南	1 108.5	1 053.1	989.9	871.1	696.9
26	西藏	—	0.0	0.0	0.0	0.0
27	陕西	2 332.1	2 215.5	2 082.6	1 832.7	1 466.2
28	甘肃	538.3	511.4	480.7	423.0	338.4
29	青海	801.5	761.4	715.7	629.9	503.9
30	宁夏	23.0	22.8	22.3	21.0	19.7
31	新疆	796.2	820.1	902.1	992.3	1 091.5

表 5-14　分省（区、市）电解铝产量　　单位：万 t

序号	地区	2016 年	2020 年	2030 年	2040 年	2050 年
1	北京	0	0	0	0	0
2	天津	0	0	0	0	0
3	河北	0	0	0	0	0
4	山西	0	0	0	0	0
5	内蒙古	344.5	385.8	389.7	346.8	277.5
6	辽宁	0	0	0	0	0
7	吉林	0	0	0	0	0
8	黑龙江	0	0	0	0	0
9	上海	0	0	0	0	0
10	江苏	0	0	0	0	0
11	浙江	0	0	0	0	0
12	安徽	0	0	0	0	0
13	福建	0	0	0	0	0
14	江西	0	0	0	0	0
15	山东	858.0	669.2	548.8	389.6	272.7
16	河南	279.5	218.0	178.8	137.7	110.1
17	湖北	0	0	0	0	0
18	湖南	0	0	0	0	0
19	广东	0	0	0	0	0
20	广西	162.5	126.8	103.9	80.0	64.0
21	海南	0	0	0	0	0
22	重庆	0	0	0	0	0
23	四川	0	0	0	0	0
24	贵州	162.5	206.4	247.7	272.4	275.1
25	云南	195.0	247.7	297.2	326.9	330.2

续表

序号	地区	2016 年	2020 年	2030 年	2040 年	2050 年
26	西藏	0	0	0	0	0
27	陕西	0	0	0	0	0
28	甘肃	227.5	288.9	346.7	381.4	385.2
29	青海	217.8	276.5	331.9	365.0	368.7
30	宁夏	162.5	206.4	247.7	272.4	275.1
31	新疆	637.0	809.0	889.9	907.7	916.8

表 5-15 分省（区、市）合成氨产量

单位：万 t

序号	地区	2018 年	2020 年	2030 年	2040 年	2050 年
1	北京	0	0	0	0	0
2	天津	19.4	15.1	12.4	9.6	7.6
3	河北	264.4	259.1	230.6	193.7	162.7
4	山西	531.7	521.1	463.7	389.5	327.2
5	内蒙古	98.4	101.4	90.2	75.8	63.6
6	辽宁	67.0	69.0	61.4	51.6	43.3
7	吉林	43.2	44.5	39.6	33.3	27.9
8	黑龙江	49.0	50.5	44.9	37.7	31.7
9	上海	1.3	1.0	0.8	0	0
10	江苏	327.3	337.1	300.0	252.0	211.7
11	浙江	62.1	64.0	56.9	47.8	40.2
12	安徽	258.2	265.9	236.7	198.8	167.0
13	福建	73.0	69.4	56.9	43.8	35.0
14	江西	0.0	0.0	0.0	0.0	0.0
15	山东	597.5	567.6	465.5	358.4	286.7
16	河南	615.2	584.4	520.2	436.9	367.0

续表

序号	地区	2018 年	2020 年	2030 年	2040 年	2050 年
17	湖北	336.9	320.1	284.8	239.3	201.0
18	湖南	53.9	51.2	42.0	32.3	25.9
19	广东	0.0	0.0	0.0	0.0	0.0
20	广西	61.3	58.2	51.8	43.5	36.6
21	海南	75.6	66.5	54.6	42.0	33.6
22	重庆	146.9	139.6	124.2	104.3	87.6
23	四川	274.2	260.5	231.8	194.7	163.6
24	贵州	157.1	149.2	132.8	111.6	93.7
25	云南	217.8	206.9	184.1	154.7	129.9
26	西藏	0.0	0.0	0.0	0.0	0.0
27	陕西	148.7	141.3	125.7	105.6	88.7
28	甘肃	32.4	30.8	27.4	23.0	19.3
29	青海	32.9	31.3	27.8	23.4	19.6
30	宁夏	63.7	60.5	49.6	38.2	30.6
31	新疆	231.6	245.5	218.5	183.5	154.2

表 5-16　分省（区、市）乙烯产量　　单位：万 t

序号	地区	2018 年	2020 年	2030 年	2040 年	2050 年
1	北京	77.6	78.4	64.3	0.0	0.0
2	天津	129.0	170.3	224.8	274.2	307.1
3	河北	—	—	—	—	—
4	山西	—	—	—	—	—
5	内蒙古	—	—	—	—	—
6	辽宁	155.2	152.1	124.7	96.0	76.8
7	吉林	71.0	69.6	57.1	43.9	35.1

续表

序号	地区	2018 年	2020 年	2030 年	2040 年	2050 年
8	黑龙江	103.9	101.8	83.5	64.3	51.4
9	上海	188.5	184.7	151.5	0.0	0.0
10	江苏	152.7	197.0	260.0	317.2	355.3
11	浙江	97.1	124.3	164.1	200.2	224.2
12	安徽	—	—	—	—	—
13	福建	100.6	132.8	175.3	213.8	239.5
14	江西	—	—	—	—	—
15	山东	83.2	97.3	79.8	61.5	49.2
16	河南	23.6	23.4	19.2	14.8	11.8
17	湖北	83.1	64.8	53.2	40.9	32.7
18	湖南	—	—	—	—	—
19	广东	239.7	302.0	398.7	486.4	544.7
20	广西	—	—	—	—	—
21	海南	—	—	—	—	—
22	重庆	—	—	—	—	—
23	四川	—	—	—	—	—
24	贵州	—	—	—	—	—
25	云南	—	—	—	—	—
26	西藏	—	—	—	—	—
27	陕西	—	—	—	—	—
28	甘肃	63.0	49.1	40.3	31.0	24.8
29	青海	—	—	—	—	—
30	宁夏	—	—	—	—	—
31	新疆	128.5	169.6	223.9	273.2	305.9

5.2.5 全国和地区情景的平衡

全国和地区经济数据加总，以 GDP（国内生产总值 / 地区生产总值）为代表，或多或少总会出现差距，但从 2015—2019 年的统计数据看，历年数据的差值在 1% 以下，有些几乎相当，如 2017 年，因此这两个统计数据——全国 GDP 和地区生产总值加总之间的统计误差是可以接受的。在情景设计中，保持了预测年份（2020—2050 年）这两组数值的基本一致，对于不同产业增加值，全国与地区加总数据也保持一致。

其实最大的差距在于“发展冲动”。在各个五年计划中，站在全局高度，全国层面能维持相对理性的发展预期，而地方政府所设定的增长率数值从字面上看总比全国预期高出较多，并在此基础上安排固定资产投资、项目建设，从而推动最终的平均增长率远高于当初之设定。“增长预期”演变为“增长底线”。从发展的角度看，这似乎无可非议，但对环境和资源形成的压力相应也有超出预期的风险。这种现象在“十五”期间（2001—2005 年）、“十一五”期间（2006—2010 年）表现得非常明显；到“十二五”期间（2011—2015 年），我国开始执行更加严格的大气污染防治（和温室气体控制）政策，对各地区的粗放发展带来了良好的控制和调整，呈现了一定可持续发展的势头；到“十三五”期间，国家和地区的发展预期开始大致趋于一致，从前四年（2016—2019 年）的情况看，在各种影响因素下，整体发展与预期保持一致。具体如图 5-5 和图 5-6 所示。

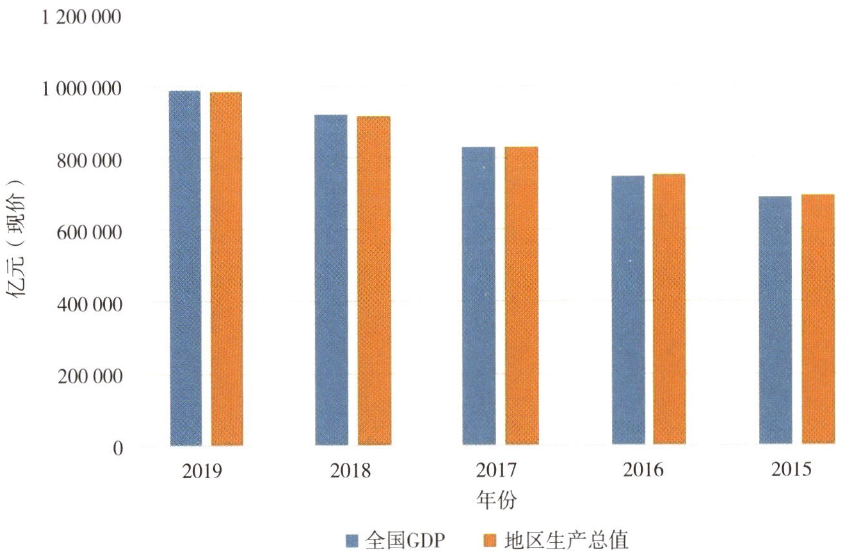

图 5-5 全国 GDP 与地区生产总值加总之间的比较

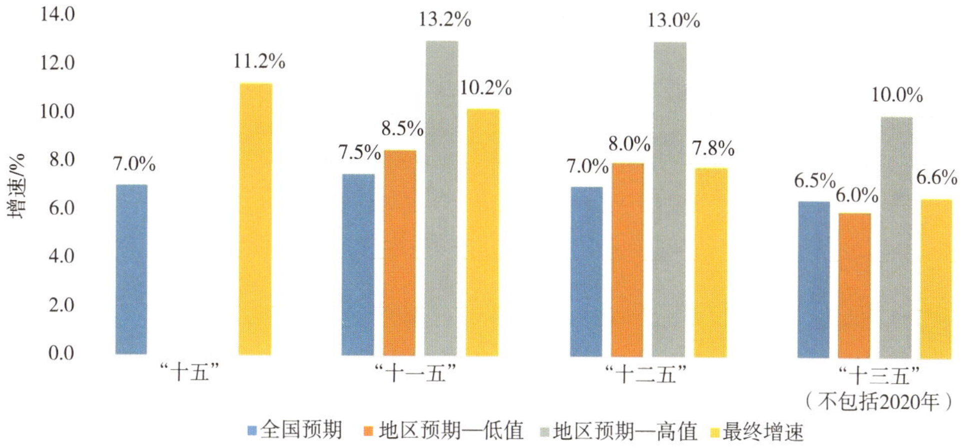

图 5-6 全国 GDP 和地区生产总值增长比较

因此，在本研究的全国 GDP 和地区生产总值增长设定中，以全国发展预期为基准，一是保持地区之和与全国数值保持一致，包括产业增加值；二是根据各地区发展基础（历史）、发展定位（未来）、发展优势和政策扶植倾向，“自上而下”和“自下而上”相结合，对全国 GDP 进行分解和核算以及调整，力图形成“全国一盘棋”的局面。

5.3 全国和地区能源发展情景分析

基于社会经济发展情景的假定，以 2015/2017 年为基年，利用 IPAC-AIM/End-use 模型首先对全国能源发展情景进行了基于详细技术的“自下而上”的模拟。模型首先对基年情景进行“反演”，利用统计数据对其结果准确性进行了验证之后，再进行未来情景的模型。需要重点说明的是，依照 2℃和 1.5℃要求，进行了两组全国情景的模拟，这里重点介绍 2℃情景下的模拟结果（因为分省能源结果与该情景保持一致）。

5.3.1 全国能源发展情景

5.3.1.1 基年情景及其验证

2015 年基年情景与统计数据的对比见表 5-17 和表 5-18。

表 5-17　一次能源消费总量对比　单位：Mtce，电热当量，2015 年

	煤炭	石油	天然气	一次电力	合计
统计数据	2 747.45	778.93	249.53	186.55	3 962.46
模型结果	2 752.00	775.71	258.57	201.32	3 987.61
差距 /%	-0.17	0.41	-3.62	-7.92	-0.63

注：统计数据来自《2016 中国能源统计年鉴》。《2019 中国能源统计年鉴》对 2015 年能源统计数据进行了微调，这里没有考虑。下同。

表 5-18　终端能源消费总量对比　单位：Mtce，电热当量，2015 年

	煤炭（包括焦炭）	煤制气	石油	天然气	热力	电力	合计
统计数据	1 225.68	117.06	761.85	197.61	135.3	676.34	3 113.84
模型结果	1 210.75	81.78	672.29	203.53	133.98	673.53	2 975.86
差距 /%	1.22	30.14	11.76	-3.00	0.98	0.42	4.43

从对比结果可以看出，一次能源消费总量的“反演”准确性相对高。一次电力消费的模拟结果明显高于统计数据（近 8%），主要原因在于统计年鉴的数据口径不完整，2015 年一次电力统计中至少不包括太阳能发电和生物质能发电（由于其碳排放具有中性特点，这里暂将生物质能发电归为一次电力）。对终端能源消费的“反演”准确性小于一次能源，但总体误差在可接受范围内（<5%）。由于加工转换过程复杂、品种繁多（例如煤制气包括高炉煤气、转炉煤气、焦炉煤气以及人工煤气，其中很多为副产物重复利用；油品更有十几种二次能源类型），煤制气和油品的模拟结果略逊，但由于其消费规模较小，对总体结果的影响总体不大。以下为 2015—2050 年能源情景模拟结果。

5.3.1.2　一次能源总量情景

我国能源消费总量增速正在逐步降低，总体趋势区域稳定。随着我国产业结构的转型升级，经济的推动力将有重大变化，能源增速和能耗结构将发生明显变化。2015 年我国能源需求较 2010 年增长了 38.7%，根据 IPAC 模型小组计算结果，预计 2020 年较 2015 年能源需求水平保持基本稳定，之后我国能源增速将进一步降低。2020—2040 年为能源消费总量维持稳定的“平台期”，经济增长与能源消费脱钩。2040—2050 年能源消费将出现负增长，2050 年能源消费总量将降至 35 亿 tce 左右（电热当量，以下同）。具体如图 5-7 所示。

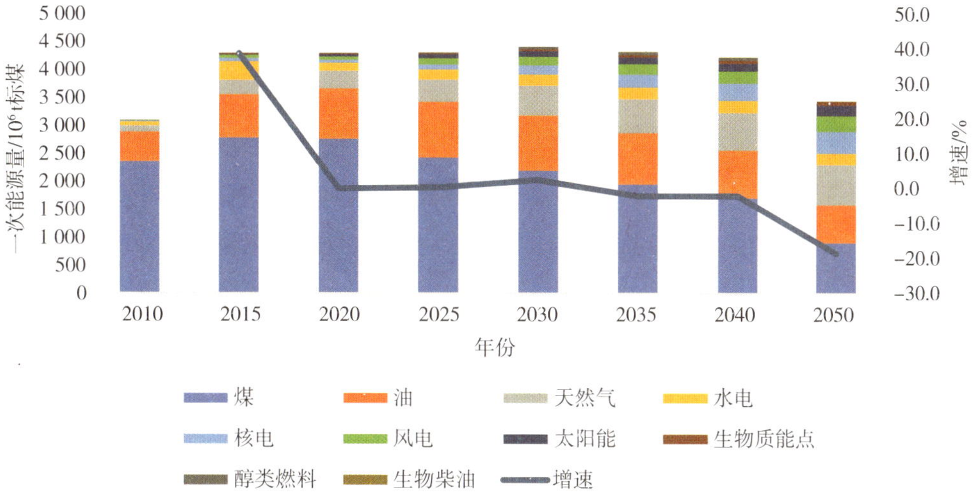

图 5-7 一次能源消费总量变化趋势（电热当量法）

5.3.1.3 能源结构

我国能源消费结构将大幅度优化。非电一次能源中，煤炭和石油占比将逐步降低，天然气和生物燃料等清洁能源的供能占比将不断增加。煤炭在 2020 年之前消费占比应该已经达到峰值（2013 年约 42 亿 t），未来将处在明显的下降通道。电力供应中，2020 年之后，电力消费的增长将主要依赖可再生能源和核电等一次电力以及天然气发电。天然气近期可以有效替代煤炭，需求将大幅度提高。如果天然气供应在 2020 年后能达到 4 000 亿～4 500 亿 m^3/a，将可以更好地支撑碳排放早日达峰及减排并随之实现碳排放下降。根据 IPAC 模型小组计算结果，到 2030 年，能源消费总量预计达到 44.17 亿 tce，其中煤炭供能占比首次降至 50% 以下，天然气比重提升至 12.1%，新能源和非水可再生能源比重将由 2020 年的 7.5% 提升到 2030 年的 15.8%，满足《能源生产和消费革命战略（2016—2030）》提出的可再生能源、天然气和核能利用持续增长，能源消费总量控制在 60 亿 tce 以内，非化石能源占能源消费总量比重达到 20% 左右的目标（此系列目标基于电热等价计算法计算）。到 2050 年，天然气供能占比将达到 20% 左右，石油、水电、核电、风电、太阳能的比例分别为 19.8%、6.1%、11.3%、8.3% 和 5.4%，煤炭降低到 30% 以下。具体如图 5-8 所示。

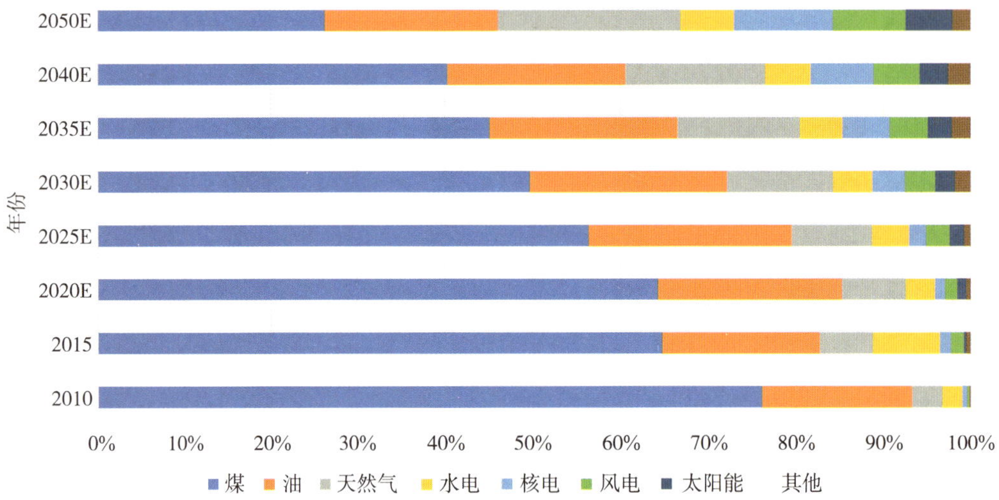

图 5-8 能源消费结构变化趋势（当量法）

5.3.1.4 终端能源消费

（1）总体情况

我国终端能源消费体量大，增长速度较快。我国 2010 年、2015 年和 2020 年终端能源消费量分别为 22.3 亿 tce、29.8 亿 tce 和 32.3 亿 tce，“十二五”和“十三五”期间终端能源消费量分别增长了 33.6% 和 8.5%，后期增幅明显下降。虽然我国终端能源消费总量大，但增速在逐渐下降，预计 2020 年后我国终端能源消费将保持现有水平并随着能源消费结构调整小幅下降，2030 年、2050 年我国终端能源消费量分别为 32.8 亿 tce 和 29.8 亿 tce。

从结构来看，化石燃料仍为主要能源。2015 年，我国终端煤炭和石油消耗量分别为 12.9 亿 tce（18 亿 t）、6.7 亿 tce（4.7 亿 t），分别占比 43.4%、22.6%；到 2020 年，我国煤炭和石油消耗量预计分别为 11.9 亿 tce 和 8.4 亿 tce，分别占比 36.9% 和 26.0%，一降一升，总占比较 2015 年下降 3.1%。根据 IPAC 模型组的情景分析，我国未来终端能源消耗将从化石燃料逐步向清洁能源转型，煤炭、石油所占比例将逐渐下降，电力、天然气和热力，尤其是电力，将成为主要终端供能来源，预计到 2030 年，我国终端能源消耗中化石燃料占比将下降到 61.6%，非化石能源占比 38.4%；2050 年，化石燃料和非化石燃料占比分别为 46.4% 和 53.6%。

我国终端能源消费主要来自第二产业和第三产业，2010—2015 年，第二、第三产业合计占比均值达到 86.8%，预计 2020 年该比例为 83.7%。虽然预计未来第二、第三产业能耗占比会逐渐降低，但第二产业及第三产业的不同发展情景仍对全国能源情景带来显著影响。预计到 2030 年和 2050 年该比例分别降至 80.6%、80.4%，基本维持不变。由于人口稳中降，“十四五”之后城乡居民终端能源消费占维持在 15%～16%。具体如图 5-9～图 5-11 所示。

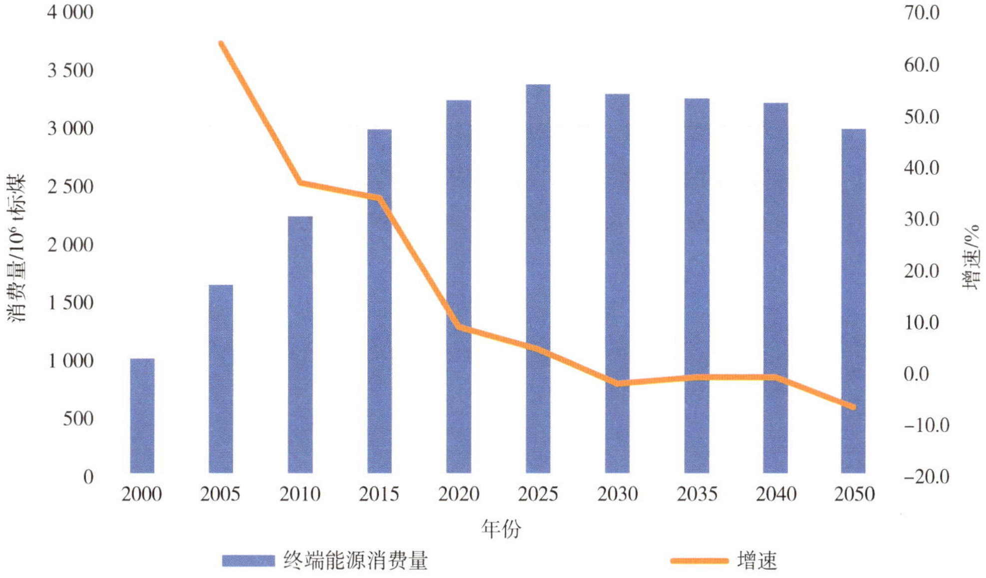

图 5-9 终端能源消费变化趋势

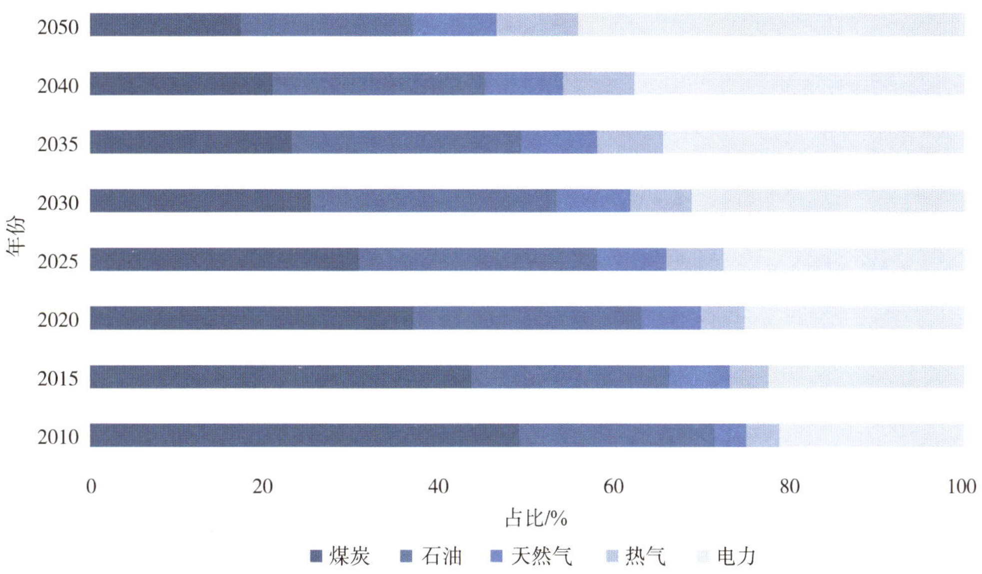

图 5-10 终端能源消费结构变化趋势

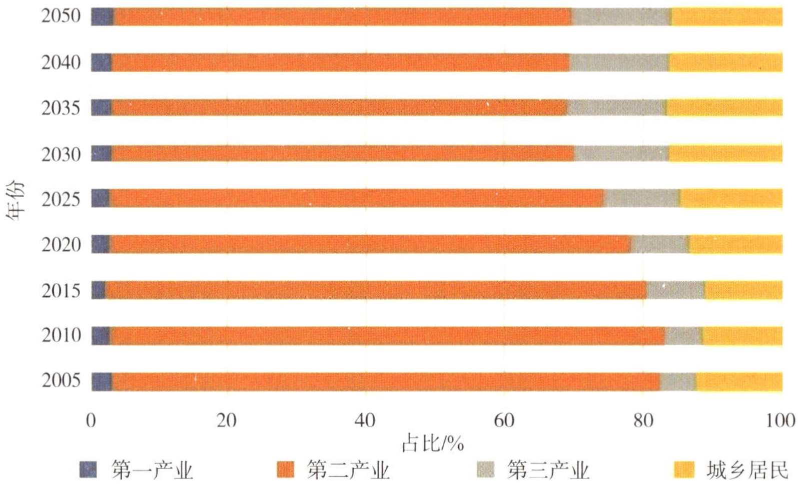

图 5-11　终端能源消费部门构成

（2）第二产业

预计在第二产业内部，特别是能源消费最多的工业行业内部，结构性调整将十分明显，高能耗产品行业将整体进入产量饱和、峰值平台和产量下降期，从而带来能源消费在不同产业部门分配格局的变化。

工业能耗需求逐年下降。第二产业内工业能源消耗需求在 2015 年达到峰值，即 20.24 亿 tce。预计 2020 年下降至 19.73 亿 tce，相较 2015 年下降 2.5%；预计 2030 年、2050 年分别下降至 17.89 亿 tce、16.93 亿 tce（实际情况是，2020 年受新冠肺炎疫情影响，工业能源消费下降幅度确实可能较为明显，未来下降幅度收窄，高耗能产业去产能和结构性调整将成为下降主要原因）。具体如图 5-12 所示。

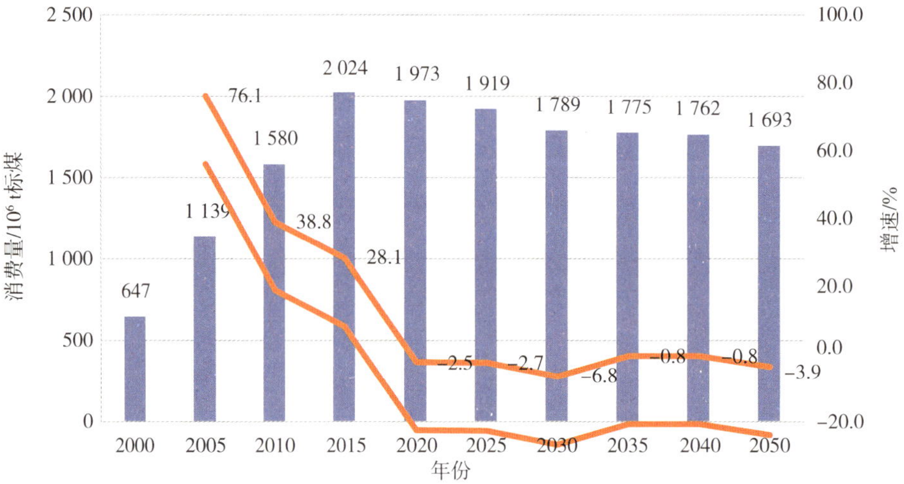

图 5-12　工业部门终端能源消费变化趋势

工业能耗电气化率不断上升。历史上煤炭和石油是我国工业供能的主要来源，但占比逐年下降，热力和电力供能占比逐年提高。预计到 2020 年，煤炭和石油占比为 67.3%，2035 年、2050 年分别降至 52.6%、42.5%。具体如图 5-13 所示。

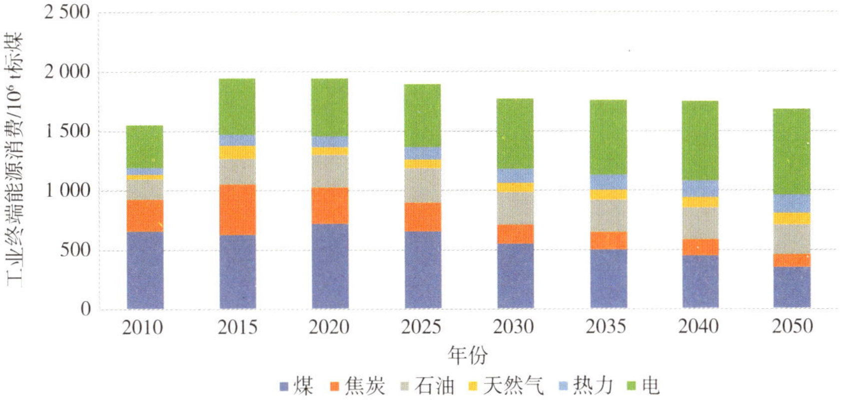

图 5-13 工业部门终端能源消费结构变化趋势

从细分行业来看，我国工业高耗能产品产量和能源消耗都将大幅下降，再加上能源效率的提升，工业能耗下降幅度将十分明显。其中水泥、合成氨和玻璃预计能耗下降显著，2020—2050 年下降幅度分别达到 49.7%、39.4% 和 26.7%。同时还需注意，乙烯产品的产量和耗能预期都将继续增长，与需求相关，也与我国乙烯装置发展滞后性关联较大。我国乙烯产能建设较慢，生产装置规模普遍偏小，综合能耗较高，部分企业实施技术改造但综合能耗还未出现有效下降。具体见表 5-19。

表 5-19 主要高耗能产品产量及未来情景

高耗能产品	2015 年	2017 年	2020 年	2030 年	2040 年	2050 年
粗钢 / 亿 t	8.04	8.71	7.25	5.88	4.53	3.62
水泥 / 亿 t	23.59	23.31	18.40	15.09	11.57	9.26
玻璃 / 亿重量箱	7.87	8.38	8.05	7.76	7.01	5.90
电解铝 / 万 t	3 141.00	3 328.96	3 435	3 582	3 480	3 275
乙烯 / 万 t	1 714.60	1 821.74	1 917	2 120	2 117	2 260
合成氨 / 万 t	5 791.40	4 735.03	4 712	4 135	3 425	2 856

注：本研究的情景模拟在 2020 年前完成，这里的 2020 年数据为模拟数据。实际上 2020 年高耗能产品产量反弹，钢铁达到 10 亿 t 以上，水泥达到 24 亿 t。原因比较复杂，这里不做分析，维持原有模拟结果。

（3）第三产业

第三产业在我国经济社会发展中的作用愈加显著，今后发展速度明显高于第二产业，内部的结构调整也将持续进行，对能源供需的影响也越来越大。第三产业的核心服务业能耗 2010 年为 1.1 亿 tce，2015 年达到 2.2 亿 tce，同比增长 101.2%。预计 2020 年服务业能耗水平与 2015 年保持一致，预计 2030 年、2050 年将分别达到 3.62 亿 tce、3.68 亿 tce。具体如图 5-14 所示。

第三产业用能结构不断优化。"十三五"期间，我国第三产业供能结构优化成果显著，煤炭和石油总能耗占比 2015 年为 39.8%，预计 2020 年下降至 27.3%，同比下降 12.6 个百分点。未来煤炭和石油能耗占比将继续下降，天然气、电力等清洁能源供能占比持续提高，预计 2020 年后电力能耗占比将超过 50%，2030 年、2050 年该比例分别达到 55.7%、63.1%。具体如图 5-15 所示。

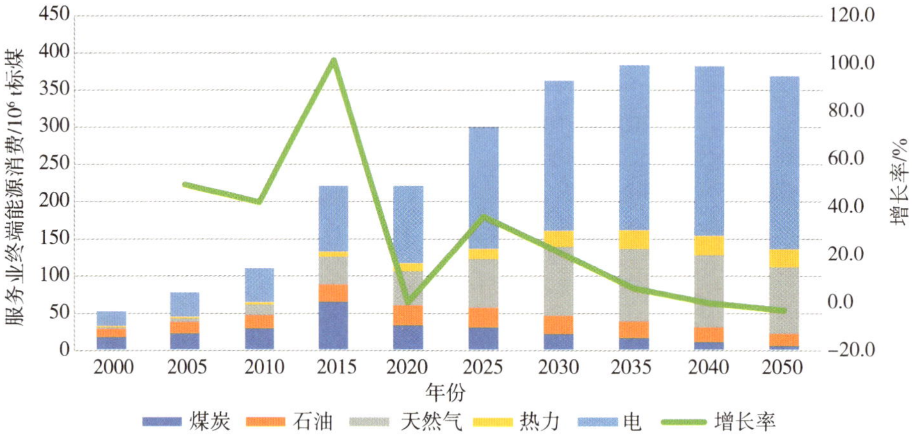

图 5-14 服务业终端能源消费总量和结构变化趋势

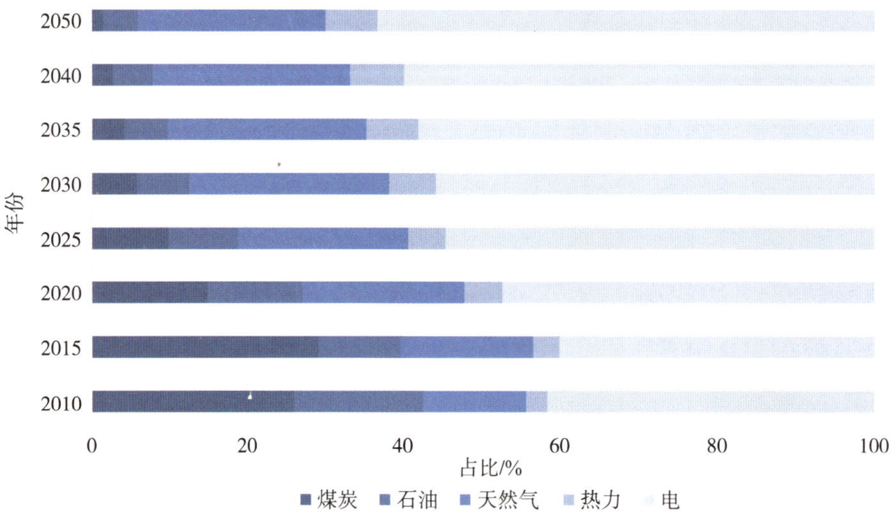

图 5-15 第三产业终端能源消费结构变化趋势

5.3.1.5 电力消费和供应

全社会用电量稳步上升，预计未来增速上升。2019 年，我国全社会用电量为 7.2 万亿 kW·h，较上年增长 5.2%；2020 年预计全社会用电量与 2019 年持平。中长期来看，电力需求持续增长，预计 2030 年、2050 年我国全社会用电量分别达到 10.7 万亿 kW·h、12.9 万亿 kW·h。经济平稳向好、终端消费电力化趋势加快是全社会用电量增长的主要原因，第二产业和第三产业增长是拉动全社会用电增长的主要动力。具体如图 5-16 所示。

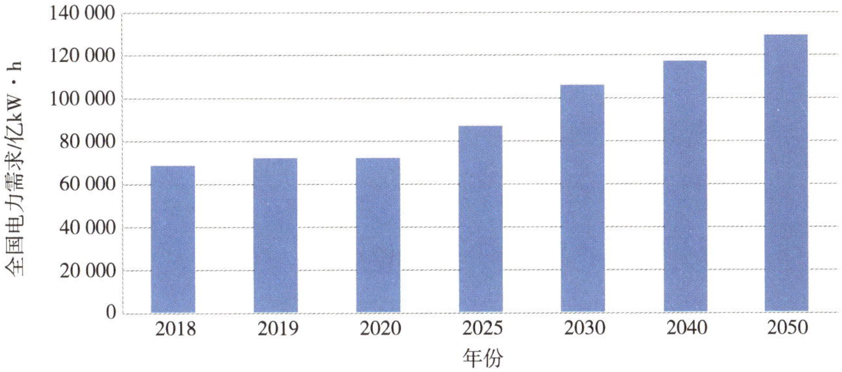

图 5-16　电力需求发展趋势

相对应的，我国电力供应能力不断增强。2017 年我国电力装机容量 17.9 亿 kW，2020 年，我国预计电力装机容量达到 18.7 亿 kW，较 2017 年同比增长 4.6%，年均增长 1.5%。2030 年、2050 年我国发电装机容量将分别达到 32.3 亿 kW 和 52.1 亿 kW，相较 2017 年分别增长 80.4%、191.1%。具体如图 5-17 所示。

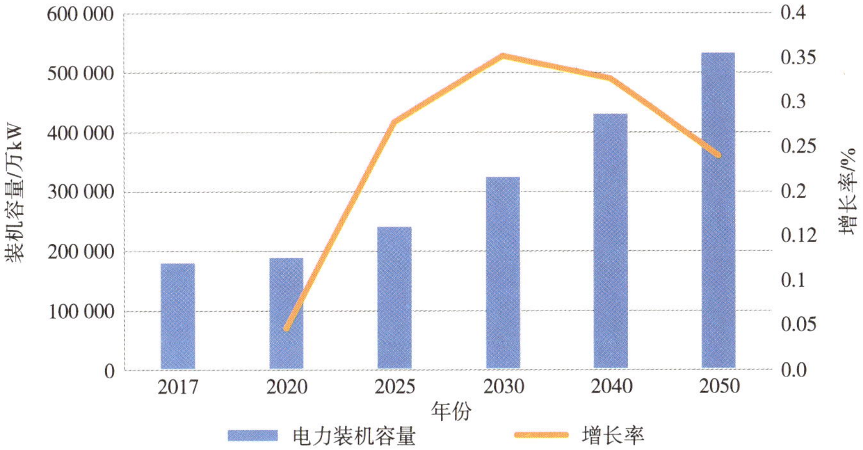

图 5-17　电力装机发展趋势

按电源类型来看，预计2020年火电装机容量10.2亿kW，占比54%；水电装机容量4.2亿kW，占比23%；非水RE装机容量3.9亿kW，占总装机容量比重为21%。预计到2030年，非水RE成为主要发电类型，装机容量15.9亿kW，占总装机容量比重为49%；火电装机容量9.7亿kW，占比30%；水电装机容量5.5亿kW，占比17%；到2050年，非水RE装机发电占比进一步提升，达到36.5亿kW，占总装机容量比重为69%；火电装机容量6.60亿kW，占比12%；水电装机容量超过火电装机容量达到6.61亿kW，占比13%。具体如图5-18所示。

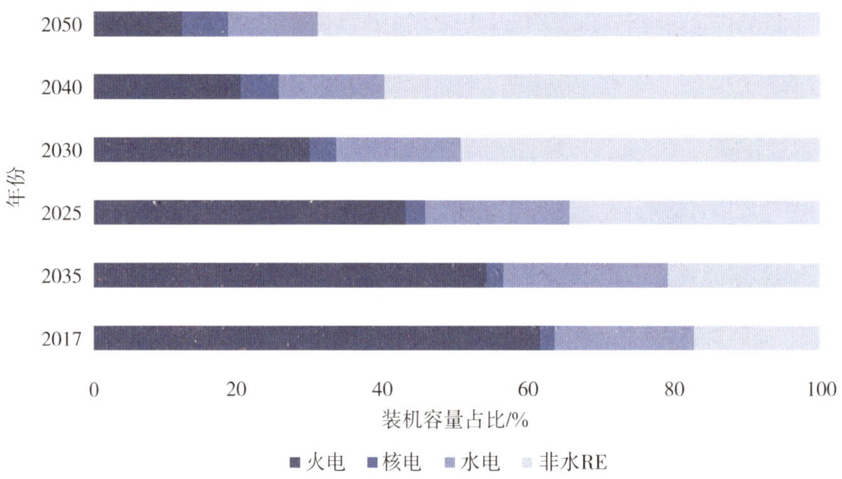

图5-18 分类型电力装机容量发展趋势

总体来看，我国“十三五”以来电力装机结构不断优化，发展超过规划水平。我国《可再生能源发展“十三五”规划》中提出，到2020年，水电装机容量达到3.8亿kW、风电装机容量达到2.1亿kW以上、生物质能发电装机容量达到1 500万kW。实际上，预计我国在2020年年底，水电装机达到4.2亿kW，超过目标水平10.5个百分点；其他类型发电达到3.9亿kW，较2017年增长26.4%。

我国电力装机结构清洁能源和再生能源占比不断提升，化石能源装机容量占比不断降低。我国2017年非化石能源发电装机容量占比38.3%，预计2020年年底达到45.6%，较2017年比重增长7.3个百分点；非水可再生能源发电装机容量2017年占比17.2%，预计2020年年底达到20.8%，比重增长3.6个百分点。随着我国可再生能源和清洁能源发电装机技术的不断提高，我国未来非化石能源发电装机将成为主要发电类型，预计2030年、2050年占比分别达到69.9%、87.6%，其中非水可再生能源占比分别达到49.2%、68.7%。具体如图5-19所示。

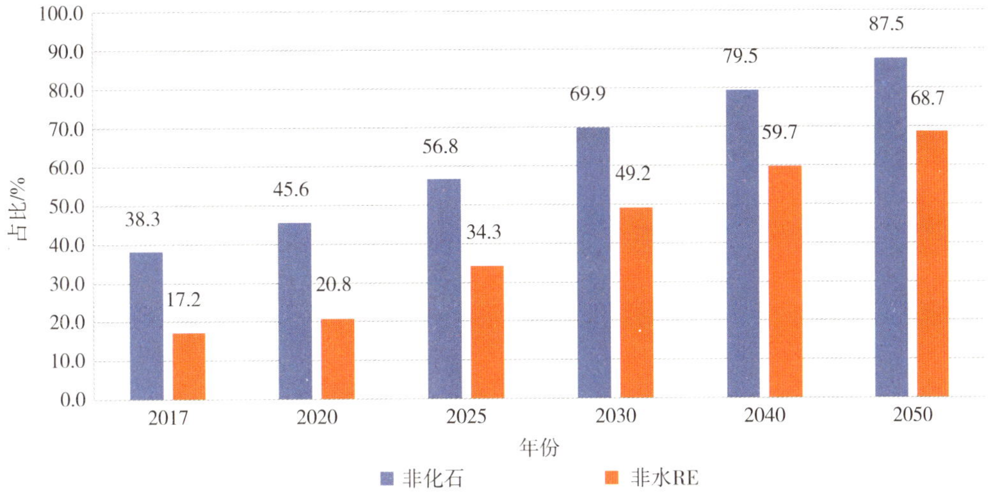

图 5-19 非化石电力装机容量和非水可再生电力装机容量占比比较

5.3.2 主要地区能源发展情景

根据地区社会发展情景、高耗能工业产业地区发展趋势和全国能源发展情景，利用 IPAC_AIM/Local 模型工具，初步确定了分省（区、市）能源发展情景。总体来说，根据模型原理，首先根据自上而下的行业和耗能设备模拟，得出生产、交通、第三产业和居民生活的终端能耗（包括煤炭、焦炭、油品、天然气、电力热力等），最后根据各省（区、市）电源结构情景将电能利用还原为一次能源使用量（发电煤耗或电热当量），最终将各省的煤炭、石油、天然气及一次电力（含净调入电力）加总，得到各省（区、市）能源消费总量。各省（区、市）之间的电力传输由各省（区、市）能源品种发电潜力、用电量和输入 / 输出矩阵决定。

为了便于呈现结果，这里从东、中、西三大区的角度呈现结果。也可以根据需求从重点区域（如京津冀、长三角、珠三角、汾渭平原、长江经济带、黄河经济带、粤港澳等）角度进行针对性分析。与全国情景类似，首先要进行结果的验证。

5.3.2.1 分省（区、市）能源情景的验证

相较全国情景的验证，分省（区、市）能源情景的验证更加困难。一是因为省级统计本身的权威性不足，验证工作不存在客观标准；二是省级统计数据从来不提供“透明的”标准量数据，更不会提供基于电热当量的标准数据。利用电力输入 /

输出矩阵和基于实物量的分省（区、市）能源平衡表，估算了 2017 年基于电热当量的分省（区、市）能源消费量（即“自上而下”核算数据），借此与模型估算结果（即“自下而上”模型数据）进行“勉强”比较。具体如图 5-20 所示。

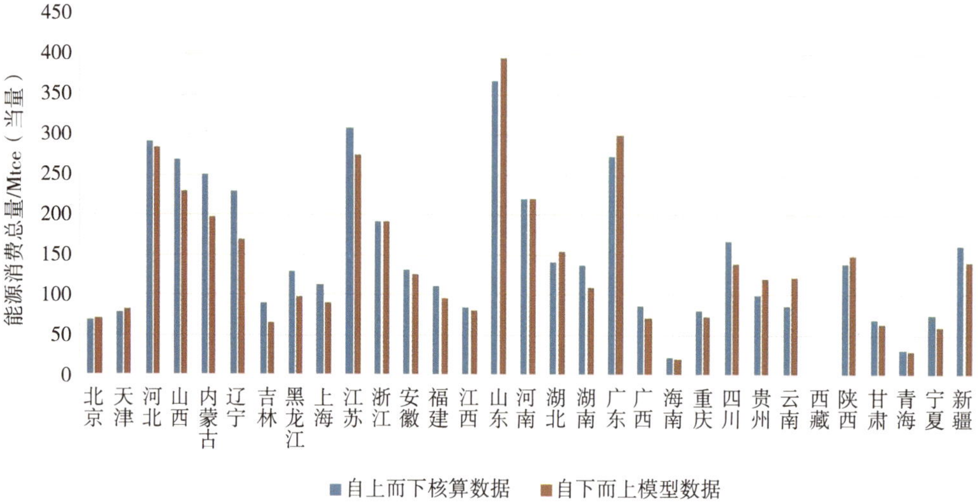

图 5-20　分省（区、市）基年能源消费总量数据对比（2017 年）

从比较结果中可以看到，两组数据之间维持“和谐”关系（<10%），除了个别省（区、市）差距较大，主要发生在山西、内蒙古等能源（电力、焦炭）输出大省，煤炭洗选损失归属也是原因之一。从各省（区、市）加总数据看，分省（区、市）模型数据之和（42.17 亿 tce）与核算数据之和（45.03 亿 tce）相差 6.4%，也在合理范围之内。各省（区、市）能源统计边界并不十分清楚，各省（区、市）之间多存在重复计算，因此加总数据有“虚高”的嫌疑；而模型数据自下而上进行模拟，基本消灭了重复计算的可能性，因此加总数据与全国统计的可比性更好一些。从这里也可以看出，分省（区、市）模型数据加总（42.17 亿 tce）与全国统计数据（41.77 亿 tce）具有非常好的吻合度，也从侧面验证了模型数据的相对合理性。

由于煤炭消费和布局对大气质量分析的重要性，这里选择了分省（区、市）煤炭模拟结果与各省（区、市）煤炭消费统计进行对比。具体如图 5-21 所示。

类似地，煤炭消费的模拟结果与统计数据差异不大，甚至比能源消费总量更为接近。从总量看，两者之间的差距更小，只有 1.3%。

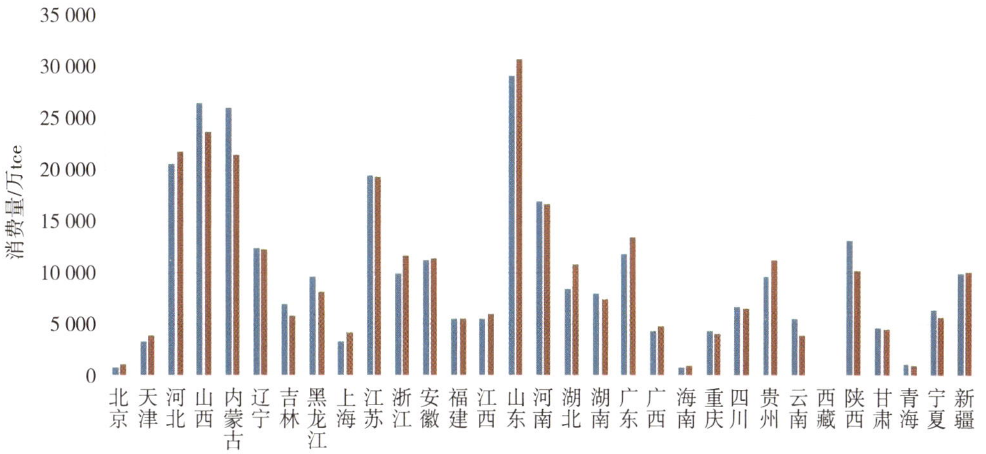

图 5-21 2017 年分省（区、市）基年煤炭消费数据对比

5.3.2.2 一次能源消费

与产业发展相对应，东、西部的能源消费呈现缓慢增长的趋势，大约在 2040 年达到峰值，而中部地区的能源需求相对平稳、略有下降。“十四五”末（2025 年），这三个地区的能源消费占比分别约为 48.0%、24.2% 和 27.8%；2030 年，该占比分别为 47.9%、23.4% 和 28.7%。在保护性西部大发展政策布局下，西部地区的能源消费增速略快于其他两个地区。具体如图 5-22 所示。

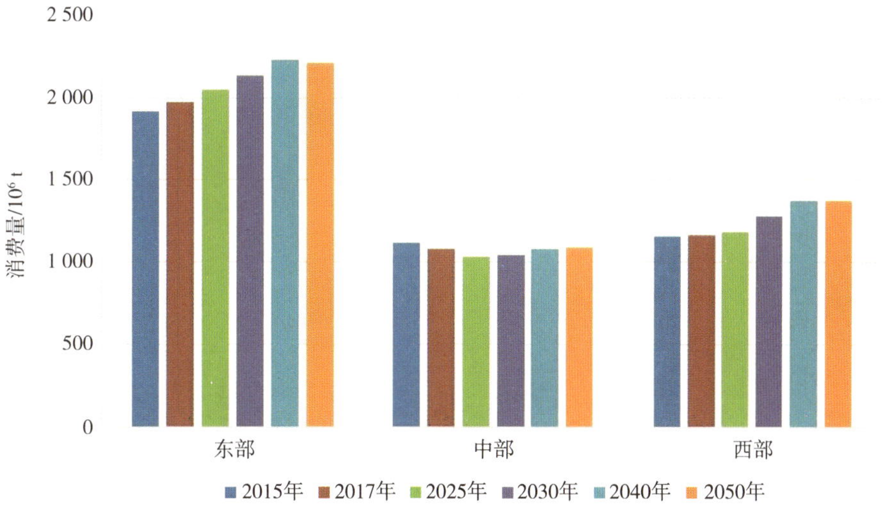

图 5-22 分地区能源消费情景（Mtce，电热当量法）

5.3.2.3 煤炭消费布局

在低碳发展和大气防控的政策措施引导下，各地区的煤炭消费量均处于平稳下降区间。到 2025 年和 2030 年，煤炭消费总量分别降低到 34.6 亿 t 和 30 亿 t，东、中、西部的分布格局大约是 41%、30% 和 29%。东部地区依然是煤炭消费主力军，为 10 亿～12 亿 t，比当前的 17 亿～18 亿 t 将有显著降低。具体如图 5-23 所示。

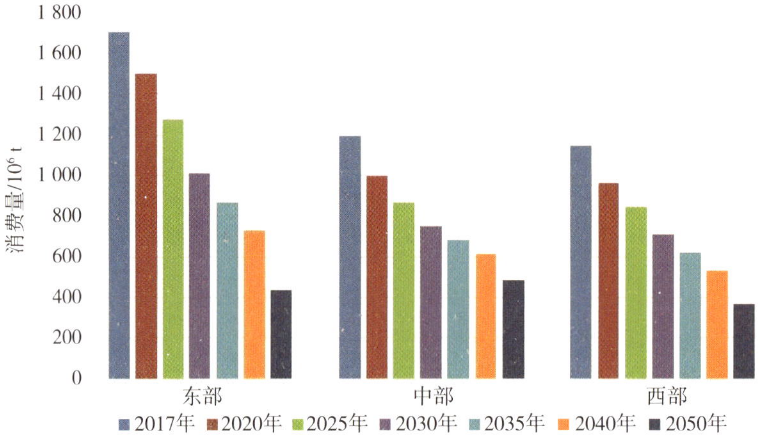

图 5-23　分地区煤炭消费量

5.3.2.4 交通用油布局

与煤炭消费趋势略有不同，交通油品消费还将处于上升阶段，峰值大约在 2025 年达到，之后，随着电气化发展，油品消费量处于快速下降阶段，三个地区呈现类似趋势。2025—2030 年，交通用油的峰值消费量不超过 6 亿 t，在三个地区的布局分别约为 50%、22%、28%。具体如图 5-24 所示。

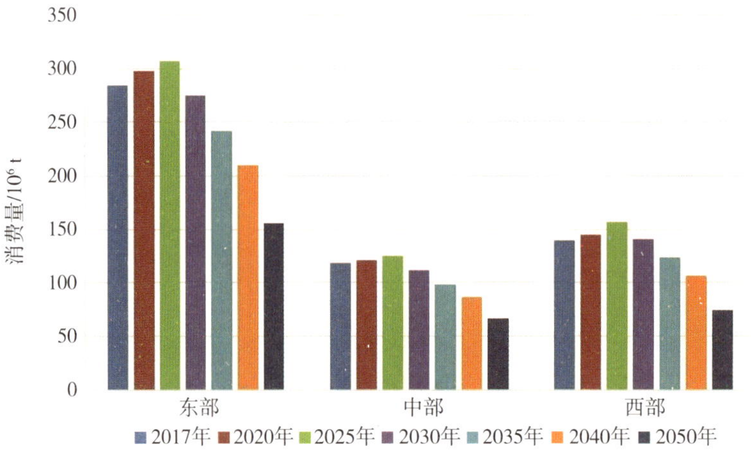

图 5-24　分地区交通油品消费量

5.3.3 全国和地区情景的平衡和校核

经过多方校核，“自上而下”数据（全国数据）和“自下而上”数据（分省加总数据）得到了较好的平衡，2030—2050 年的差距较之前的变大，主要原因在于较长时间尺度下，地区发展的不确定性更大，与全国数据的匹配度逊于中短期时间尺度。具体如图 5-25 所示。

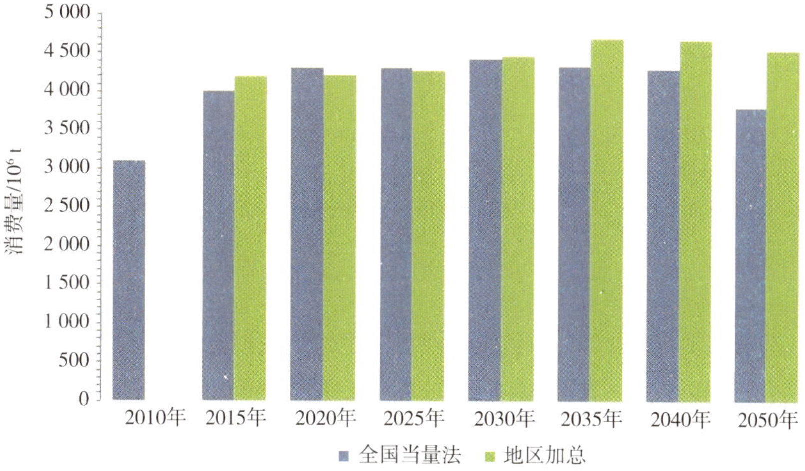

图 5-25 全国能源消费总量与地区能源消费加总的比较

5.3.4 全国和地区电力发展情景

5.3.4.1 全国电力发展图景

（1）总量需求

“十四五”及 21 世纪中叶，我国用电需求持续增长，还有较大增长空间，但增速逐步放缓。其中“十三五”期间，中国总体处于工业化后期，经济保持中高速平稳增长，电气化水平稳步提高，电力需求保持较快增长；2025 年基本完成工业化，2035 年全面实现工业化，工业增长将逐步放缓，钢铁等部分高耗能和高耗电产品产量逐渐饱和，使得电力需求增速回落。2015—2019 年全社会用电量年均增速为 6.1%，这里认为 2020—2025 年、2025—2030 年、2030—2050 年将分别下降到 3.8%、2%、1.0%，因此，2020 年、2025 年、2030 年、2050 年全社会用电量将分别达到 7.2 万亿 kW · h、8.7 万亿 kW · h、10.6 万亿 kW · h、13.0 万亿 kW · h。人均用电量稳步提升，2030—2040 年中国的人均用电量（达到 7 000 kW · h 以上）可能超过德国目前水平，接近日本；到 2050 年超过日本，接近韩国的目前水平，达到 9 000 kW・h/ 人。具体如图 5-26 所示。

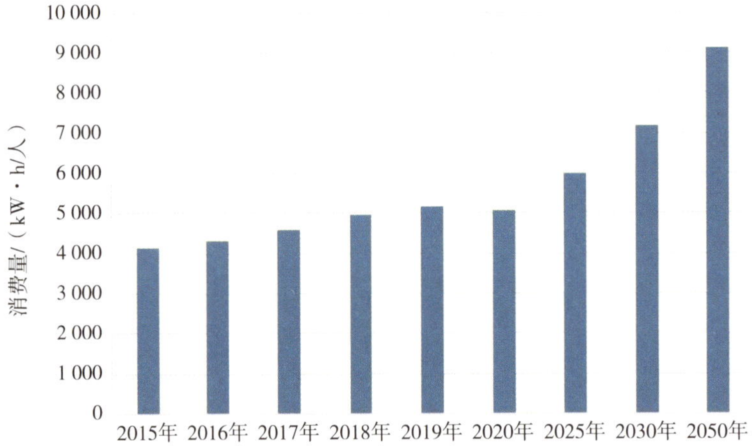

图 5-26 2015—2050 年人均电力消费量

第二产业用电比重下降，第三产业和居民生活用电逐渐成为拉动全社会用电增长的主要动力。预计 2025 年我国三次产业和居民生活用电比例为 1.2：61.8：20.1：17.0，2030 年为 1.1：51.7：26.6：20.6，2050 年为 1.0：37.9：35.9：25.2，其中第一、第二产业用电量所占比重不断下降，第三产业和居民生活用电所占比重不断提升。具体如图 5-27 所示。

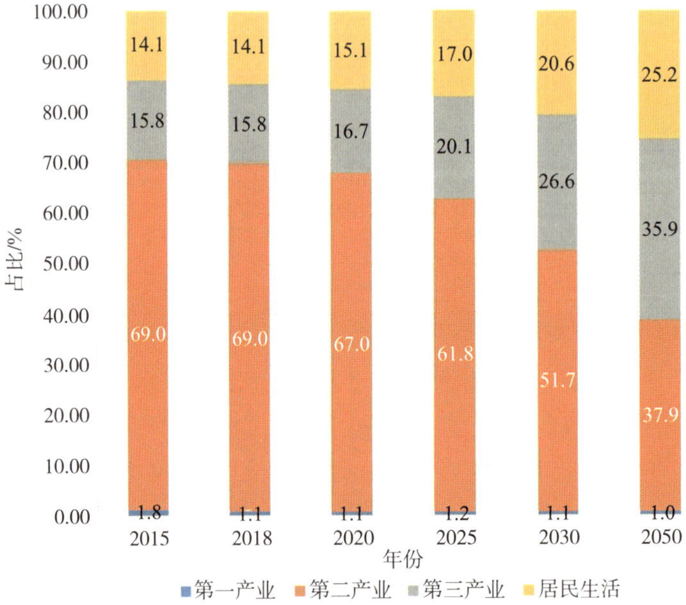

图 5-27 2015—2050 年用电结构

四大高耗能行业用电量占比显著下降。“十三五”、2020—2030 年、2030—2050 年黑色金属行业用电量年均增速分别为 1.1%、−1.9%、−1.7%，有色金属行业用电量年均增速分别为 3.2%、2.1%、−2.4%，建材行业用电量年均增速分别为 −0.5%、−1.8%、−3.3%，化工行业用电量年均增速分别为 3.2%、1.6%、−2.1%。四大高耗能行业占全社会用电量的比重由 2015 年的 31.4% 下降到 2020 年、2030 年和 2050 年的 25.6%、20.0% 和 11.6%。

（2）电源装机和结构

从装机总量看，2019 年已经超过 20 亿 kW，火电装机容量比例下降到不足 59%。预计到 2025 年、2030 年、2050 年，全国电源装机容量分别达到 25 亿 kW、32 亿～33 亿 kW、52 亿～53 亿 kW，其中非化石能源装机占比分别约为 56%、67% 和 83%，从整体上火电将退居非化石能源之后。风电、太阳能发电装机快速增长，2025—2030 年风光装机超过煤电，成为第一大电源。但 2030 年前煤电仍将保持一定规模，功能定位将逐步由电力和电量提供主体向电力提供主体转变；后期随着现役机组陆续退役，煤电装机规模逐步降低。

从结构看，装机加速清洁化。火电（以煤电为主）装机占比预计由 2019 年的 58.6%（约 11.8 亿 kW）降至 2025 年、2030 年和 2050 年的 44%（11.0 亿 kW）、34%（11.0 亿 kW）和 17%（9 亿 kW）左右，而风光装机占比则由 2019 年的 21.5% 升至 37%、48% 和 69% 左右。具体如图 5-28 所示。

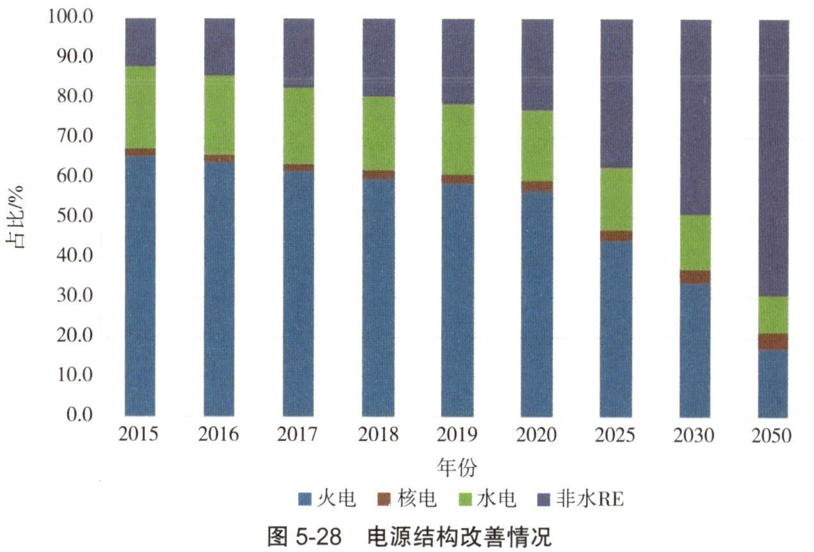

图 5-28 电源结构改善情况

5.3.4.2 区域电力消费和生产布局

（1）电力发展区域布局总体要求和趋势

习近平总书记在2017年中央经济工作会议上强调，要打好污染防治攻坚战，减少高污染煤电排放，增加清洁电力供应，解决大量弃水弃风弃光、清洁能源放空问题。《打赢蓝天保卫战三年行动计划》要求，东中部重点区域严格控制煤电规模，新增用电主要依靠非化石能源发电和外送电满足。按照能源转型目标，未来电力发展要坚持绿色低碳发展方向，加快电源结构调整和布局优化，提高能源资源开发利用效率，构建清洁低碳、安全高效的能源体系。《能源生产和消费革命战略（2016—2030）》提出，合理布局能源生产供应。西部北部地区，建设化石能源和可再生能源大型综合能源基地，保障全国能源平衡。西南地区，建设大型水电基地，实现跨区域水火互济、风光互补，提高发电效率。东中部地区，推进分布式光伏和分散式风电建设，沿海发展核电和海上风电。

（2）分区域电力需求

从现状看，全社会用电量持续快速增长。近年来，随着经济的发展和人们生活水平的提高，全社会用电量快速增长。2000—2019年，全国全社会用电量由1.3万亿kW·h提高到7.2万亿kW·h，年均增长率约为9.7%；人均用电量由1 067 kW·h/人增长到5 147 kW·h/人。目前，我国电力消费总量已经超过美国，但人均用电量与发达国家仍有较大差距。

电力消费量主要集中在第二产业，第三产业和居民生活用电量比重上升。近年来，随着我国经济和产业结构转型，第二产业比重有所降低，但由于产业能耗特点，第二产业用电量比重一直在70%以上。2010—2017年，第二产业用电量由3.1万亿kW·h提高到4.4万亿kW·h，占比由74.8%下降到70.4%；第三产业用电量由0.4万亿kW·h增加到0.9万亿kW·h，占比由10.7%提高到14.0%；居民生活用电量比重由12.2%提高到13.8%。

2019年东、中、西部的人均电力消费分别为6 240 kW·h、3 500 kW·h和5 300 kW·h，中部地区形成了明显的低谷；2015—2019年年均增速分别为4.7%、6.0%和6.5%。

未来发展中，各区域电力需求增速将逐步回落，“三华”（华北、华东、华中）地区用电量所占比重较高，一直是全国的负荷重心。2015—2019年“三华”地区用电比重为61%～62%；估计2020年、2025年、2030年、2050年，华北、华东、华中地区合计用电量比重分别为60.9%、60.1%、59.8%、57.5%，虽然逐渐下降，但仍然在 50% 以上。

（3）分区域电力装机布局

从总体布局看，西北地区电源装机比重大幅增加，华东比重大幅降低，其他区域比重相对稳定。西北地区预计由 2018 年的 14% 逐步上升至 2050 年的 21%，成为装机规模最大的区域；而华东地区则从 2018 年的 20% 降至 2050 年的 16%。预计 2025 年、2030 年、2050 年，“三华”装机占比分别达到 52%、50%、50%。从东、中、西部的分区来看，中东部的电源装机比例逐渐下降，而西部（西北 + 西南）呈现稳步上升态势，2050 年达到 43%。具体如图 5-29 所示。

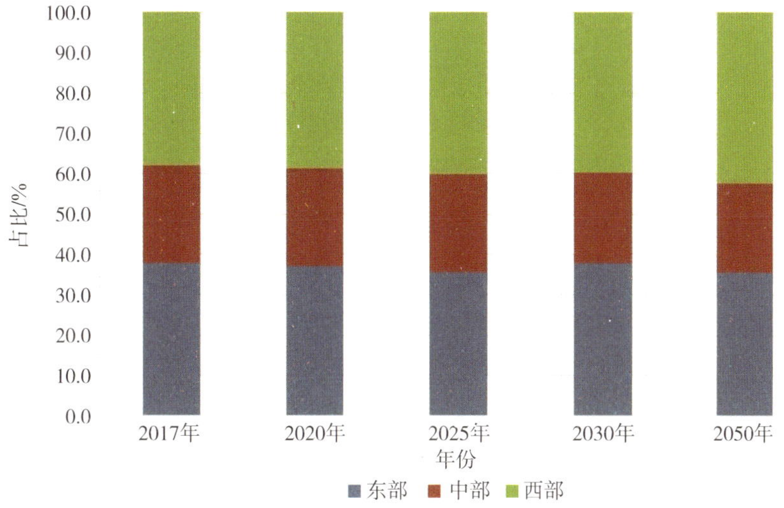

图 5-29　电源装机总体布局

1）火电

根据国家生态环保要求，严控东中部煤电建设，未来新增装机主要布局在西部和北部。2020 年后，适度发展煤电，煤电功能定位将由电量提供主体向电力提供主体转变，在系统中主要发挥调峰平衡作用。预计 2030 年，煤电装机 13 亿 kW 左右，达到峰值。新增煤电主要集中在西部和北部能源基地，东中部通过“以大代小”实现清洁化利用。

煤电向送端地区（西部）倾斜，西部地区火电（煤电为主）装机占比预计将由 2017 年的 28.7% 提升至 2050 年的 39%，装机规模超过华北地区；而东部地区的火电装机比重将从 2017 年的 45.0% 降低到 2050 年的 37%，中部地区稳中有降。气电以“三华”地区为主，送端地区也将小幅提升，东北、西北、西南三个送端地区合计装机占比预计将由 2020 年的 5% 提升至 2050 年的 22% 左右。具体如图 5-30 所示。

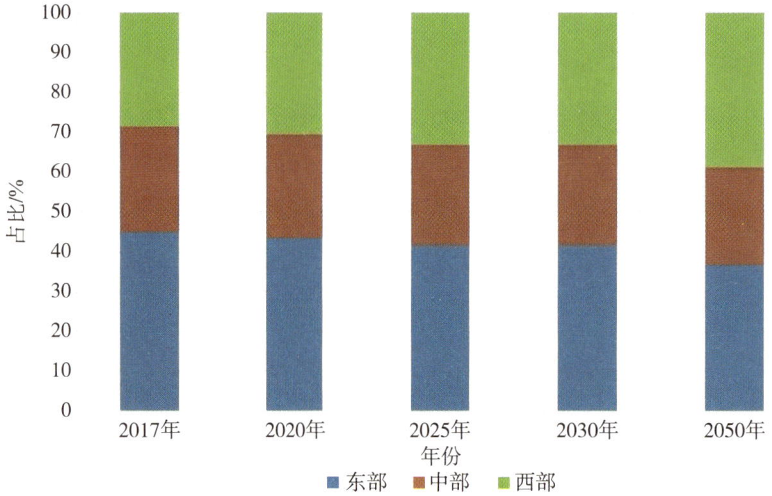

图 5-30 火电布局情景

2）核电

核电将一直是非化石电力的重要组成部分，2025 年、2030 年和 2050 年的装机容量将分别达到 6 500 万 kW、1.1 亿 kW 和 2 亿 kW；2025 年前在沿海开发（包括广西已有 217 kW 机组），2025 年后探索试点内陆核电建设，预计到 2050 年，中西部内陆核电占比有望超过 10%。具体如图 5-31 所示。

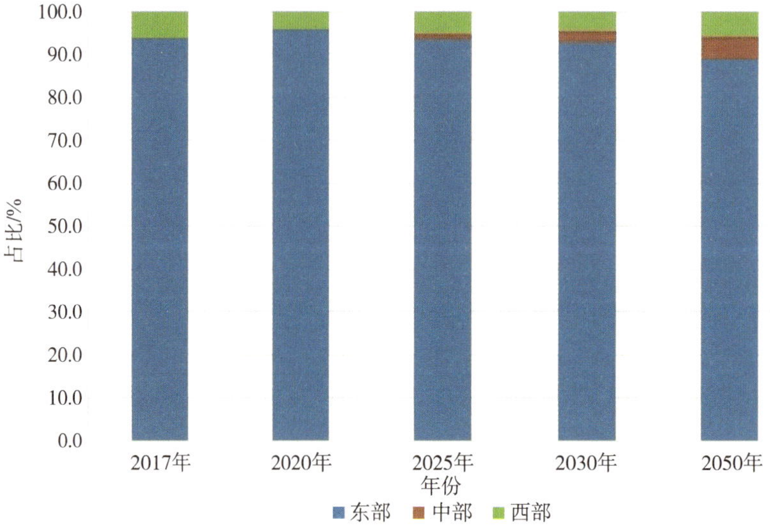

图 5-31 核电装机布局情景

3）水电

我国水电以西南和南方电网为主，开发还有较大潜力，西南地区是未来水电开发的重点。我国水电技术可开发量 5.72 亿 kW，截至 2017 年年底，常规水电装机达到 3.1 亿 kW，发电量达到 1.2 万亿 kW · h。西南地区水电资源约占全国一半以上，尚未完全开发。综合考虑水电基地规划规模和建设进度，“十四五”期间重点推进四川水电开发外送，“十四五”后推进藏东南水电接续外送。预计 2030 年，四川水电装机 1.2 亿 kW，开发率达到 80%，经济可开发量基本开发完毕。2030 年后，逐步开发澜沧江、怒江上游水电。估计 2050 年水电装机达到 5 亿 kW。具体如图 5-32 所示。

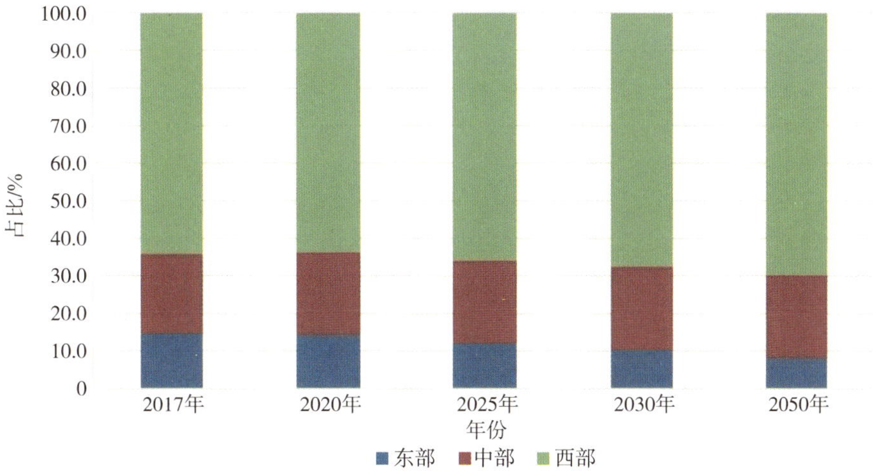

图 5-32　水电装机布局情景

4）风电和光伏发电

风电和太阳能发电在 2025 年前集中式和分布式开发并举，并以分布式为主；2025 年后，西北集中式开发将有望提速，到 2030 年，西北地区风电和太阳能发电装机比重都超过 30%；2030 年后，随着海上风电和储能技术的发展，东中部新能源发展再次提速，到 2050 年，华东、华中和华北京津冀鲁等地区风光装机占比有望升至 40% 左右，与 2025 年占比水平基本相当。就风电而言，力争到 2030 年前，每年新增风电规模 3 600 万 kW 左右，2030—2050 年，每年新增风电装机 3 500 万 kW 左右。到 2030 年和 2050 年，风电装机规模分别达到 6.3 亿 kW 和 13.2 亿 kW。就广佛电而言，鼓励在东中部地区大中型城市建设与建筑结合的分布式光伏发电，推动分布式光伏成为东中部地区优先发展的电源。在西北部的甘肃、青海、新疆等太阳能资源丰富、拥有荒漠化等闲置土地资源的地区，有序推进太阳能发电基地建设，建设一批大型太阳能发电站。在太阳能直射条件好、可利用土地面积广、具备水资源条件的地区，稳步推进太阳能热发电规模化发展，促进发热发电技术成熟与经济性的进一步提高，形成各类太阳能发电技术互为补充、共同发展的格局。力争到 2030 年前，每年新增太阳能发电规模 6 000 万 kW 左右，2030—2050 年，进一步扩大规模，每年新增太阳能发电装机 7 000 万 kW 左右。到 2030 年和 2050 年，太阳能发电装机规模分别达到 9 亿 kW 和 22 亿 kW。具体如图 5-33 所示。

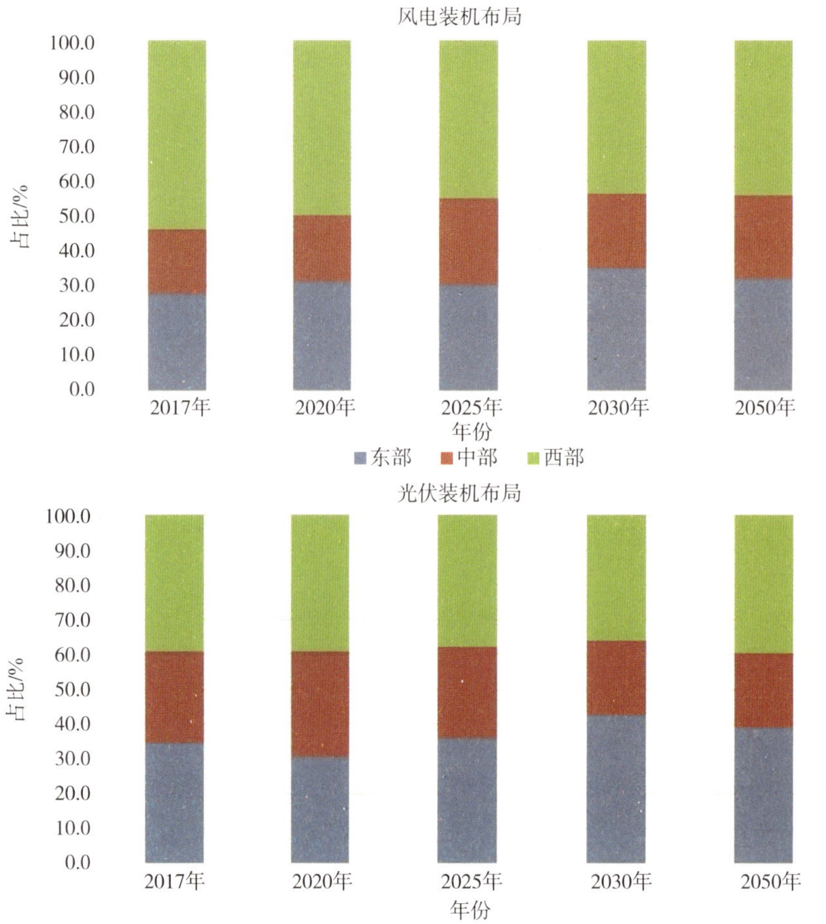

图 5-33 风电和光伏发电装机布局

5）生物质发电

生物质及其他电源装机规模在 2025 年、2030 年和 2050 年的装机规模预计将分别达到 3 000 万 kW、4 000 万 kW 和 7 000 kW，总量较小，对全局影响不大。区域分布变化趋势明显，送端地区将逐步提高，西北、西南地区装机占比预计将由 2017 年的 46.7% 提升至 2050 年的 70%。具体如图 5-34 所示。

非抽蓄储能随着新能源装机规模不断扩大也将逐步增加，预计到 2050 年，“三华”地区占比达到 56% 左右，西北、东北、西南合计装机占比达到 34% 左右，南方地区达到 11% 左右。

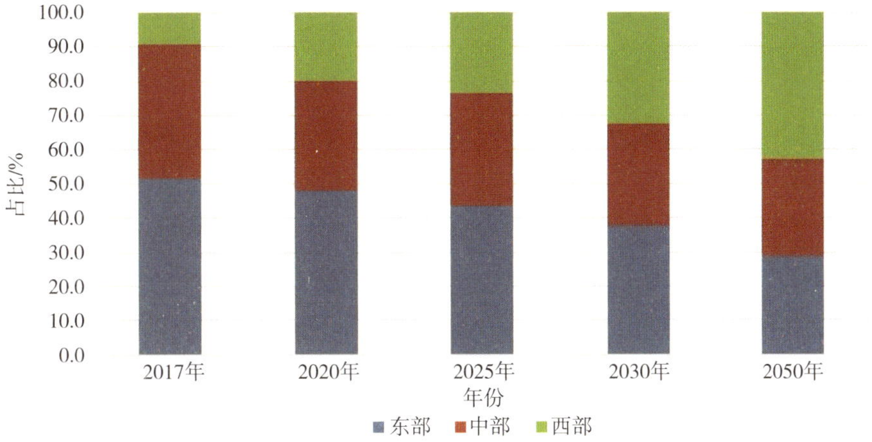

图 5-34 生物质发电装机布局

5.3.4.3 跨区电力流向和规模

随着经济高质量发展、城镇化水平进一步提高、电气化水平逐步提升等内外部因素驱动，未来东中部电力需求还将持续增长。但按照生态文明建设和能源转型目标要求，东中部煤电建设和煤炭消费量将进一步严格控制，新增用电量将主要依靠区域内非化石能源发电和区外来电满足。综合考虑我国能源资源开发布局和能源需求分布特征，在较长时间内，全国电力流向仍将保持“西电东送”“南北互供”的送受电格局。2035 年后，考虑技术进步、市场等因素，加之东中部负荷趋于饱和，“西电东送”规模基本维持不变。

华北电网负荷中心距离北部的煤电、风电和太阳能发电基地较近，按就近消纳原则，考虑来自距离较近的能源基地，包括宁东、蒙西、锡盟、陕北、呼盟、山西等。

华中电网枢纽位置显著，一方面，与西北部煤电基地的距离远远小于华东电网与其之间的位置；另一方面，华中电网的湖北等省份水电装机较多。考虑水火互济原则，新疆的哈密、酒泉等能源基地的火电、风电和太阳能发电送入华中电网，提高电网运行的经济性。此外，为满足华中负荷中心的用电需求，结合我国“西电东送”的整体电力流向，部分四川水电也考虑送至华中电网消纳，中长期考虑部分电力接续送至华东电网消纳。华东电网主要接受来自西南水电、西北综合能源基地等送端的电力，并通过区域互济，输入一定规模的华北、华中电网转送电力。

预计到 2025 年，全国西电东送规模达到 3.8 亿 kW 左右；到 2035 年，全国西电东送规模达到 4.7 亿 kW 左右；2035 年后，全国西电东送规模基本维持不变或略有下降。

5.3.4.4 分省电力生产和输入 / 输出情况

根据各省一次和二次电力发展潜力 / 规模、电力消费水平，模拟了各地区电力净输入 / 输出规模，“身边电力”与“远方电力”的比例，这里选择典型地区进行分析。

北京和广东分别是京津冀地区和珠三角地区的核心地区，是典型的电力输入省，略有不同的是北京电力对外依存度还将不断上升，外来电力占比越来越高，对京津唐电网、山西和内蒙古电力依赖度越来越高，给这两个地区电力低碳化带来压力；广东省对外依存度保持不变，但调入电量也持续上升。山东作为电力对外有依存度很低的地区，从改善大气质量的角度出发，也将逐步调入更多电力。具体如图 5-35 所示。

东部地区有所变化的是江苏省。由于海上风电的开发，对外依存度将有所降低，“身边能源”比例提高，一段时间内还可以对外调电。

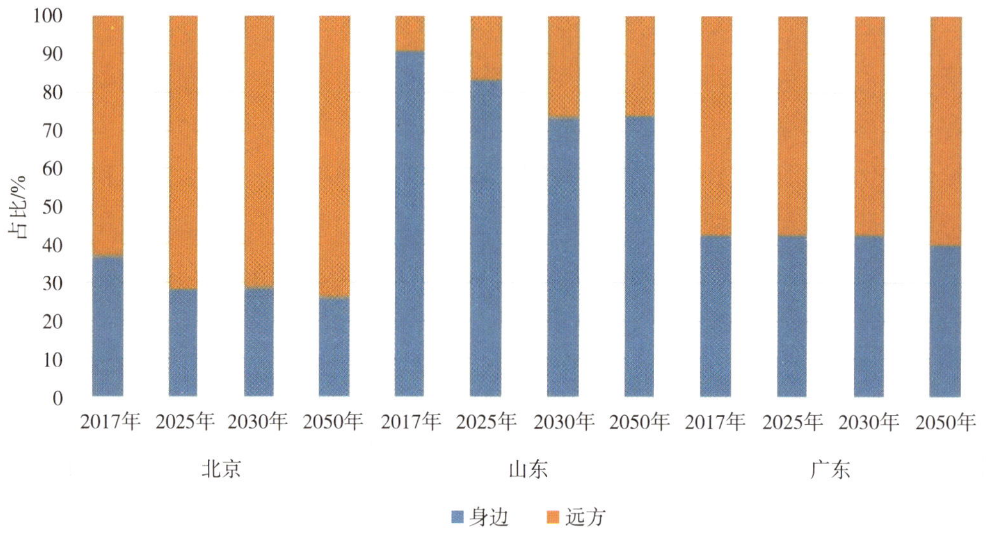

图 5-35 典型东部地区的电力对外依存度变化

山西、内蒙古、四川、云南以及西北地区依然是一贯的电力调出省，有特别变化的是贵州省。由于水电开发潜力已经不大，“大数据”中心发展极大促进了电力消费，贵州省未来将由电力调出省变为电力调入省，给南方电网带来压力。未来川电、藏东南水电开发规模必须扩大。煤电仍将保持相当数量，从应对气候变化的角度看，CCS 的应用规模将达到 10 亿 t 以上。总体来看，由于终端电力化的发展，电力需求节节上升，能源安全与电力低碳发展一直存在张力。具体如图 5-36～图 5-38 所示。

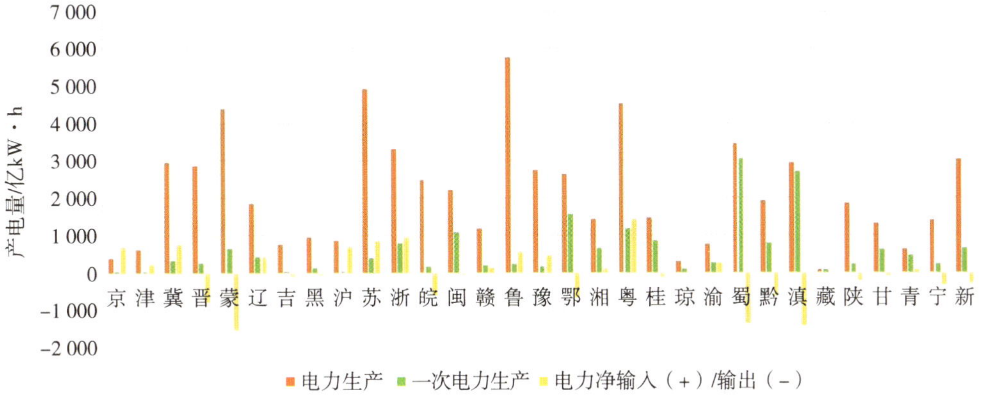

图 5-36 2017 年分省电力生产和净输入 / 输出图示

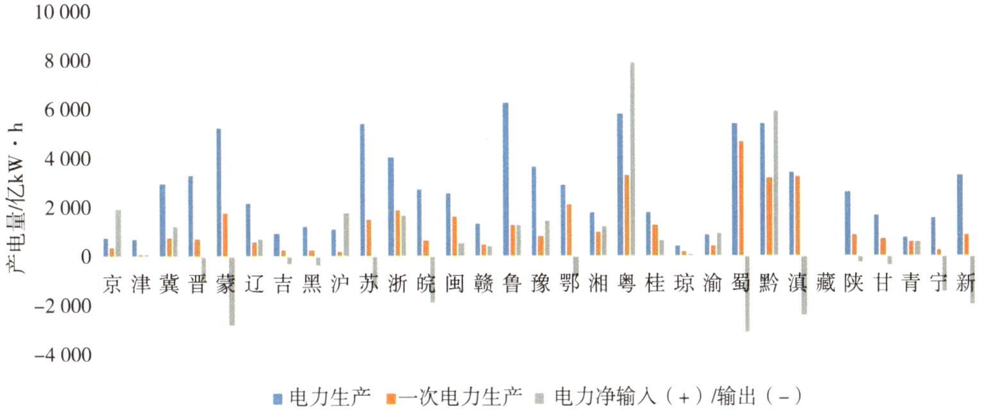

图 5-37 2025 年分省电力生产和净输入 / 输出图示

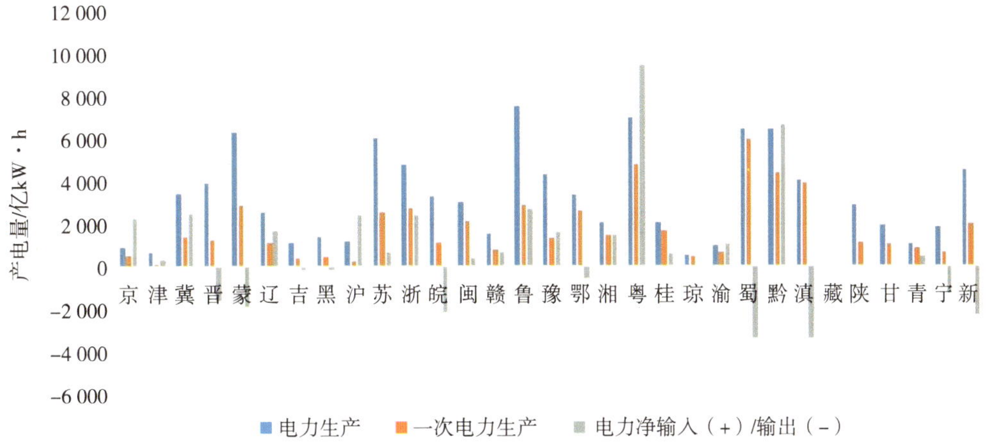

图 5-38 2030 年分省电力生产和净输入 / 输出图示

5.4 大气污染物减排潜力评估

5.4.1 评估方法

本研究开展大气污染物减排潜力评估的总体技术路线如图 5-39 所示。研究内容主要包括经济社会发展趋势以及相关部门活动水平预测、减排措施库构建以及情景设计与减排潜力分析三个方面。

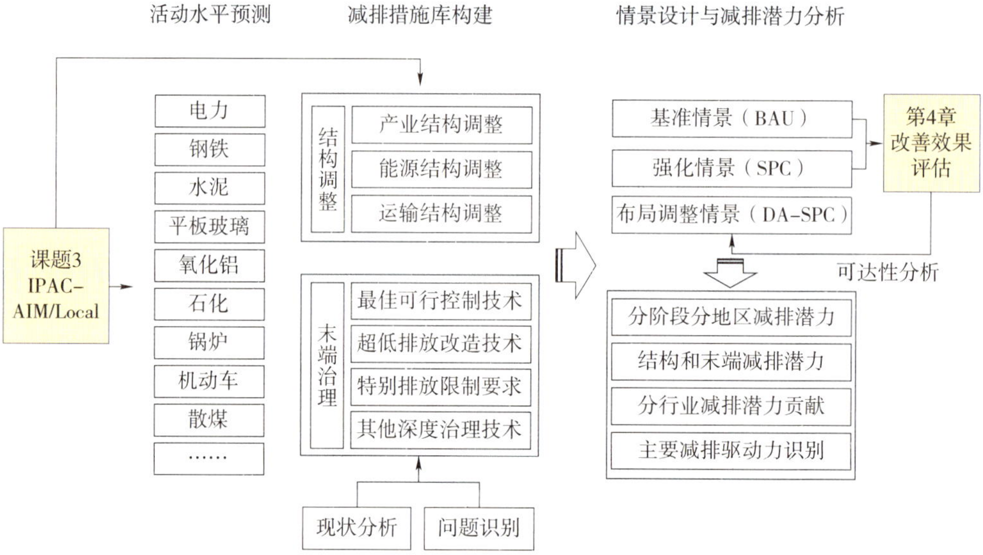

图 5-39 大气污染物减排潜力评估技术路线

5.4.1.1 污染减排措施库构建

为进一步识别 2020—2035 年我国大气污染物减排的主要领域与潜力，本研究从结构减排和末端减排两个方面，对我国不同地区在不同阶段的大气污染物减排潜力进行了测算。纳入减排潜力评估考虑的措施如表 5-20 所示。其中，结构调整措施的考虑主要结合本书第 3 章对于经济—社会—能源发展在 2020—2035 年的预测情况确定；末端治理措施的选择考虑了各行业末端治理存在的问题以及最佳可行控制技术类型、技术成熟度、经济可行性等因素。

表 5-20 分部门大气污染减排措施库

部门	源类型	结构调整措施	末端治理措施	目标污染物
电力	电力	发电结构调整 发电煤耗降低	超低排放改造	SO_2、NO_x、$PM_{2.5}$、CO_2
工业	钢铁	电炉钢比例提高	超低排放改造	SO_2、NO_x、$PM_{2.5}$、CO_2
	焦化	—	超低排放改造	SO_2、NO_x、$PM_{2.5}$
	水泥	—	超低排放改造	NO_x、$PM_{2.5}$
	平板玻璃	—	超低排放改造	NO_x
	氧化铝	—	深度治理 （执行特别排放要求）	$PM_{2.5}$
	其他建材	—	深度治理	NO_x、$PM_{2.5}$
	其他冶金	—	深度治理	SO_2、NO_x、$PM_{2.5}$
工业	VOCs 重点行业（石化化工、建筑喷涂、汽车汽修、溶剂使用等）	低 VOCs 含量产品源头替代	通过提高无组织废气收集率、升级末端治理技术，提高 VOCs 综合去除效率（石化行业 70% 以上；其他行业 60% 以上）	VOCs
锅炉	燃煤锅炉	燃煤锅炉淘汰	超低排放改造	SO_2、NO_x、$PM_{2.5}$、CO_2
	燃气锅炉	—	低氮燃烧改造	NO_x
交通	道路移动源	老旧车辆淘汰 排放标准更新； 新能源车比例提高 公转铁等运输结构调整	—	NO_x、VOCs
	非道路移动源	排放标准更新	—	NO_x、VOCs
民用	民用散煤	煤改气 煤改电 其他清洁能源替代等	—	SO_2、NO_x、$PM_{2.5}$、CO_2
农业	化肥施用	减少化肥施用量	—	NH_3

5.4.1.2 污染减排潜力测算方法

本研究总体设计三套控制情景方案，包括基准情景（BAU）、强化情景（SPC）以及布局调整下的强化情景（DA-SPC），通过对不同控制情景下分阶段、分地区的大气污染物排放进行动态评估，实现对不同布局情景下相应阶段和地区的结构减排和末端减排潜力的测算。上述三类情景设计原则与排放测算方法如下所示：

（1）基准情景

我们基于 IPAC-AIM 模型，结合省级经济社会发展形势的宏观判断，对 2020—2035 年我国分省分部门的活动水平和结构调整状况进行了预测和评估（详见本书第 3 章）。在此基础上，假设各部门大气污染排放控制水平按照现有水平不发生变化，排放因子保持 2017 年基准年水平，形成本研究的基准情景。因此，各地区基准情景排放与基准年排放的差异即为相应地区的结构减排潜力，计算公式如下所示。

$$Emi_{BAU,m,i,t,p} = Ef_{m,i,2017,p} \times A_{m,i,t} \tag{5-5}$$

$$Mit_{SA,m,i,t,p} = Emi_{BAU,m,i,t,p} - Emi_{m,i,2017,p}$$

式中：$Emi_{BUA,m,i,t,p}$ 为 BAU 情景下 m 省 i 行业在第 t 年污染物 p 的排放量；$Ef_{m,i,2017,p}$ 为 2017 年 m 省 i 行业污染物 p 的排放因子；$A_{m,i,t}$ 为 m 省 i 行业在第 t 年的活动水平；$Mit_{SA,m,i,t,p}$ 为 m 省 i 行业在第 t 年污染物 p 与基准年 2017 年相比的结构减排潜力；$Emi_{m,i,2017,p}$ 为 2017 年 m 省 i 行业污染物 p 的排放量。

（2）强化情景

在基准情景的基础上，我们对各类污染源的污染排放控制水平综合考虑技术成熟度、经济可行性等因素，按照各行业的最佳可行控制技术水平进行设定，对末端治理进行全面强化，形成本研究的强化情景。因此，各地区 SPC 排放与 BAU 排放的差异即为相应地区的结构减排潜力，SPC 排放与基准年排放的差异即为相应地区的最大减排潜力。当在 BAU 基础上，依次叠加每项末端减排措施时，则可逐次识别相应单项末端治理措施的减排潜力。

$$Emi_{SPC,m,i,t,p} = Ef_{m,i,UL,p} \times A_{m,i,t}$$

$$Mit_{EOP,m,i,t,p} = Emi_{SPC,m,i,t,p} - Emi_{BAU,m,i,t,p} \tag{5-6}$$

式中：$Emi_{SPC,m,i,t,p}$ 为 SPC 情景下 m 省 i 行业在第 t 年污染物 p 的排放量；$Ef_{m,i,UL,p}$ 为 m 省 i 行业污染物 p 在最佳可行控制技术下的排放因子；$A_{m,i,t}$ 为 m 省 i 行业在第 t 年的活动水平；$Mit_{EOP,m,i,t,p}$ 为 m 省 i 行业在第 t 年污染物 p 的末端减排潜力。

本研究中，对未来各部门末端治理减排潜力的分析，主要从最佳可行控制技术角度进行挖掘。其中，对于电力行业、钢铁行业、水泥行业、平板玻璃以及燃煤锅炉，本研究采取的未来末端治理措施主要考虑国家或地方已出台明确规定的超低排放技术改造要求确定；对于氧化铝制造、燃气锅炉等尚无明确超低排放改造技术路线的行业部门，根据现有排放标准中的特别排放限值要求，并结合现有治理技术成熟性和经济可行性等确定。VOCs 综合治理主要从源头替代以及有机废气收集和全过程治理方面，考虑行业特点、治理技术成熟度、经济可行性等因素确定最佳可行控制措施以及相应的综合去除效率。

各行业末端治理后的污染物排放因子主要基于实施相应治理措施后的污染物排放水平进行测算。各行业超低排放改造或深度治理完成后的大气污染物排放浓度水平根据已有的国家统一排放标准要求（如火电行业、钢铁行业等）、地方排放标准要求（如水泥、平板玻璃、锅炉等）或相关最佳可行控制技术（如低氮燃烧改造等）对应参数进行确定。VOCs 减排情况根据源头替代比例和综合去除效率目标进行确定，具体地，考虑到 VOCs 治理进展总体较为滞后，污染治理进程和技术升级改造需要一定时间推进，各行业低 VOCs 产品源头替代比例按照由当前现状逐步递增至 20%～40% 计，最佳可行控制技术下 VOCs 综合去除效率按照由当前现状逐步递增至 70%～80% 计。如图 5-40 所示，为基于上述方法确定的火电、水泥、钢铁等行业加强末端治理之后的相关污染物排放因子与基准年水平对比。

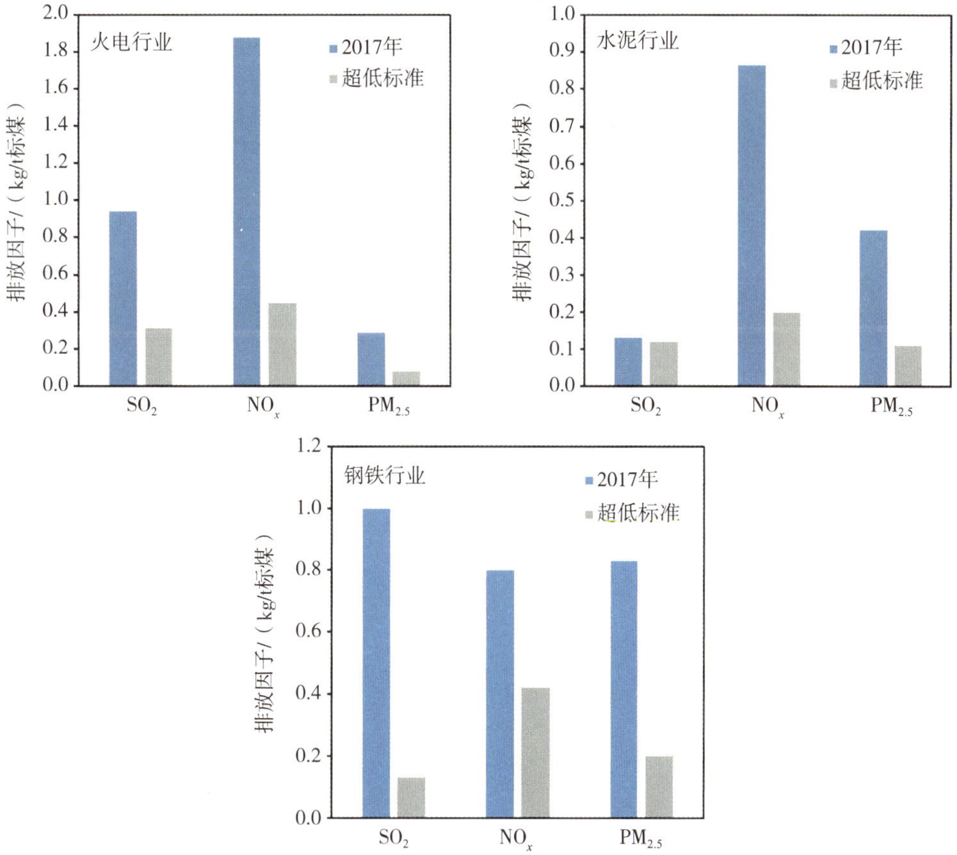

图 5-40　部分行业强化末端治理前后排放因子对比

（3）布局调整下的强化情景（DA-SPC）

在对布局调整下的强化情景的减排潜力及空气质量改善效果进行评估过程中，我们发现在当前产业布局下，综合考虑结构调整和末端减排情况下的污染物最大减排潜力依然难以支撑京津冀及周边地区 $PM_{2.5}$ 浓度改善至达标的需求。考虑到京津冀及周边地区以粗钢为代表的重工业产能聚集问题较为突出，我们在 SPC 情景基础上，假设全国各部门活动水平保持 SPC 情景设定不变，对京津冀及周边地区的钢铁生产布局进行调整，将京津冀及周边地区的过剩粗钢产量向西南、西北等粗钢供给相对短缺地区逐渐转移，到 2035 年转移粗钢产量 1.5 亿 t，形成布局调整下的强化情景。并对布局调整下的强化情景分阶段、分地区、分措施类型可实现的减排潜力进行测算。

$$Emi_{DA-SPC,m,i,t,p} = Ef_{m,i,UL,p} \times A_{DA-m,i,t}$$

$$Mit_{DA-SA,m,i,t,p} = Emi_{DA-BAU,m,i,t,p} - Emi_{m,i,2017,p} \qquad (5-7)$$

$$Mit_{DA-EOP,m,i,t,p} = Emi_{DA-SPC,m,i,t,p} - Emi_{BAU,m,i,t,p}$$

式中：$Emi_{DA-SPC,m,i,t,p}$ 为 DA-SPC 下 m 省 i 行业在第 t 年污染物 p 的排放量；$Ef_{m,i,UL,p}$ 为 m 省 i 行业污染物 p 在最佳可行控制技术下的排放因子；$A_{DA-m,i,t}$ 为 DA-SPC 下 m 省 i 行业在第 t 年的活动水平；$Emi_{DA-BAU,m,i,t,p}$ 为 m 省 i 行业在第 t 年产品产量与 DA-SPC 情景设置情况一致、污染物排放因子为 2017 年基准年水平的排放量；$Mit_{DA-SA,m,i,t,p}$ 为 DA-SPC 下 m 省 i 行业在第 t 年污染物 p 的结构减排潜力；$Mit_{DA-EOP,m,i,t,p}$ 为 DA-SPC 下 m 省 i 行业在第 t 年污染物 p 的末端减排潜力。

5.4.2 减排潜力评估结果

5.4.2.1 面向 2035 年减排效果预评估

（1）面向 2035 年的全国减排潜力

对基准情景、强化情景以及布局调整下的强化情景到 2035 年的主要大气污染物减排潜力进行了评估。具体如图 5-41 和图 5-42 所示。

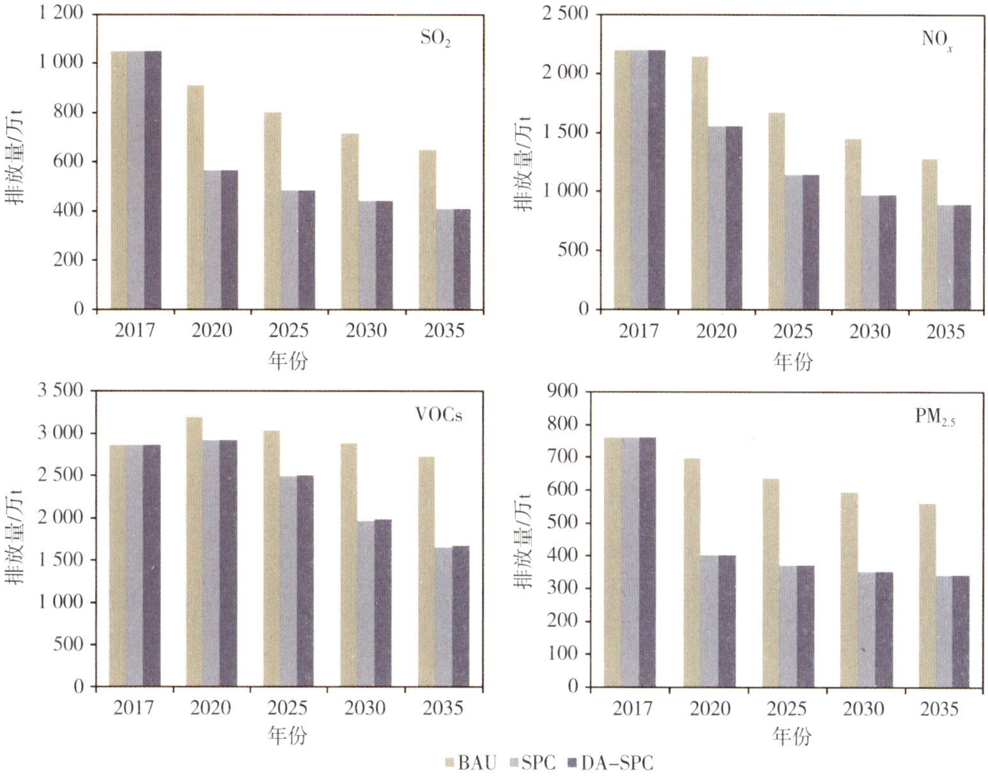

图 5-41　不同控制情景下 2017—2035 年全国主要大气污染物排放量动态变化

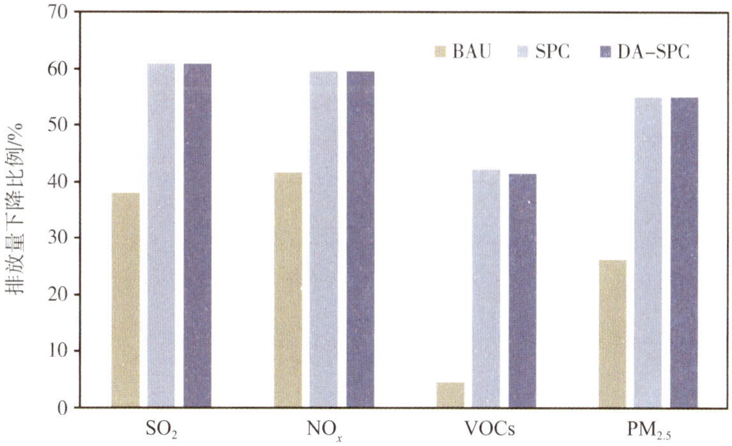

图 5-42　不同控制情景下 2035 年全国主要大气污染物排放量下降比例

BAU 情景下，2035 年全国 SO_2、NO_x、VOCs、$PM_{2.5}$ 排放量分别比基准年 2017 年降低 38.1%、41.7%、4.6% 和 26.3%。

SPC 情景下，2035 年全国 SO_2、NO_x、VOCs、$PM_{2.5}$ 排放量分别比基准年 2017 年降低 60.9%、59.5%、42.1% 和 55.0%。

DA-SPC 情景下，2035 年全国 SO_2、NO_x、VOCs、$PM_{2.5}$ 排放量分别比基准年 2017 年降低 60.9%、59.5%、41.6% 和 55.0%。

SPC 和 DA-SPC 情景下各类大气污染物的减排比例均显著高于 BAU，由于 SPC 和 DA-SPC 情景设定中各部门的全国活动水平相同、分地区空间分布不同，因此两者的全国排放量变化趋势总体一致，但在分地区排放量的动态变化则差异显著。根据空气质量改善效果评估结果，BAU 情景下各类大气污染物的减排比例尚不能满足 $PM_{2.5}$ 浓度改善至达标的需求；尽管 SPC 情景和 DA-SPC 情景对全国平均 $PM_{2.5}$ 浓度的削减效果基本一致，可以支撑全国 $PM_{2.5}$ 浓度达到预定目标，但 SPC 情景下个别地区尚无法实现达标。

（2）面向 2035 年的分地区减排潜力

本研究以省为单元开展测算，京津冀及周边地区按照北京市、天津市、河北省、山东省和河南省进行分析，长三角地区按照上海市、江苏省、浙江省和安徽省进行分析，珠三角地区按照广东省进行分析，汾渭平原按照山西省和陕西省进行分析。

BAU 情景下，2035 年京津冀及周边地区 SO_2、NO_x、VOCs、$PM_{2.5}$ 排放量分别比基准年 2017 年降低 27.5%、39.4%、5.2% 和 44.2%；长三角地区 SO_2、NO_x、$PM_{2.5}$ 排放量分别比基准年 2017 年降低 21.5%、39.8% 和 18.3%，VOCs 排放量增加 1.9%；广东省 SO_2、NO_x、VOCs、$PM_{2.5}$ 排放量分别比基准年 2017 年降低 29.3%、50.5%、3.7% 和 24.5%；汾渭平原 SO_2、NO_x、VOCs、$PM_{2.5}$ 排放量分别比基准年 2017 年降低 39.9%、33.3%、13.7% 和 23.2%。

SPC 情景下，2035 年京津冀及周边地区 SO_2、NO_x、VOCs、$PM_{2.5}$ 排放量分别比基准年 2017 年降低 47.4%、56.0%、43.5% 和 54.9%；长三角地区 SO_2、NO_x、VOCs、$PM_{2.5}$ 排放量分别比基准年 2017 年降低 35.2%、56.0%、38.8% 和 49.3%；广东省 SO_2、NO_x、VOCs、$PM_{2.5}$ 排放量分别比基准年 2017 年降低 48.6%、64.5%、48.5% 和 55.0%；汾渭平原 SO_2、NO_x、VOCs、$PM_{2.5}$ 排放量分别比基准年 2017 年降低 71.1%、62.5%、40.8% 和 65.5%。

DA-SPC 情景下，2035 年京津冀及周边地区 SO_2、NO_x、VOCs、$PM_{2.5}$ 排放量分别比基准年 2017 年降低 48.6%、57.2%、44.2% 和 57.0%；长三角地区 SO_2、NO_x、VOCs、$PM_{2.5}$ 排放量分别比基准年 2017 年降低 35.2%、56.0%、38.8% 和 49.3%；广东省 SO_2、NO_x、VOCs、$PM_{2.5}$ 排放量分别比基准年 2017 年降低 48.6%、

64.5%、48.5% 和 55.0%；汾渭平原 SO_2、NO_x、VOCs、$PM_{2.5}$ 排放量分别比基准年 2017 年降低 71.2%、62.8%、42.4% 和 65.9%。具体如图 5-43 所示。

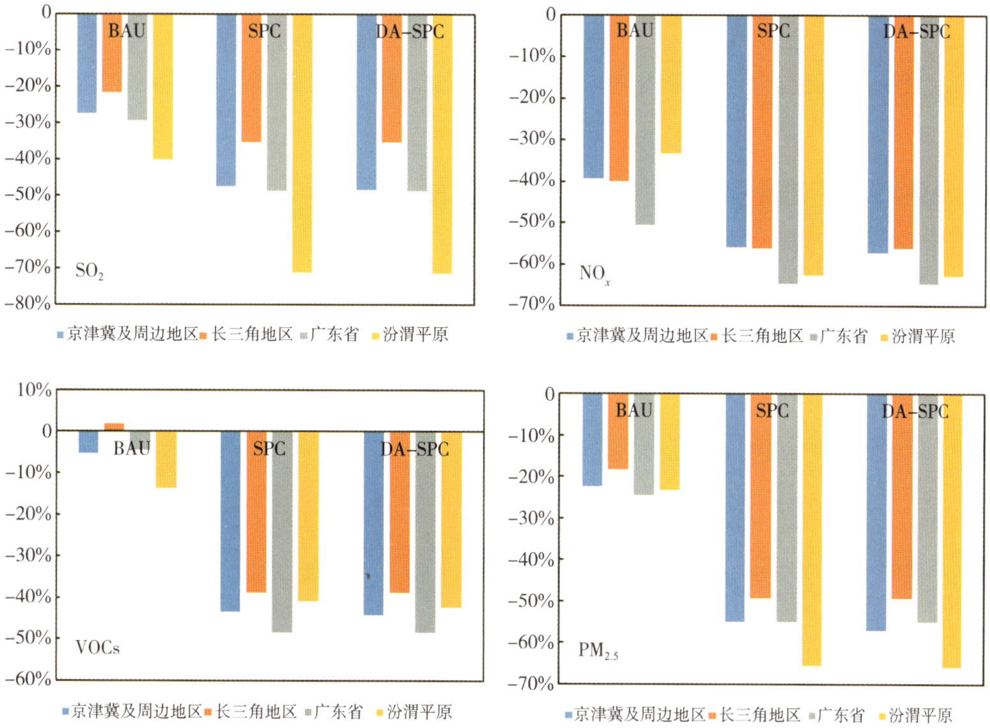

图 5-43　不同控制情景下 2035 年重点区域主要大气污染物排放量下降比例

SPC 情景和 DA-SPC 情景在区域层面的污染物减排比例相差依然不大，但是对个别省份的影响差异比较突出，在对标全面实现空气质量改善的"美丽中国"建设目标下，SPC 情景尚有部分省份难以达到要求。结合空气质量改善效果评估，在产业布局保持现状不进行调整的情况下，综合考虑末端治理和结构调整因素（即 SPC 情景），京津冀及周边地区中的河北省和天津市大气污染物减排比例尚难以支撑 $PM_{2.5}$ 浓度全面达标的需求，其他地区减排比例基本可以满足 $PM_{2.5}$ 浓度改善需求。河北省在 2035 年可实现的 SO_2、NO_x、VOCs、$PM_{2.5}$ 最大减排比例分别为 38.8%、41.6%、26.9% 和 54.6%，天津市在 2035 年可实现的 SO_2、NO_x、VOCs、$PM_{2.5}$ 最大减排比例分别为 48.1%、46.8%、41.1% 和 53.7%。根据空气质量改善效果评估结果，SPC 情景下河北省和天津市在 2035 年的 $PM_{2.5}$ 浓度分别为 37.7 μg/m^3 和 35.4 μg/m^3，仍超出《环境空气质量标准》（GB 3095—2012）二级标准限值 7.7% 和 1.1%。

在对产业布局进行调整、将京津冀及周边地区过剩钢铁产能等重工业产能向西南、西北等产能相对短缺地区转移的情况下，综合考虑末端治理和结构调整因素（即 DA-SPC 情景），全国各省的主要大气污染物减排比例基本均可实现 $PM_{2.5}$ 浓度改善目标。在 DA-SPC 情景下，SPC 情景中 2035 年不能实现 $PM_{2.5}$ 浓度达标的河北省和天津市也可实现达标。河北省在 2035 年可实现的 SO_2、NO_x、VOCs、$PM_{2.5}$ 最大减排比例分别可达 42.1%、45.2%、29.3% 和 60.7%，天津市在 2035 年可实现的 SO_2、NO_x、VOCs、$PM_{2.5}$ 最大减排比例分别为 49.4%、48.4%、41.3% 和 58.1%。根据空气质量改善效果评估结果，DA-SPC 情景下河北省和天津市在 2035 年的 $PM_{2.5}$ 浓度分别为 34.8 $\mu g/m^3$ 和 33.9 $\mu g/m^3$，达到了《环境空气质量标准》（GB 3095—2012）二级标准要求。

综上所述，以空气质量改善全面实现美丽中国建设要求（即 2035 年 $PM_{2.5}$ 浓度全面达标）为目标，仅 DA-SPC 情景可以满足需求。下文对分阶段分地区的减排潜力分析和驱动力识别主要根据 DA-SPC 情景进行评估。

5.4.2.2 分阶段减排潜力评估

（1）全国层面减排潜力

在 DA-SPC 情景下，全国主要大气污染物 SO_2、NO_x、VOCs 以及一次 $PM_{2.5}$ 排放量在 2020 年、2025 年、2030 年以及 2035 年的最大减排潜力变化。到 2020 年、2025 年、2030 年、2035 年，全国 SO_2 最大减排潜力分别为 46.2%、53.8%、57.8% 和 60.9%；NO_x 最大减排潜力分别为 29.2%、48.1%、55.7% 和 59.5%；VOCs 最大减排潜力分别为增加 2.3% 以及降低 12.6%、30.7% 和 41.6%；$PM_{2.5}$ 最大减排潜力分别为 47.0%、51.2%、53.5% 和 55.0%。

从不同类型措施对各项污染物的减排贡献来看，受到各部门活动水平变化的影响，如火电发电比例逐渐下降、粗钢产量逐渐下降、水泥产量下降等，结构调整对于各项污染物的减排潜力贡献均随着时间而逐渐加大；相应地，末端治理可实现的减排潜力由于相关重点部门活动水平降低而逐渐收窄。2017—2035 年，结构调整总体对于全国 SO_2、NO_x、VOCs 以及一次 $PM_{2.5}$ 排放量下降的贡献比例分别为 38.0%、41.4%、4.0% 和 25.5%；末端治理总体对于全国 SO_2、NO_x、VOCs 以及一次 $PM_{2.5}$ 排放量下降的贡献比例分别为 22.8%、18.4%、37.5% 和 29.5%。具体如图 5-44 所示。

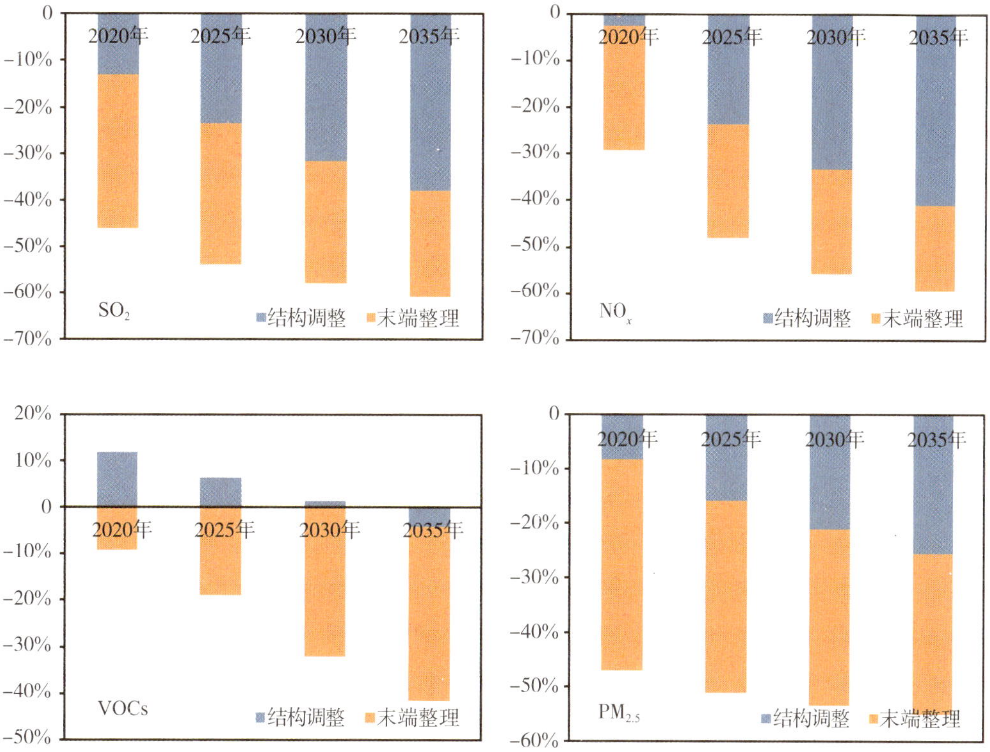

图 5-44 全国分阶段主要大气污染物减排潜力变化

（2）重点区域减排潜力

从重点区域的分阶段减排潜力来看，到 2020 年、2025 年、2030 年、2035 年，京津冀及周边地区 SO_2 最大减排潜力分别为 34.8%、40.9%、44.5% 和 48.6%；NO_x 最大减排潜力分别为 21.6%、42.6%、51.2% 和 57.2%；VOCs 最大减排潜力分别为增加 3.1% 以及降低 12.4%、32.0% 和 44.2%；$PM_{2.5}$ 最大减排潜力分别为 48.3%、51.9%、54.9% 和 57.0%。具体如图 5-45 所示。

到 2020 年、2025 年、2030 年、2035 年，长三角地区 SO_2 最大减排潜力分别为 20.4%、25.6%、30.6% 和 35.2%；NO_x 最大减排潜力分别为 22.8%、42.5%、51.7% 和 56.0%；VOCs 最大减排潜力分别为增加 4.1% 以及降低 8.0%、26.6% 和 38.8%；$PM_{2.5}$ 最大减排潜力分别为 43.6%、46.0%、47.9% 和 49.3%。具体如图 5-46 所示。

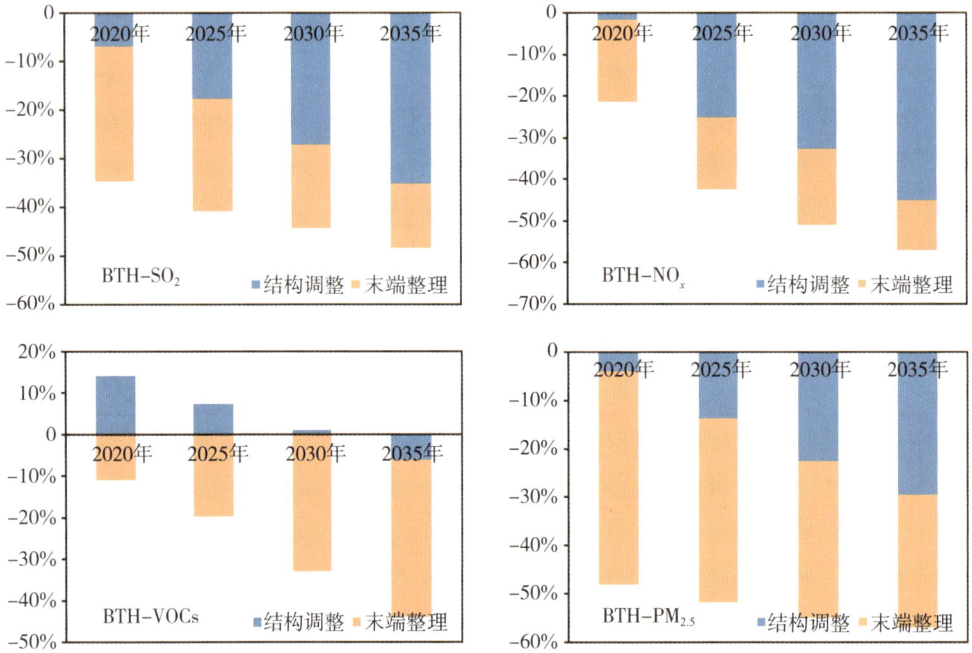

图 5-45　京津冀及周边地区分阶段主要大气污染物减排潜力变化

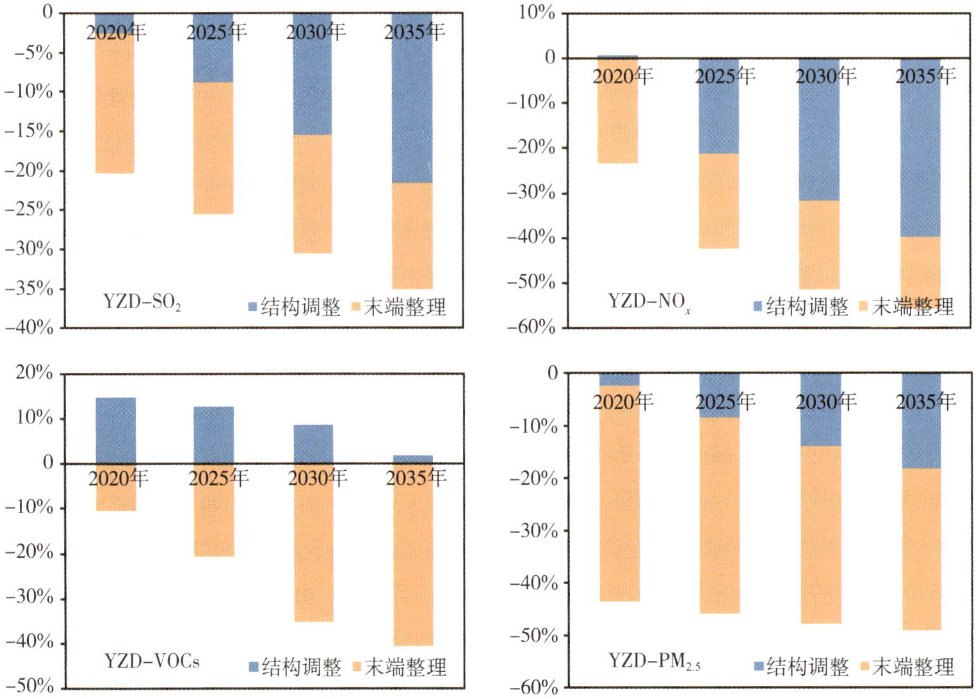

图 5-46　长三角地区分阶段主要大气污染物减排潜力变化

到 2020 年、2025 年、2030 年、2035 年，广东省 SO_2 最大减排潜力分别为 34.9%、40.8%、45.6% 和 48.6%；NO_x 最大减排潜力分别为 28.4%、52.7%、61.4% 和 64.5%；VOCs 最大减排潜力分别为增加 4.5% 以及降低 14.2%、37.5% 和 48.5%；$PM_{2.5}$ 最大减排潜力分别为 48.8%、51.5%、53.8% 和 55.0%。具体如图 5-47 所示。

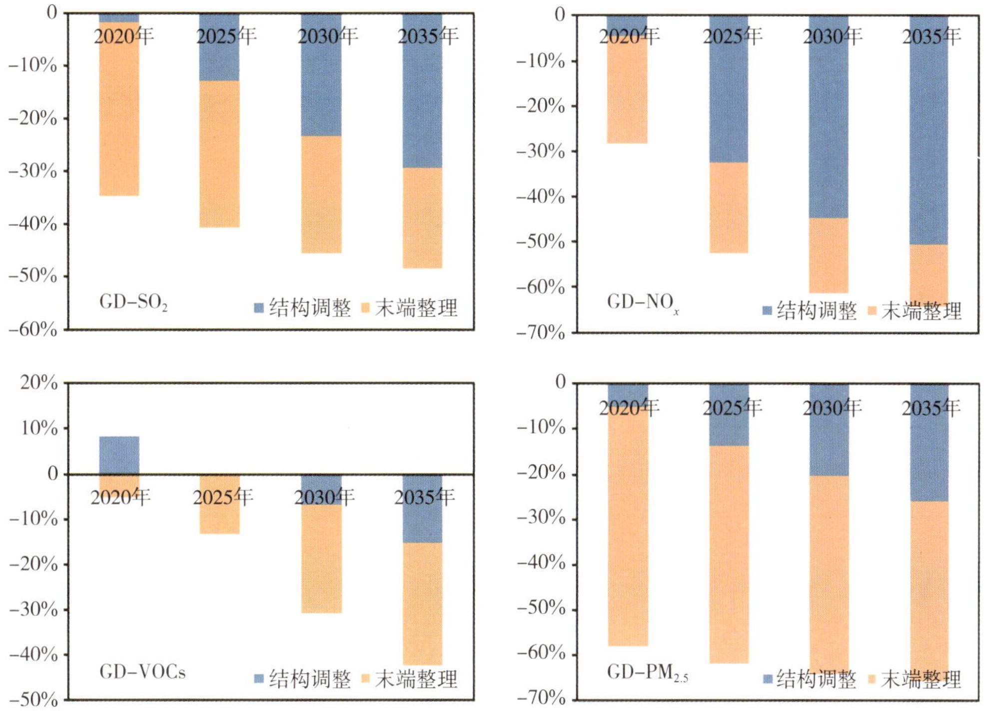

图 5-47 广东省分阶段主要大气污染物减排潜力变化

到 2020 年、2025 年、2030 年、2035 年，汾渭平原 SO_2 最大减排潜力分别为 57.1%、65.0%、68.5% 和 71.2%；NO_x 最大减排潜力分别为 36.7%、53.0%、59.3% 和 62.8%；VOCs 最大减排潜力分别为增加 3.1% 以及降低 13.2%、30.8% 和 42.4%；$PM_{2.5}$ 最大减排潜力分别为 58.2%、61.9%、64.2% 和 65.9%。具体如图 5-48 所示。

（3）分省减排潜力

在 DA-SPC 情景下，31 个省（区、市）到 2025 年、2030 年、2035 年主要大气污染物的最大减排潜力如下。对于 SO_2 排放来说，11 个省（区、市）到 2035 年最大减排量可达到基准年排放水平的 60% 以上，其中重庆、贵州、宁夏、湖南、青海等省（区、市）本地可实现减排比例较高，均在 80% 以上；对于 NO_x 排放来说，18 个省（区、市）到 2035 年最大减排量可达到基准年排放水平的 60% 以上，其中，吉林、山西、江西等省本地可实现减排比例较高，均在 70% 以上；对于 VOCs 排放来说，20 个省（区、市）到 2035 年最大减排量可达到基准年排放水平的 40% 以上，其中，北京、上海、湖南、山西、新疆等省（区、市）本地可实现减排比例较高，均在 50% 以上；对于一次 $PM_{2.5}$ 排放来说，10 个省（区、市）到 2035 年最大减排量可达到基准年排放水平的 60% 以上，其中，山西、湖南、贵州等省本地可实现减排比例较高，均在 70% 以上。具体见表 5-21。

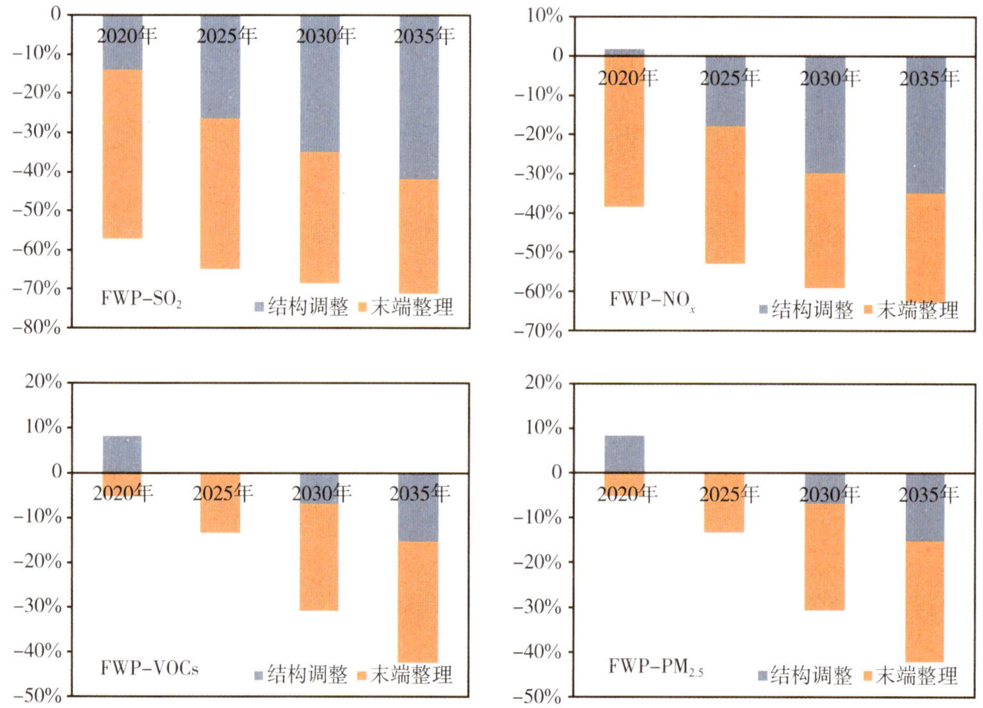

图 5-48 汾渭平原分阶段主要大气污染物减排潜力变化

表 5-21 各省（区、市）2025 年、2030 年、2035 年主要大气污染物最大减排潜力

地区	SO_2			NO_x			VOCs			$PM_{2.5}$		
	2025 年	2030 年	2035 年	2025 年	2030 年	2035 年	2025 年	2030 年	2035 年	2025 年	2030 年	2035 年
北京	-53%	-55%	-56%	-34%	-39%	-42%	-15%	-41%	-53%	-50%	-53%	-54%
天津	-41%	-46%	-49%	-36%	-44%	-48%	-2%	-24%	-41%	-49%	-54%	-58%
河北	-39%	-37%	-42%	-26%	-35%	-45%	3%	-13%	-29%	-52%	-57%	-61%
山西	-74%	-78%	-80%	-60%	-68%	-72%	-21%	-40%	-51%	-71%	-73%	-75%
内蒙古	-59%	-63%	-65%	-64%	-69%	-70%	-20%	-36%	-45%	-59%	-61%	-62%
辽宁	-44%	-51%	-55%	-51%	-58%	-62%	-19%	-39%	-48%	-53%	-55%	-57%

续表

地区	SO_2			NO_x			VOCs			$PM_{2.5}$		
	2025年	2030年	2035年	2025年	2030年	2035年	2025年	2030年	2035年	2025年	2030年	2035年
吉林	-65%	-69%	-72%	-70%	-76%	-79%	-12%	-30%	-41%	-50%	-52%	-53%
黑龙江	-38%	-43%	-46%	-52%	-58%	-61%	-17%	-30%	-36%	-41%	-42%	-43%
上海	-14%	-17%	-18%	-36%	-42%	-45%	-16%	-39%	-53%	-47%	-51%	-53%
江苏	-20%	-24%	-32%	-30%	-38%	-44%	2%	-14%	-30%	-40%	-43%	-45%
浙江	-33%	-39%	-43%	-55%	-65%	-69%	-14%	-35%	-45%	-59%	-61%	-63%
安徽	-39%	-45%	-47%	-53%	-65%	-69%	-13%	-30%	-38%	-46%	-48%	-48%
福建	-43%	-49%	-52%	-56%	-64%	-67%	-21%	-39%	-48%	-46%	-47%	-49%
江西	-65%	-70%	-73%	-58%	-68%	-72%	-19%	-37%	-46%	-58%	-59%	-61%
山东	-42%	-49%	-53%	-51%	-60%	-63%	-21%	-41%	-50%	-51%	-53%	-55%
河南	-40%	-45%	-49%	-53%	-64%	-68%	-17%	-36%	-47%	-54%	-55%	-56%
湖北	-29%	-31%	-38%	-29%	-35%	-38%	-4%	-17%	-30%	-35%	-38%	-42%
湖南	-77%	-82%	-83%	-55%	-65%	-68%	-24%	-42%	-52%	-65%	-69%	-70%
广东	-41%	-46%	-49%	-53%	-61%	-65%	-14%	-38%	-49%	-52%	-54%	-55%
广西	-61%	-63%	-65%	-51%	-58%	-62%	-5%	-22%	-31%	-47%	-48%	-48%
海南	-15%	-20%	-21%	-36%	-47%	-49%	-14%	-33%	-41%	-24%	-26%	-27%
重庆	-84%	-87%	-89%	-53%	-66%	-69%	-9%	-30%	-43%	-47%	-48%	-49%
四川	-53%	-56%	-59%	-33%	-41%	-45%	-3%	-16%	-28%	-32%	-34%	-35%
贵州	-79%	-85%	-86%	-48%	-48%	-45%	-26%	-37%	-42%	-66%	-70%	-70%
云南	-74%	-76%	-77%	-61%	-68%	-71%	-15%	-34%	-43%	-57%	-59%	-60%
西藏	34%	31%	27%	-44%	-43%	-49%	-23%	-21%	-27%	-44%	-44%	-45%
陕西	-39%	-40%	-45%	-40%	-44%	-47%	-6%	-22%	-34%	-44%	-47%	-49%
甘肃	-63%	-67%	-70%	-46%	-50%	-49%	-16%	-32%	-38%	-45%	-46%	-46%
青海	-77%	-81%	-83%	-58%	-65%	-68%	-26%	-45%	-53%	-47%	-48%	-49%
宁夏	-83%	-84%	-85%	-63%	-56%	-51%	2%	13%	-3%	-64%	-60%	-61%
新疆	-52%	-58%	-63%	-48%	-56%	-60%	-24%	-44%	-51%	-57%	-59%	-61%

6 基于行业减排成本优化的污染物控制情景

基于重点行业大气污染治理技术与成本调查数据，建立了我国典型大气污染防治措施成本数据库。结合我国未来大气污染防治政策发展趋势，形成分污染物、分省的减排技术情景，为提出我国分区域、分阶段空气质量达标路线图提供技术支撑。

6.1 大气污染控制的费用效益分析方法

对比分析国内外主要成本效益分析方法与模型工具，针对其存在的问题，构建了我国分行业－分区域－分污染物大气污染控制成本效益分析技术方法。调查全生命周期成本，计算各类减排措施的边际减排成本。本研究中的减排效益指各项减排措施的大气污染物减排量。

6.1.1 全生命周期成本分析方法

建立重点行业主要减排措施的全生命周期成本评价方法，明确成本核算边界和计算方法，用于分析各项减排措施的减排成本。具体见表 6-1。

表 6-1　重点工业行业全生命周期成本核算内容

行业及部门	全生命周期成本核算内容
火电行业	脱硫、脱硝、除尘的固定投资与运行成本
燃煤锅炉	1. 提标改造：各类末端治理技术固定投资成本与运行成本 2. 淘汰：锅炉淘汰成本及清洁能源替代运行成本
钢铁行业	烧结、球团、炼钢、炼铁和焦化全生产工序的脱硫脱硝和除尘减排成本
水泥行业	脱硫、脱硝、除尘的固定投资与运行成本

续表

行业及部门	全生命周期成本核算内容
平板玻璃	脱硫、脱硝、除尘的固定投资与运行成本
石化行业	1. 源头治理：密封点泄漏监测与治理费用、废水等无组织排放密封收集设施建设费用 2. 末端治理措施：废水、储罐、装卸、工艺等有组织废气治理设施投资与运行费用
机动车	1. 淘汰老旧车：分区域补贴政策及残值评估 2. 推广电动车：电动车生产、购置、使用、运维全周期成本构成 3. 排放标准提升：国零～国六各阶段汽车从发动机技术到末端治理技术的各部分具体成本
散煤治理	清洁取暖设备购置、使用、运维全周期成本
扬尘	覆盖道路扬尘、工地扬尘、堆场扬尘的管理、治理、监测等各环节措施成本

6.1.2 构建成本—效益计算方法

大气污染防治的成本与效益包含的内容非常广泛，从固定投资到税费减免，以及减排效果到社会效益，本研究的成本—效益研究边界和内涵具体界定如下。

（1）环境成本界定

环境政策实施带来的成本，可分为增加的固定投资、运行成本和其他成本三个部分。

基建初投资：包括废物治理、收集、循环、处置及预防等的构筑物或设备的安装、改装等的支出，还包括设备装置安装启动的支出等，相当于“固定成本”。在费用效益分析中，该固定成本可随固定资产使用寿命进行折现分析。

运行成本：通常是污染治理设施相关的原材料、药剂、电力、维护、人工、运输、管理以及设备折旧等有关的支出及其他费用。运行成本的核算可采用问卷调查、实地调研、环统数据分析等方法。

增加收入：（抵扣成本）环境政策实施可能对企业带来直接收入，这部分收入可作为成本的抵扣。①回收利用及废物资源化的收益。环境政策实施后，一些企业在运行污染物控制设施时可产生可资源化的副产物，如副产物产生的收益较大，可列入经济收入，作为成本的减项。②节能收益。政策实施后企业采用新的技术、设备、工艺进行生产，淘汰落后的生产工艺及设备，提高能源利用效率，减少能源消耗所带来的收益。在调研时该部分成本数据难以得到准确的结果，因此不将其作为必要参数，多数措施的收入增加情况统一汇总在运行成本之中。

（2）环境效益的界定

环境效益主要包括污染物减排效果、环境空气质量改善、环境改善的终端效益（如健康效益、作物产量等）。环境效益指污染物减排效果，即大气污染治理措施的污染物减排量，以措施实施前的排放状况作为基数，通过比较基数与措施实施后的排放量，计算主要污染物减排量。

● 全生命周期成本分析方法（LCC）

生命周期成本是指产品、过程、项目或行为在其整个生命周期（从原材料获取到废弃物回收或最终处置）内所耗费的资源（如人力、物力、财力、环境等）。全生命周期成本是总成本，降低生命周期成本可以实现生产者和公众利益的双赢。生命周期成本可分为内部成本和外部成本。内部成本是一个组织内部直接产生的成本，如资金、劳动力、能源等，外部成本是间接产生的，如环境污染及对人类健康的危害等。

项目的全生命周期可能长达数十年，在其间所产生的各项成本中，逐年发生的为年度周期成本，如运行成本和管理成本，隔若干年发生一次的为非年度周期成本。维护成本和维修成本可能是年度周期成本，也可能是非年度周期成本。

LCC 评价方法主要有专家预测法、类比法和参数法三种，有时三种方法也可以综合使用。根据以上概念，本研究中针对各行业成本调研均采用全生命周期方法进行评价，采用多种调查方法，从治理措施的建设投资、运行过程中的原料消耗、汽车使用过程中的能源成本、基础设施建设成本等全生命周期的投资环节进行调研计算，最终得出各项大气污染防治措施的全生命周期成本。

（3）计算方法

本研究分为工业污染治理、机动车污染治理、民用散煤污染治理 3 类，建立了各类减排措施的成本 - 效益分析模型，用于分析不同类型污染源和污染治理措施的减排潜力与减排成本。

6.1.2.1 减排潜力计算方法

（1）工业污染治理减排潜力

对于某一行业 s，某种工业治理技术 j，对某种污染物 i 的减排潜力 $\Delta E_{i,j,s}$ 可以用系数法计算。

$$\Delta E_{i,j,s} = EF_{i,s} \times A_s \times (\eta_j - \eta) \tag{6-1}$$

式中：$EF_{i,s}$ 为 s 行业 i 污染物的产污系数；A_s 为采用工业治理设施 j 的生产单元的活动水平，一般为产品的产量或原料用量；η 和 η_j 分别为采用工业治理技术 j 之前和采用工业治理技术 j 之后 i 污染物的去除效率。

（2）机动车减排潜力

推广新能源车和提升排放标准主要降低机动车排放增量，淘汰老旧车是在现有排放水平上降低排放量的主要措施。老旧车淘汰的减排量计算模型为：

$$\Delta E_D = \sum_i DP_i \cdot VKT_i \cdot EF_i / 100 \tag{6-2}$$

式中：ΔE_D 为淘汰老旧车的减排量，t；DP_i 为 i 车型的淘汰量，万辆，VKT 为年均行驶里程，km/ 辆；EF 为单位行驶里程排放因子，g/km。

（3）民用散煤减排潜力

民用散煤污染治理，首先结合清洁取暖政策要求和发展趋势，预测各省散煤治理进度情景，在此基础上研究确定分省散煤治理比例，通过以下模型计算各省民用散煤减排量，加总得到全国散煤治理减排量。

$$\sum R_i = X_i \times \alpha_i + Y_i \times \beta_i \tag{6-3}$$

式中：R_i 为第 i 个省散煤治理减排量；X_i 为基准年第 i 个省城市散煤排放量；α_i 为相比基准年第 i 个省城市散煤治理比例；Y_i 为基准年第 i 个省农村散煤排放量；β_i 为相比基准年第 i 个省农村散煤治理比例。

6.1.2.2 减排成本测算方法

本研究中的成本计算范围包括污染治理设施的投资、运行成本，清洁能源替代的设备投资与运行成本，淘汰类措施的设备残值等。

（1）工业污染治理措施减排成本

工业污染治理措施的减排成本计算公式为：

$$TC = C_c^{'} + C_m + C_s \tag{6-4}$$

$$C_c^{'} = C_c \frac{(1+q)^h \cdot q}{(1+q)^h - 1} \tag{6-5}$$

式中：TC 为该措施的年均成本，万元 / 年；$C_c^{'}$ 为该措施的年均固定投资，万元 / 年；C_c 为该措施的总固定投资，万元；q 为税率或折现率，一般取 0.1；h 为使用寿命；C_m 和 C_s 分别为年均运行费用和维护费用，万元 / 年。

（2）机动车污染治理措施减排成本

$$C_D = \sum_j \sum_i c_{Di,j} \times DP_{i,j} \tag{6-6}$$

$$C_S = \sum_j \sum_x c_{Sx} \times \Delta SP_{j,x} \tag{6-7}$$

$$C_{EV} = \sum_j c_{EVj}(c_c, c_g, c_b) \times \Delta EVP_j \tag{6-8}$$

式中：C_D 为淘汰老旧车成本；$C_{Di,j}$ 为 j 省份淘汰 i 型老旧车的单位成本，万元/辆；i 为不同车型；j 代表不同省份；DP 为淘汰的老旧车数量，辆。

C_S 为机动车排放标准提升的成本；c_{Sx} 为一辆 x 标准车的成本，万元/辆；x 为不同的排放标准（国六及以上）；$\Delta SP_{j,x}$ 为执行新标准 x 的不同车型新增量，辆。

C_{EV} 为推广新能源车的成本；c_{EV} 为一辆电动车的成本，万元/辆；c_c, c_g, c_b 分别为用户端、政府端和燃料提供方的成本；ΔEVP_j 为新能源车的新增量，辆。

（3）民用散煤治理成本

散煤替代主要指通过清洁煤替代、集中供热替代、煤改气、煤改电以及使用地热、太阳能和生物质等其他清洁能源替代散煤。重点研究了目前改造户数较多的分散式煤改气和煤改电的居民成本计算方法，主要包括三部分：①初始固定投资成本：采暖设备购置费及安装费，不含取暖末端设施；②年运行费用即设备运行消耗电或天然气的费用，主要影响因素包括用户生活习惯、房屋保温条件等；③维修费用，取暖设备使用期间的维修费用。其中散煤替代措施的户均成本年化计算公式如下。

$$TC = C_c^{'} + C_m = C_c^{'} + \sum P_i \cdot S \cdot Q \cdot a \cdot T_i \tag{6-9}$$

式中：$C_c^{'}$ 为年化固定投资，元/（户·a）；C_m 为年均运行费用，元/（户·a）；P_i 为第 i 时段能源价格，即燃气（元/m^3）、电［元/（k·Wh）］和煤炭（元/t）价格，由于大部分地区均有峰谷电价，这里根据不同电价分时段计算；S 为采暖面积，m^2；Q 为单位面积用能强度，tce/m^2；a 为能源转换系数；T_i 为第 i 时段取暖时间，h。

6.1.2.3 边际减排成本测算

边际减排成本 $MAC_{i,j,s}$ 由年化总成本 $TC_{i,j,s}$ 与减排潜力 $\Delta E_{i,j,s}$ 计算得出：

$$MAC_{i,j,s} = TC_{i,j,s} / \Delta E_{i,j,s} \tag{6-10}$$

针对淘汰类等措施，一种措施会带来多种污染物减排效果，该部分效益包含了多种污染物的减排量，在计算成本时通过人为设定比例将成本分配至各污染物，避免重复计算。

6.2 重点行业主要大气污染物减排措施与成本研究

6.2.1 火电行业主要大气污染物减排措施与成本

6.2.1.1 火电行业控制技术与成本

（1）颗粒物排放控制技术

目前，火电行业烟尘应用的控制技术主要有电除尘技术、电袋复合除尘器、袋式除尘器等，其中袋式除尘器、电袋复合式除尘器占全国煤电机组装机容量的30%以上，静电除尘器占比60%以上，是应用最广泛的除尘器。随着超低排放技术的发展，低低温电除尘技术、湿式电除尘技术、移动电极电除尘技术、电凝聚技术、高频电源和脉冲电源技术等是近几年发展较快的电除尘技术，这些技术与常规电除尘技术或常规电源技术相比有较大的提升，目前已有很多实际投运。具体见表6-2。

表6-2 烟尘控制技术特点

污染物	主要治理技术	应用范围	经济性比较
颗粒物	静电除尘器	对比电阻有一定要求，可在范围很宽的温度、压力和烟尘浓度条件下运行	设备费用较低；年运行费用低；经济性较好
	电袋复合除尘器	适用于大多数煤电机组的煤种，除尘效率不受煤质、烟气工况变化的影响，排放长期稳定可靠，尤其适用于排放要求严格的地区及老机组除尘系统改造	设备费用较高；年运行费用较高；经济性较差
	袋式除尘器	适用范围广泛	设备费较低；年运行费用高；经济性较好

（2）二氧化硫排放控制技术

电力行业二氧化硫控制技术以石灰石－石膏湿法脱硫为主，石灰石－石膏湿法脱硫作为主流技术其应用市场占比已超过90%。其他脱硫方法还有循环流化床法脱硫、海水脱硫、氨法脱硫技术等，但其因工艺特性或原料要求等外部条件使得应用范围受到一定限制，例如，烟气循环流化床法适用于燃用低硫煤、缺水地区及部分循环流化床锅炉；氨法对运行条件要求较高，并存在设备腐蚀及伴生废水难以处理的弊端，在一定程度上限制了资源化效益。随着排放标准趋严以及技术发展，逐步形成了一系列的湿法超低排放技术，包括传统脱硫技术提效、双循环脱硫工艺、双托盘技术、单塔双区技术等。具体见表6-3。

表 6-3　二氧化硫控制技术特点

污染物	主要治理技术	应用范围
SO_2	石灰石－石膏湿法（传统脱硫技术提效、双循环脱硫工艺、双托盘技术、单塔双区技术）	应用范围广
	循环流化床法脱硫	适用于低硫煤或有炉内脱硫的循环流化床机组，缺水地区的中小型机组
	氨法脱硫	电厂周围一定范围区有稳定安源，且电厂周围没有学校、医院、居民密集区等环境敏感目标的 300 MW 及以下机组

（3）氮氧化物

目前，燃煤电厂 NO_x 排放控制技术主要分为生成源控制和烟气脱硝技术两类。生成源控制是通过各种技术手段控制燃烧过程中 NO_x 的生成，主要有低氮燃烧技术、空气分级（LEA、OFA、AS）技术、燃料再燃（FR）技术、富氧燃烧（OIOA）技术等。低 NO_x 燃烧技术应用成本较低，去除效率低。烟气脱硝技术主要包括选择性催化还原法（SCR）、选择性非催化还原法（SNCR）、SNCR/SCR 等。SCR 脱硝技术适应性强，适合我国燃煤机组煤质多变、机组负荷变动频繁的特点，新建、现役煤粉炉主要以 SCR 技术为主，占火电机组总容量的 90% 以上。影响脱硝效率的因素主要包括催化剂性能、温度、反应器及烟道的流场分布均匀性、氨氮比等。具体见表 6-4。

表 6-4　NO_x 控制技术特点

污染物	主要治理技术	应用范围	经济性比较
NO_x	SCR	对煤质变化、机组负荷波动等具有较强适用性	设备费用较高；年运行费用高
	SNCR	对温度窗口要求严格，对机组负荷变化适应性差，适用于小型煤粉炉和循环流化床锅炉	初始投资低
	SNCR/SCR 联合脱硝技术	适用于受空间限制无法加大量催化剂的中小型机组	初始投资较高

（4）多污染物协同处理技术与成本

IGCC（Intergrated Gasification Combined Cycle）是将煤气化技术和高效的联合循环相结合的先进动力系统，发电效率高，且环保性能极好，污染物的排放量仅为常规燃煤电站的 1/10，脱硫效率可达 99%，氮氧化物排放只有常规电站的 15%～20%，耗水只有常规电站的 1/3～1/2。IGCC 具有发电效率高、污染物排放低等特点，并在捕集二氧化碳方面具有成本优势，被公认为是未来最具发展前景的清洁煤发电技术之一。

IGCC 电站初期投资成本较高，但是相对燃气轮机组电站，其后期运行成本显著下降，以中电投廊坊 2×400 MW 级 IGCC 电站和中电投廊坊 2×400 MW 级燃气轮机组电站为例，IGCC 电站固定成本包括折旧费、修理费、材料费、管理费等，固定成本总投资 90 亿元，而燃气轮机组电站约 29 亿元。当年利用小时数为 4 500 h 时，主要单位成本 IGCC 电站为 0.55 元 /（kW · h），燃气轮机组电站主要单位成本为 0.74 元 /（kW · h），当年利用小时数为 6 500 h 时，IGCC 电站的主要单位成本将会下降到 0.44 元 /（kW · h），燃气轮机组电站主要单位成本会下降到 0.71 元 /（kW · h）。

6.2.1.2 火电行业污染减排技术发展趋势

我国已经建成世界上最大的清洁煤电发电体系，超低排放技术已经成为世界上最领先的控制技术，从火电行业的二氧化硫、氮氧化物、颗粒物控制来看，超低排放仍是今后燃煤电厂的主要控制技术，同时，将更加重视对三氧化硫的协同控制，燃煤电厂节能改造也是降低污染物排放的方式之一。

超低排放改造主要为末端治理设备改造，燃煤电厂超低排放技术路线选择时应充分考虑炉型、煤种、排放要求、场地等因素，必要时可采取“一炉一策”。具体原则如下：

超低排放除尘技术宜选用高效电源电除尘、低温电除尘、超净电袋复合除尘、袋式除尘及移动电极电除尘等，必要时可在脱硫装置后增设湿式电除尘。

超低排放脱硫技术在传统空塔喷淋技术的基础上，根据煤种硫含量等参数可选择复合塔技术及 PH 分区技术等。复合塔技术包括旋汇耦合、沸腾泡沫、增设托盘等；PH 分区技术包括单塔双循环及双塔双循环技术等。

超低排放脱硝技术煤粉炉宜选用高效低氮燃烧与 SCR 或 SNCR-SCR 配合使用的技术路线，若不能满足排放要求，可采用增加催化剂层数、增加喷氨量等措施，但要控制氨逃逸；循环流化床锅炉宜选用选择性非催化还原技术。在现有电除尘和石灰石 - 石膏法脱硫的基础上，可采用如下超低排放路线：低氮燃烧 +SCR（多层）+ 电除尘（新技术）+ 石灰石 - 石膏法（增效）+ 湿式静电（可选）。对于除尘方式为袋式除尘或电袋复合除尘的机组，可采用如下超低排放技术路线，低氮燃烧 + SCR（多层）+ 电袋复合 / 袋式除尘 + 湿法脱硫（增效）。

6.2.1.3 超低排放改造技术成本

电厂实施超低排放改造后，脱硫设施固定投资成本为 50～90 元 /kW，脱硝设施的固定投资成本为70～120元/kW，除尘设施的固定投资成本为40～80元/kW，总投资随机组容量增加而增加，单位千瓦投资随着机组容量增加而降低；脱硫、脱硝、除尘增加运行成本分别为0.2～0.4分/（kW·h）、0.17～0.3分/（kW·h），0.08～0.2分/（kW·h），运行成本平均增加0.33分/（kW·h）、0.24分/（kW·h）、0.17分/（kW·h），其中，随着机组容量的增加，单位千瓦·时的脱硝、除尘、脱硫系统的运行成本总额随之降低。以300 MW机组为例，年运行时间4 500 h，则二氧化硫、氮氧化物、颗粒物的减排成本分别为0.76万元/t、2.24万元/t和3.98万元/t。具体见表6-5。

表6-5 超低排放改造成本

	平均固定投资/（元/kW）	平均运行成本/[分/（kW·h）]	减排成本/（万元/t）
脱硫	80	0.33	0.76
脱硝	110	0.24	2.24
除尘	70	0.17	3.98

6.2.2 燃煤锅炉大气污染物减排措施与成本

6.2.2.1 燃煤锅炉控制技术与成本

烟粉尘主要技术有电除尘器、袋式除尘器、湿式电除尘器、电袋复合除尘器等。燃煤锅炉SO_2控制技术主要有石灰石/石灰-石膏法、氧化镁法、氨法等，其中石灰石-石膏法脱硫主要适用于中、大型燃煤锅炉，氨法脱硫的成本较高，而且氨逃逸也是该技术推广应用必须要面对的难题，氨水供应也受地域限制，目前应用率不高。NO_x控制技术主要有SCR、SNCR、SNCR-SCR脱硝技术与低氮燃烧技术，以上技术在燃煤锅炉中应用的情况具体见表6-6～表6-8。

表6-6 燃煤锅炉颗粒物治理技术特点

污染物	治理技术	应用范围	经济性比较
颗粒物	袋式除尘器	应用范围最广泛，烟气温度决定滤袋材质	投资费用较高
	电袋复合除尘	工业锅炉较少采用，应用较少	投资与运行费用中等
	干式电除尘	燃煤锅炉基本全部适用，应用广泛	投资费用较高，运行费用较低
	湿式电除尘器	通常安装于湿法脱硫后，在超低排放的情况下配用	投资费用较高，运行成本低

表 6-7 燃煤锅炉 SO_2 治理技术特点

污染物	治理技术	应用范围	经济性比较
SO_2	石灰石 / 石灰 - 石膏湿法	应用范围广泛	投资较高
	氧化镁法	适用于镁资源来源稳定的地区	投资高、运行费用中等
	氨法	适用于中高硫煤，应用较少	投资与运行费用较高
	湿式电除尘器	通常安装于湿法脱硫后，在超低排放的情况下配用	投资费用较高，运行成本低
	烟气循环流化床	适用于低硫煤，对脱硫效率要求较高时应用较少	脱硫产物处置费用高

表 6-8 燃煤锅炉 NO_x 治理技术特点

污染物	治理技术	应用范围	经济性比较
NO_x	低氮燃烧	降低 NO_x 初始排放浓度	运行费用最低
	SNCR	在工业锅炉中应用较为广泛	投资与运行费用低
	SCR	脱硝效率要求高的燃煤锅炉	投资高
	联合脱硝技术	应用广泛	投资费用中等

6.2.2.2 燃煤锅炉污染物减排技术发展趋势

燃煤锅炉除尘可采用袋式除尘、电除尘、电袋复合除尘等技术实现深度治理；脱硫可采用石灰石 / 石灰 - 石膏湿法、氧化镁法、氨法、烟气循环流化床技术等技术，根据各地资源及相关排放标准等，选择适宜的脱硫方式。氮氧化物控制首选的是优化燃烧、烟气再循环等方案，尾气治理技术作为备选，执行 200 mg/m^3 排放标准的燃煤锅炉，在优化燃烧、合理配风、烟气再循环等技术的基础上采用 SNCR 脱硝技术；对于执行 100 mg/m^3 排放标准的新建单台处理大于 65 蒸吨的层燃炉和抛煤机炉，在优化燃烧、合理配风、烟气再循环等技术的基础上采用 SNCR 脱硝辅助 SCR 脱硝或脱硫脱硝一体化技术，对于执行 50 mg/m^3 的燃煤锅炉，在优化燃烧、合理配风、烟气再循环等技术的基础上优先选用 SCR。

通过对现有锅炉排污单位大气污染排放水平和应用情况分析，达到特别排放限值改造，可采用 SNCR 脱硝技术 + 袋式除尘技术 / 电袋复合除尘技术 + 湿法脱硫技术，颗粒物排放浓度可以达到 5～30 mg/m^3，二氧化硫排放浓度可以达到 25～200 mg/m^3，氮氧化物排放浓度可以达到 125～400 mg/m^3。

达到超低排放改造，可采用 SCR 脱硝技术 + 袋式除尘技术 / 电袋复合除尘技术＋湿法脱硫技术或 SNCR-SCR 脱硝技术＋袋式除尘技术 / 电袋复合除尘技术＋湿法脱硫技术，颗粒物排放浓度可以达到 10 mg/m^3，二氧化硫排放浓度可以达到 50 mg/m^3，氮氧化物排放浓度可以达到 50 mg/m^3。

6.2.2.3 燃煤锅炉主要措施减排成本

超低排放改造措施主要针对 35 蒸吨及以上燃煤锅炉，脱硫单位投资成本增加 8 万～10 万元 / 蒸吨（平均值一般为 8.5 万元 / 蒸吨），运行费用增加 1.6 万～2 万元 / 蒸吨（平均值一般为 1.8 万元 / 蒸吨）；脱硝单位投资成本增加 6 万～8 万元 / 蒸吨（平均值一般为 6.5 万元 / 蒸吨），运行费用增加 6 000～9 000 元 / 蒸吨（平均值一般为 7 700 万元 / 蒸吨）；除尘单位投资成本增加 5 万～6 万元 / 蒸吨（平均值一般为 5 万元 / 蒸吨），运行费用增加 700～1 000 元 / 蒸吨（平均值一般为 900 元 / 蒸吨）。SO_2、氮氧化物、颗粒物减排成本分别为 4.6 万元 / 蒸吨、1.54 万元 / 蒸吨、1.71 万元 / 蒸吨。

特别排放限值改造措施主要针对 10～35 蒸吨以上燃煤锅炉，脱硫投资成本增加 3 万～4 万元 / 蒸吨，运行费用增加 6 500～7 000 元 / 蒸吨；脱硝投资成本增加 3 万～4 万元 / 蒸吨，运行费用增加 2 000 元左右，主要为增加氨水使用量；除尘投资成本增加 2 万～3 万元，运行成本增加 700 元左右。二氧化硫、氮氧化物、颗粒物减排成本分别为 1 万元 / 蒸吨、0.33 万元 / 蒸吨、0.45 万元 / 蒸吨。

淘汰减排措施主要针对 35 蒸吨以下燃煤锅炉，淘汰成本主要基于锅炉的总投资和剩余使用年限测算，燃煤锅炉投资一般为 16 万元 / 蒸吨左右，使用年限 15 年左右，按照已使用 50% 左右测算，则每蒸吨锅炉预计剩余成本为 8 万元 / 蒸吨左右，因此，淘汰成本按照 8 万元 / 蒸吨测算。由于 10 蒸吨以下锅炉年均耗煤量低于 10 蒸吨以上锅炉，并且小锅炉由于温度低，NO_x 排放系数相比大锅炉较低，达标排放情况下 NO_x 一般不需要采取治理措施，10～35 蒸吨燃煤锅炉 NO_x 淘汰减排成本低于 10 蒸吨燃煤锅炉，10～35 蒸吨燃煤锅炉二氧化硫和颗粒物治理水平远高于 10 蒸吨以下燃煤小锅炉，因此二氧化硫、颗粒物减排成本高于 10 蒸吨及以下燃煤小锅炉。10 蒸吨及以下燃煤锅炉二氧化硫、氮氧化物、颗粒物减排成本分别为 0.11 万元 / 蒸吨、0.45 万元 / 蒸吨、0.25 万元 / 蒸吨；10～35 蒸吨燃煤锅炉二氧化硫、氮氧化物、颗粒物减排成本分别为 0.11 万元 / 蒸吨、0.45 万元 / 蒸吨、0.25 万元 / 蒸吨。

对于燃煤锅炉替代措施减排成本，本研究主要测算改气、改电和改空气源热泵三种方式污染物减排成本，只考虑较燃煤锅炉增加的运行成本，1 蒸吨燃煤锅炉改燃气锅炉年燃气消耗量为 18 万 m^3，燃气锅炉年燃气使用成本为 63 万元，较燃煤锅炉使用成本增加 18 万元，二氧化硫、氮氧化物、颗粒物减排成本分别为 5.3 万元 / 蒸吨、2.3 万元 / 蒸吨、2.0 万元 / 蒸吨；1 蒸吨燃煤锅炉改电锅炉年耗电量为 172 万 kW · h，较燃煤锅炉使用成本增加 42 万元，二氧化硫、氮氧化物、颗粒物减排成本分别为 12.2 万元 / 蒸吨、4.9 万元 / 蒸吨、4.7 万元 / 蒸吨；空气源热泵的运行费用与燃煤锅炉持平。具体见表 6-9～表 6-11。

表 6-9　锅炉主要措施增加投资与运行成本

	措施	投资增加 /（万元 / 蒸吨）	运行增加 /（元 / 蒸吨）
脱硫	超低排放改造	8.5	17 700
脱硝	超低排放改造	6.5	7 700
除尘	超低排放改造	5.0	900
脱硫	特别排放限值改造	3	7 000
脱硝	特别排放限值改造	4	2 000
除尘	特别排放限值改造	3	750
	淘汰	8	—

表 6-10　燃煤锅炉替代成本

	运行增加 /（万元 / 蒸吨）
改天然气	18
改电	40
改空气源热泵	0

表 6-11　吨污染物减排成本

	措施	SO_2 减排成本 /（万元 / t 污染物）	NO_x 减排成本 /（万元 / t 污染物）	颗粒物减排成本 /（万元 / t 污染物）
≤10 蒸吨燃煤锅炉	淘汰	0.11	0.45	0.25
10＜*a*＜35 蒸吨燃煤锅炉	淘汰	0.3	0.26	0.56
≥35 蒸吨燃煤锅炉	超低排放排放	4.6	1.54	1.71
10＜*a*＜35 蒸吨燃煤锅炉	特别排放限值改造	1	0.33	0.45

6.2.3 钢铁行业主要大气污染物减排措施与成本

6.2.3.1 钢铁行业达标排放主要治理技术及成本

（1）钢铁行业达标排放治理技术

钢铁行业应用的烟（粉）尘污染控制技术包括袋式除尘、电除尘、湿法除尘、机械式除尘、电袋复合除尘技术等。目前袋式除尘作为行业的第一大用户，在钢铁行业所占比例已经达到95%，包括原料、焦化、石灰、高炉槽上槽下、出铁场、铁水预处理、铸铁机、转炉二次除尘、炼钢电炉、轧钢等工序的尘源点除尘。随着国家对钢铁行业环保要求的不断提高，颗粒物外排浓度限值越来越严苛，湿法除尘、机械式除尘基本退出末端治理舞台，湿法除尘主要应用在转炉一次除尘，机械式除尘主要用于高炉煤气干法除尘预处理环节，电除尘器在钢铁行业的应用比例也在不断减少，目前我国电除尘器由于工艺需要主要集中应用在烧结（球团）机头烟气除尘和少数大型转炉一次烟气除尘。电袋复合除尘器整合了电除尘器耐高温和袋除尘器除尘效率高的优势，在烧结烟气除尘方面和现有电除尘改造方面有所应用。

钢铁行业应用的 SO_2 污染控制技术包括湿法、半干法和干法脱硫三种工艺。其中，湿法脱硫技术包括石灰石 / 石灰 - 石膏法、氧化镁法、氨 - 硫铵法、双碱法等；半干法脱硫技术包括循环流化床法（CFB）、喷雾干燥法（SDA）、密相干塔法、新型脱硫除尘一体化技术（NID）法等；干法脱硫技术包括活性炭法（AC）、MEROS 等脱硫工艺技术。以前脱硫多以石灰石 / 石灰 - 石膏湿法技术为主，主要是因为净化装置以脱硫为主，但随着环境要求的提高，集脱硫、脱硝、脱二噁英、HF/HCl/SO_3 等酸性气体的一体化装置势必得到重视，因此我国烧结烟气脱硫技术在未来几年或十几年将出现由湿法向干法的转变过程。

钢铁行业应用的 NO_x 污染控制技术：从国际经验来看，日本和欧洲普遍采用选择性催化还原系统（SCR），氮氧化物去除率已达 60%～80%；美国则采用选择非催化还原系统（SNCR）的改进系统，使氮氧化物去除率提高到 80%。目前，能够在烧结行业应用的脱硝技术大致可以分为以下几类：催化还原法、物理吸附法、强制氧化法、催化氧化法等。

（2）钢铁行业达标排放减排成本

根据调研数据整理得出钢铁行业达标排放情况下减排成本，如表 6-12 所示。二氧化硫、烟粉尘平均单位减排成本分别为 1 650 元 /t 和 715 元 /t。

表 6-12 钢铁行业主流减排技术达标排放减排成本

减排技术	固定投资 /（万元 / 套）	处理量 /[t/（套·a）]	年运行成本 / 元	运行成本 /（元 /t）	单位减排成本 /（元 /t）	样本数
烧结湿法脱硫	1 955	15 889	666	530	615	11
烧结干法脱硫	5 325	6 150	1 479	2 246	2 685	4
电除尘	1 197	15 555	531	593	667	16
高效覆膜布袋除尘	613	16 043	185	271	307	8
普通布袋除尘	757	39 357	382	460	507	7
电袋复合技术除尘	1 350	20 833	382	924	1 042	5
转炉 OG 法	1 409	28 635	2 932	701	775	9
转炉 LT 法	2 829	20 614	1 076	732	992	7

6.2.3.2 钢铁行业超低排放主要治理技术及成本

钢铁企业实施超低排放改造成本主要包括污染治理设施升级改造的一次性建设投资和污染治理设施的日常运行维护费用。

一次性建设成本。钢铁企业实施超低排放改造主要包括四部分工程：烧结机头烟气超低排放改造，根据技术路线不同，需增加投资 70～120 元 /t 钢；全厂除尘系统提标改造，需增加投资 20～50 元 /t 钢；无组织排放治理，需增加投资 20～80 元 /t 钢；其他煤气精脱硫、低氮燃烧、监测系统升级，需增加投资 10 元 /t 钢。合计增加建设成本 120～260 元 /t 钢（不含清洁运输改造费用）。按照平均建设成本 190 元 /t 钢测算，全国完成 7.6 亿 t 钢铁产能超低排放改造，总投资约 1 440 亿元，其中重点地区投资约 880 亿元，全部以企业投入为主，中央和地方予以政策支持。

运行成本。钢铁企业实施超低排放改造后增加的运行成本，主要包括脱硫脱硝设施的催化剂、脱硫剂、氨的消耗，除尘系统增加的电耗以及人工和维护费用等。对于宝钢、太钢、邯钢、首钢等原有治理设施水平较高、已经达到特别排放限值的企业，环保运行成本将增加 30～50 元 /t 钢（不含折旧）；对于目前环保水平较低、无组织排放严重的企业，环保运行成本增加较多，估计为 150 元 /t 钢。具体见表 6-13。

在此基础上，根据以上计算方法通过将成本分配至各污染物，将吨钢减排量折算为各项污染物单位减排成本。具体见表 6-14。

表 6-13　钢铁行业超低排放增加的减排成本

类别	治理技术	减排成本
建设成本	烧结机头烟气超低排放改造	70～120 元 /t 钢
	全厂除尘系统提标改造	20～50 元 /t 钢
	无组织排放治理	20～80 元 /t 钢
	其他煤气精脱硫、低氮燃烧、监测系统升级	10 元 /t 钢
运行成本	包括脱硫脱硝设施的催化剂、脱硫剂、氨的消耗，除尘系统增加的电耗，以及人工和维护费用等	30～50 元 /t 钢（已经达到特别排放限值） 150 元 /t 钢（环保水平较低、无组织排放严重的企业）

表 6-14　钢铁行业超低排放各项污染物单位减排成本

治理技术	减排效益 /（kg/t 钢）		平均综合减排成本 /（万元 /t 钢）
超低排放	颗粒物	1.3	9
	二氧化硫	0.5	3.5
	氮氧化物	0.4	3.1
超低排放（原特排）	颗粒物	0.6	2.3
	二氧化硫	0.3	1.2
	氮氧化物	0.1	0.6

6.2.4　水泥行业主要大气污染物减排措施与成本

近年来，对水泥行业减排成本研究较少，所以文献中的成本数据主要是实现达标排放的数据，没有实现特排限值和超低排放的成本数据。本研究根据污染物种类、改造类别、污染控制技术、改造前污染物排放浓度现状和改造后污染物目标排放浓度等参数，将多渠道收集的数据进行系统的聚类分析，得到水泥行业污染物减排成本数据库。排放前的浓度根据全国各省水泥行业实际排放情况，结合水泥行业大气污染物排放标准限值分类。排放后浓度根据水泥行业大气污染物排放标准限值和未来污染物排放浓度下降趋势分类。具体如图 6-1 和表 6-15 所示。

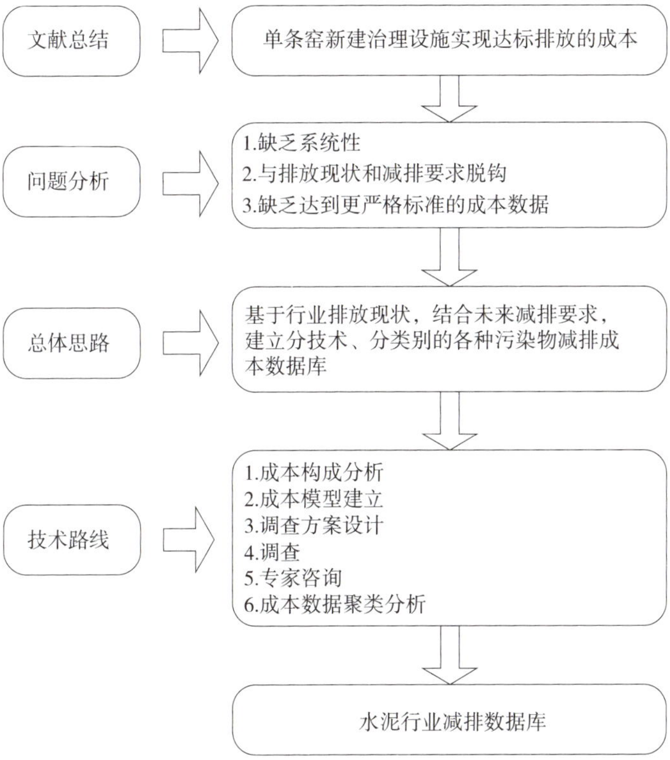

图 6-1　水泥行业减排成本数据库建立技术路线

表 6-15　水泥行业减排措施分类

序号	污染物种类	改造类别	改造前排放浓度 /（mg/m³）	污染控制技术	改造后排放浓度 /（mg/m³）
1	颗粒物	改造	30	电改袋 / 电袋	20
2	颗粒物	改造	20	布袋除尘	10
3	SO_2	改造	200	干法脱硫 / 简易氨法改成湿法	100
4	SO_2	新建	100	简易脱硫（干法 / 简易氨法）	35
5	SO_2	改造	200	湿法脱硫	35
6	SO_2	新建	100	湿法脱硫	35
7	SO_2	改造	100	干法脱硫 / 简易氨法改成湿法	35
8	NO_x	改造	320	SNCR+ 低氮改造	200
9	NO_x	改造	200	SNCR+SCR	50
10	NO_x	改造	200	SNCR+ 热碳还原	50
11	NO_x	改造	200	SNCR+ 其他先进技术（精细化管理）	50

理论上电除尘和布袋除尘都可以达到超低排放限值，但是从除尘机理分析，电除尘必须给粉尘颗粒荷电，荷电效果除与电场电源设备相关外，更与气体性质相关，很多不可避免的事故状态都会使除尘效率大幅下降，必须加大成本投入，考虑足够大的备用系数来达到可靠的性能。因此，在超低排放技术路线中不推荐终端除尘设备采用电除尘器，本研究的除尘措施主要是布袋除尘改造、电改袋或电袋复合除尘，减排成本为 3.5 万～6.9 万元 /t 颗粒物。对于高硫地区，水泥行业 SO_2 从达标排放改造为特排限值或超低排放，可以将干法脱硫、简易氨法脱硫改造为湿法脱硫。对于一般地区，从特排限值排放水平改造为超低排放，如果之前没有脱硫措施，可以通过干法脱硫、简易氨法脱硫或湿法脱硫实现；如果之前已经建设了干法脱硫或简易氨法脱硫，需改造为湿法脱硫。SO_2 减排成本为 0.1 万～0.3 万元 /t SO_2。NO_x 排放浓度从特排限值降低到 200 mg/m^3 左右，可以通过现有的 SNCR+ 低氮燃烧升级改造实现，如果要实现超低排放要求，一般需在 SNCR 后加装 SCR，也有企业在 SNCR 后使用热碳还原技术，NO_x 减排成本为 0.03 万～0.8 万元 /t NO_x。基于各项污染物初始浓度和改造后的浓度，各项措施的平均减排成本如图 6-2 所示。

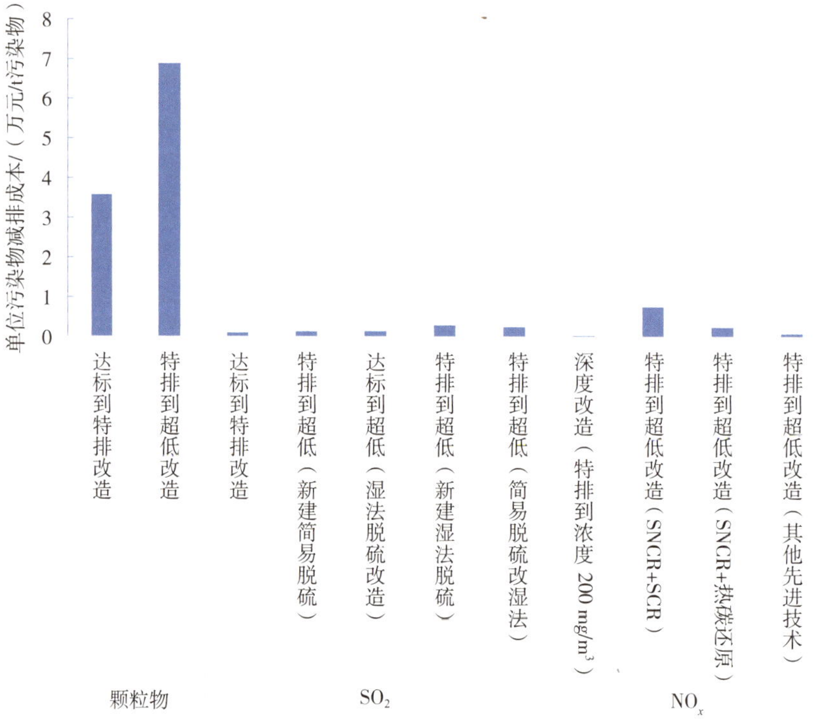

图 6-2 水泥行业减排措施及成本

6.2.5 平板玻璃行业主要大气污染物减排措施与成本

6.2.5.1 平板玻璃行业污染控制技术

（1）颗粒物控制技术

平板玻璃行业颗粒物治理技术主要有袋式除尘、高温电除尘、湿式电除尘以及静电除尘，相关指标见表 6-16。

表 6-16 平板玻璃除尘技术相关指标

除尘技术	优点	缺点	去除效率
袋式除尘	除尘效果好，适应性强，不受粉尘比电阻影响，可在线检修	占地面积较大，在捕集黏附性强及吸湿性强的粉尘或处理露点很高的烟气时，滤袋容易堵塞，运行维护工作量大	99.0%～99.99%
高温电除尘	在工况范围很宽的压力和烟尘浓度条件下都可以稳定运行	存在高比电阻粉尘引起的反电晕、振打引起的二次扬尘及微细烟尘荷电不充分等导致除尘效率下降等问题，且体量和占地面积较大	99%～99.9%
湿式电除尘	可捕集的粉尘比电阻范围大，不产生二次扬尘，除尘效率较高	积垢和腐蚀问题较严重，产生的污泥需要处理，能耗高，排烟温度需低于冲刷液温度，无法适应过高的粉尘浓度和 SO_2 浓度	99%～99.9%
静电除尘	阻力较低，耐温性能好	占地面积较大，对运行维护要求高，当某些工况参数偏离设计值较多时，性能波动大	可达到 99%

（2）二氧化硫污染控制技术

平板玻璃行业二氧化硫治理技术主要有湿法脱硫、半干法脱硫、干法脱硫，相关指标见表 6-17。

表 6-17 脱硫工艺去除效率及优缺点比较

脱硫技术	优点	缺点	去除效率
湿法脱硫	脱硫效率高	易腐蚀、结垢，存在水污染问题	可达到 95% 以上
半干法脱硫	工艺流程简洁、占地面积小、无废水产生	对脱硫剂质量和操作要求较高，脱硫副产物利用困难	60%～95%
干法脱硫	系统简单，可靠性、稳定性较好，操作维护简单，不存在腐蚀、结露等问题	脱硫效率低，脱硫副产物综合利用困难	一般在 60% 以下

（3）氮氧化物污染控制技术

氮氧化物的控制包括燃烧控制技术末端处理技术。燃烧控制技术包括改进燃烧技术和全氧燃烧技术等；末端处理技术是指对熔窑废气中已经产生的氮氧化物进行处理，从而降低排放浓度和排放量，主要为 SCR 脱硝技术。

全氧燃烧技术采用纯度≥90% 的氧气作为助燃介质，对于节约能源，改善环境效果十分显著。能耗可降低 30%，整体烟气量可减少 60% 以上，废气中 NO_x 可下降 80%～90%，由于废气量的减少，所携带的粉尘也有所减少，烟尘可降低 50% 以上，是最为有效的减少排放总量的清洁生产技术。该技术占地面积小、能耗低，但在大型窑炉的应用上存在一定的技术瓶颈，且成本相对较高。

SCR 技术是平板玻璃行业应用最广泛也是最成熟的一种烟气脱硝技术。当催化剂层数分别为 1+1、2+1 和 3+1 时，其脱硝效率通常分别为 50%～60%、75%～85% 和 85%～95%。SCR 脱硝技术投资和运行成本较高，由于玻璃熔窑烟气温度为 450～550℃，必须对余热锅炉进行改造、分段运行，以满足中高温 SCR 对烟气温度的要求，且除尘器需要在高温下工作，加大了工程投资。逃逸氨和 SO_3 会反应生成硫酸氢铵，导致催化剂堵塞。逃逸氨及处置不当的废弃催化剂会引起二次污染。

6.2.5.2 平板玻璃行业大气污染治理技术发展趋势

平板玻璃窑可以通过“高温电除尘 +SCR+ 湿法 / 半干法 / 干法脱硫 + 湿式电除尘 / 袋除尘”等改造技术实现超低排放。对于低硫烟气，首先经过静电除尘脱除颗粒物后，进入高温 SCR 进行脱硝，然后通过半干法脱硫，最后通过袋式除尘。对于高硫烟气，经过静电除尘和高温 SCR 后，通过湿法脱硫，最后用湿式电除尘进一步脱除颗粒物。经过处理后烟气中 SO_2、NO_x 和颗粒物浓度可以分别控制在 50 mg/m^3、200 mg/m^3 和 10 mg/m^3 以下。

6.2.5.3 平板玻璃行业主要减排措施及成本分析

通过文献研究可知，前人对平板玻璃行业减排成本的研究很少，且主要是单条玻璃窑新建一套污染治理设施以实现达标排放的成本，没有结合行业的排放现状，从未来污染物减排成本效益的角度对各项污染物的减排成本进行系统梳理。此外，文献中的成本数据主要是达到现行排放标准的数据，没有考虑新的减排需求。本研究根据污染物种类、改造类别、污染控制技术、改造前污染物排放浓度现状和改造后污染物目标排放浓度等参数将多渠道收集的数据进行聚类分析，得到平板玻璃行业污染物减排成本数据库。排放前的浓度根据全国各省平板玻璃行业实际排放情况，结合平板玻璃行业大气污染物排放标准限值分类。排放后的浓度根据该行业大气污染物排放标准限值和未来排放标准加严趋势分类。具体见表 6-18。

表 6-18 平板玻璃行业减排措施分类

序号	污染物种类	改造类别	改造前排放浓度 / (mg/m^3)	污染控制技术	改造后排放浓度 / (mg/m^3)
1	颗粒物	新标准达标改造	50	高温电除尘 + 湿电 / 布袋	30
2		新标准特排改造	50	高温电除尘 + 湿电 / 布袋	20
3		新标准达标到特排改造	30	高温电除尘 + 湿电 / 布袋	20
4		新标准达标到超低改造	30	高温电除尘 + 湿电 / 布袋	10
5		新标准特排到超低改造	20	高温电除尘 + 湿电 / 布袋	10
6	SO_2	新标准特排改造	400	半干法 / 湿法脱硫	100
7		新标准达标改造	400	半干法 / 湿法脱硫	200
8		新标准达标到特排改造	200	半干法 / 湿法脱硫	100
9		新标准达标到超低改造	200	半干法 / 湿法脱硫	50
10		新标准特排到超低改造	100	半干法 / 湿法脱硫	50
11		超低改造	400	半干法 / 湿法脱硫	50
12		燃料改为天然气 1	400	燃料改为天然气	40
13		燃料改为天然气 2	200	燃料改为天然气	40
14		燃料改为天然气 3	100	燃料改为天然气	40
15	NO_x	新标准达标改造	500	SCR	400
16		深度改造	700	SCR	500
17		新标准达标到特排改造	400	SCR	300
18		浓度从 500 到新标准特排改造	500	SCR	300
19		新标准达标到超低改造	400	SCR	200
20		新标准特排到超低改造	300	SCR	200

平板玻璃行业除尘措施改造主要是高温电除尘 + 湿电除尘 / 布袋除尘，成本为 4.5 万～11.7 万元 /t 颗粒物。SO_2 从达标排放改造为新标准或超低排放，可以根据 SO_2 初始浓度开展湿法脱硫或半干法脱硫改造，成本为 1.1 万～6 万元 /t SO_2；或者将燃料改为天然气，成本为 1.3 万～8.3 万元 /t SO_2。NO_x 排放浓度降低可以通过现有的 SCR 升级改造实现，成本为 0.5 万～1.4 万元 /t NO_x。基于各项污染物初始浓度和改造后的浓度，各项措施的平均减排成本如图 6-3 所示。

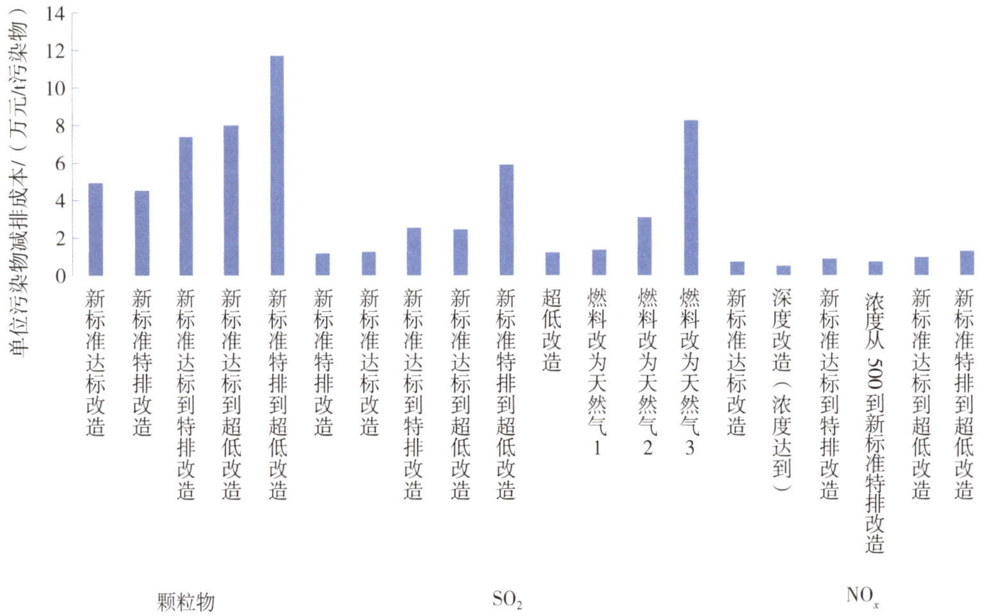

图 6-3　平板玻璃行业减排措施及成本

6.2.6　石化行业主要大气污染物减排措施与成本

6.2.6.1　VOCs 治理技术

根据 VOCs 产生的原理和物理化学性质，其减排控制技术可以分为两大类：源头控制和末端控制（图 6-4）。源头控制是针对 VOCs 的生产过程，从源头上减少 VOCs 的产生，一般通过清洁生产、原料替代、工艺改进和泄漏检测与修复（LDAR）来实现。末端控制则是针对 VOCs 的化学特性，着力于 VOCs 废气的治理，利用燃烧、分解等方法来控制 VOCs 的排放。下面将对石化行业主要的 VOCs 治理环节进行分析，研究主要治理技术、要求及最高减排效率。

有机液体储存与调和挥发损失。对于拱顶罐，石化企业可采取安装顶空连通置换油气回收装置、安装内浮顶等措施控制挥发损失；对于盛装苯、甲苯等危险化学品的内浮顶罐，安装油气回收装置，确保非甲烷总烃回收效率高于 95%。炼厂内可通过将装车、船油气反向输入储罐减少油气外排，罐内逸出油气再进行回收，可大大减少油气排放量。此外，对储罐加装氮气保护系统，如氮封装置等，也是多数石化企业采取的减小储罐“大小呼吸”行之有效的方法。根据调研，有机液体存储治理减排效率在 85% 左右。

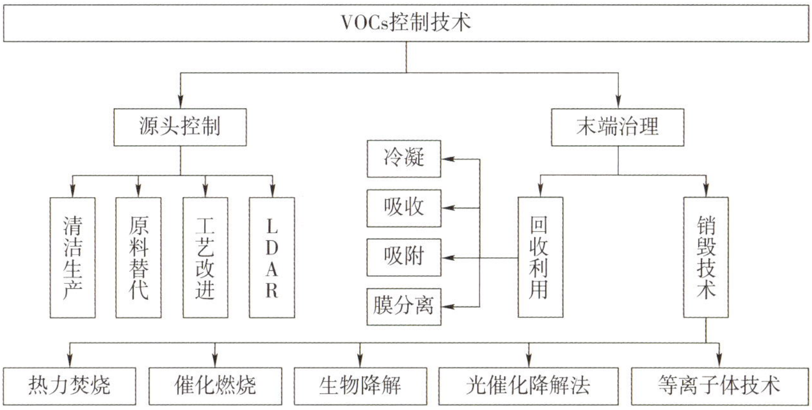

图 6-4　VOCs 控制技术

设备动静密封点泄漏。目前对石化企业设备动静密封点减排研究较多。企业一 LDAR 项目共计检测 27 941 个点，共检测出 239 个泄漏点，全厂泄漏率为 0.86%，实现了 9 651.39 kg/a 的 VOCs 减排，减排比例为 48.7%。企业二泄漏检测与修复主要应用在阀门更新、储罐检修等工序，降低了 69% 的 VOCs 排放量，效果明显。企业三采用泄漏检测与修复技术（LDAR），检测点位计 8 932 个，泄漏点位为 243 个，泄漏率为 2.72%，通过泄漏修复，其 VOCs 减排率达到 97.5%。企业四采用泄漏检测与修复（LDAR）技术对某石化厂开展全面泄漏检测，共检测密封点 26 587 个，发现泄漏密封点 287 个，泄漏率 1.07%，修复后 VOCs 排放量为 28.291 9 t/a，VOCs 减排率为 37.6%。企业五封点共计有 18 590 个，经过 LDAR 工作后，设备泄漏率由原先的 0.93% 下降到 0.28%，季度泄漏排放量下降了 87.07%。企业六检测近 40 万个界面封点，实施 LDAR 技术使炼油装置 VOCs 排放量减少 70% 左右。EPA 经过多年的实践，实施 LDAR 措施后，石化装置能削减大约 63% 的无组织排放，本研究中采用最高效率设定为 60%。

废水集输、储存、处理处置过程逸散。石油炼制企业污染处理设施包括各类中和池、隔油池、调节池、浮选池、曝池、生化池、事故池、污油罐、污水罐等，主要采取的是加盖密闭以及回收处理，目前石化企业污水处理设施加盖率超过 80%。李兴春对 154 个废水处理点调查发现，污水处理装置 VOCs 的达标率只有不到 40%，也就是说，虽然大部分的企业对污水处理装置进行密闭的处理，但是对密闭后的气体只有部分企业进行了回收处理，且部分污水处理设施加盖效果也有限，造成挥发物自由挥发进入大气，需要进行改造。对于回收的废气处理，目前主要采取的技术包括催化氧化技术、生物法和热力焚烧法等，催化氧化技术和热力焚烧法能稳定达到《石油炼制工业污染物排放标准》和《石油化学工业污染物排放标准》的排放要求。根据文献调研，污水处理系统经污油池、隔油池、气浮池等高含油废水存储及预处理过程采用氧化催化燃烧工艺，对 VOCs 的平均去除效率为 85%。

有机液体装卸挥发损失。油品装卸挥发量约为装车量的挥发性有机液体罐车和油船装卸作业，宜采用全密闭、液下装载等方式。汽油、石脑油、煤油等高挥发性有机液体和苯、甲苯、二甲苯等危险化学品的装卸过程应优先采用高效油气回收措施。运输相关产品应采用具备油气回收接口的车船。根据国内外研究及现场调研，本研究设定工艺有组织排放治理效率在 85% 左右。

工艺有组织治理。石化行业工艺过程有组织排放宜采用高效的治理设施，如蓄热式热力氧化（RTO）、催化氧化（CO）、直燃式热力氧化（TO）等。根据国内外研究及现场调研，本研究设定工艺有组织排放治理效率在 95% 左右。

- VOCs 治理技术成本

以年 1 800 万 t 炼油能力的企业为例，表 6-19 为该企业全部 VOCs 治理成本。

表 6-19 年 1 800 万 t 炼油企业 VOCs 治理成本

<table>
<tr><th>废气来源</th><th>预处理设施</th><th>提标设施</th><th>处理规模 /（Nm^3/h）</th><th colspan="2">预处理投资 / 万元</th><th>运行成本 / 万元</th></tr>
<tr><td>成品苯类罐区</td><td>三级冷凝 + 吸附</td><td rowspan="9">蓄热式热力氧化（RTO）</td><td rowspan="9">10 000</td><td>1 200</td><td rowspan="9">8 600</td><td rowspan="9">85</td></tr>
<tr><td>半成品汽油罐区</td><td>低温柴油吸收 + 碱洗</td><td>—</td></tr>
<tr><td>半成品中间罐区</td><td>低温柴油吸收 + 碱洗</td><td>800</td></tr>
<tr><td>加氢原料重油区</td><td>碱洗</td><td>—</td></tr>
<tr><td>高温沥青罐区</td><td>低温柴油吸收 + 碱洗</td><td>1 000</td></tr>
<tr><td>成品汽油装船</td><td>活性炭装置</td><td>900</td></tr>
<tr><td>产品汽油装车</td><td>活性炭装置</td><td>830</td></tr>
<tr><td>成品航煤装车</td><td>三级冷凝 + 吸附</td><td>—</td></tr>
<tr><td>成品溶剂油装车</td><td>三级冷凝 + 吸附</td><td>—</td></tr>
<tr><td>石脑油罐区</td><td>低温柴油吸收 + 碱洗</td><td rowspan="2">催化氧化（CO）</td><td rowspan="2">5 000</td><td rowspan="2">—</td><td rowspan="2">5 200</td><td rowspan="2">75</td></tr>
<tr><td>芳烃原料及重芳烃罐区</td><td>—</td></tr>
<tr><td>高温渣油及蜡油罐区</td><td>低温柴油吸收 + 碱洗</td><td rowspan="2">直燃式热力氧化（TO）</td><td rowspan="2">5 000</td><td>700</td><td rowspan="2">2 900</td><td rowspan="2">70</td></tr>
<tr><td>酸性水罐区和芳烃罐区</td><td>低温柴油吸收 + 碱洗</td><td>500</td></tr>
<tr><td>成品汽油、柴油、航煤装船</td><td colspan="2">多级冷凝 + 吸附再生</td><td>1 000</td><td colspan="2">2 200</td><td>50</td></tr>
<tr><td>污水处理场高浓度废气 - 预处理单元</td><td colspan="2">催化氧化（CO）</td><td>5 000</td><td colspan="2">3 800</td><td>100</td></tr>
</table>

续表

废气来源	预处理设施	提标设施	处理规模 /（Nm^3/h）	预处理投资 / 万元	运行成本 / 万元
污水处理场低浓度废气—生化单元	均化 + 吸附 + 光催化氧化		10 000	1 200	80
危险废物临时储存库废气	活性炭吸附		36 000	400	65
总计				30 230	525

本研究通过对全国典型地区 20 多家企业进行现场调研，并通过国内外文献研究，得出石化行业分环节单位原油加工量 VOCs 平均治理成本及改造成本见表 6-20。

表 6-20　VOCs 主要减排技术及成本

VOCs 治理环节	最高减排效率 /%	设备安装成本 /（元 /t 原油加工量）	运行成本 /（元 /t 原油加工量）	边际减排成本 /（万元 /t 污染物）
设备动静密封点泄漏	60	0.0	0.3	0.06
有机液体装卸挥发	85	16.5	0.2	3.7
废水收集及处理	85	10.0	0.4	1.6
有机液体存储与调和挥发	85	33.2	0.4	3.7
工艺有组织排放	95	8.2	0.6	2.4
合计		15.3	0.35	2.2

6.2.6.2　SO_2 治理技术与成本

石化企业燃烧气脱硫技术被分为湿式、半干式和干式，现今各大型炼化企业均建有湿法脱硫设备。根据文献调研，降硫助剂费约 5.9 元 /kg SO_2；脱硫设施运行费用约 7 元 /kg SO_2。催化烟气引入附近燃锅炉脱硫设施进行联合脱硫，运行成本远小于 3.7 元 /g SO_2。从脱硫效果上看，烟气脱硫设施脱硫后烟气硫量小于 50 mg/Nm^3，脱硫率大于 90%，满足《石油炼制工业污染物排放标准》（GB 31570—2015）中特别排放限值要求。SO_2 主要减排技术及成本见表 6-21。未来如果进一步降低污染物排放浓度，可参照电厂燃煤锅炉超低排放技术及要求。

表 6-21　SO_2 主要减排技术及成本

主要技术	设备总投资 /（元 /t 产能）	边际减排成本 /（万元 /t 污染物）
催化裂化烟气脱硫	100	17
硫磺尾气净化	62.5	2.5
工艺加热炉烟气脱硫	380	29

6.2.6.3 NO_x 治理技术与成本

催化裂化催化剂再生烟气中 NO_x 与焦炭中含氮量有关。一般来讲，原料中约一半的氮聚集在焦炭中，在完全燃烧的再生器中，焦炭中约 10% 的氮转化为 NO_x，其量与原料含氮量和烟气中过剩的氧含量有关。目前常用的脱硝技术有 4 种，分别是催化还原脱硝（SCR）技术、非催化还原脱硝（SNCR）技术、氧化和吸收脱硝（低温氧化 LoTX）技术以及添加脱硝助剂。目前国内主要采用 SCR 技术进行脱硝，此环节减排潜力较小。

烯烃裂解炉烟气、工艺加热炉和锅炉 NO_x 治理措施主要包括低氮燃烧、SCR、SNCR 等，目前石化行业加装低氮燃烧器等技术仍能带来一定的减排潜力。调研发现，低氮燃烧改造边际减排成本约为 1.9 万元 /t 污染物。具体见表 6-22。

表 6-22　NO_x 主要减排技术及成本

主要技术	边际减排成本 /（万元 /t 污染物）
加热炉低碳燃烧改造	1.9

6.2.6.4 烟粉尘治理技术与成本

石化行业烟粉尘排放主要来源于催化裂化催化剂再生烟气，主要由催化剂再生过程中未能回收的催化剂细粉组成；工艺加热炉、锅炉等燃烧烟气排放。目前国内主要采用电除尘、袋式除尘、湿式电除尘、湿法碱洗等技术。除尘技术成本参照锅炉成本。

6.2.7 机动车大气污染物减排措施与成本

机动车污染控制主要包括在用车监督管理、油品提升、新车标准提升以及交通结构调整，具体的措施包括黄标车、老旧车淘汰、老旧车改造、油品质量提升、新车标准提升、推广新能源车、公转铁、公转水、机动车行驶管理措施等。基于当前研究情况等挑选了黄标车老旧车淘汰、老旧车改造、新车标准提升、推广新能源车四个措施，进行成本和减排效果研究。其他内容成本较难收集、涉及范围广、工程投资大，本研究中暂不做考虑。成本内容不包括低速汽车、摩托车以及非道路移动机械。机动车措施除常规末端外包含了结构调整、淘汰补贴等多种形式，因此需结合文献调研、政策文件查询、专家咨询和实地调研多种方法进行调查研究。

6.2.7.1 研究方法

以往针对机动车成本的研究多聚焦于单一技术或方面，且有许多沿用了欧美的成本数据，本研究将在当前研究基础上进一步更新、扩充本地化的机动车成本数据，选取当前机动车主要的污染治理措施和政策，包括黄标车和老旧车淘汰、老旧车改造、新能源汽车推广及标准提升。具体如图 6-5 所示。

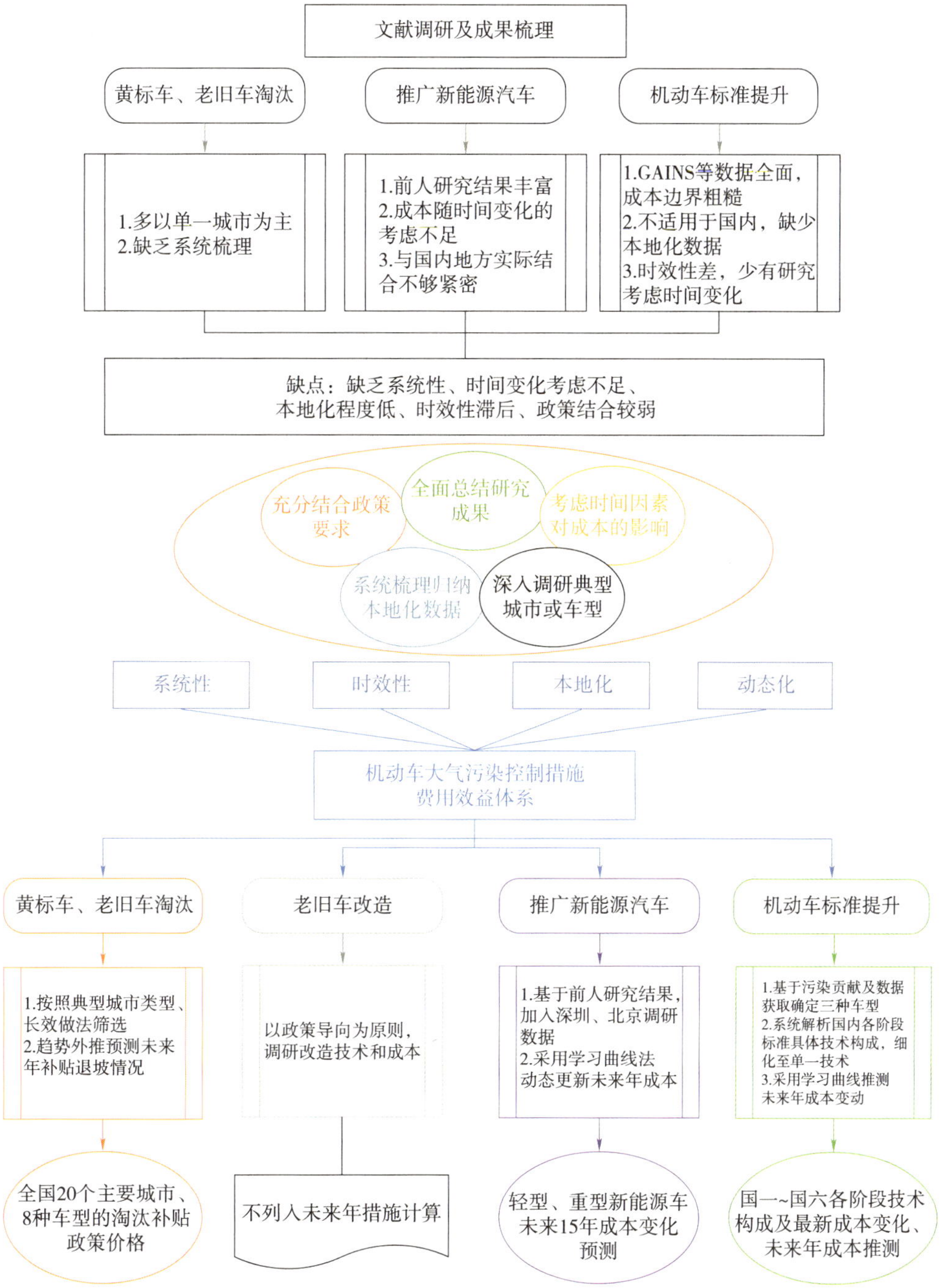

图 6-5 主要研究方法

6.2.7.2 黄标车和老旧车淘汰成本

淘汰措施是针对机动车排放基数进行减排的最重要措施，2017 年我国黄标车已全部淘汰完成，本研究重点针对老旧车淘汰成本进行调研和估算。淘汰补贴属于政策性成本，各省之间、不同时间段之间差异较大。本研究总结分析了我国 20 余个城市黄标车、老旧车淘汰补贴政策，不同车型单车补贴金额见表 6-23。

表 6-23 我国不同城市黄标车、老旧车淘汰补贴金额　　单位：元

城市	微型载客汽车	小型载客汽车	中型载客汽车	大型载客汽车	微型载货汽车	轻型载货汽车	中型载货汽车	重型载货汽车
北京	3 500	8 500	8 000	21 500	3 500	6 500～36 000	10 500～40 000	17 500～100 000
天津	3 500～4 000	8 500～9 000	8 000～8 500	20 000～50 000	3 000～3 500	6 500～7 000	9 000～11 000	16 000～50 000
上海	1 500	3 000～11 000	10 000～14 000	12 000～16 000	1 500	7 500～12 000	13 000～16 000	14 000～17 000
苏州	2 000	2 000	3 000～4 000	5 000～6 000	2 000～3 000	2 000～3 000	2 500～4 500	4 500～5 000
无锡	2 000	2 000	2 500	4 500	2 000	2 000	2 500～3 500	4 500～5 500
石家庄	6 000	7 000～10 000	11 000	18 000	6 000	9 000	13 000	18 000
唐山	2 500～4 000	4 000～10 000	10 000	18 000	2 500	7 000	10 000	18 000
海南	5 000～6 000	7 000～18 000	11 000	18 000	6 000	9 000	13 000	18 000
焦作	7 000	9 000	11 000	18 000	7 000	11 000	13 000	18 000
张家界	2 000	2 000	4 000	6 000	2 000	2 000	4 000	6 000
重庆	1 000～1 200	1 400～3 600	2 200	3 600	1 200	1 800	2 600	3 600
成都	800～2 200	1 000～3 500	1 500～5 500	4 000～10 000	800～2 200	1 000～3 500	1 500～5 500	4 000～10 000
长沙	2 000～2 500	3 000～3 500	7 000	11 000	3 000	6 000	8 000	12 000

续表

城市	微型载客汽车	小型载客汽车	中型载客汽车	大型载客汽车	微型载货汽车	轻型载货汽车	中型载货汽车	重型载货汽车
湘潭	1 000	1 500	3 500	5 500	1 500	3 000	4 000	6 000
南昌	3 000	7 000	10 000	13 000	3 000	7 000	10 000	13 000
昆明	4 000	5 000	8 000	12 000	4 000	6 000	9 000	12 000
贵阳	2 000～6 000	3 000～8 000	5 000	8 000	3 000	4 000	6 000	10 000
兰州	5 000	7 000	11 000	18 000	6 000	9 000	13 000	18 000
西安	4 000～5 000	5 000～7 000	8 000～11 000	12 000～18 000	4 000～6 000	6 000～9 000	9 000～13 000	12 000～18 000
深圳	3 500～10 000	8 000～20 000	12 000～23 000	20 000～30 000	3 500～10 000	7 000～15 000	10 000～20 000	16 000～30 000

根据《城市大气污染源排放清单编制技术手册》，黄标车和老旧车每年单车 NO_x 和颗粒物排放量见表 6-24。

表 6-24 黄标车和老旧车 NO_x 和颗粒物年排放量

分类	车型	NO_x 排放因子 /（g/km）	PM_{10} 排放因子 /（g/km）	平均行驶里程 /km	NO_x 排放量 /kg	颗粒物排放量 /kg
黄标车	微型载客汽车—汽油—国一前	1.97	0.03	18 000	35.46	0.54
	小型载客汽车—汽油—国一前	1.97	0.03	18 000	35.46	0.54
	中型载客汽车—汽油—国一前	2.94	0.11	31 300	92.022	3.443
	中型载客汽车—柴油—国二	5.69	0.17	31 300	178.097	5.321
	大型载客汽车—汽油—国一前	5.16	0.33	58 000	299.28	19.14
	大型载客汽车—柴油—国二	9.89	0.98	58 000	573.62	56.84
	微型载货汽车—汽油—国一前	3.31	0.11	30 000	99.3	3.3
	微型载货汽车—柴油—国二	5.58	0.3	30 000	167.4	9
	轻型载货汽车—汽油—国一前	3.31	0.11	30 000	99.3	3.3
	轻型载货汽车—柴油—国二	5.58	0.29	30 000	167.4	8.7
	中型载货汽车—柴油—国二	5.22	0.3	35 000	217.7	10.5
	重型载货汽车—柴油—国二	7.93	0.56	75 000	594.75	42

续表

分类	车型	NO_x 排放因子 / (g/km)	PM_{10} 排放因子 / (g/km)	平均行驶里程 /km	NO_x 排放量 /kg	颗粒物排放量 /kg
老旧车	微型载客汽车—汽油—国一	0.41	0.03	18 000	7.38	0.54
	小型载客汽车—汽油—国一	0.41	0.03	18 000	7.38	0.54
	中型载客汽车—汽油—国一	1.78	0.07	31 300	55.714	2.191
	中型载客汽车—柴油—国三	3.35	0.16	31 300	104.855	5.008
	大型载客汽车—汽油—国一	2.65	0.18	58 000	153.7	10.44
	大型载客汽车—柴油—国三	9.89	0.44	58 000	573.62	25.52
	微型载货汽车—汽油—国一	2.01	0.07	30 000	60.3	2.1
	微型载货汽车—柴油—国三	3.77	0.14	30 000	113.1	4.2
	轻型载货汽车—汽油—国一	2.01	0.07	30 000	60.3	2.1
	轻型载货汽车—柴油—国三	3.77	0.14	30 000	113.1	4.2
	中型载货汽车—柴油—国三	6.22	0.19	35 000	217.7	6.65
	重型载货汽车—柴油—国三	7.93	0.27	75 000	594.75	20.25

综合上表，初步计算淘汰黄标车单位污染物减排成本为 5～278 元 /kg，淘汰老旧车单位污染物减排成本更高，为 32～1 516 元 /kg。从车型来看，淘汰重型载货柴油车单位污染物减排成本最低，为 5～41 元 /kg，淘汰小型载客汽油车单位污染物减排成本最高，为 41～1 516 元 /kg。

根据市场调研结果和专家咨询，补贴淘汰相对于淘汰车辆实际剩余价值仅占 1/5～1/3，因此按照淘汰补贴计算会对淘汰的实际总社会成本造成一定的低估，本研究在计算时会按照淘汰补贴的金额反推可能的实际剩余价值，以此估算淘汰老旧车的实际成本。

6.2.7.3 老旧车改造

根据调研和专家咨询数据，对于国三及以上残值较高的重型柴油车，可以通过加装 DOC+SCR+DPF 的方法，降低污染物排放量，达到国五标准。

DOC 设备和安装成本为 1 000～2 000 元，使用寿命为 20 万～30 万 km 行驶里程，单位颗粒物减排成本为 82～93 元 /kg；DPF 设备和安装成本为 2 万～3 万元，使用寿命一般为 30 万～50 万 km 行驶里程，单位颗粒物减排成本为 290～435 元 /kg；SCR 设备和安装成本为 0.8 万～1.2 万元，使用寿命一般为 50 万～80 万 km 行驶里程，运行费用主要为尿素费用，尿素使用量为油耗的 3%～5%，单位 NO_x 减排成本为 15～26 元 /kg。

当前政策情景下我国的老旧车主要通过淘汰来进行控制，不鼓励老旧车改造，因此针对老旧车主要计算淘汰补贴，具体的改造成本不参与成本计算。

6.2.7.4 推广新能源汽车

对新能源车成本的研究较多，基于全生命周期的新能源车成本可以全面地描述以电动车为主的新能源车成本，从生产、使用、配套设施、维护、淘汰等环节全面统计了成本投入、相较于汽油车增加成本 ，因此新能源车成本主要通过总结文献进行梳理，结合实地调研和专家咨询补充数据。

根据清华大学周博雅、何晓旖等的研究，电动汽车的成本主要包含车辆采购、日常开销、税收费用、充电费用及政府补贴，由于车辆的购置、维护等主要属于用户自发行为，本研究认为其不属于推广电动车带来的额外成本，因此在本研究中电动车成本主要包括三部分：政府补贴、用户端额外费用以及充换电站建设费用（表 6-25）。根据调研结果，在 2017 年深圳市轻型电动车成本的构成如图 6-6 所示。

表 6-25　社会系统外部成本清单

社会主体	外部成本	
	纯电动车	常规动力车
用户	正常维护	正常维护
	车辆购置	车辆购置
	电池购置	—
	税收	税收
政府补贴	购置补贴	—
	减排补贴	—
燃料提供方	充电站基建投资	—
	运维投入	—
	能源购买	能源购买

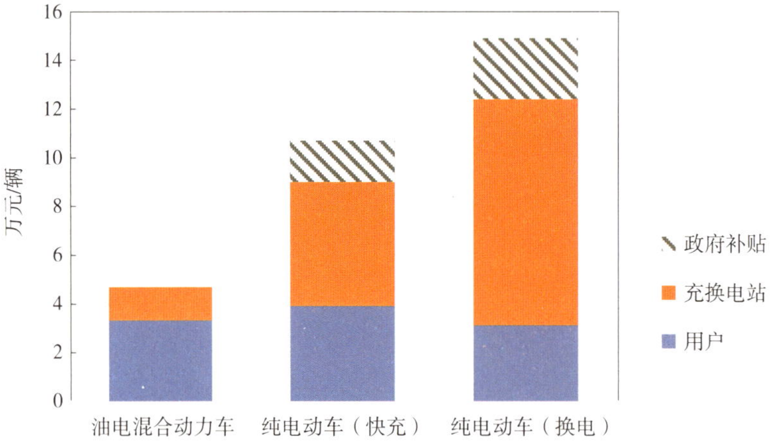

图 6-6　深圳市电动车成本构成调研结果

表 6-26　电动车成本构成情况　　单位：万元 / 辆

	2017—2020 年	2025 年	2030 年	2035 年
充换电站	7	5.6	4.5	3.6
用户端	11～20	8～15	5～10	2～4
政府补贴	5～11	2.5～7.5	1.5～4	1～3

根据上述成本估算，取均值，2017—2020 年新增一辆电动车的总社会成本约为 30 万元，2025 年约为 21 万元，2030 年为 15 万元，2035 年为 6 万～8 万元。根据实际调研结果，重型车的实际购置和电池更换成本参差不齐，例如深圳市针对重型电动渣土车购置补贴高达 80 万元，个别重型电动车在更换电池时的费用高达 30 万元以上，鉴于不同车型的成本和补贴差距太大，本研究中对重型车的成本估计相对目前先进地区的数据较低，预期未来电动车相关技术会取得重大突破，从而降低相关成本。

电动车在运行阶段零排放，其全生命周期内容主要包括燃料生命周期和材料生命周期。其燃料生命周期主要为电力，但电力生产过程中的排放计入工业部门排放，在此不做讨论，材料生产过程也属于固定源排放。根据研究，纯电电动车 BEV 的全生命周期大气污染物排放主要为 VOCs、$PM_{2.5}$ 和 NO_x，根据全生命周期评价会略微增加一次 $PM_{2.5}$ 的排放，其余污染物减排明显，尤其电动公交车相较于柴油车的 NO_x 削减比例可达到 80%～90%，从空气质量模拟的角度来看，两个 $PM_{2.5}$ 重要前体物的减排对 $PM_{2.5}$ 浓度削减贡献更高。本研究认为纯电动车在移动源的各项大气污染物排放量为 0。

6.2.7.5 标准提升

机动车油品与排放标准提升是降低机动车污染的重要手段，油品质量提升涉及工艺较多且数据难以获取，本研究不做考虑，重点针对新车标准提升成本进行研究，通过整理以往研究数据，对比分析国内外成本数据，专家咨询和实地调研得出本地化的机动车标准提升成本。

通过对上述技术的文献调研、政府发布的政策文件、GAINS 模型数据库，整理了各类车型不同排放标准的单车 NO_x 和 VOCs 减排成本，鉴于 $PM_{2.5}$ 和 SO_2 更多属于协同控制，成本不便于单独计算，因此主要计算 NO_x 和 VOCs 的减排成本，见表 6-27，其中成本为该车型整个寿命中的总成本。

表 6-27 调研及 GAINS 模型成本数据

车型	排放标准	车辆寿命	NO_x/ 元	VOCs/ 元
重型柴油车	国一	10	2 000	4 274
	国二	10	4 000	12 823
	国三	10	10 909	28 830
	国四	10	13 188	106 856
	国五	10	20 254	160 283
	国六	10	21 557	170 969
轻型柴油车	国一	10	1 000	1 069
	国二	10	2 000	1 959
	国三	10	5 000	5 556
	国四	10	7 075	9 154
	国五	10	9 608	13 731
	国六	10	12 899	18 308
轻型汽油车	国一	10	1 000	1 781
	国二	10	2 000	2 137
	国三	10	2 500	5 093
	国四	10	3 103	8 050
	国五	10	5 823	12 075
	国六	10	6 036	16 100

其中 NO_x 的成本数据参考自汪俊，VOCs 减排成本参考自 GAINS 数据库（采用本年度欧元对人民币汇率折算），其中 VOCs 控制成本是 NO_x 的数倍，与我国实际情况存在较大差异。GAINS 的成本数据包含了维修费用、人工费用等内容，欧洲人工费用远高于国内，同时考虑汇率折算等导致成本过高，不适合用于国内机动车污染控制成本计算。

根据我国保有量构成和排放构成情况，污染控制的重点是轻型汽油车和重型柴油车，通过文献调研、专家咨询针对以上两种车型分别进行了技术梳理和成本分析，此外也收集了轻型柴油车的成本数据供参考。根据 EPA 总结的机动车技术发展的规律，机动车污染控制技术成本将逐渐降低。

（1）轻型车

对于轻型车，从国一升级到国六主要由发动机原排控制和后处理系统两部分组成，轻型汽油车减排主要针对 NO_x、CO、PM 和 HC，此处将成本划分至 NO_x 和 HC 两部分，颗粒物排放量和减排量相对较小，不做单独考虑，部分技术随着技术发展和销量增加成本逐步下降，以调研时成本为准，不进行追溯。其中轻型汽油车主要经过了多点电喷、三元催化器、GDI 等技术的进步，轻型柴油车通过电控直列泵、高压共轨、低温燃烧以及 DOC、SCR 和 DPF 等技术的进步对污染物排放进行控制，轻型汽油车从国一升级到国六的成本约为 4 000 元，轻型柴油车从国一升级到国六的成本约为 12 600 元，具体成本构成见表 6-28 和表 6-29。

（2）重型柴油车

重型柴油车从国一升级到国六的成本升高主要发生在国三阶段、国四阶段和国六阶段，其中国六标准相较于之前排放标准有较大幅度的提升，主要体现在末端控制技术的严格要求，此时的技术路线包括纯 SCR 路线和 EGR 路线，两者对成本的增加都很大。重型柴油车从国一升级到国六的成本约为 5 万元。其中 SCR 主要针对 NO_x 排放进行控制，DPF 针对颗粒物，DOC 针对 CO 和 HC，因为一次颗粒物的排放量相对较小，因此把 DPF 成本加入 HC 控制成本；发动机原排控制主要为降低 NO_x 排放，计入 NO_x 控制成本。具体见表 6-30。

表 6-28 国一到国六轻型汽油车排放技术的升级及增量的减排成本（2.0 L）

	国一	国一到国二	国二到国三	国三到国四	国四到国五	国五到国六
发动机原排控制	多点电喷	多点电喷	多点电喷	多点电喷； 电控 EGR； GDI 技术应用	PFI 和 GDI 可变气门正时 燃烧系统改进	涡轮增压和小型化技术 燃烧系统改进
后处理系统	无	三元催化器与氧传感器	更高贵金属含量的三元催化器和加热型氧传感器	更高的贵金属含量； CC+UF 两段式三元催化器； 改进涂覆技术	增加催化器的储氧量 改进催化剂的涂覆技术 宽域氧传感器的使用（UEGO）	GDI 发动机和部分 PFI 发动机需要加装颗粒捕集器（GPF）
减排成本（与上一阶段相比）/ 元	700	600	280	900	280	1 300

数据来源：国家重点研发计划——移动源排放标准评估及制修订方法体系研究。

表 6-29 国一到国六轻型柴油车排放技术的升级及增量的减排成本（2.0 L）

	国一	国一到国二	国二到国三	国三到国四	国四到国五	国五到国六
发动机原排控制	高压直列泵（80MPa），优化喷油正时	电控直列泵（100 MPa），有些使用 EGR，增压	电控直列泵（130 MPa），高压共轨，EGR 中冷，增压中冷	高压共轨（160 MPa），空气管理系统、燃烧系统改进，四气门，增压中冷，EGR 中冷	高压共轨（190 MPa），VGT； 可变喷射正时； 可变气门正时	高压共轨（210 MPa），VGT； 双路冷却 EGR 系统， 低温燃烧 / 均质燃烧
后处理系统	无	无	DOC	DOC	DOC+DPF	DOC+DPF+LNT； DOC+DPF+SCR
减排成本（与上一阶段相比）/ 元	100	1 000	2 700	1 000	2 800	5 000

数据来源：国家重点研发计划——移动源排放标准评估及制修订方法体系研究。

表 6-30　国一到国六重型柴油车排放技术的升级及增量的减排成本（12 L）

	国一	国一到国二	国二到国三	国三到国四	国四到国五	国五到国六
发动机原排控制	直列泵	直列泵； 内部燃烧优化 增压中冷	电控高压共轨； 电控单体泵； 电控泵喷嘴 电控泵 +EGR	高压共轨（170～190MPa），增压中冷，EGR 中冷	高压共轨，燃烧优化	高压共轨； VGT； EGR 中冷； OBD； 热管理（进气节流）
后处理系统	无	无	无	DOC+POC； DPF； SCR	DOC+SCR DOC+DPF+SCR	DOC+DPF+SCR+ASC DOC+SCR+ASC
减排成本（与上一阶段相比）/ 元	500	2 000	15 000	10 000	5 000	18 000

数据来源：国家重点研发计划——移动源排放标准评估及制修订方法体系研究。

燃油喷射系统的成本主要体现在共轨系统（包括喷油器）上。在国三实施时共轨系统就已经作为主流技术应用在柴油机上，后续不断改进的是共轨的压力，共轨系统目前的成本约为 8 000 元。由于国五的柴油机已经普遍装有共轨系统，因此国五升级到国六共轨系统的成本预估为总价的 10%，即 800 元。对于空气管理的改进主要体现在 VGT 的使用上。如前所述，可变涡轮增压器由于可以在全工况范围内实现与柴油机的良好匹配，且在涡轮流速比、增压器工作效率等方面明显优于其他型式的涡轮增压器，VGT 的成本约为 3 000 元。EGR 冷却器和 EGR 控制阀主要用来降低 NO_x 的排放，EGR 系统的成本约为 3 600 元。

无论是对于 DOC、DPF 还是 SCR，其成本与催化器的体积直接相关。而催化器的体积是由发动机排量决定的，因此，一般以催化器体积和发动机排量的比值（SVR）作为催化器体积的选择依据。这个比值，根据文献调研，DOC 在 0.5～0.75，DPF 在 1.5～2，SCR 在 1.8～2.8。经过调研，DOC、DPF 和 SCR 的成本构成见表 6-31。

表 6-31　国六车 DOC、DPF 和 SCR 的成本

发动机排量		6 L	9 L	12 L
DOC	催化器体积（SVR=0.75）/L	4.5	6.8	9
	贵金属成本 / 元	450	680	900
	载体成本 / 元	315	476	630
	封装成本 / 元	158	238	315
	合计 / 元	923	1 394	1 845
DPF	催化器体积（SVR=2）/L	12	18	24
	贵金属成本 / 元	360	540	720
	载体成本 / 元	2 400	3 600	4 800
	封装成本 / 元	420	630	840
	再生系统 / 元	560	560	560
	合计 / 元	3 740	5 330	6 920
SCR	催化器体积（SVR=2.5）/L	15	22.5	30
	载体和涂层成本（铜基 / 铁基）/ 元	1 890	2 835	3 780
	封装成本 / 元	3 000	4 500	6 000
	ASC/ 元	50	80	100
	尿素喷射装置 / 元	6 380	6 880	7 380
	合计 / 元	11 320	14 295	17 260

由于技术成本会随着时间逐渐降低，考虑根据 EPA 研究，使用学习曲线算法，应用学习因子 20%，假定生产两年后产量翻倍，相应成本降低 20%，2 年后平坦部分 3% 每年，有效 5 年，此后为 2% 每年。此种方法的不确定性较高，综合考虑成本因素的不确定性，以上比例可供参考。本研究中成本计算与减排量计算的范围为轻型车和重型柴油车标准提升带来的成本和减排量，其他车型暂时不做计算。

6.2.7.6 单位减排成本计算

移动源参与优化计算的措施仅有淘汰老旧车一项，可以对当前排放量进行削减，而淘汰老旧车的实际成本及政策成本根据地区不同、车型不同实际差别较大，假设汽油小客车淘汰剩余残值为 3 万元，重型柴油车的剩余残值为 15 万元，以此推算淘汰老旧车的单位减排成本见表 6-32。

表 6-32 淘汰老旧车的污染物减排成本

VOCs 减排成本 /（万元 /t）	国零	国一	国二	国三
轻型车	5.9	19.6	35.9	79.4
柴油货车	4.6	21.0	33.9	74.4
NO_x 减排成本 /（万元 /t）	国零	国一	国二	国三
轻型车	11.5	36.4	43.6	188.2
柴油货车	7.9	14.2	15.5	15.8

淘汰老旧车为一次性投入，但考虑到大部分淘汰的老旧车仍具有剩余价值并可以使用多年，因此将其单位减排成本按照预期剩余寿命进行年化，不同标准车型淘汰时实际剩余年限很难进行统计，因此本研究中对剩余寿命进行假设。汽油小客车没有强制性淘汰规定，只要车辆情况允许可以一直使用，综合考虑后假设汽油各车型剩余使用年限为 5～10 年；在重点区域针对国三及以下柴油车有强制性淘汰措施，其他区域有望在“十四五”期间执行强制淘汰要求，因此对于国三以下柴油车的预期寿命统一假设为 3～8 年。淘汰老旧车的成本由于对 VOCs 和 NO_x 减排都有贡献，假设淘汰成本对于两种主要污染物减排的贡献分别占 50%。

政府补贴的实际金额为残值的 20%～33%，重点地区的补贴金额为非重点地区的 1.5～3 倍。本研究采用的机动车 VOCs 排放系数为道路行驶过程中的尾气排放，小客车有相当一部分排放来自于蒸发排放，因此淘汰措施的减排量会有一定比例的低估，根据计算 2017 年小客车 VOCs 总排放（159 万 t）与实际汽油客车排放量

（约为 322 万 t）的比较，低估了 50%，因此推测淘汰措施的实际 VOCs 减排量约为本计算中估算的 2 倍。

推广电动车与标准提升带来的潜在减排量与单车行驶里程、燃油车的排放因子密切相关，同时随着技术发展其成本逐步降低，2030 年前后将会推行新的排放标准，其成本会有所升高。假设新增的高标准车或电动车相当于淘汰一辆当前排放标准的老旧车，其单位减排成本范围见表 6-33。

表 6-33 标准提升与电动车推广单位减排成本 单位：万元 /t

		2025 年	2030 年	2035 年
VOCs	标准提升	19.5	21.5	33.9
	电动车推广	95.5	64.8	21.7
NO_x	标准提升	6.6	7.3	13.5
	电动车推广	83.9	50.0	24.7

6.2.8 散煤治理技术与成本

6.2.8.1 散煤治理主要技术途径

基于散煤使用点多面广、户均使用规模小的特点，决定了对其治理只能从源头着手。目前我国对散煤的清洁化治理，主要通过清洁煤替代、集中供热替代、煤改气、煤改电以及使用地热、太阳能和生物质等其他清洁能源替代散煤。

散煤治理成本调查在分析散煤治理主要途径的基础上，分析影响散煤治理成本的主要因素，遵循科学性、可操作性、全面性的原则，根据不同治理途径分别设计了散煤治理成本调查表。根据目前各地散煤治理进展来看，主流的散煤治理途径包括煤改气、煤改电和散煤改洁净型煤三种。本研究散煤治理成本调查范围为户均取暖设备成本和户均采暖季运行成本两部分。影响取暖设备成本的主要因素是取暖设备技术类型，影响户均采暖季运行成本的主要因素包括取暖设备技术类型、能源价格和能源消费量。能源价格即为各地的电价、气价和煤价，能源消费量则与室外温度、室内控制温度、取暖面积、取暖总天数和建筑保温性能等因素有关。本研究还调查了政府清洁取暖补贴情况，分析了考虑政府补贴和不考虑政府补贴两种情况下的每户采暖季运行费用。数据获取方法为实地调研、专家咨询、文献查阅等方式。具体如图 6-7 所示。

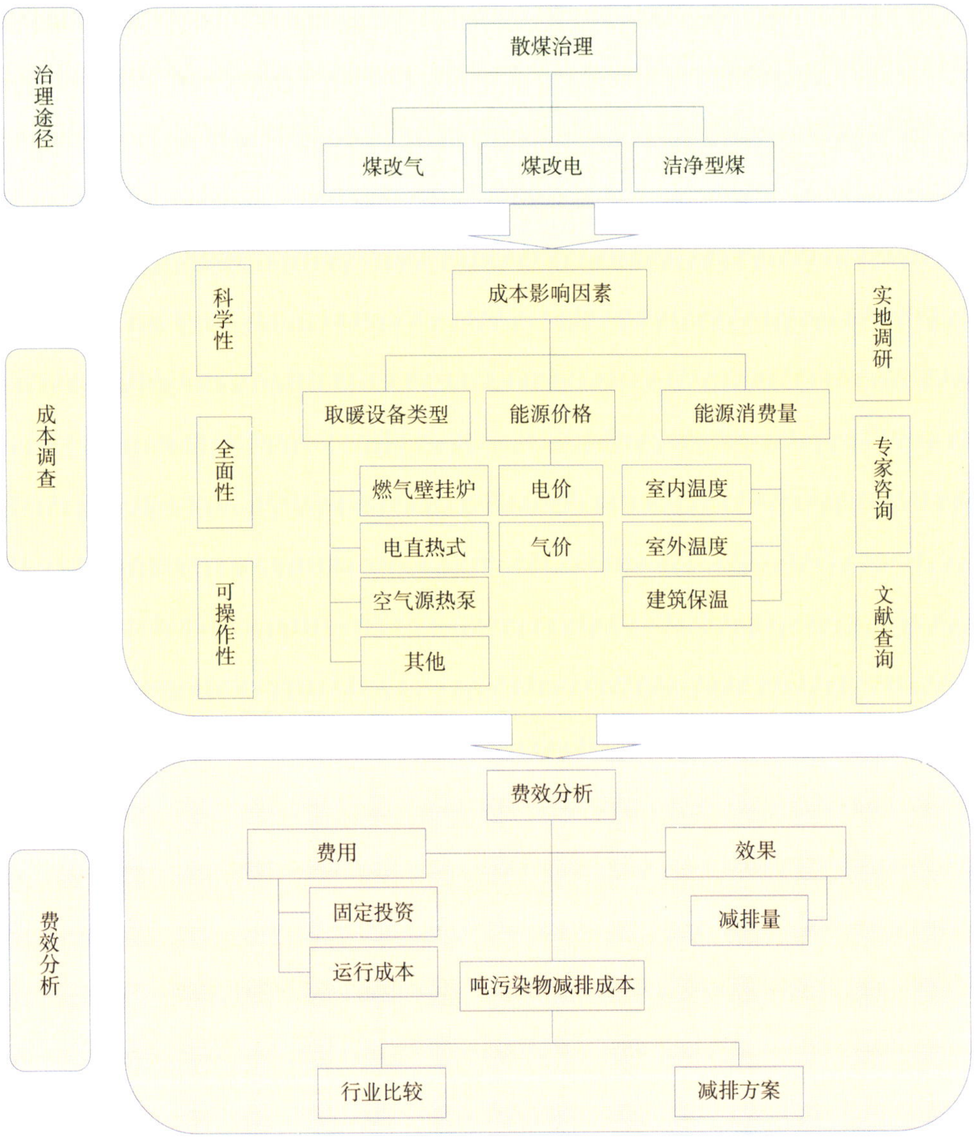

图 6-7 散煤成本调查技术方法

6.2.8.2 主流技术分析及成本比较

（1）电采暖主流技术

冬季电采暖按供热规模不同主要分为集中式电采暖和分散式电采暖。集中式电采暖主要包括集中式热泵、蓄热式电锅炉等技术。分散式电采暖包含分体式空气源热泵、蓄热式电暖器、电直热采暖技术等。本节主要参考北京地区“煤改电”经验介绍适合农宅的分散式电采暖主流技术。

1）热泵采暖技术

根据热泵所取热的来源和采暖末端的不同，主要可分为低温空气源热风热泵、低温空气源热水热泵以及地源热泵三类。

①低温空气源热风热泵

低温空气源热风热泵（以下简称热风型热泵）通过使用电能，在室外空气中吸取热量输送到室内，向建筑供暖。热风型热泵 COP 高，出热快，房间升温速度快，使用简单，控制灵活，用户可随用随开、间歇运行。由于户内多台热风型热泵均独立控制、独立运行，既有利于行为节能，同时使其成为系统可靠性最高的采暖技术，故障率极低。热风型热泵可以在室外温度 -30℃的情况下正常运行（不开电辅热），而且夏季也有制冷功能。室内机可落地安装，而且有上下两个出风口。上出风口可以灵活调整出风角度，向人体活动区域定向送暖风供热，让活动区域快速升温。下出风口送风可贴地面流动、扩散，整个房间温度均匀升高，达到地暖供热的舒适度。但是，热风型热泵也有一定局限性，由于热风型热泵需要每个采暖房间单独安装，同时受农户外电源功率等限制，该技术适合于主要采暖房间 4 间或以下或总采暖面积不超过 150 m^2 的农宅。

热风型热泵目前已在北京多地安装使用，经过三个采暖季跟踪测试，设备运行良好。作为一种能提升采暖舒适性、便利性和家居品质的采暖方式，设备初投资和运行费都较低，目前已得到众多用户的接受和认可。

②低温空气源热水热泵

和热风型热泵一样，低温空气源热水热泵（以下简称热水型热泵）通过电能驱动以热水为传热介质，通过提供 30～50℃的采暖热水向建筑供暖。热水型热泵 COP 高，能在 -20℃的室外低温环境下正常运行，营造舒适的室内温度。热水型热泵可与用户家中现有水地暖直接连接，对居民户内改造影响小，若设备与现有暖气片连接需要适当添加暖气片数量，以北京地区为例，暖气片数量增加一倍比较适宜。因其用水作为传热介质，农户行为节能的空间有限，采暖系统需要保持连续运行，运行电耗比热风型热泵要高。故此，热水型热泵适合于采暖需求高、采暖房间多或总采暖面积大的农户家庭使用。

③地源热泵

地源热泵通过电能驱动，从地下土壤中提取热能，以热水为传热介质，与暖气片或水地暖连接换热，向建筑供暖。地源热泵 COP 高、外电源需求低、热源稳定，室内舒适度较高。但是该技术需要有丰富和稳定的地热资源作为先决条件，同时还将受到项目所在地工程、水文地质、施工条件、热物性等多方面条件限制，该技术地源侧投资偏大、施工工艺复杂，隐蔽工程较多，一旦发生故障，维修难度大。

因此，地源热泵采暖技术可在有稳定地热资源的地区进行应用，应用时打井位置应控制在无地铁规划、无地下综合管廊规划且地面周边建筑密度较低、未来无开发计划的区域。使用时还应考虑土壤补热，避免由于地下热不平衡导致的系统无法取热等现象发生。

2）电直热采暖技术

电直热是指将电能直接转化为热能，电直热采暖技术的 COP 都不超过 1。同等的制热量，电直热采暖技术比热泵采暖技术多消耗 1～2 倍的电。此外，电直热采暖需要将用户配电容量进行大幅度扩容才能使用。因此，电直热采暖一般仅限于不具备热泵安装条件的用户、“城中村”用户使用。主要包括电地暖、电热膜、发热电缆和电锅炉等技术。由于电直热技术耗能大，电费高，不适合推广，2017 年北京市已全面禁止推广使用。

3）蓄热式电暖器技术

蓄热式电暖器将电能转化为热能后通过蓄热材料（如蓄热砖、相变材料等）进行蓄热，然后通过蓄热材料逐渐释放热量向房间供暖。用电设备在夜晚用谷电蓄热，在白天放热，向室内供热。COP 不超过 1。蓄能式电采暖设备运行无噪声，设备安装简单，没有户外设备，但对供电功率要求很高，蓄热材料放热特性固定且不可控。设备使用简单，调节室温的速度较慢。

（2）各种供暖方式的成本对比

农村地区经济发展水平较低，对初投资和运行费用非常敏感，因此经济性在农村清洁能源替代工作中应作为首要考虑的因素。采暖成本主要包括：①初始投资成本：采暖设备购置费及安装费，不含取暖末端设施；②年运行费用即设备运行消耗电或天然气的费用，主要影响因素包括用户生活习惯、房屋保温条件等；③维修费用。

通过调研对不同供暖方式的成本进行了比较，为便于不同清洁能源采暖技术之间科学地进行横向比较，采用统一评价尺度，按照采暖时间 120 天、室内温度达到 18℃、燃气价 2.28 元 /m^3，电价按照峰电 0.488 3 元 /（kW·h），谷电 0.1 元 /（kW·h），农宅采暖面积为 80 m^2。可以看出在有电价补贴的情况下，空气源热泵的经济性较好。具体见表 6-34。

表 6-34 各种供暖方式成本对比

能源类型	技术名称	每户初投资 / 万元	每户采暖季运行费用（不考虑补贴）/ 元	每户采暖季运行费用（考虑补贴）/ 元
电	低温空气源热风热泵	1.2～1.8	1 600～3 300	1 000～1 800
	低温空气源热水热泵	2.5～3.5	3 200～4 900	2 000～2 900
	地源热泵	4.0～5.0	1 300～1 600	800～1 000
	电地暖	1.3～1.9	6 500～9 700	4 100～5 900
	电锅炉	1.2～1.9	9 700～13 000	6 000～8 100
	蓄热式电采暖（压缩砖式）	0.7～1.0	4 900～6 500	3 200～4 200
	空气源热泵 + 太阳能	3.0～4.0	1 300～2 400	800～1 600
气	燃气壁挂炉	0.6～0.8	4 000～5 600	2 600～3 500
煤	型煤	0.05～0.09	1 200～2 800	600～1 200
	散煤	0.01～0.05	550～950	—

6.2.9 扬尘源大气污染控制措施与成本

6.2.9.1 扬尘源污染控制措施

（1）道路扬尘

道路扬尘是扬尘源的重要组成之一，控制道路扬尘主要包括源头控制和过程管理两部分。

源头控制。道路扬尘治理首先要强化源头控制，切断道路扬尘来源。对于农村或非硬化道路首先应对道路进行硬化，本措施可有效减少道路扬尘。对于城市道路，通过绿化工作，对道路周边进行立体式绿化设计，逐步消除裸露土地；施工工地出口附近道路尘负荷是正道道路的 2～10 倍，针对城市中的工程车辆等，做到渣土密闭运输、车轮车身清洗和“门前三包”，减少道路的颗粒物汇集。

过程管理。为了提升道路扬尘治理的时间效应，需要日常对道路进行清扫保养，主要包括道路清扫、洒水冲刷等。目前道路清扫工作主要包括人工和机械清扫，随着城市化的逐步推进和科技的进步，机械清扫将更多的取代人工清扫，目前大城市的路面清扫主要有清扫车完成，目前城市配备的清扫车大多在清扫道路的同时包含了洒水功能，能够同时满足扫洗的需求。在部分绿化程度低、扬尘污染较为严重的北方和西北地区城市，还采用雾炮车进行降尘清洁。

（2）工地扬尘

工地施工扬尘是城市扬尘源的重要来源，目前针对施工扬尘通过对施工方进行管理要求进行管控，城市建筑工地须执行“六个百分百”：工地周边100%围挡，物料堆放100%覆盖，出入车辆100%冲洗，施工现场地面100%硬化，拆迁工地100%湿法作业，渣土车辆100%密闭运输。工地现场还可以设置洗车台、沉淀池及高压冲洗设施，对驶出施工现场和渣土消纳场的渣土车实施车轮、底盘和车身高效冲洗，对冲洗过程进行视频监控；对渣土装载、卸载和场区道路运输扬尘实施定向节水喷雾；渣土装载不得超过车箱栏板高度，渣土车行驶途中保持全密闭。车辆冲洗和湿法作业2017年起要求城市工地项目必须配套相关设备。针对重点区域的工地还要求配备雾炮机和洒水车，部分重点管控单位需要颗粒物在线监测。

（3）堆场扬尘

堆场包括各种物料的堆放，如不进行苫盖、封闭，将会造成大量的颗粒物排放。针对堆场扬尘的治理主要通过防风抑尘网、洒水、覆盖、封闭等方法进行，随着要求的不断提高，现在针对煤场、原料堆场等鼓励全封闭结构进行扬尘治理。无法完成全封闭改造的，可建设防风抑尘网，抑尘网的高度应超过料堆3 m以上，并设置覆盖料堆的自动喷头，采取喷洒水、喷洒抑尘剂等防尘措施，或采取覆盖、铺装等抑尘设施。堆场场坪、路面实施硬化处理，并定期进行机械化保洁清扫。物料实现密闭输送；装料、卸料处配备吸尘、喷淋等防尘设施。堆场内进行搅拌、粉碎、筛分等作业时应喷水抑尘，在重污染天气时禁止进行产生扬尘的作业。堆场进出口设置车辆冲洗设施，运输车辆实施密闭或全覆盖，及时收集清理堆场外道路上撒落的物料。同时在监管管控方面，通过建设城市工业企业堆场数据库，工业堆场全部安装视频监控设施，并与城市扬尘视频监控平台联网，实现工业企业堆场扬尘动态管理，提高扬尘治理效果。

6.2.9.2 扬尘控制措施成本

根据实际调研结果，各类扬尘治理的市场价格和成本整理如下。

（1）雾炮机（车）、抑尘车

工地与堆场扬尘治理都需要雾炮机进行降尘，雾炮机价格受射程影响，目前，15～60 m射程的雾炮机价格范围为0.5万～1.5万元。对于移动式的小型洒水车和小型雾炮车，价格范围为1.6万～3万元。市政雾炮车或抑尘车等相对较为昂贵，市场报价为50万～80万元，其功能更为完备，目前在售的雾炮车基本为国六柴油车，同时部分配备了绿化灌溉等功能，市场价格根据车辆大小和功能配备差异较大。单个工地的固定投资大约为 5 万元，年用水量约 1 200 m^3，按照 3 元 /m^3 计算大约年运行投入需要 3 600 元。

（2）洗车台

根据部分重点地区针对重点管控企业的要求，施工工地或其他工厂内要安装配套洗车台等设施，冲洗车辆上的泥土等，避免将尘土转移至道路，造成道路扬尘污染。目前一般针对工程车辆的洗车台单个为 5 万～10 万元，一般重点企业配备 1～2 个即可，保证进出车辆使用。

（3）工地监测装置

重点区域城市工地以及重点扬尘管控企业需要安装颗粒物监控装置，以便及时提醒污染情况，根据市场调研，单套颗粒物监测装置需要 0.8 万～2.5 万元，较大的施工工地监测设备数量也会增加。同时，部分工地或厂区还要求配备视频监控系统，整套的价格在 10 万元左右。

（4）物料封闭

由于防风抑尘网等传统抑尘方法效果差、投资高，目前针对堆场料场的扬尘治理主要采用全封闭结构建设，建设钢结构大棚并配套喷淋系统等，使原料全面封闭，极大地降低了堆场扬尘。根据对多个工程调研的结果，5 000 m^2 以下的封闭结构投资为 3 000～5 000 元 /m^2，规模较大的 5 000 m^2 以上的全封闭储煤棚、储料仓投资为 1 000～2 000 元 /m^2。实际工程随着结构的属性要求、喷淋设施、煤棚高度等差距较大，总体上来说结构封闭的投资较高，越大的封闭结构单位面积投资越小。

（5）道路扬尘措施成本

道路扬尘治理主要通过机械化的清扫车、洗扫车、雾炮车等进行。根据市场调研结果，高压清洗车、多功能洗扫车等道路清扫保洁车辆报价为 20 万元左右，如果采用纯电车辆则相应价格可能会翻倍，一辆洗扫车的作业直径约为 5 km。小型的电动清扫车、快速保洁车等每辆约 5 万元，其作业范围较小，一般仅可覆盖几个街区，多用于小区或内部道路的保洁清扫工作。

路面厂区硬化普遍采用简单的抗冻商用混凝土硬化，按照市场价格 330 元 /m^2、路面厚度 20 cm 计算，硬化材料成本大约为 66 元 /m^2，考虑人工费等其他必要费用，平均约 180 元 /m^2。

扬尘污染来源广泛，排放基数和各项措施的减排效果难以统计，单位污染物的减排成本与地区存在密切关联，各地区之间差异较大，无法统一计算。自“大气十条”颁布以来，扬尘污染治理已取得了显著进展，为了成本排放计算的科学性，本研究中扬尘管控的措施与成本不计入计算过程，不参与方案优化内容。

6.3 不同减排目标下技术和经济可行的减排措施路径研究

基于重点行业大气污染治理技术与成本调查数据，整理了200余条典型减排措施的成本效益数据，建立了我国典型大气污染防治措施成本数据库，在此基础上开发了基于本地化参数的多尺度优化分析系统，实现了设定全国、分省、分行业任意减排目标，进行减排措施排序与优选、减排潜力评估、减排成本核算，得到满足减排目标的技术可行、成本最优的减排情景方案。结合我国未来大气污染防治政策发展趋势，形成分污染物、分省的减排技术情景，为提出我国分区域、分阶段空气质量达标路线图提供技术支撑。

6.3.1 减排技术成本数据库

根据2017年以来大气污染防治政策和最新技术发展趋势，经筛选梳理建立了重点行业减排技术与减排成本数据库，纳入了先进治理技术和主流减排措施成本，共包含209条典型治理措施及成本数据，涵盖行业类型、污染物、区域、产污环节、设备规模、排放水平、治理措施、固定投资、运行费用等主要信息。

6.3.1.1 减排成本数据筛选

典型减排措施成本数据筛选原则主要包括：

完整性。所收集的企业数据应完整，能够综合全面地反映企业各生产环节的减排费用，包括基本生产信息、污染物减排信息及污控设施的固定成本、运维成本信息等。

代表性。所选取的污染治理技术为该行业主流减排技术或未来有应用前景的先进技术。

科学性。调查的指标应能反映企业环保投入的真实情况，具有客观性，调查的指标之间不重复，获取的数据在行业间具有可比性。

6.3.1.2 成本数据的分类处理

基于大尺度的减排—效益分析很难精确到点源，因此需要基于影响成本的主要因素，进行减排措施类型的聚类分析。具体见表6-35。

表 6-35 数据库减排技术与成本指标分类

行业或领域	污染物	产污环节	产污设备规模	治理水平现状	污染治理措施	燃料替代措施	建设类别
电力	SO_2	燃煤锅炉	不同规模机组（30 万 kW 及以下/30 万～60 万 kW/60 万 kW 以上）	不同地区污染治理技术应用情况、污染物排放浓度水平等	1. 达标或特排（石灰石－石膏湿法脱硫技术、氨法脱硫技术、资源化脱硫技术、其他脱硫技术） 2. 超低（石灰石－石膏湿法脱硫技术、海水脱硫、氨法脱硫技术、烟气循环流化床）	无	新建 / 改造
	NO_x				1. 达标或特排（低氮燃烧、SCR、SNCR、SCR/SNCR 联合脱硝技术） 2. 超低（低氮燃烧+SCR、低氮燃烧+SNCR、SCR/SNCR 联合脱硝技术）	无	新建 / 改造
	$PM_{2.5}$				达标、特排、超低排放均采用电除尘、电袋复合除尘、袋式除尘技术	无	新建 / 改造
钢铁	SO_2	烧结、球团、焦化		尚未实施超低排放改造	湿法脱硫、半干法脱硫、干法脱硫、活性炭 / 焦法整体脱硫脱硝除尘	无	改造
	NO_x	烧结、球团、焦化		尚未实施超低排放改造	SCR 脱硝、氧化法脱硝、活性炭 / 焦法整体脱硫脱硝除尘	无	改造
	$PM_{2.5}$	烧结、球团、焦化		尚未实施超低排放改造	湿电除尘、活性炭 / 焦法整体脱硫脱硝除尘	无	改造

续表

行业或领域	污染物	产污环节	产污设备规模	治理水平现状	污染治理措施	燃料替代措施	建设类别
水泥	SO_2	水泥窑		不同地区污染治理技术应用情况、污染物排放浓度水平等	干法脱硫、简易氨法、湿法	无	新建 / 改造
	NO_x	水泥窑			低氮燃烧、SNCR、SCR、热碳还原	无	新建 / 改造
	$PM_{2.5}$	水泥窑			电除尘、电袋复合除尘、袋式除尘技术	无	新建 / 改造
平板玻璃	SO_2	玻璃窑炉		不同地区污染治理技术应用情况、污染物排放浓度水平等	湿法脱硫、半干法脱硫	改天然气	新建 / 改造
	NO_x	玻璃窑炉			SCR	无	新建 / 改造
	$PM_{2.5}$	玻璃窑炉			高温电除尘＋湿电 / 布袋	无	新建 / 改造
石化	SO_2	催化裂化再生烟气、硫磺回收尾气、加热炉、锅炉等	锅炉容量等	不同地区污染治理技术应用情况	两级、三级转化、尾气加氢回收、尾气焚烧处理、干法、半干法、湿法脱硫等	无	—
	NO_x	催化裂化再生烟气和加热炉等	锅炉容量等	不同地区污染治理技术应用情况	低氮燃烧、SCR、SNCR	无	—
	$PM_{2.5}$	催化裂化再生烟气	炼油能力	不同地区污染治理技术应用情况		无	—
	VOCs	泄漏、储罐、装卸、废水、工艺尾气	炼油能力	不同地区污染治理技术应用情况	冷凝吸附、低温柴油吸收、活性炭、蓄热式热力氧化（RTO）、催化氧化（CO）、直燃式热力氧化（TO）等	无	新建

续表

行业或领域	污染物	产污环节	产污设备规模	治理水平现状	污染治理措施	燃料替代措施	建设类别
燃煤锅炉	SO_2	燃煤锅炉	10 蒸吨以及下燃煤锅炉；10～35 蒸吨燃煤锅炉；35～65 蒸吨燃煤锅炉；65 蒸吨及以上燃煤锅炉	不同容量锅炉治理措施；不同地区污染治理技术应用情况；不同地区污染物排放浓度水平等	1. 达标或特排（石灰石—石膏湿法脱硫技术、氨法脱硫技术、双碱法、镁法、钠碱法、烟气循环流化床法） 2. 超低（石灰石—石膏湿法脱硫技术、氨法脱硫技术、烟气循环流化床法） 3. 燃煤锅炉淘汰	清洁能源替代情况（电、天然气等）	新建 / 改造
	NO_x				1. 达标或特排（低氮燃烧、SCR、SNCR、SCR/SNCR 联合脱硝技术） 2. 超低（低氮燃烧 +SCR、低氮燃烧 + SNCR、SCR/SNCR 联合脱硝技术）		新建 / 改造
	$PM_{2.5}$				达标、特排、超低排放均采用电除尘、电袋复合除尘、袋式除尘技术 3. 燃煤锅炉淘汰		新建 / 改造
机动车	SO_2	车辆行驶环节	国零～国六分车型汽柴油车	分省份区分各车型分排放标准的保有量、年均行驶里程	1. 提升机动车排放标准（包括发动机技术及末端治理技术的组合，各排放标准阶段的新增内容） 2. 淘汰各阶段老旧车，收集各地补贴政策，估算残值	推广新能源车，包括用户端、政府端与燃料提供方	
	NO_x						
	$PM_{2.5}$						
	VOCs						
民用散煤	SO_2	民用燃煤炉具		6.8 kg/t 煤		煤改气、煤改电	新建
	NO_x			1.8 kg/t 煤			
	$PM_{2.5}$			10 kg/t 煤			
扬尘	$PM_{2.5}$	道路扬尘、工地扬尘、堆场扬尘			雾炮机（车）、抑尘车、洗车台、工地监测装置、物料封闭、厂区及路面硬化、清扫车		

6.3.2 基于成本效益优化的全国和分区域污染物减排情景分析

以 2017 年为基准年，设定了分行业、分区域、分污染物的多个减排情景，并与政策情景进行对比分析，提出我国大气污染治理成本效益较优的减排路径，情景设定参数见表 6-36。

表 6-36 情景设定参数

情景名称	污染物类别	减排目标
全国优化情景	SO_2、NO_x、$PM_{2.5}$、VOCs	全国 20%、30%、40%、60%
分省优化情景		各省 20%、30%
政策情景		2025 年、2030 年和 2035 年不同阶段要求

6.3.2.1 全国优化情景

根据我国不同阶段空气质量改善和大气污染物减排需求，设定 4 个减排情景，分别为全国各项污染物均减排 20%、30%、40%、60%，各项污染物减排设置相同比例，比较不同情景下的减排路径、总减排成本与效益。根据数据库减排潜力分析结果，可选措施的 SO_2 减排上限为 82%，NO_x 减排上限为 51%，$PM_{2.5}$ 的减排上限为 34%，VOCs 由于涵盖行业较少，减排上限为 8%。

全国各项大气污染物减排 20% 的目标下，根据减排技术适用性评估模型和减排路径优化模型计算结果，需要进行减排的行业或部门包括散煤、水泥、锅炉、平板玻璃、机动车，具体减排措施与减排量见表 6-37。其中 SO_2 总计减排 210 万 t，固定投资 250 亿元，运行成本 13 亿元 /a；NO_x 总计减排 440 万 t，固定投资 879 亿元，运行成本 68 亿元 /a；$PM_{2.5}$ 总计减排 167 万 t，固定投资 816 亿元，运行成本 77 亿元。

表 6-37 大气污染物减排 20% 目标路径 单位：万 t

NO_x	减排量	SO_2	减排量	$PM_{2.5}$	减排量
锅炉合计	264.8	锅炉合计	173.7	电力合计	18.0
≤10 蒸吨 / 小时淘汰	41.3	≤10 蒸吨 / 小时淘汰	110.0	超低排放改造	18.0
10 蒸吨 / 小时＜*a*＜35 蒸吨 / 小时淘汰	102.8	10 蒸吨 / 小时＜*a*＜35 蒸吨 / 小时淘汰	63.6	锅炉合计	55.3
超低排放改造	120.8	平板玻璃合计	7.9	≤10 蒸吨 / 小时淘汰	34.8
机动车合计	36.8	新标准特排改造	7.9	超低排放改造	14.8

续表

NO_x	减排量	SO_2	减排量	$PM_{2.5}$	减排量
货车国零淘汰	36.8	水泥合计	28.5	特别排放限值改造	5.8
平板玻璃合计	17.2	SO_2 特排到超低改造	20.1	平板玻璃合计	1.4
500 到新标准达标改造	3.7	SO_2 特排改造	8.4	新标准达标到特排改造	0.3
深度改造	3.2	—	—	新标准特排到超低改造	0.5
新标准达标到特排改造	4.5	—	—	新标准特排改造	0.6
新标准特排到超低改造	5.8	—	—	散煤合计	74.0
散煤合计	12.4	—	—	散煤替代	74.0
散煤替代	12.4	—	—	水泥合计	17.9
水泥合计	108.4	—	—	特排改造	17.9
200 到超低改造	60.2	—	—	—	—
深度改造	48.2	—	—	—	—

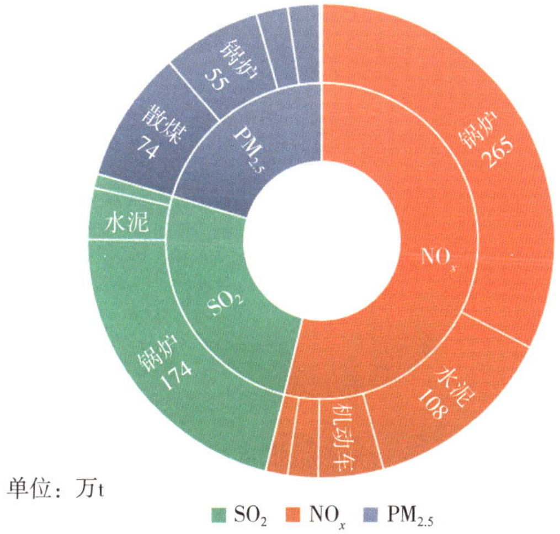

图 6-8 全国各污染物 20% 减排构成

全国各项大气污染物减排 30% 的目标下，根据模型计算结果，需要进行减排的行业或部门为电力、散煤、水泥、锅炉、平板玻璃、机动车，具体减排路径如图 6-9 所示。SO_2 总计减排 315 万 t，固定投资 375 亿元，运行成本 33 亿元 /a；NO_x 总计减排 758 万 t，固定投资 1 244 亿元，运行成本 107 亿元 /a；$PM_{2.5}$ 总计减排 229 万 t，固定投资 1 292 亿元，运行成本 170 亿元。

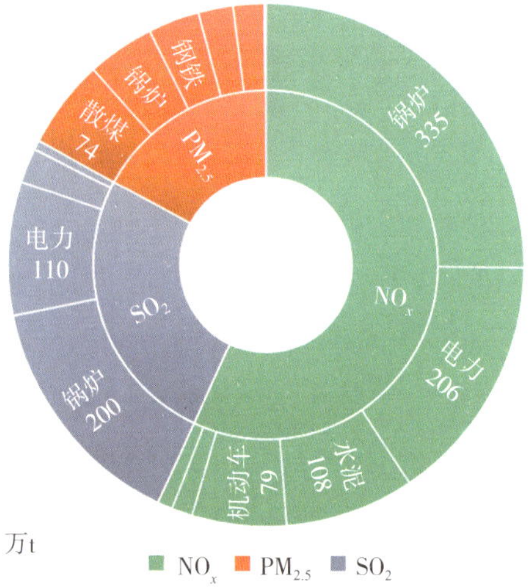

图 6-9　全国各污染物 30% 减排构成

全国各项大气污染物减排 40% 的目标下，根据模型计算结果，需要进行减排的行业或部门为电力、散煤、水泥、锅炉、平板玻璃、机动车，具体减排路径如图 6-10 所示。SO_2 总计减排 420 万 t，固定投资 475 亿元，运行成本 57 亿元 /a；NO_x 总计减排 879 万 t，固定投资 1 411 亿元，运行成本 144 亿元 /a；$PM_{2.5}$ 总计减排 258 万 t，固定投资 357 亿元，运行成本 170 亿元，$PM_{2.5}$ 已达上限。

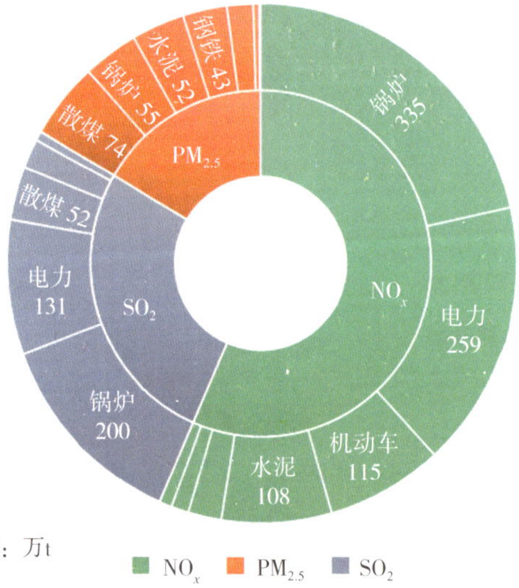

图 6-10　全国各污染物 40% 减排构成

全国 SO_2 和 NO_x 减排 60% 的目标下，需要进行减排的行业或部门为电力、散煤、水泥、锅炉、平板玻璃、机动车。SO_2 总计减排 630 万 t，固定投资 905 亿元，运行成本 228 亿元 /a；NO_x 总计减排 1 126 万 t，此时已达到上限，固定投资 17 762 亿元，运行成本 144 亿元 /a，固定投资过高主要由于淘汰了所有轻型汽油客车、重型柴油货车，实际并不可行。

本研究涉及的 VOCs 减排量主要来源于锅炉、机动车和石化部门：其中淘汰燃煤锅炉可减排 44 万 t VOCs，约占 19%，固定投资 243 亿元；淘汰机动车最多可减排 74 万 t VOCs，约占 32%，但考虑最大减排情景下需将所有汽油、柴油车都淘汰，因此成本过高，超过 1.5 万亿元；石化可减排 116 万 t，约占 49%。根据我国实际情况，近期内无法完全淘汰燃油车，因此在只淘汰国三以下货车和国二以下小客车的情况下，机动车预计可减排 VOCs 41.9 万 t。具体见表 6-38 和图 6-11。

表 6-38　VOCs 减排路径与成本

污染物	行业	减排措施	改造量	改造量单位	减排量 /t	固定投资 / 万元	运行成本 /（万元 /a）
VOCs	石化	设备动静密封点泄漏	260 711.2	万 t	216 453.5	0.0	11 904.2
VOCs	石化	废水收集及处理	308 327.8	万 t	306 642.4	476 166.0	17 142.0
VOCs	锅炉	10 蒸吨 / 小时<a<35 蒸吨小时淘汰	165 703.4	蒸吨 / 小时	237 211.4	1 325 627.0	0.0
VOCs	石化	工艺有组织排放	355 925.5	万 t	171 285.5	390 300.9	28 558.6
VOCs	石化	有机液体装卸挥发	391 270.1	万 t	164 539.1	581 772.0	6 715.5
VOCs	石化	有机液体存储与调和挥发	426 189.3	万 t	325 471.9	1 159 316.1	13 269.3
VOCs	机动车	货车国零淘汰	100%	—	77 639.8	415 199.8	0.0
VOCs	锅炉	≤10 蒸吨 / 小时淘汰	138 648.5	蒸吨 / 小时	198 101.5	1 109 188.0	0.0
VOCs	机动车	小客车国一淘汰	100%	—	141 759.1	5 541 446.6	0.0
VOCs	机动车	货车国一淘汰	100%	—	15 966.6	388 839.7	0.0
VOCs	机动车	小客车国二淘汰	100%	—	132 219.7	9 492 331.4	0.0
VOCs	机动车	货车国二淘汰	100%	—	12 864.2	507 159.7	0.0
VOCs	机动车	货车国三淘汰	100%	—	38 060.1	3 290 669.8	0.0

在上述结果的基础上，梳理绘制了我国不同减排比例下各类污染物的单位减排成本曲线，低减排比例阶段的各污染物单位减排成本近似于线性增加，在提高减排比例后成本显著提高。

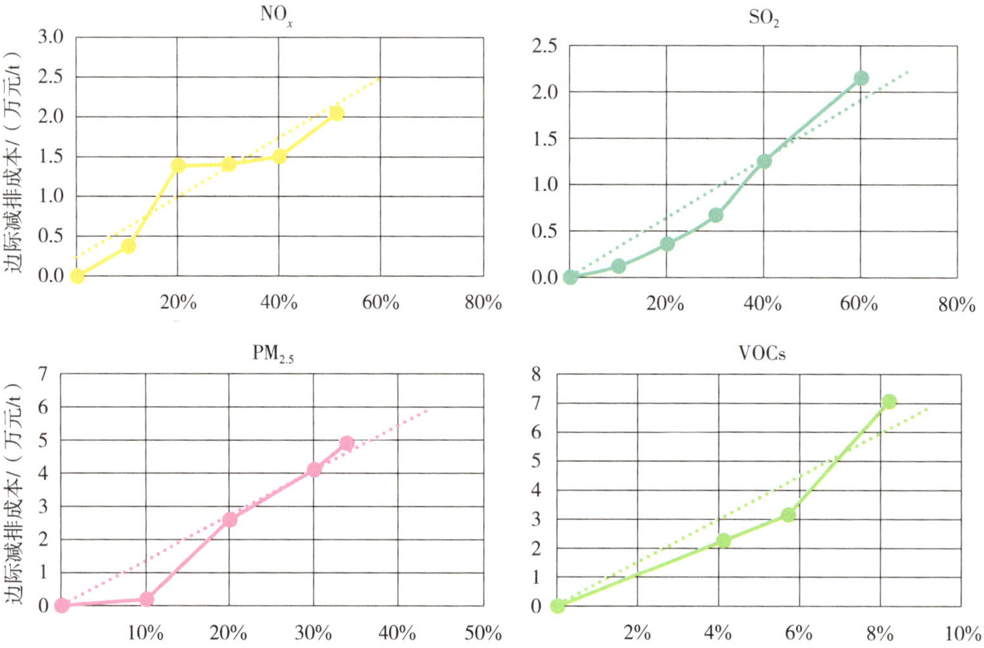

图 6-11 基于已有成本数据库的单位减排成本曲线

6.3.2.2 分省优化情景

使用系统中的分省优化功能，设定了各省、各项污染物相同减排比例的两种情景与全国情景进行对比分析：各省 20% 减排情景（情景 A）和全国 20% 减排量情景（情景 B）、各省 30% 减排情景（情景 C）和全国 30% 减排情景（情景 D）。具体见表 6-39。

表 6-39 分省 A 和 C 情景减排及成本情况

减排比例	污染物	减排量 / 万 t	固定投资 / 亿元	运行成本 / (亿元 /a)
20%	SO_2	235	305	57
	NO_x	445	932	71
	$PM_{2.5}$	152	743	91
30%	SO_2	343	522	146
	NO_x	690	1 460	99
	$PM_{2.5}$	219	2 062	218

分省情景基于当前减排政策要求，将 2020 年前各行业已实施的污染防治措施作为各省必选措施列入方案。考虑到部分省份已实施措施的减排量可能超过 20%，因此 A 情景的 NO_x 总减排量要高于 B 情景。

针对 C 情景分析可以看出，当前措施下某些省份的 NO_x 减排潜力达不到 30%，因此造成了 NO_x 的总减排比例小于 30%。以上情况的出现主要由于未考虑非道路移动源减排措施，同时证明软件的计算逻辑符合实际。

全国优化情景下重点地区（如北京、天津、河北、山东、河南、安徽、江苏、上海、浙江、山西、陕西）污染物减排量明显高于分省优化情景，表明重点地区低成本减排潜力较大，未来应继续加强重点地区大气污染物减排。总体上分省优化情景的成本都高于全国优化情景，表明全国优化情景在成本效益上优于各省同比例减排情景。

6.3.2.3 政策情景

根据我国不同阶段空气质量改善和大气污染物减排需求，研究设定了各行业在 2025 年、2030 年和 2035 年的控制政策情景，并应用成本效益数据库和减排成本效益分析系统，评估了该情景的减排成本效益，各行业控制情景设置如下。

燃煤电厂污染治理仍以超低排放为主，2020 年，全国 30 万 kW 及以上具备改造条件的燃煤电厂已全部实现超低排放，超低排放改造机组累计 9.5 亿 kW，占煤电机组的 89%。到 2025 年，现有煤电机组将全部达到超低排放改造要求，即在基准氧含量 6% 条件下，烟尘、二氧化硫、氮氧化物排放浓度分别不高于 10 mg/m^3、35 mg/m^3、50 mg/m^3，部分燃煤电厂在达到超低排放的基础上，污染物排放水平将进一步降低。具体见表 6-40。

表 6-40　火电行业污染排放控制情景

情景	2020 年	2025 年
全国	全国 30 万 kW 及以上具备改造条件的燃煤电厂实现超低排放	现有煤电机组将全部达到超低排放改造

燃煤锅炉治理水平不断提高，35 蒸吨及以上燃煤锅炉污染控制技术以超低排放为主，通过调研的数据分析来看，脱硫主要以石灰石—石膏湿法为主，脱硝同电力行业，以低氮改造加 SCR 或 SNCR 为主，除尘以电袋除尘器为主；10 蒸吨及以下燃煤锅炉主要通过天然气、电、集中供热替代等方式减少污染物排放；10～35 蒸吨锅炉污染治理主要通过清洁能源替代或提标改造方式。具体见表 6-41。

表 6-41 燃煤锅炉主要污染物排放控制情景

情景	2020 年	2025 年	2030 年	2035 年
重点地区	35 蒸吨及以下燃煤锅炉全部淘汰；京津冀 35 蒸吨及以上燃煤锅炉基本完成超低排放改造；山东、河南、山西、陕西、上海、江苏、安徽 65 蒸吨及上燃煤锅炉全部完成超低排放改造	35 蒸吨及以上燃煤锅炉全部完成超低排放改造	35 蒸吨及以上燃煤锅炉全部完成超低排放改造	35 蒸吨及以上燃煤锅炉全部完成超低排放改造
其他地区	县级及以上城市建成区每小时 10 蒸吨及以下燃煤锅炉基本淘汰	35 蒸吨及以上燃煤锅炉执行特别排放限值	35 蒸吨及以上燃煤锅炉 30% 达到超低排放要求，35 蒸吨及以下燃煤锅炉淘汰 30%，其他燃煤锅炉达到 100 mg/m^3、100 mg/m^3、10 mg/m^3	在用 35 蒸吨及以上燃煤锅炉 60% 达到超低排放要求，35 蒸吨及以下燃煤锅炉淘汰 60%

民用散煤治理情景 2025 年京津冀鲁豫晋陕平原和东北等重点地区的散煤全部清零，其他地区城市的城中区和城乡接合部散煤清零；2030 年非重点地区农村散煤 80% 清零；2035 年全国民用散煤基本清零。具体见表 6-42。

表 6-42 散煤行业减排情景与成本效益

年份	2025 年	2030 年	2035 年
散煤治理情景	京津冀鲁豫晋陕平原散煤基本清零；东北、西北地区城市的城中村、城乡接合部、县城以及常住人口 5 万以上的镇区，基本实现散煤清零	北方地区城市建成区、城乡接合部和县城散煤清零；农村平原地区散煤清零	全国民用散煤基本清零

钢铁行业情景设定结合国家对钢铁行业大气污染治理要求，综合考虑技术、经济、市场等条件，确定钢铁分区域、分阶段改造任务。钢铁行业未来的治理措施主要是实施超低排放改造，包括烧结机头烟气超低排放改造，无组织排放治理，以及其他煤气精脱硫、低氮燃烧、监测系统升级等。2025 年重点地区钢铁企业全部完成超低排放改造，非重点地区 60% 产能完成改造；2030 年重点地区通过强化管控确保长期稳定达到超低排放，非重点地区全部改造完成；2035 年非重点地区进一步加强管控，确保长期稳定达到超低排放。具体见表 6-43。

表 6-43 钢铁行业减排情景与成本效益

情景			2020 年	2025 年	2030 年	2035 年
治理减排	超低排放	重点地区	60% 产能完成超低排放改造	全部改造完成	强化管控确保长期稳定达到超低排放	强化管控确保长期稳定达到超低排放
		非重点地区	30% 产能完成超低排放改造	60% 产能完成超低排放改造	全部改造完成	强化管控确保长期稳定达到超低排放
结构减排	长流程转短流程			电炉钢比例提升至 20%	电炉钢比例提升至 25%	电炉钢比例提升至 30%

水泥行业的情景设定综合考虑了各项污染物排放控制现状和主流污染控制技术实施的可能性，考虑不同地区空气质量差异，在大气污染防治重点区域适当提高排放控制要求，分别设置 2025 年、2030 年和 2035 年三个时间节点的排放控制情景。到 2035 年，水泥行业基本全部实现超低排放。针对水泥窑产生的低硫烟气，可以采用 SNCR+ 袋式除尘 + 低温 SCR 的技术路线进行超低排放改造。经过处理后烟气中 NO_x 和颗粒物浓度可以分别控制在 50 mg/m^3 和 10 mg/m^3 以下。针对水泥窑产生的高硫烟气，考虑到低温 SCR 催化剂硫中毒的问题，可以采用 SNCR+ 中高温 SCR + 袋式除尘 + 脱硫的技术路线进行超低排放改造。经过处理后烟气中 SO_2、NO_x 和颗粒物浓度可以分别控制在 30 mg/m^3、50 mg/m^3 和 10 mg/m^3 以下。具体见表 6-44。

表 6-44 水泥行业主要污染物排放控制情景

地区	2020 年	2025 年	2030 年	2035 年
北京、上海、天津	SO_2、NO_x 和颗粒物排放浓度分别为 50 mg/m^3、200 mg/m^3 和 20 mg/m^3	全部实现超低排放	全部实现超低排放	全部实现超低排放
河北、山东、河南	SO_2、NO_x 和颗粒物平均排放浓度分别为 50 mg/m^3、200 mg/m^3 和 20 mg/m^3	80% 实现超低排放	全部实现超低排放	全部实现超低排放
江苏、浙江、安徽、广东	SO_2、NO_x 和颗粒物平均排放浓度分别为 100 mg/m^3、200 mg/m^3 和 20 mg/m^3	80% 实现超低排放	全部实现超低排放	全部实现超低排放
陕西、山西	SO_2、NO_x 和颗粒物平均排放浓度分别为 50 mg/m^3、200 mg/m^3 和 20 mg/m^3	60% 实现超低排放	全部实现超低排放	全部实现超低排放

续表

地区	2020 年	2025 年	2030 年	2035 年
四川、云南、贵州、重庆	SO_2、NO_x 和颗粒物平均排放浓度分别为 200 mg/m^3、320 mg/m^3 和 20 mg/m^3	40% 实现超低排放，60% SO_2、NO_x 和颗粒物平均排放浓度分别为 100 mg/m^3、200 mg/m^3 和 20 mg/m^3	80% 实现超低排放，其余不变	全部实现超低排放
其他地区	达到特排限值	40% 实现超低排放，60% SO_2、NO_x 和颗粒物平均排放浓度分别为 100 mg/m^3、200 mg/m^3 和 20 mg/m^3	80% 实现超低排放，其余不变	全部实现超低排放

平板玻璃行业的情景设定综合考虑了各项污染物排放控制现状和主流污染控制技术实施的可能性，考虑不同地区空气质量差异，在大气污染防治重点区域适当提高排放控制要求，分别设置 2025 年、2030 年和 2035 年 3 个时间节点的排放控制情景。到 2035 年，平板玻璃行业通过“高温电除尘 +SCR+ 湿法 / 半干法 / 干法脱硫 + 湿式电除尘 / 袋除尘”等改造技术实现超低排放。对于低硫烟气，首先经过静电除尘脱除颗粒物后，进入高温 SCR 进行脱硝，然后通过半干法脱硫，最后通过袋式除尘。对于高硫烟气，经过静电除尘和高温 SCR 后，通过湿法脱硫，最后用湿式电除尘进一步脱除颗粒物。经过处理后烟气中 SO_2、NO_x 和颗粒物浓度可以分别控制在 50 mg/m^3、200 mg/m^3 和 10 mg/m^3 以下。具体见表 6-45。

表 6-45　平板玻璃行业主要污染物排放控制情景

地区	2020 年	2025 年	2030 年	2035 年
北京、山东、天津、河北、河南	SO_2、颗粒物新标准特排，NO_x 新标准达标，高污染燃料占比从 30% 下降到 15%	新标准特排	80% 超低	超低
浙江、安徽、江苏、山西、陕西	新标准达标	新标准特排	80% 超低	超低
其他地区	SO_2、颗粒物达标；NO_x 浓度 500 mg/m^3	新标准达标	50% 超低 +50% 新标准特排	超低

石化行业情景设定根据石化企业现状及政策实施情况，将全国划分为三类地区，区域一为北京、天津、上海三地，主要炼化企业有燕山石化、天津石化、上海石化等，排放水平约为原油加工量的 0.6‰；区域二为除北京、天津、上海、山东四地外的其他地区，主要炼化企业有中石化、中石油等，排放水平约为原油加工量的 1.2‰；区域三为山东，主要炼化企业为地炼企业，排放水平约为原油加工量的 3‰。到 2035 年，全国石化行业重点排放环节均采用最高效减排措施，设备动静密

封点泄漏、有机液体装卸挥发、废水收集及处理、有机液体存储与调和挥发、工艺有组织排放治理效率分别达到60%、85%、85%、85%、95%。具体见表6-46。

表6-46 石化行业主要减排措施

区域	年份	高效“泄漏检测与修复”（LDAR）管理制度	有机液体装卸安装最高效的油气回收装置	有机液体存储与调和挥发采用高效油气回收措施	废水治理采取有效的密闭与收集措施，配备高效VOCs销毁设施	工艺有组织排放采用催化燃烧、热力焚烧等方式处理
区域一	2025	85%	100%	100%	100%	100%
	2030	95%	100%	100%	100%	100%
	2035	100%	100%	100%	100%	100%
区域二	2025	82%	80%	80%	80%	80%
	2030	85%	100%	100%	100%	100%
	2035	100%	100%	100%	100%	100%
区域三	2025	80%	60%	60%	60%	60%
	2030	82%	80%	80%	80%	80%
	2035	100%	100%	100%	100%	100%

机动车的情景设定根据当前政策实施情况以及全国各省（区、市）经济条件，将全国划分为两类地区，重点地区为当前机动车管控力度较大、率先实行限购限行等措施的地区，有北京、天津、河北、江苏、浙江、上海、广东；非重点地区为其他省（区、市）。主要考虑的措施包括淘汰老旧车、标准提升、推广新能源车以及管理管控措施。具体见表6-47。

表6-47 机动车未来控制情景

目标年	区域	淘汰老旧车	标准提升	推广新能源车	管理管控措施
2025	重点区域	基本淘汰国三及以下柴油货车和部分国二及以下轻型小客车	新车实施国六阶段排放标准	保有量占比达到6%	小客车行驶里程下降到1万公里/年
	非重点区域	淘汰80%国三及以下柴油货车和部分国二及以下轻型小客车		保有量占比达到2%	小客车行驶里程下降到1.1万公里/年
2030	重点区域	基本淘汰国四以下标准柴油货车和国三以下标准轻型小客车	新车实施新一阶段（国七）排放标准	保有量占比达到20%	—
	非重点区域	全部淘汰全国国三以下标准柴油货车和国二以下标准轻型小客车		保有量占比达到10%	—

续表

目标年	区域	淘汰老旧车	标准提升	推广新能源车	管理管控措施
2035	重点区域	全部淘汰国四以下标准柴油货车和国三以下标准轻型小客车	新车实施新一阶段（国七）排放标准	保有量占比达到 30% 以上	—
	非重点区域	基本淘汰国四以下标准柴油货车和国三以下标准轻型小客车		保有量占比达到 20%	—

基于以上 8 个行业部门的减排政策情景，测算得到 2025 年、2030 年、2035 年各项污染物减排量与减排成本（结果如图 6-12 和图 6-13 所示）。到 2025 年、2030 年、2035 年重点行业 SO_2 减排量分别为 595 万 t、79 万 t、22 万 t；NO_x 减排量分别为 823 万 t、146 万 t、67 万 t；$PM_{2.5}$ 减排量分别为 247 万 t、38 万 t、4.4 万 t；VOCs 减排量分别为 308 万 t、28 万 t、29 万 t。到 2035 年，SO_2、NO_x、$PM_{2.5}$、VOCs 与 2017 年基数相比分别减排 66.3%、47.1%、38.0% 和 12.8%。SO_2 的减排比例较高，电力、锅炉、散煤贡献了超过 80% 的减排量；NO_x 减排主要来自电力、锅炉、机动车、水泥；$PM_{2.5}$ 减排主要来自民用散煤、燃煤锅炉、钢铁、水泥、电力；VOCs 减排主要来自石化、锅炉、机动车、民用散煤。各项措施固定投资与年运行成本见表 6-48。

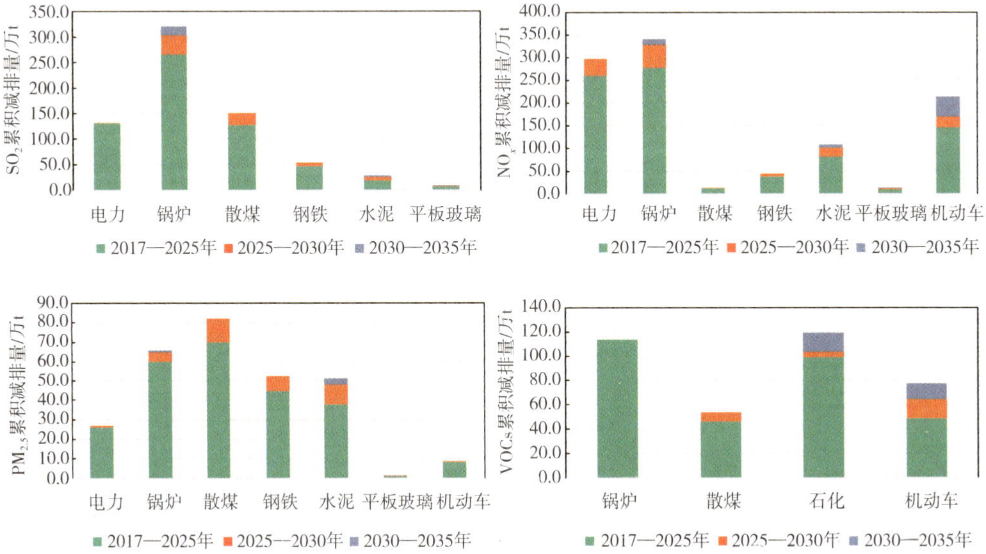

图 6-12 四项主要污染物累积减排量

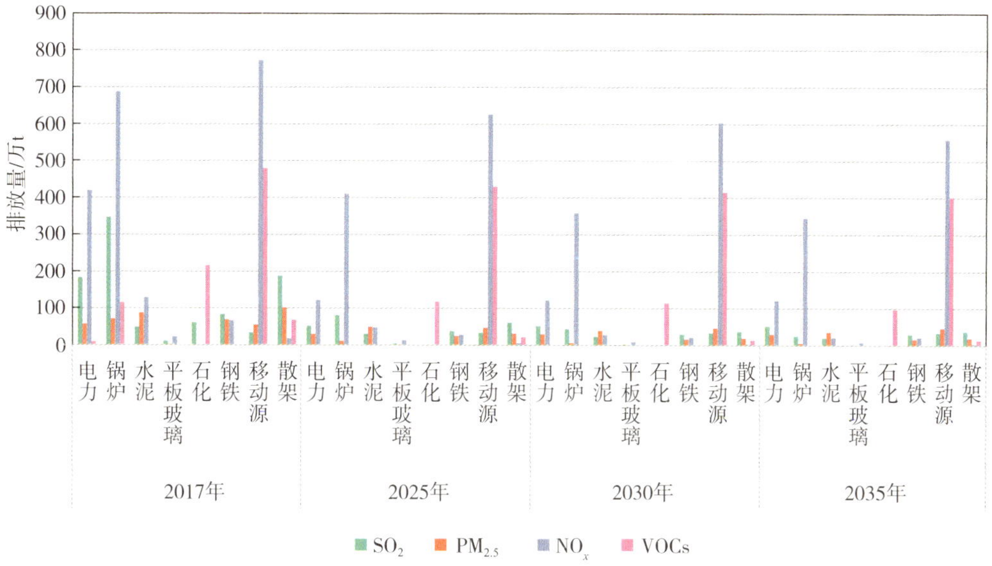

图 6-13 政策情景下各项污染物排放量变化

表 6-48 政策情景下分年份各措施成本

年份	措施	固定投资 / 亿元	运行成本 / (亿元 /a)
2025 年	脱硫	2 179.8	256.6
	脱硝	14 963.7	235.1
	除尘	2 219.3	305.3
	VOCs 治理	14 054.9	6.4
2030 年	脱硫	2 114.6	453.3
	脱硝	20 646.2	426.3
	除尘	2 238.2	457.7
	VOCs 治理	18 924.3	6.8
2035 年	脱硫	2 673.8	670.7
	脱硝	12 389.6	648.4
	除尘	2 637.5	647.8
	VOCs 治理	10 097.9	7.7

其中脱硝和 VOCs 治理的总固定投资成本由于考虑了机动车电动化、车型标准提升等高成本措施，导致总成本超过万亿元。分行业减排成本比较结果如图 6-14 和图 6-15 所示。

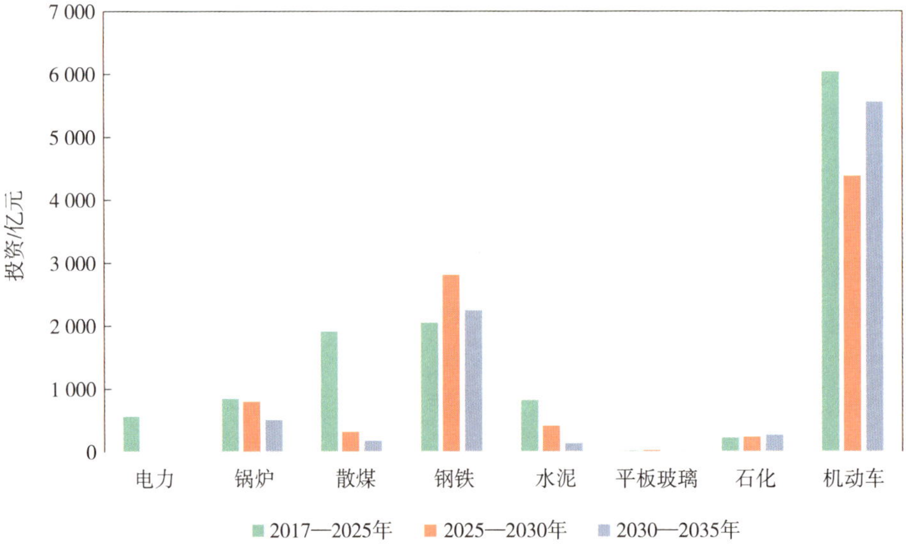

图 6-14 分行业不同阶段大气污染物减排固定投资（不含电动车与标准提升）

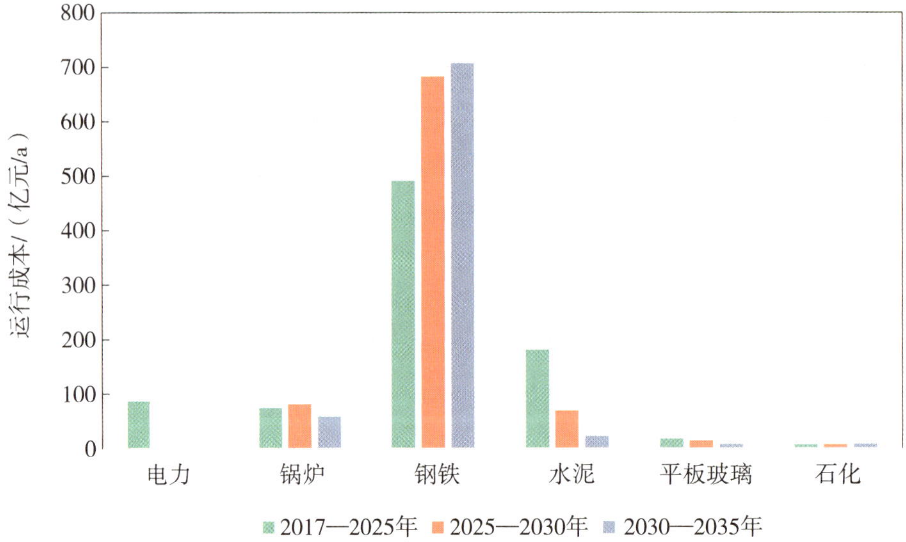

图 6-15 分行业不同阶段大气污染物减排运行成本

7 推动 $PM_{2.5}$ 浓度持续下降的减排技术路线图

7.1 研究方法

7.1.1 WRF-CMAQ DDM 方法

本研究基于 WRF-CMAQ DDM-3D 模型构建大气污染物排放量与浓度的响应关系，以实现在核算获得减排量的情况下，快速定量大气污染物浓度响应。本研究在构建 DDM 模拟情景时充分考虑了跨区域输送对大气污染物浓度的影响，构建了受体区域 $PM_{2.5}$ 及其组分浓度对多区域多污染物排放变化的相应关系，实现了污染物浓度变化的实时响应。

化学传输模型是目前建立准确的源排放与受体浓度定量响应关系的主要工具。它基于大气物理传输和化学反应机理，通过输入排放源信息和气象资料，通过数值求解一系列微分方程来给出各类污染物浓度的时空分布。目前应用较广的化学传输模型主要为三维欧拉网格模型，如美国的 CMAQ、CAMx 以及中国科学院的 NAQPMS 等。

为了建立源排放与受体污染物浓度的响应，最简单直接的方法是人为设定源排放清单的不同排放情景，逐一通过化学传输模型获得对应情景下的污染物浓度，简称 Brute-Force 暴力法。该方法的优点是操作原理简单直接，但是当排放情景变量较多，所需模拟的情景数量将呈几何指数级别上升。由于每个情景的空气质量模拟需要耗费相当的时间，在我国城市地区复合污染背景下表现尤为突出，导致在针对排放源类别和排放源区域数目较多时所耗费的总计算时间将无法想象，也几乎是不可行的。因此，暴力情景分析法并不能用于建立大气细颗粒物浓度与源排放的快速响应。为了解决这一问题，CMAQ 模式发展了 DDM（Decoupled Direct Method）去耦合直接法技术，在模拟过程中同步计算清单基准排放量微小扰动下的浓度响应偏导数。灵敏度方程则从模型的控制方程求解而来，其基本公式如下：

$$S_{ij}^{DDM}=\frac{\partial C_i}{\partial P_j} \tag{7-1}$$

式中：S_{ij}^{DDM} 为污染物 i 对参数 P_j 的灵敏度；C_i 为污染物 i 的浓度；P_j 为某些输入参数（如排放、初始浓度、化学反应速率等）的数值。理论上而言，DDM 方法真实反映了实际情况下污染物浓度对某个参数的灵敏度，比 Brute Force 方法的计算结果更加准确。同时，在进行多个参数的灵敏度分析时，DDM-3D 方法的计算效率更高。

DDM 在源 - 受体关系中应用广泛，已被证明是一种有效的方法。DDM 技术显著降低了情景分析法的计算次数及时间成本，但由于大气非线性化学反应的因素，只适用于源排放扰动范围较小的情况，当直接应用于较大范围污染减排的浓度响应时误差较大。

7.1.2 模型配置情况

本研究使用 WRFv3.9.0 模拟气象场，CMAQv5.0.2 模拟空气质量。WRF-CMAQ 模型模拟区域为中国全境，网格水平分辨率为 27 km，模拟了典型气象年 2003 年 1 月、4 月、7 月、10 月四个月的情况，作为基准模拟结果。CMAQ 模型气象化学模块采用 SAPRC99 模块，气溶胶模块使用 AERO6 机制。

DDM 模块的受体区域设置为全国 31 个省级区域（不包括香港特别行政区、澳门特别行政区和台湾地区）。敏感区域为全国 31 个省级区域。敏感污染物为 SO_2、NO_x、$PM_{2.5}$ 和 NH_3。受体污染物为 $PM_{2.5}$ 及其主要组分浓度。模型设置了三个排放情景，包括 2017 基准排放情景，减排量削减 25% 和 50% 的两个减排情景。减排量削减 25% 和 50% 的两个减排情景是基于本研究中主要污染物减排量至 2035 年削减至 50% 左右的假设设置的。

为了降低 DDM 方法在减排比例较大时的误差，本研究采用分段映射的关系构建排放 - 浓度响应关系，假设污染物浓度减排后剩余比例为 x（即 1- 减排比例），选取与 x 距离最近的排放情景节点 k（包括 1、0.75 和 0.5），使用对应情景下的排放 - 浓度响应关系计算浓度响应，具体为

$$Conc\_DDM_{i,m}=Conc\_2017_{i,m}-\sum_{s,j}\Delta C_{1,i,m,s}(j,k_{s,j})-\sum_{s,j}\left[\left(1-\frac{x_{s,j}}{k_{s,j}}\right)\Delta C_{2,m,i,s}(j,k_{s,j})\right] \tag{7-2}$$

式中：i 为浓度响应省份；j 为减排省份，i 和 j 均分别包含全国 31 个省（不含

港澳台）；$Conc\_DDM_{i,m}$ 为基于 CMAQ-DDM 模块计算得到的 i 省在 m 月的 $PM_{2.5}$ 浓度均值；$Conc\_2017_{i,m}$ 为 CMAQ 模拟的 2017 基准排放情景下 i 省在 m 月的 $PM_{2.5}$ 浓度均值；$x_{s,j}$ 为 j 省 s 污染物减排后的剩余比例；$k_{s,j}$ 为与 $x_{s,j}$ 距离最近的排放情景节点（1、0.75 和 0.5）；$\Delta C_{1,i,s,m}(j,k_{s,j})$ 为 j 省 s 污染物减排至 $k_{s,j}$ 情况下，i 省在 m 月的 $PM_{2.5}$ 浓度扰动值；$\Delta C_{2,m,i,s}(j,k_{s,j})$ 为 j 省 s 污染物减排至 $k_{s,j}$ 情况下，i 省在 m 月的 $PM_{2.5}$ 浓度响应的斜率。根据分省分季节的 $PM_{2.5}$ 浓度，计算各减排情景下基于 DDM 的分省 $PM_{2.5}$ 浓度年均值

$$Conc\_DDM\_anni = (\textstyle\sum_m Conc\_DDM_{i,m}) / 4 \quad (7\text{-}3)$$

式中：$Conc\_DDM\_ann_i$ 为 i 省在给定减排情景下基于 DDM 计算得到的 $PM_{2.5}$ 浓度年均值。最后基于 2017 年分省观测浓度和 CMAQ 模拟的 2017 年基准排放情景下的 $PM_{2.5}$ 浓度分省模拟结果对各排放情景下的 $PM_{2.5}$ 浓度值进行校正，具体公式为

$$Conc\_ann_i = Conc\_DDM\_ann_i \times \frac{Obs\_2017\_ann_i}{Conc\_2017_i} \quad (7\text{-}4)$$

式中：$Conc\_ann_i$ 为校正后的 i 省在给定减排情景下的 $PM_{2.5}$ 浓度年均值；$Obs\_2017\_ann_i$ 为基于观测的 i 省在 2017 年的 $PM_{2.5}$ 年均值。

受限于 DDM 的计算量约束，本研究中计算污染物浓度的最小空间单元为省级行政单位。计算获得各情景下分省 $PM_{2.5}$ 浓度值后，基于与国家环境空气质量评价方法相一致的原则，在计算区域和全国平均的 $PM_{2.5}$ 浓度时，以各省城市数量为权重，采用加权平均的方式计算，即

$$Conc_r = \left(\sum_i Conc\_ann_i \times CityNum_p\right) \Big/ \left(\sum_i CityNum_i\right) \quad (7\text{-}5)$$

式中：$Conc_r$ 为 r 区域的 $PM_{2.5}$ 浓度均值；$CityNum_i$ 为 i 省份的城市数量。

7.1.3 情景设置

本书设计了三套控制情景方案，包括基准情景（BAU）、强化情景（SPC）以及布局调整下的强化情景（DA-SPC）。其中基准情景的活动水平由 IPAC-AIM/Local 模型提供的社会经济及能源发展情景定义，末端控制基础维持在 2017 年的水平；强化情景在基准情景的基础上使用最佳可行技术加严末端控制；布局调整下的强化情景在强化情景的基础上，保持其末端控制水平，进一步深化结构调整。

基于上述三个情景下的污染物减排量变化情况，以 WRF-CMAQ DDM-3D 模型构建的排放 - 浓度响应关系计算得到 2020 年、2025 年、2030 年、2035 年全国

及区域 $PM_{2.5}$ 浓度改善情况。由于 DDM 模型对各污染物减排量的浓度响应具有非线性，存在基于各行业减排量计算得到的 $PM_{2.5}$ 浓度变化之和与基于行业加总减排量计算得到的浓度变化不一致的情况。

$$f(\sum_i \Delta Emis_i) \neq \sum_i f(\Delta Emis_i) \tag{7-6}$$

式中：f 为 DDM 描述的排放—浓度响应关系；$\Delta Emis_i$ 为 i 行业贡献的减排量。为了降低这一非线性特征对结果的影响，本研究以基于行业加总减排量计算得到的浓度变化作为指定情景下 $PM_{2.5}$ 浓度总变化；各行业减排导致的 $PM_{2.5}$ 浓度变化根据单个行业减排量对应的浓度变化占各行业减排量对应 $PM_{2.5}$ 浓度变化之和的比例乘以前述计算所得的指定情景下 $PM_{2.5}$ 浓度总变化计算得到。

$$\Delta Conc_i = f(\Delta Emis_i) \times \frac{f(\sum_i \Delta Emis_i)}{\Delta_i f(\Delta Emis_i)} \tag{7-7}$$

式中：$\Delta Conc_i$ 为 i 行业减排导致的 $PM_{2.5}$ 浓度变化情况。

7.2 污染减排空气质量响应

7.2.1 全国 $PM_{2.5}$ 污染改善潜力

本书于第 3 章核算的污染减排潜力，在以 WRF-CMAQ DDM-3D 模型构建的排放 - 浓度响应关系计算得到各情景下 2035 年全国及区域 $PM_{2.5}$ 浓度改善潜力。2017 年，基于国控站点观测得到的全国 $PM_{2.5}$ 浓度均值（实况）为 41.0 μg/m^3（不包括香港特别行政区、澳门特别行政区以及台湾地区）。若仅依靠结构调整（即本研究中的基准情景），2035 年全国平均 $PM_{2.5}$ 浓度有望下降到 31.4 μg/m^3，相对 2017 年降幅为 23%。进一步考虑加严末端控制水平后（即本研究中的强化情景），则 2035 年全国平均 $PM_{2.5}$ 浓度有望下降到 24.2 μg/m^3，相对 2017 年降幅为 41%。布局调整下的强化情景中，2035 年全国 $PM_{2.5}$ 浓度与强化情景基本一致。这是因为全国的活动水平和排放总量在两个情景中大致保持一致，其区别主要在于排放量的空间分布上：京津冀及周边重污染区域的部分产业分散到全国其他相对清洁地区生产。整体而言，在给定的社会经济发展及能源情景下全国平均的 $PM_{2.5}$ 浓度在目标节点年份已远低于 35 μg/m^3 的年均浓度标准，可稳定达标；加严末端控制水平后，2035 年全国平均 $PM_{2.5}$ 浓度有望下降至 24.2 μg/m^3，可以实现 2035 年“美丽中国”建设目标对 $PM_{2.5}$ 浓度的要求（25 μg/m^3）。具体如图 7-1 所示。

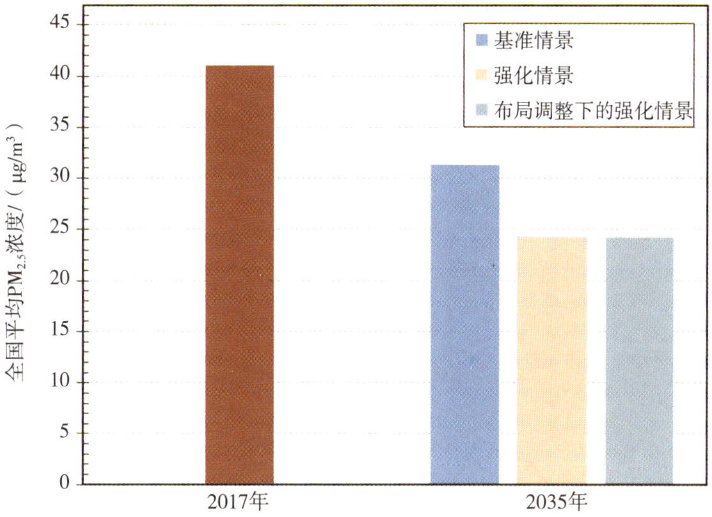

图 7-1　2035 年各情景全国平均 $PM_{2.5}$ 浓度

本书后续着重分析布局调整下的强化情景。基于情景分析法可以分别定量社会经济与能源结构调整以及末端控制对 $PM_{2.5}$ 浓度变化的贡献。如图 7-2 所示，在布局调整下的强化情景中，结构调整对全国平均 $PM_{2.5}$ 浓度下降的贡献略高于末端控制的贡献，二者分别贡献了 2017—2035 年全国 $PM_{2.5}$ 浓度下降量的 56%（9.5 μg/m³）和 44%（7.4 μg/m³）。

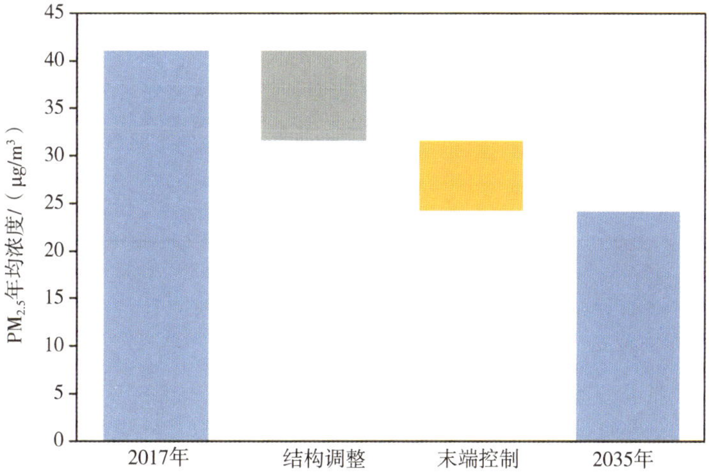

图 7-2　布局调整强化情景中 2017—2035 年全国 $PM_{2.5}$ 浓度下降原因分解

7.2.2　各省 $PM_{2.5}$ 污染改善潜力

图 7-3 展示了基于国控站点观测的 2017 年全国分省（区、市）的 $PM_{2.5}$ 年均浓

度以及三个情景下 2035 年全国各省（区、市）的 $PM_{2.5}$ 浓度水平预测值。2017 年，全国分省（区、市）$PM_{2.5}$ 浓度范围为 12.0～62.0 μg/m³（不含香港、澳门和台湾），年均值为 41.0 μg/m³。其中西藏为 2017 年全国年均 $PM_{2.5}$ 浓度最低的地区，河北为浓度最高的地区。

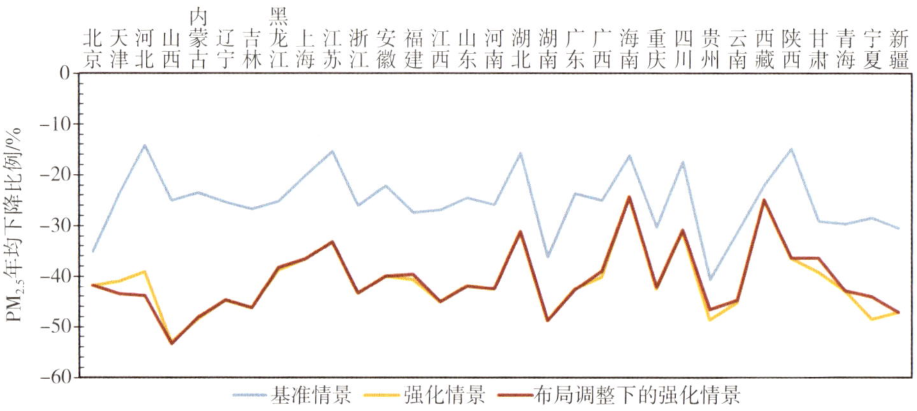

图 7-3 2035 年各情景分省（区、市）年均 $PM_{2.5}$ 浓度相对 2017 年变化比例

至 2035 年，若仅考虑结构调整（基准情景），各省（区、市）$PM_{2.5}$ 浓度将下降 2.6～19.3 μg/m³，其中北京浓度下降最多，从 55.0 μg/m³ 下降至 35.7 μg/m³，西藏下降了 2.6 μg/m³，从 12.0 μg/m³ 下降至 9.4 μg/m³。基准情景下各省（区、市）$PM_{2.5}$ 浓度变化的差异体现了未来不同省（区、市）产业和能源结构调整方面的巨大差异。如在污染最严重的京津冀区域，天津和河北因结构调整导致的 $PM_{2.5}$ 浓度变化仅分别为 14.2 μg/m³ 和 8.8 μg/m³，降幅分别为 23.6% 和 14.2%（见图 7-4）。虽然这些省（区、市）2017 年的 $PM_{2.5}$ 浓度均高于北京市，但至 2035 年，结构调整贡献的 $PM_{2.5}$ 浓度下降量及降幅均远低于北京（35.1%）。

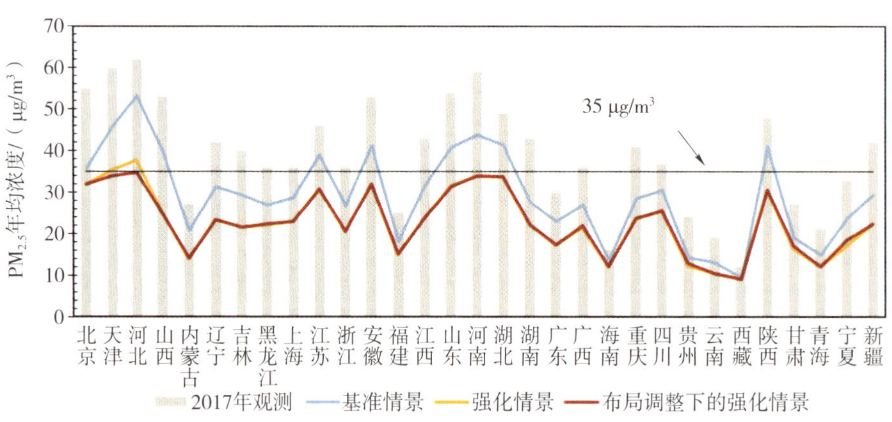

图 7-4 2035 年各情景分省（区、市）年均 $PM_{2.5}$ 浓度

注：灰色柱子为观测到的 2017 年分省（区、市）$PM_{2.5}$ 浓度，三条折线分别代表三个情景中各省（区、市）2035 年 $PM_{2.5}$ 浓度年均值。

在基准情景的基础上加严末端控制（强化情景），各省（区、市）的 $PM_{2.5}$ 浓度均将进一步降低。强化情景下，相比于 2017 年，至 2035 年各省（区、市）的 $PM_{2.5}$ 浓度有望下降 3.0～28.1 μg/m^3，其中浓度下降最大的省份为山西，由 53.0 μg/m^3 下降至 24.7 μg/m^3。西藏年均浓度由 12.0 μg/m^3 下降至 9.0 μg/m^3，末端控制对该区浓度下降贡献有限，仅贡献了 0.4 μg/m^3。在强化情景下，天津和河北仍无法在 2035 年实现 $PM_{2.5}$ 浓度达标，浓度分别为 35.4 μg/m^3 和 37.7 μg/m^3。由于该情景下末端控制水平已采用最佳可行技术，因此需考虑进一步加大结构调整力度，方可能在 2035 年达标。

为了实现所有省（区、市）到 2035 年 $PM_{2.5}$ 年均浓度均达标的目标，在强化情景下省际间进行产业布局调整，将京津冀及周边地区的部分生产分散至其他相对清洁省（区、市）。在布局调整下的强化情景中，至 2035 年，全国所有省（区、市）均有望达标，其中天津和河北浓度分别降至 33.9 μg/m^3 和 34.8 μg/m^3，相对强化情景分别进一步下降了 1.5 μg/m^3 和 2.9 μg/m^3。两个情景下，京津冀及周边地区以外其他省（区、市）$PM_{2.5}$ 浓度变化较小，除宁夏、甘肃和贵州外，多数省（区、市）浓度涨幅在 0.1～0.3 μg/m^3。

总体而言，在三个情景中，仅有布局调整下的强化情景有望实现所有省（区、市）$PM_{2.5}$ 年均浓度达标，因此在设计达标路线图时，应考虑以该情景 2035 年的情况为目标，设置达标路线图。

7.2.3 重点区域 $PM_{2.5}$ 污染改善潜力

观测数据表明，2017 年京津冀及周边地区（京津冀鲁豫）、长三角地区（沪苏浙皖）、广东省以及汾渭平原（晋陕）的 $PM_{2.5}$ 年均浓度分别为 57.1 μg/m^3、45.1 μg/m^3、30.0 μg/m^3 和 50.6 μg/m^3。至 2035 年，在布局调整强化情景下，浓度有望下降到 32.8 μg/m^3、28.1 μg/m^3、17.2 μg/m^3 和 27.5 μg/m^3，降幅分别达到 42.6%、37.7%、42.6% 和 45.7%，均可实现达标。相较于强化情景，京津冀及周边地区 $PM_{2.5}$ 浓度额外下降 0.6 μg/m^3，汾渭平原下降 0.1 μg/m^3，其余两省浓度不变。

在布局调整的强化情景下，对各重点区域 2017—2035 年 $PM_{2.5}$ 浓度下降的驱动力进行分解。结构调整和末端控制对浓度下降的相对贡献在各区域存在差异。在京津冀及周边地区，结构调整和末端控制对 $PM_{2.5}$ 浓度下降的贡献分别为 15.0 μg/m^3 和 9.3 μg/m^3，贡献比例分别为 61.9% 和 38.1%。结构调整和末端控制对长三角地区 $PM_{2.5}$ 浓度下降的贡献分别为 9.1 μg/m^3 和 7.9 μg/m^3，贡献比例分别为 53.4% 和

46.6%。结构调整和末端控制对广东省 $PM_{2.5}$ 浓度下降的贡献分别为 7.1 μg/m^3 和 5.6 μg/m^3，贡献比例分别为 55.9% 和 44.1%。在汾渭平原，结构调整和末端控制对 $PM_{2.5}$ 浓度下降的贡献分别为 11.0 μg/m^3 和 12.1 μg/m^3，贡献比例分别为 47.7% 和 52.3%。除汾渭平原之外，其余三个地区结构调整对浓度下降的比例均超过一半，京津冀地区的结构调整对浓度下降的比例超过 60%。结构调整在各区域影响的差异，体现了未来驱动空气质量改善路径上的差异。具体如图 7-5 和图 7-6 所示。

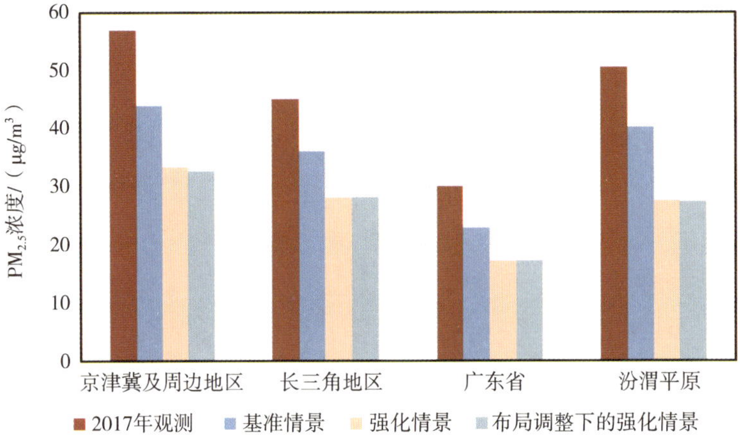

图 7-5　2035 年各情景重点区域年均 $PM_{2.5}$ 浓度

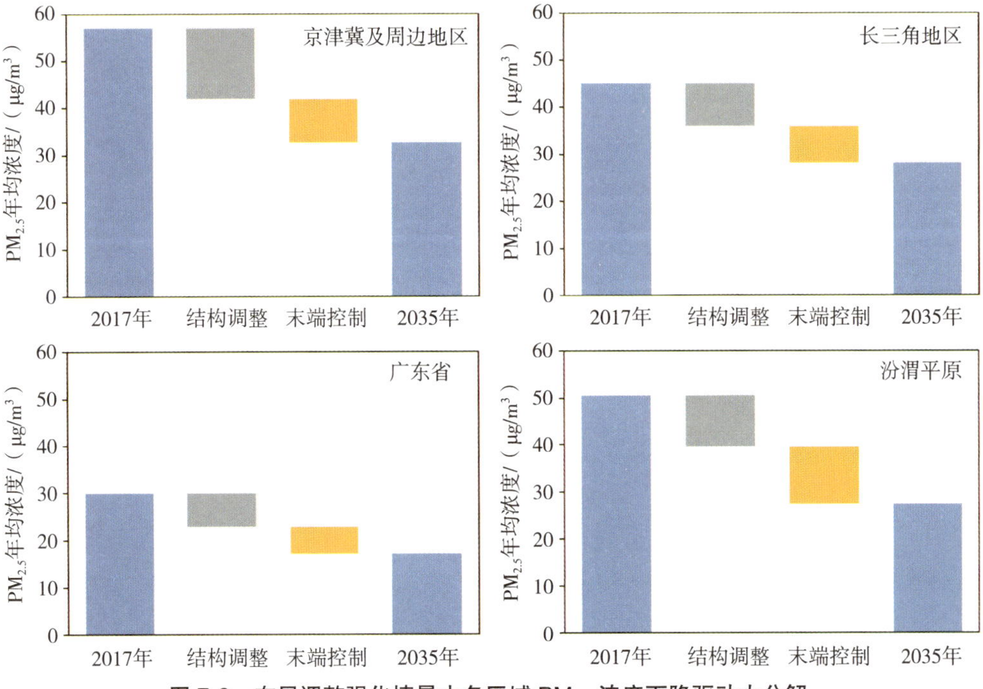

图 7-6　布局调整强化情景中各区域 $PM_{2.5}$ 浓度下降驱动力分解

7.3 行业减排对降低 $PM_{2.5}$ 浓度的贡献

7.3.1 行业减排对全国 $PM_{2.5}$ 污染改善的贡献

在研究影响 $PM_{2.5}$ 浓度的行业减排时，本研究共考虑了 15 个行业，包括电力、钢铁、焦化、水泥、氧化铝、平板玻璃、其他冶金、其他建材、燃煤锅炉、燃气锅炉、载客汽车、载货汽车、非道路机械、城市散煤以及农村散煤。

由于仅有布局调整下的强化情景可以实现所有省（区、市）$PM_{2.5}$ 年均浓度在 2035 年达标，因此在后续讨论中着重分析布局调整后的结果。在布局调整的强化情景中，2017—2035 年，$PM_{2.5}$ 浓度预计将下降 16.8 μg/m^3，在考虑的 15 个措施中，除燃气锅炉因替代燃煤锅炉导致活动水平增加推动 $PM_{2.5}$ 浓度升高 0.1 μg/m^3 之外，其余 14 个措施均对 $PM_{2.5}$ 浓度下降有所贡献。其中燃煤锅炉、电力和水泥是对 $PM_{2.5}$ 浓度下降贡献最大的三个行业，预计将分别使全国 $PM_{2.5}$ 年均浓度下降 2.7 μg/m^3、2.6 μg/m^3、2.4 μg/m^3，贡献均在 2 μg/m^3 以上，合计约占总浓度下降量的 46%。此外，钢铁、农村散煤、载货汽车和其他建材行业的减排也对降低全国 $PM_{2.5}$ 浓度有较大贡献，预计将分别使全国 $PM_{2.5}$ 年均浓度下降 1.9 μg/m^3、1.7 μg/m^3、1.5 μg/m^3 和 1.3 μg/m^3，贡献均在 1 μg/m^3 以上，合计贡献了浓度总体下降量的 38%。以上 7 个行业对 $PM_{2.5}$ 浓度下降量的贡献合计超过 80%。

进一步分析了各行业末端控制措施对全国 $PM_{2.5}$ 浓度改善的贡献，仅针对 10 个行业考虑了末端减排措施，其余 5 个行业的排放量变化均认为是由结构调整引起的。如图 7-7 所示，电力、其他建材、钢铁和水泥行业的末端控制是对降低全国 $PM_{2.5}$ 浓度贡献最大的，预计将分别推动全国年均 $PM_{2.5}$ 浓度下降 1.9 μg/m^3、1.3 μg/m^3、1.3 μg/m^3 和 1 μg/m^3，4 个行业合计约贡献了结构调整对浓度下降总体贡献的 75%（图 7-8）。

值得注意的是，基于结构调整是源头减排的考虑，末端减排的贡献是在布局调整强化情景结果的基础上，扣除结构调整导致的贡献计算获得的，因此对于某个行业来说，若结构调整力度明显，导致 2035 年活动水平明显下降，则可能导致末端减排对浓度贡献较低。

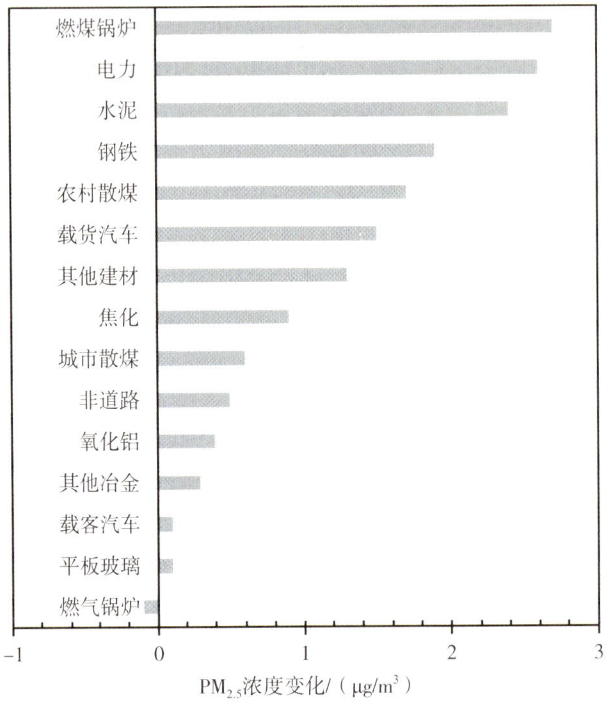

图 7-7　布局调整强化情景中行业减排对全国 $PM_{2.5}$ 浓度下降的贡献

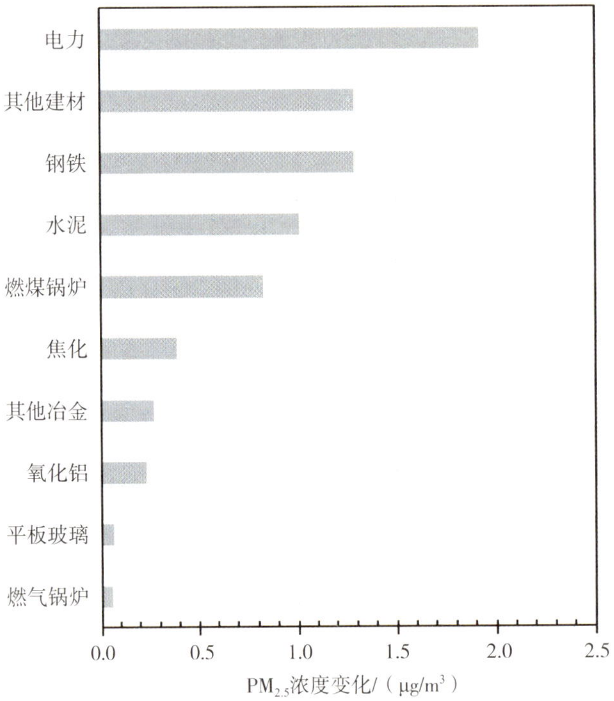

图 7-8　布局调整强化情景中行业末端减排对全国 $PM_{2.5}$ 浓度下降的贡献

7.3.2 行业减排对重点区域 $PM_{2.5}$ 污染改善的贡献

进一步定量了在布局调整的强化情景下，行业减排对各重点区域 2017—2035 年 $PM_{2.5}$ 浓度下降的贡献。在京津冀及周边地区，15 个行业合计将使该区域 $PM_{2.5}$ 浓度下降 24.3 μg/m^3，其中钢铁、燃煤锅炉和电力这三个行业的减排对 $PM_{2.5}$ 浓度下降贡献最大，分别推动区域 $PM_{2.5}$ 浓度下降 4.0 μg/m^3、3.5 μg/m^3 和 3.3 μg/m^3，合计约贡献该区域 $PM_{2.5}$ 浓度下降总量的 45%。京津冀及周边地区是全国钢铁企业最密集、产量最大的区域，因此推动钢铁行业结构调整以及采取超低排放改造能够有效推动该地区的 $PM_{2.5}$ 浓度下降。此外，对浓度下降贡献在 2 μg/m^3 以上的行业还有农村散煤、载货汽车、水泥以及其他建材，合计贡献浓度下降量达 8.7 μg/m^3，占浓度下降总量的 36%。

在结构调整和末端控制措施的共同作用下，预计长三角地区年均 $PM_{2.5}$ 浓度将在 2017—2035 年下降 17.0 μg/m^3，其中水泥、电力、钢铁和燃煤锅炉四个行业的减排对改善 $PM_{2.5}$ 污染效益最大，预计将分别使区域 $PM_{2.5}$ 浓度下降 3.3 μg/m^3、3.0 μg/m^3、2.5 μg/m^3 和 2.0 μg/m^3，合计贡献区域 $PM_{2.5}$ 浓度下降总量的 65% 左右。

在布局调整的强化情景中，预计 2017—2035 年广东省 $PM_{2.5}$ 浓度均值将下降 12.8 μg/m^3，降幅达到 57.4%。虽然广东省的 $PM_{2.5}$ 浓度在四个重点区域中最低，但是预期到 2035 年，其 $PM_{2.5}$ 浓度下降幅度将与其他三个区域接近。与长三角类似，水泥、电力和燃煤锅炉同样是对区域 $PM_{2.5}$ 浓度下降贡献最大的行业，预计将分别推动 $PM_{2.5}$ 浓度下降 2.9 μg/m^3、2.4 μg/m^3 和 2.4 μg/m^3，合计贡献区域 $PM_{2.5}$ 浓度下降总量的 60% 左右。

汾渭平原的 $PM_{2.5}$ 浓度预计在 2017—2035 年将下降 23.1 μg/m^3，其中电力、焦化、农村散煤和燃煤锅炉四个行业对 $PM_{2.5}$ 浓度下降贡献最大，分别贡献了 4.3 μg/m^3、3.0 μg/m^3、2.9 μg/m^3 和 2.9 μg/m^3 的浓度下降量，合计贡献浓度下降总量的 55% 左右。

各区域不同行业贡献差异体现了不同区域产业结构上的特点，如京津冀及周边地区的钢铁行业、长三角地区的水泥行业以及汾渭平原的焦化行业，这些对区域 $PM_{2.5}$ 浓度下降量贡献较大的行业均是在对应区域已经形成产业集群的行业。推动这些污染重、产量大的行业的结构调整及末端减排是改善区域空气质量的关键。

在布局调整强化情景结果的基础上，扣除结构调整导致的贡献计算获得各区域末端控制对空气质量改善的贡献。如前所述，值得注意的是，对于某个行业来说，若结构调整力度明显，导致 2035 年活动水平明显下降，则可能导致末端控制对浓度贡献较低。具体如图 7-9 所示。

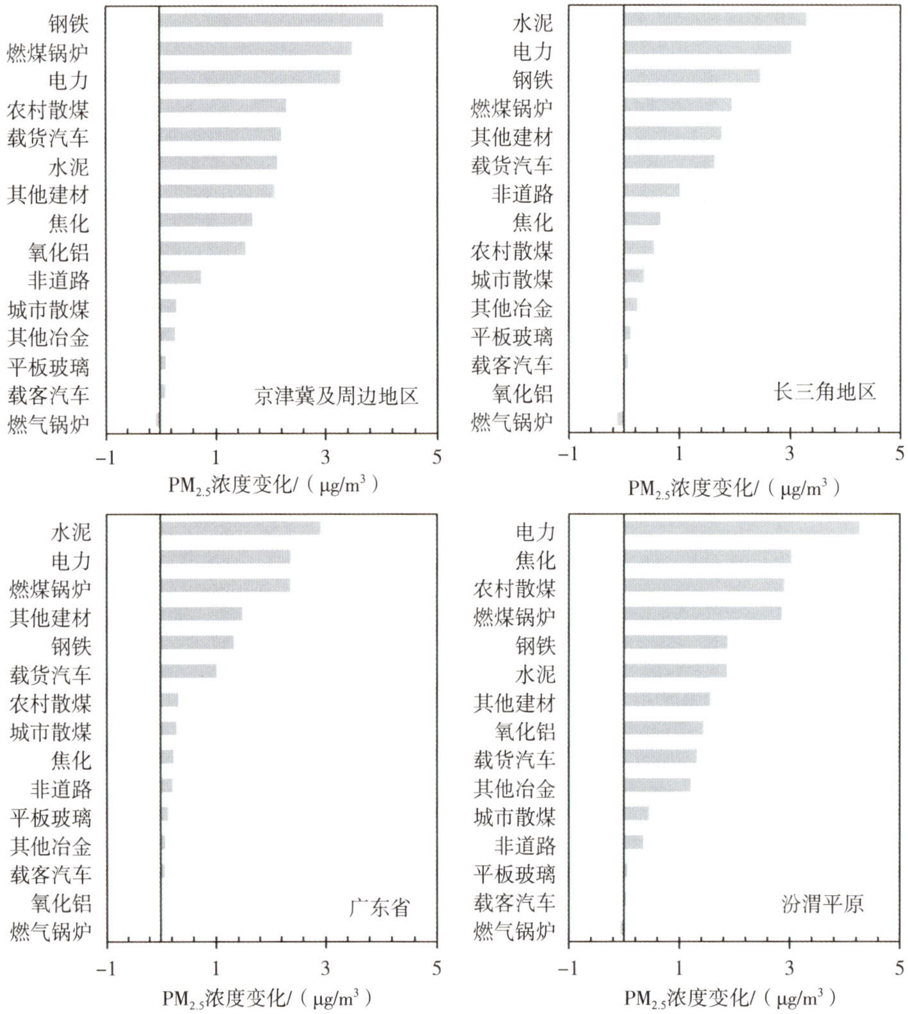

图 7-9 布局调整强化情景中行业减排对各区域 $PM_{2.5}$ 浓度下降的贡献

末端控制在结构调整的基础上进一步显著降低了各区域的 $PM_{2.5}$ 浓度。在京津冀及周边地区、长三角地区以及汾渭平原，电力和其他建材这两个行业均是末端控制在结构调整基础上对 $PM_{2.5}$ 浓度下降有最大贡献的行业。在京津冀及周边地区，电力和其他建材的末端控制预计能够使 2035 年该地区 $PM_{2.5}$ 浓度分别降低 2.5 μg/m³ 和 2.0 μg/m³；这一结果在珠三角地区是 2.1 μg/m³ 和 1.7 μg/m³，在汾渭平原是 3.9 μg/m³ 和 1.5 μg/m³。其他建材、水泥和电力行业的末端控制则是对广东省 $PM_{2.5}$ 浓度下降贡献最大的，预计将分别使该区域 $PM_{2.5}$ 浓度下降 1.5 μg/m³、1.1 μg/m³ 和 1.1 μg/m³。

如果某一个行业的结构调整力度很大，则可能导致活动水平明显降低而压缩末端控制对浓度下降的贡献。如在布局调整和强化情景中，京津冀及周边地区的钢铁行业活动水平明显降低，大幅压缩了末端控制可以获得的减排量，因此导致钢铁行业末端控制对 $PM_{2.5}$ 浓度下降的贡献相对较低。具体如图 7-10 所示。

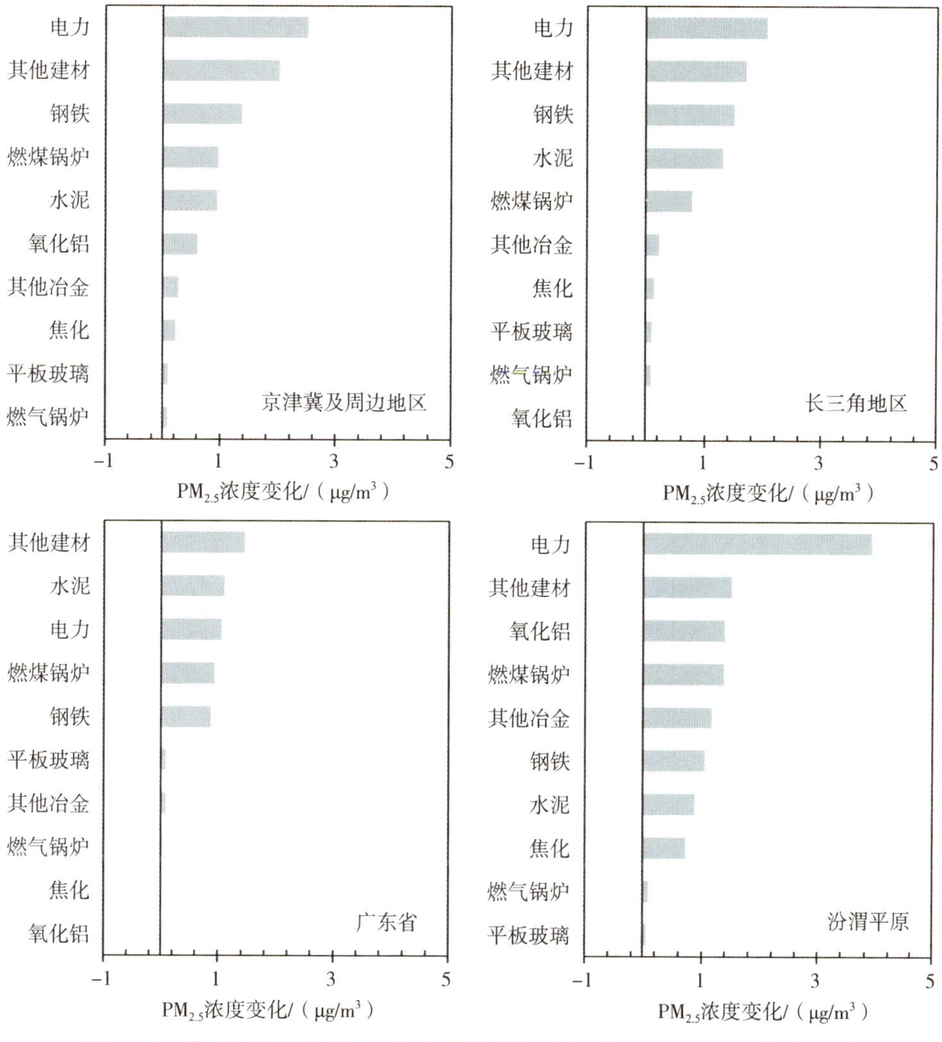

图 7-10　布局调整强化情景中行业末端减排对各区域 $PM_{2.5}$ 浓度下降的贡献

7.4 基于成本的减排路线图规划

7.4.1 行业末端控制成本分析

基于分行业污染物控制措施成本，可以通过 DDM 模型计算获得各行业单位

$PM_{2.5}$ 浓度下降的成本。不同行业治理措施对于降低 $PM_{2.5}$ 污染的成本差异显著，从56.9 亿元 /（μg/m³）到 592.5 亿元 /（μg/m³），差距超过 10 倍，其中平板玻璃行业末端治理单位投入的空气质量效益最高，而焦化行业末端治理的空气质量效益在所考虑的 10 个行业中最低。具体如图 7-11 所示。

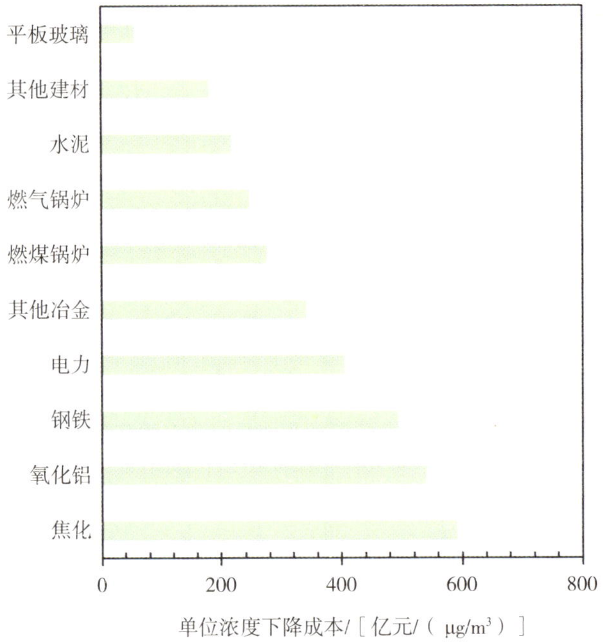

图 7-11　全国不同行业治理措施单位 $PM_{2.5}$ 改善效益的成本

7.4.2　分阶段全国 $PM_{2.5}$ 污染改善潜力

在规划路线图时，首先需要结合给定的产业和能源结构情景来确定末端减排措施的最大减排潜力，进而根据空气质量目标制定符合预期且成本最优的末端控制策略。由于本研究中仅有布局调整的强化情景有可能实现 2035 年所有省（区、市）$PM_{2.5}$ 浓度均达标的目标，因此后续讨论均基于该情景的社会经济及能源发展水平开展。在该社会经济及能源发展情景下，若在所有年份均采用最佳可行技术作为末端控制手段，则 2020 年、2025 年、2030 年和 2035 年 $PM_{2.5}$ 浓度有望分别下降至 28.3 μg/m³、25.9 μg/m³、24.8 μg/m³ 和 24.2 μg/m³。

分解结构调整和末端控制对各年份 $PM_{2.5}$ 浓度相对 2017 年下降的贡献，发现结构调整对 $PM_{2.5}$ 浓度下降贡献逐渐增大，有望使 2020 年、2025 年、2030 年和 2035 年全国平均 $PM_{2.5}$ 浓度分别下降 2.8 μg/m³、6.0 μg/m³、7.9 μg/m³ 和 9.5 μg/m³，至

2035 年成为两个因素中主导 $PM_{2.5}$ 浓度下降的因素。这一变化趋势反映出社会经济及能源发展水平越发清洁、高效。末端控制在各年份对 $PM_{2.5}$ 浓度下降均有显著贡献，有望使 2020 年、2025 年、2030 年和 2035 年全国平均的 $PM_{2.5}$ 浓度分别下降 10.0 μg/m³、9.1 μg/m³、8.3 μg/m³ 和 7.4 μg/m³，在 2030 年及以前对浓度下降的贡献均超过结构调整。由于本情景中所有年份的末端控制水平均为最佳可行技术，因此末端控制对 $PM_{2.5}$ 浓度下降的贡献逐渐减少本质上反映了结构调整源头治理的作用。本研究中认为结构调整是根本的减排手段，因此在活动水平降低后，相同的末端控制水平获得的减排量也将降低，同时也意味着对 $PM_{2.5}$ 浓度下降的贡献也会降低。具体如图 7-12、图 7-13 所示。

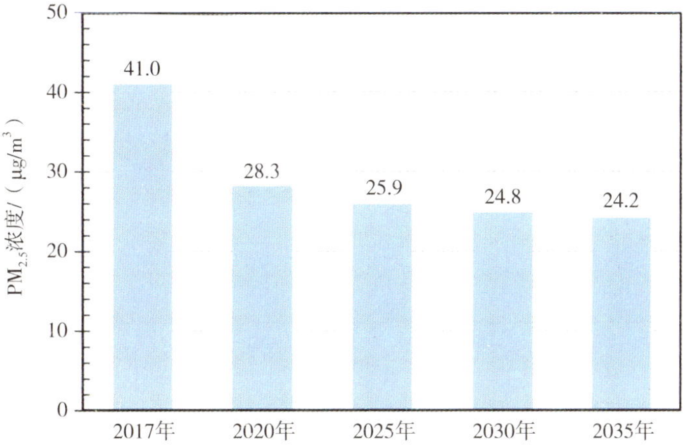

图 7-12 布局调整强化情景中全国 $PM_{2.5}$ 浓度均值

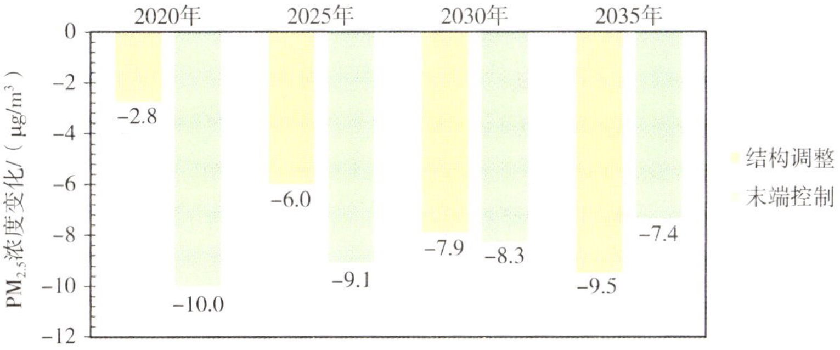

图 7-13 布局调整强化情景中各年份 $PM_{2.5}$ 浓度相对 2017 年下降驱动力分解

7.4.3 全国 $PM_{2.5}$ 污染改善路线图

基于对 2035 年“美丽中国”建设目标的分解，设定阶段性目标，预计 2025 年

全国平均的 $PM_{2.5}$ 年均值下降至 30 μg/m³，2030 年下降至 27 μg/m³，2035 年下降至 25 μg/m³。基于以上阶段性空气质量目标，结合结构调整在各阶段的减排潜力，可以计算出需要末端控制贡献的 $PM_{2.5}$ 浓度下降量。若希望在 2025 年实现全国 $PM_{2.5}$ 浓度下降至 30 μg/m³ 的目标，2017—2025 年，在结构调整所能降低的 6 μg/m³ 的基础上，还需要加严末端控制使 $PM_{2.5}$ 浓度下降 5 μg/m³。2025—2030 年，全国 $PM_{2.5}$ 浓度需要进一步降低 3 μg/m³，其中结构调整将贡献 1.9 μg/m³ 的 $PM_{2.5}$ 浓度下降量，则末端控制需要额外推动 $PM_{2.5}$ 浓度下降 1.1 μg/m³。2030—2035 年，结构调整将贡献 1.6 μg/m³ 的 $PM_{2.5}$ 浓度下降量，末端控制仅需要使 $PM_{2.5}$ 浓度下降 0.4 μg/m³ 即可实现 2035 年全国 $PM_{2.5}$ 年均浓度下降至 25 μg/m³ 的目标。具体如图 7-14 所示。

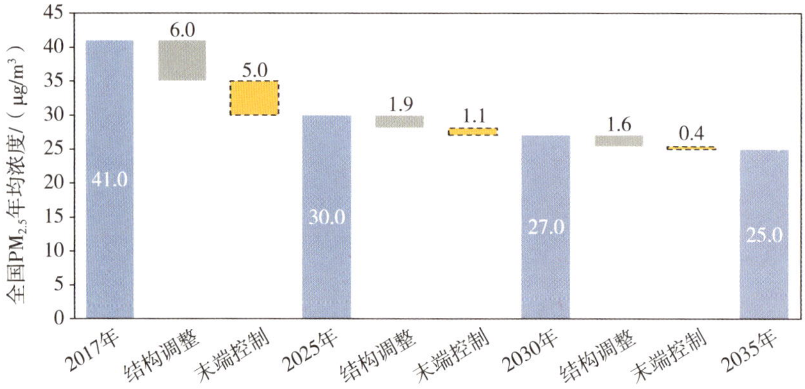

图 7-14　$PM_{2.5}$ 浓度目标约束下的末端控制需求

基于行业末端控制成本，通过价格排序，基于价格从低到高的原则逐步选择加严末端控制的行业，直到满足各阶段的空气质量目标。2017—2025 年，要满足末端控制使全国 $PM_{2.5}$ 浓度下降 5 μg/m³ 的目标，可依次加严平板玻璃、其他建材、水泥、燃气锅炉、燃煤锅炉、其他冶金以及电力行业的末端控制，分别贡献 0.1 μg/m³、1.3 μg/m³、1.2 μg/m³、0.1 μg/m³、1 μg/m³、0.3 μg/m³、1 μg/m³。除电力外，其余行业均采用最佳可行性技术释放所有减排潜力；电力行业末端控制在 2025 年的浓度下降潜力为 2.9 μg/m³，在 2025 年仅需贡献浓度下降潜力的 34.4%。2025—2030 年，除保持 2025 年已有的末端控制水平外，释放电力行业末端治理措施所有的浓度下降潜力，可以实现 2030 年全国 $PM_{2.5}$ 平均浓度下降至 27 μg/m³。至 2035 年，欲实现全国 $PM_{2.5}$ 浓度下降至 25 μg/m³ 的目标，需要在 2030 年末端控制水平的基础上，加严钢铁行业末端控制水平，使 $PM_{2.5}$ 浓度相对 2017 年下降 1 μg/m³。2035 年，钢铁行业末端控制的浓度下降潜力为 1.3 μg/m³，无须全部释放即可实现空气质量目标。氧化铝和焦化两个行业成本相对较高，因此在实现 2035 年浓度目标时仍未考虑这两个行业的末端控制措施。

相同行业均采取最佳可行技术的末端控制措施后，其对 $PM_{2.5}$ 浓度下降的贡献在不同年份的值是不同的，这与活动水平的变化相关。因此同一行业在释放末端控制的所有浓度下降潜力后，其 $PM_{2.5}$ 浓度下降贡献在不同年份有所差别。具体如图 7-15 所示。

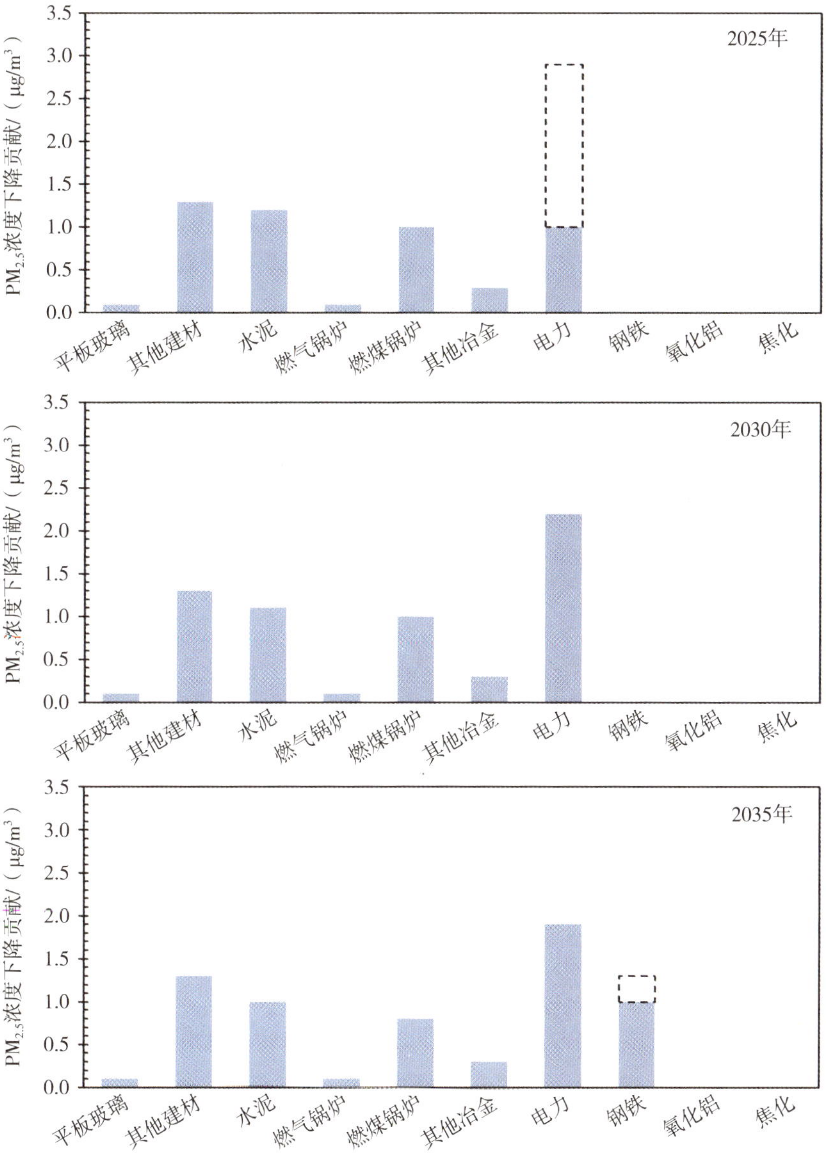

图 7-15　$PM_{2.5}$ 浓度目标约束下的行业末端控制浓度下降贡献

注：图中所有结果均代表 2017 年至目标年份，行业末端控制措施贡献 $PM_{2.5}$ 浓度下降量。虚线框代表行业在对应年份仍有推动 $PM_{2.5}$ 浓度降低的潜力。

8 面向“美丽中国”的空气质量改善政策路线图

我国逐步建立了较为完善的大气环境管理体系，以保障大气环境保护工作的高效有序开展，但是实现2035年“美丽中国”目标是一项艰巨的任务，除通过加大防控投入、强化工程治理措施，为目标实现保障外，关键是要重视政策创新，通过法律、行政、经济与社会等多种政策手段的综合运用，从大气污染产生的源头、过程以及终端实施系统防控。

8.1 我国空气质量管理现状

8.1.1 法规标准体系不断完善，成效显著

我国逐步建立了较为完善的大气环境法律法规和标准体系，大气环境保护工作的高效有序开展，需要以科学、完善的法律法规体系作为保障与支持。目前制定了许多相关的大气环境保护法律法规，有力地保护和改善生活环境与生态环境，防治大气污染，保障人体健康，促进社会主义生态文明建设的发展。

在大气污染防治法制建设方面，党的十八大以后，坚持走党内法规和国家立法相结合的特色法治道路，针对中国的实际，在现有环境保护国家法律法规的基础上，创建了环境保护党政同责、中央环境保护督察、生态文明建设目标考核等具有中国特色社会主义的体制、制度和机制。2015年修订的《大气污染防治法》于2016年实施后，这些改革措施得到了长足的发展，破解了以前有法难依、执法难严、违法难究的难题，撬动了整个大气环境保护的大格局，成效显著。大气环境保护执法与督查具有要求从严、方法从严、督查从严、内容充实、运行扎实、保障坚实等特点，在具体的实施上，强化顶层设计、强化压力驱动、强化重点治理、强化督查问责。在协同治理方面，做到了规划统一、目标统一、标准统一和措施统一，

丰富和发展了联合预警和交叉执法机制。在大气污染防治的成效方面，过去五年在严格环境法治的保障下，各级党委和政府能够以前所未有的决心和力度治理环境污染，重拳整治大气污染，过去五年重点地区空气质量明显改善。大气污染治理力度有所强化、大气污染治理手段趋于丰富、大气污染源针对性更加准确、大气污染总量控制实现目标、大气污染治理速度超出预想。

以《环境空气质量标准》（GB 3095—2012）发布为标志，中国环境管理开始由以控制环境污染为目标导向，向以改善环境质量为目标导向转变。按照《国家环境保护标准“十三五”发展规划》，到“十三五”末期，中国将在“十二五”47 项大气固定源标准的基础上制定和修订形成由约 70 项大气固定源标准构成的覆盖全面、重点突出的大气污染物排放标准体系。目前，中国各项污染源排放标准不断健全，污染物排放指标增多、排放限值趋于严格，代表着中国的技术水平不断强化的结果。通过不断加严的排放标准，中国电厂的超低排放已经达到国际领先水平。统计显示：2005—2012 年，全国燃煤机组脱硫比例由 14% 升至 92%；在发电量增长 90%、发电用煤量增长 80% 的情况下，SO_2 排放量降低 40%。

8.1.2 管理体制进入深刻调整阶段

中国的环境管理机构经历了多次调整和变革升级，自 1974 年国务院成立原环境保护领导小组以来，先后经历了从原国务院环境保护领导小组到原城乡建设环境保护部环境保护局，再到原国家环境保护局（副部级）、原国家环境保护总局（正部级）和原环境保护部，2018 年 4 月 16 日，生态环境部正式揭牌，至今已形成了一个能适应环境规划与管理需要的完整体系。中国不仅有专门针对大气污染防治的大气环境司，还加强了区域污染的防治，如京津冀及周边地区大气环境管理局，承担各项空气质量保障工作。在发展过程中，改革大气环境管理体制后，创新性地建立了适合中国大气环境问题的区域联防联控机制。

在总结国内实践经验和借鉴国外有效措施的基础上，中国开始构建大气污染联防联控制度。2014 年修订的《中华人民共和国环境保护法》明确规定要建立跨行政区域的联合防治协调机制，这是中国首次在法律层面对区域污染的联合治理做出规定。随后在修订《中华人民共和国大气污染防治法》时，大气污染联防联控的工作机制被以法律的形式确定下来，包括定期召开联席会议、划定重点防治区、制订区域联合防治行动计划、重要项目环评会商、信息共享、联合执法等。

8.1.3 监管工具仍有很大优化空间

从政策工具类型来看，中国空气质量管理中命令—控制型政策工具、经济激励型政策工具、公众参与型政策工具等政策工具比较完备。但是，各类政策工具的深度、广度、有效性亟待提高，集中表现在跨区域之间缺乏高效协作能力，大气污染减排的经济政策不健全，大气污染监管薄弱，“一刀切”和数据造假等方面。比如，排污许可制度处在改革中，尚未有效建立。环境税规模比较小，尚不能有效发挥作用。另外，排污权交易、总量控制等多种政策工具需要进一步完善。

从政策工具自身及实施角度来看，还存在政策工具优化的空间，实施效果还有待改进。主要问题包括：第一，命令—控制型政策工具忽略了不同企业的技术差异以及污染物处理的边际成本差异，易造成资源浪费。同时，该政策也缺乏灵活性，限制了污染物处理方式的选择空间，技术创新动力不足。第二，经济激励型政策工具自身设计及执行方面存在不足影响了政策执行的效果。一是政策管理和保障制度不完善，导致政策执行难以达到预期效果；二是该政策工具缺乏统筹性和协调性，导致政策效果难以充分发挥；三是市场主体发育尚未成熟，难以充分发挥市场在资源配置中的决定性作用。第三，公众参与型政策“重发布、轻行动”，政策工具效应发挥还有较大提升空间。目前公众参与型政策工具对公众信息反馈途径、监测过程参与等制度文化建设较为被动和局限。

8.1.4 大气环境管理机制不断拓展

“十一五”开始实施主要污染物减排目标责任考核。“十二五”增加了主要污染物减排指标，减排目标责任体系注重约束性指标完成情况，开始关注政府相关部门常态化的环境保护分工机制；“十三五”期间，环境目标考核从强调主要污染物总量减排调整到以环境质量为核心，特别是污染防治攻坚战和蓝天保卫战的考核体系得到了进一步加强，强调建立生态环境保护领域相关部门常态化的分工机制。2016 年后，中国的环境保护目标责任体系建构进入了新阶段，引入了生态文明建设综合评价考核和中央环保督察制度，通过建立领导干部生态环境损害终身追责制度和生态环境保护督察制度来落实“党政同责、一岗双责”。

灵活采取多种方式推进大气质量提升，通过制定大气防治方案、“2+26”京津冀大气污染传输通道治理、中央环保督察、约谈环保负责人、构建“十三五”资源环境约束性指标等政策手段，实现了重点大气环境质量总体上转变的目标。不断创新大气环境管理机制，《大气污染防治行动计划》强化了中央政府空气质量目标管理，创新建立了中央和省级两级环保督察制度，中央政府检查省级政府，省级政府检查地市政府，通过自上而下的方式动员、调动各种资源，以上级权威强力推进环保监督管理工作，既要检查污染企业，更要检查地方政府，在短期内取得了明显效果。中央政府在逐级分解目标任务之后，通过强化督查的工作机制，建立了可量化的大气污染防治重点任务完成情况指标体系，通过分数权重的设置，突出了考核重点污染源的措施落实情况；量化问责机制将大气污染治理任务与市县政府责任捆绑在一起，问题数量与需要问责的领导层级挂钩，推动了地方政府切实履行大气污染防治责任。

8.1.5 监管能力仍需要提升

当前需要建立长期有效的环境监管体系，深入推进环境监管体制改革，提升环境监管能力。不能单纯依赖环保督查，比如中央环保督察和地方环保督查发现的问题很大程度上存在重复性、反复性。地方为了迎接环保督查“一刀切”行为仍然存在。诸如排污许可证、排污权交易中，企业上报的排放数据是否准确，配额分配是否公平公正，不履约企业如何处罚，如何建立市场风险预警与防控机制，这些监管问题都需要中央和地方、各部门各机构的协同管理。

监管水平仍然存在较大差距。应对监管与考核方法的治理和管理造假依旧众多。首先是企业污染物排放监测数据作假。根据原环保部督查组的反馈，2017 年 1 月以来，很多地方的企业环境监测数据造假，有的通过监测软件造假，有的通过检测设备造假，有的采取检测方式作假。由于基层环境保护部门专业性不强，在现场发现不了问题，所以企业数据作假的现象反弹。在 2018 年的中央环境保护督察“回头看”期间，也发现了类似的问题。其次是环境质量监测数据作假。2016 年，为了应对环境质量考核，西安市两个环保分局就卷入大气质量监测数据作假的事件中，在原环保部和公安部的直接干预下，几名责任人被刑拘。在此事件的警示下，地方环保部门环境质量监测数据作假的情况少多了，但是仍然时有发生。若在全国尽快建立统一的生态环境监测网络，此类事件应当会更少。再次是企业治理污染作假。有的企业等监管人员来了就开启环境污染治理设备，待监管人员走了就关闭治理设施；在重污染天气期间，有的企业本应限产却不限产，本应停产却不停产，仍然开足马力生产。这反映出地方平衡经济增长和环境保护工作的能力非常有限。

获取环境信息能力显著改善，但是仍需进一步改进。获取环境信息能力显著改善，一方面是更新或提升现有老旧监控设备，另一方面是增加监控点位数量。截至 2015 年年底，中国共建成环境空气质量监测点 3 360 个，其中国控监测点位数 1 436 个。而 2013—2015 年，“国控点”数量没有增加又需要更新，《国家空气监测城市站运行管理规定》明确：“原则上，以 5～8 年为一个周期进行设备的更新换代。”根据 2015 年的全国环境统计公报数据，“国控点”之外已有空气质量监测点位 1 924 个。全国共有县级行政单位 2 851 个，未达到国控点外的精细化监控，因此整个“十三五”规划期间（从 2015 年年底算起）仍然有新增大量空气质量监测点的空间。虽然，目前在中国共布局了超过 5 000 个环境空气质量监测站，堪称世界之最，监测预报预警、信息化能力与保障水平也都有较大提升；已经布局了颗粒物组分的监测，并正在布局光化学监测，为中国中长期精细化污染成因分析提供数据支撑。但是，具体来看，目前大多数城市没有开展 VOCs 等大气污染物的监测，数据质量控制薄弱，无法全面反映当前大气污染状况的状况，仍需要加强环境基础设施建设。

8.2 面向“美丽中国”的政策需求

在我国当前的发展阶段，实现 2035 年“美丽中国”目标是一项艰巨的任务。除通过加大防控投入、强化工程治理措施，为目标实现保障外，关键是要重视政策创新，通过法律、行政、经济与社会等多种政策手段的综合运用，从大气污染产生的源头、过程以及终端实施系统防控。

8.2.1 深化绿色发展和结构调整政策

未来一段时期，结构调整仍将是大气污染防治工作的重心，政策重心进一步从污染治理末端的污染防治向污染治理前端的发展源头调整，更加突出绿色发展和大气环境保护工作的深度融合，结构调整成为大气环境政策体系调控的主要领域，尤其是创新发挥好激励引导类政策工具的作用。

以非电重点行业超低排放补贴、电价阶梯激励政策为主要“抓手”促进产业结构绿色转型调整。深化工业行业超低排放政策，建立排放绩效导向、阶梯式激励、差别化补贴的超低排放补贴模式；完善节能环保产业“提质上档”驱动政策，加强税式优惠等政策激励；完善绿色产品生产与供给政策，继续推进完善绿色采购清单。

以补贴、电价改革为主要抓手推进能源节约利用与结构调整。完善清洁能源推广和提效政策，继续实施清洁取暖补贴政策，完善以财政投入为引导、金融资金和社会资本共同参与的投融资模式，扩大大气污染防治重点区域煤炭减量替代政策范围；协同建立健全用能权、排污权初始分配制度。

以补贴、税收优惠激励为抓手推进交通运输结构优化调整。通过多元投入、税收优惠等政策推进交通运输结构调整，推动实施新车碳排放标准；完善柴油货车税收优惠政策，扩大汽车消费税征收范围，进一步拉开汽油和柴油的消费税税率差距，加强细化车船税税额；制定实施岸电激励政策。

8.2.2 健全大气污染防治的法规标准体系

在法律法规层面，需要开展《中华人民共和国大气污染防治法》实施评估，推动法条的实施和逐一落实，并为下一阶段的修订提出建议，适时开展《中华人民共和国大气污染防治法》等修订研究工作。开展《中华人民共和国环境保护税法》的研究修订工作，细化 VOCs 征税范围等。出台区域大气污染防治条例，填补当前区域大气污染防治立法的空白，为京津冀及周边地区大气污染防治协同治理的实现营造良好的法治环境。制定机动车和非道路移动机械污染防治的管理办法，为相关领域污染防治提供法律基础。

在标准层面，一是要定期评估空气质量标准和评价规范执行情况，推动基于健康保护目的的空气质量基准标准研究，适时修订环境空气质量标准，以保障大气环境保护工作的连续性，推进我国空气质量的持续改善；二是针对 NO_x 和 VOCs 等污染物减排需求，制定 VOCs 产品质量标准，修订钢铁、水泥、平板玻璃等重点行业大气污染物排放标准，制定汽车制造、集装箱制造、包装印刷、家具制造、电子工业等 VOCs 排放量较大行业的排放标准。研究制定下一阶段轻型车和重型车排放标准。建立扬尘污染防治的技术规范和标准体系、重点行业大气氨排放控制标准和技术规范。

8.2.3 完善环境空气质量管理政策机制

健全大气环境质量管理政策机制，不仅要进一步强化考核落责，更要加强正向激励，形成政策链条和体系，在大气环境质量达标管理中充分发挥多种政策工具的协同作用。一是完善以考评为主的大气环境质量管理政策体系。推进建立完善的大气环境质量监测、评价、考核、责任、奖惩管理体系，并强化考核结果与财政资金等政策的衔接。二是完善环境质量管理的污染物总量减排制度，实施氮氧化物和挥发性有机物排放总量控制。三是完善城市大气环境质量达标管理体系，推进城市空气质量达标和持续改善。

8.2.4　优化市场经济政策

需要进一步提升市场经济政策在大气环境政策体系中的地位和作用，更加注重经济政策的完善、政策手段组合优化调控，增进政策调控功能和实施效能。一是完善财政政策。健全生态环境财政预算支出制度，改革节能环保财政账户，全面建立大气环境质量改善绩效导向的财政资金分配机制，补贴从生产端为主逐步调整到消费端为主，补贴方向调整为针对大气环境保护的技术创新应用。二是深化绿色税费价格政策机制改革。包括完善环境保护税、绿色税收优惠等相关税收政策，调整环境保护税征收调控范围。三是研究建立大气环境补偿机制。四是完善绿色金融体系。引导和鼓励重点区域探索设立绿色发展基金，健全绿色资本市场，完善环境信用评价和上市公司环境信息披露制度。

8.2.5　建立健全大气环境治理体系

大气环境治理需要充分发挥各方治理主体的积极性、自觉性和能动性，各负其责、各司其职，最大限度地动员各相关方力量。一是完善区域大气环境管理政策机制，通过强化标准统一、环评会商、完善区域信息共享等机制等，完善重点区域大气污染联防联控机制。二是完善固定源排污许可制度，建立基于环境容量管理的排污许可制，以排污许可证为核心，加快整合点源管理手段，强化许可证实施监管，完善排污许可证管理技术体系。三是建立以达标监管为核心的移动源全过程达标排放制度。四是推动形成全民行动体系，提升全民参与大气环境治理的意识和能力，形成党委领导、政府主导、企业实施、社会参与的大气环境治理格局。

8.3 推动空气质量改善的政策清单

推动空气质量的改善，除需要加强已有政策的落实执行外，更要重视开展政策创新，通过出台和深入推进政策实践，解决大气污染防治工作面临的新问题。根据政策需求分析，对政策措施进一步具体、细化，落实到政策文件、管理实践中，形成推动空气质量改善的政策清单。

本书将政策分为法律规制型、行政管制型、市场经济型、社会参与型共四种类型。法律规制型手段主要是指通过制、修订有关法律法规、标准，创新司法和执法手段，推进法律法规落实的政策；行政管制型政策主要指政府部门通过行政公权力实施的指令性政策；市场经济型主要指利用市场力量，通过经济政策手段调控大气污染防控行为的政策手段；社会参与型政策指充分发挥社会舆论力量，促进政府、企业和社会各界广泛参与的政策。

8.3.1 法律法规型

（1）修订《中华人民共和国大气污染防治法》等相关法律法规

开展《中华人民共和国大气污染防治法》实施评估，推动法条的实施和逐一落实并为下一阶段的修订提出建议，适时开展《中华人民共和国大气污染防治法》修订。修订的重点是增加区域大气污染联合防治、VOCs 源头管控、移动源环境监管、重污染天气应对和绩效分级管理、第三方责任落实等相关内容，着力解决大气环境违法行为调查取证难、处罚难等问题。

研究修订《中华人民共和国环境保护税法》，完善 VOCs 执法条款，细化 VOCs 征税范围，将 VOCs 整体纳入环境保护税征管范畴；研究将涂料、油墨、胶黏剂、清洗剂纳入《中华人民共和国消费税法》征收范围；研究修订《中华人民共和国清洁生产促进法》，明确企业使用低 VOCs 含量原辅材料的法律责任。制订非道路移动机械污染防治管理办法，为工程机械、农用机械等非道路移动源环境管理提供法律依据。

（2）出台针对区域大气污染防治的法规

尽快出台《京津冀及周边地区大气污染防治条例》，合理划分区域大气环境管理各方事权，进一步补充和完善区域大气污染联防联控机制，通过合理配置权力与义务，充分调动区域内的资金、技术、人才等各种资源为大气污染联防联控服务，促进区域环境空气质量的长期稳定改善。

（3）进一步修订环境空气质量标准

我国的环境空气质量标准首次发布于1982年。1996年进行第一次修订，2000年进行第二次修订，2012年进行第三次修订。平均的修订时间间隔为10年左右。2012年修订中首次纳入$PM_{2.5}$指标，参考了WHO提出的针对$PM_{2.5}$控制的第一过渡时期的限值，与WHO的$PM_{2.5}$浓度指导值相比仍高出2.5倍。随着我国大气污染防治的进展，越来越多的城市达到《环境空气质量标准》（GB 3095—2012）规定的$PM_{2.5}$浓度限值要求，应当适时再次修订环境空气质量标准，用更严格的标准推动我国城市$PM_{2.5}$浓度的进一步下降。考虑到目前$PM_{2.5}$污染现状及“美丽中国”对大气环境的要求，在2030年我国大部分城市可达到《环境空气质量标准》（GB 3095—2012）的浓度限值要求。据此，下一步应该在2025年前后进行空气质量标准的修订工作，基于各种大气污染物的环境浓度对人体健康的影响，平衡大气污染影响与控制的可达性，最终提出标准限值。

（4）制（修）订重点行业和领域排放标准、产品质量标准

修订钢铁、水泥、平板玻璃、砖瓦等行业排放标准，重点强化氮氧化物及颗粒物无组织排放控制要求。制定汽车制造、集装箱制造、包装印刷、家具制造、电子工业等VOCs排放量较大行业排放标准，修订石油炼制、石油化学、合成树脂等行业排放标准，强化VOCs控制要求。目前正在制定《铸造工业大气污染物排放标准》《农药工业大气污染物排放标准》《电子工业大气污染物排放标准》《石灰与电石工业大气污染物排放标准》《矿棉工业大气污染物排放标准》《包装印刷业大气污染物排放标准》《皮革制品工业大气污染物排放标准》7项标准，修订《无机化学工业污染物排放标准》（GB 31573—2015）、《砖瓦工业大气污染物排放标准》（GB 29620—2013）、《钢铁烧结、球团工业大气污染物排放标准》（GB 28662—2012）、《轧钢工业大气污染物排放标准》（GB 28665—2012）、《玻璃工业大气污染物排放标准》（GB 26453—2011）5项标准。

健全VOCs产品质量标准，重点研究制定家用洗涤剂、汽车专用产品、杀虫气雾剂等居民消费品VOCs含量限制标准；不断扩大低VOCs产品标准的覆盖范围，逐渐从生产领域延伸到消费领域。

研究下一阶段轻型车和重型车排放标准。制定燃用甲醇汽油汽车、国五摩托车、国五非道路柴油移动机械、国三非道路小型点燃式发动机、非道路大型点燃式发动机、铁路内燃机车和在用船舶排放标准。

建立扬尘污染防治的技术规范和标准体系。修订防治城市扬尘污染防治技术规

范。研究制定建筑施工扬尘排放标准、道路扬尘评价标准、渣土车扬尘污染防治技术规范和扬尘在线监测系统建设及运行技术规范。

完善大气氨排放控制要求与政策体系。修订或编制重点行业大气氨排放标准，制（修）订重点行业大气氨控制技术规范，制定大气氨排放监测技术规范等。

8.3.2 行政管制型

（1）完善以大气环境质量改善为核心的考核评价机制

将大气环境质量指标作为对地方党委和政府的硬约束，进一步强化考核落责，并加强正向激励。对大气污染治理任务贯彻实施情况进行考核，对超额或提前完成大气环境质量改善目标的地区，大气污染防治专项基金分配适当倾斜；对考核不合格、污染严重、问题突出的地区，由生态环境部门会同有关部门公开约谈地方政府主要责任人，提出整改意见，予以监督。

（2）坚持和完善主要污染物排放总量控制

我国主要污染物排放总量仍处于高位，超过环境承载力范围，部分地区超载严重，部分行业污染物排放总量大、强度高。我国主要污染物排放总量是美国、欧盟的 2～3 倍。相关研究提出，京津冀地区空气质量要与气象条件脱钩，至少还需要在 2017 年的基础上再减排 60%～70%。要实现 2035 年“美丽中国”的大气环境质量目标，则要求污染物排放总量大幅下降，坚持并完善总量控制制度，持续削减 NO_x 和 VOCs 等主要污染物排放总量。

（3）完善城市空气质量达标管理机制

《大气污染防治法》明确提出“防治大气污染，应当以改善大气环境质量为目标”，要求“未达到国家大气环境质量标准城市的人民政府应当及时编制大气环境质量限期达标规划，采取措施按照国务院或者省级人民政府规定的期限达到大气环境质量标准”。推动环境空气质量达标是城市人民政府的法律职责，需继续完善城市空气质量达标管理机制，未达标的直辖市和设区市要编制并实施空气质量限期达标规划，明确达标路线图及污染防治重点任务；达标期限较长的城市，应明确空气质量改善阶段目标，并对实施进程动态管理，并依据空气质量改善情况等，适时修订达标规划。

（4）构建区域大气环境管理的长效机制

健全区域环评会商机制。统一环评会商中的评价要素、准入门槛等要求，明确项目环评会商中各级部门的权责划分，落实操作流程，切实发挥区域环评会商的效力。

建立重点地区煤炭消费总量控制约束性制度。制定国家煤炭消费总量控制目标，强化指标分解、煤炭消费量统计、监督考核等管理机制，切实落实煤炭消费总量削减任务。

建立跨区域执法调度。在跨区域重点案件查处或重点时段、重点区域等专项执法检查期间，统一调度使用各地环境执法人员、执法装备，建立健全环境执法资源共享机制，发挥环境执法资源整合效益。

建立区域环境大数据管理平台，实现区域内空气质量数据、重点污染源数据、应急减排清单、大气环境管理政策等信息的互联共享和动态更新。充分运用大数据、云计算构建区域大气环境污染形势分析、多源数据融合检索与分析系统，实现重点行业、企业排污形势及减排潜力分析、特征污染物污染形势分析、机动车数据综合分析与排放控制等。

（5）完善固定源排污许可制度

建立以改善环境质量为核心，分区分类、精准施策的排污许可限值核定与管理体系。逐步推进火电、钢铁、水泥等重点行业排污许可证申请与核发技术规范的修订工作；逐步实现以改善环境质量为核心的排污许可限值管理的全覆盖。推进排污许可制与其他环境管理制度的有效衔接，建立排污许可与环境影响评价、总量控制、监督性监测、排污权交易等生态环境管理制度衔接融合的工作机制。

（6）建立移动源达标排放监管制度

完善以新车（非道路机动机械）源头管控为核心的移动源全过程监管制度。建立涵盖生产、注册登记、使用、报废等全生命周期的移动源达标排放及监管体系。强化新生产机动车和非道路移动机械环保信息公开、生产一致性和在用符合性检查，确保生产、进口的车辆（非道路机动机械）达标排放。建立多部门协调配合的非道路机动机械环保监管制度，形成编码登记、排放检测、超标处罚撤场等全链条管理。

8.3.3 市场经济型

（1）完善价格政策

深化工业企业超低排放电价支持政策。建立排放绩效导向、阶梯式激励、差别化补贴的超低排放补贴模式。继续实施燃煤电厂超低排放电价支持政策。鼓励各地结合实际对限制类、淘汰类企业，以及开展超低排放改造的钢铁、水泥等行业企业实施差别化电价政策。

落实“煤改电”“煤改气”价格政策。在峰谷分时电价、阶梯电价、电力市场化交易等方面加大工作力度，减少供气层级降低天然气输配价格，取消天然气开户费，保障民生用气用电价格基本稳定。

采用“财政适度补贴 + 铁路适度降价 + 货主适度承担”方式，缩小铁路运价与公路运价之间的差异。

（2）健全财政税收激励政策

完善 VOCs 税收政策。将 VOCs 整体纳入环境保护税征管范畴，充分考虑企业治理水平实行差别化征税政策，所得税款专项用于企业 VOCs 治理；扩大含 VOCs 产品消费税征收范围，对溶剂型涂料、油墨、胶黏剂、清洗剂征收消费税，激励生产企业从源头上削减 VOCs 排放量。

完善节能环保产业“提质上档”驱动政策，加强税式优惠等政策激励；加大中央财政资金对北方地区清洁取暖工作的支持力度，扩大试点城市范围，对试点城市完成改造的清洁取暖用户实施运行补贴政策，各地要切实采取措施，多渠道募集资金，确保改造后三年不退坡。

研究建立汽车生产企业领跑者激励机制，对满足要求的产品或生产企业适当减免税收。完善新能源汽车免征车辆购置税、节能、新能源车船减免车船税的政策。扩大汽车消费税征收范围，进一步拉开汽油和柴油的消费税税率差距，加强细化车船税税额；制定实施岸电激励政策。延续车购税支持集疏港铁路建设政策，将铁路专用线建设纳入国家绿色发展基金支持范围。

（3）建立区域大气环境生态补偿机制

建议探索建立区域大气环境生态补偿机制，结合区域大气污染问题的实际情况，按照“谁保护、谁受益，谁污染、谁付费”的原则，考虑不同补偿制度的适用条件和效果，从补偿主体、补偿方式、补偿标准、资金来源等方面设计区域大气环境生态补偿制度框架。在补偿方式上，依据空气质量考核结果，对环境空气质量同比改善的省（自治区、直辖市）安排生态补偿资金，对环境空气质量同比恶化的省（自治区、直辖市）扣缴生态补偿资金。统筹生态补偿资金的收集和使用，补偿资金应专项用于大气污染防治。在补偿标准方面，应针对区域空气质量改善目标，确定具体的生态补偿标准区间。通过建立科学互信的生态补偿标准研究和测算体系，寻找区域内各省（自治区、直辖市）对环境质量诉求和发展诉求的最大公约数。

8.3.4 社会参与型

（1）推进信息公开

以大气环境质量信息和企业大气环境信息为重点，推进监管部门、排污单位环境信息以及建设项目环境影响评价信息公开。①各省（自治区、直辖市）要公布本行政区域内地级及以上城市环境空气质量排名，鼓励对区县环境空气质量排名。各地要公开重污染天气应急预案及应急措施清单，及时发布重污染天气预警提示信息。②重点排污单位应及时公布自行监测和污染排放数据、污染治理措施、重污染天气应对、环保违法处罚及整改等信息。已核发排污许可证的企业应按要求及时公布执行报告。③机动车和非道路移动机械生产、进口企业应依法向社会公开排放检验、污染控制技术等环保信息。

（2）积极开展多种形式的宣传教育

通过政务微博、公众号、新闻发布会、媒体通气会、短视频、网络直播等便于公众知晓、喜闻乐见、生动活泼的方式，公布空气质量、环境执法、重污染天气应急等信息，广泛宣传空气质量改善行动计划相关政策、举措，积极开展相关宣传及教育活动，体现公众知情权、参与权、监督权，强化环境法制观念，在全社会形成生态环保的价值观念、思维方式和行为模式。

（3）大力推动公众参与大气环境保护

教育动员公众积极践行低碳、环保、绿色的生活方式，自觉从自身做起，从小事、身边事做起。大力普及大气环境与健康基本理念、基本知识和基本技能，提升公民环境与健康素养，引导公众做好重污染天气卫生防护。

8.4 推进空气质量改善的政策路线图

按政策调控的领域对政策清单中的具体政策进行了分类，并在路线图中明确了各项政策的推进路径。推进空气质量改善的政策路线图见表 8-1。

表 8-1 推进空气质量改善的政策路线图

政策领域	具体政策措施	政策推进路径		
		2021—2025 年	2026—2030 年	2031—2035 年
健全法规标准体系	修订《中华人民共和国大气污染防治法》	开展实施评估	开展修订	推进实施
	修订《环境保护税法》，完善 VOCs 执法条款，细化 VOCs 征税范围	开展修订	推进实施	推进实施
	制定区域大气污染防治条例	出台《京津冀及周边地区大气污染防治条例》	推进实施	推进实施
	制定非道路移动机械污染防治管理办法	制定出台	推进实施	推进实施
	修订《环境空气质量标准》	评估执行情况	修订	推进实施
	制（修）订重点行业排放标准	修订钢铁、水泥、玻璃、砖瓦等行业排放标准；制定汽车制造、集装箱制造、包装印刷、家具制造、电子工业等行业排放标准；修订石油炼制、石油化学、合成树脂等行业排放标准	根据空气质量改善需求，开展制定重点行业更严格排放标准的相关研究	根据空气质量改善需求，开展制定重点行业更严格排放标准的相关研究
	健全 VOCs 产品质量标准	研究制定家用洗涤剂、汽车专用产品、杀虫气雾剂等居民消费品 VOCs 含量限制标准	扩大标准覆盖范围，从生产领域延伸到消费领域	根据空气质量改善需求，开展制定更严格产品质量标准的相关研究
	研究制定下一阶段轻型车和重型车排放标准	研究制定	推进实施	根据空气质量改善需求，开展制定更严格排放标准的相关研究
	制定非道路移动机械第五阶段	研究制定	推进实施	根据空气质量改善需求，开展制定更严格排放标准的相关研究

续表

政策领域	具体政策措施	政策推进路径		
		2021—2025 年	2026—2030 年	2031—2035 年
健全法规标准体系	制定船舶第三阶段排放标准	研究制定	推进实施	根据空气质量改善需求，开展制定更严格排放标准的相关研究
	建立扬尘污染防治的技术规范和标准体系	制定扬尘在线监测系统建设及运行技术规范。研究制定施工扬尘排放标准、道路扬尘评价标准、渣土车扬尘污染防治技术规范等	推进实施	推进实施
	建立重点行业大气氨排放控制的技术规范和标准体系	制（修）订重点行业大气氨控制技术规范；制定大气氨排放监测技术规范	推进实施	推进实施
促进结构调整绿色发展政策	深化工业企业超低排放电价支持政策	完善燃煤电厂超低排放电价支持政策；针对钢铁、水泥等行业建立基于污染物排放绩效的差别化电价政策	建立排放绩效导向、阶梯式激励、差别化补贴的模式	继续实施
	落实“煤改电”“煤改气”价格政策	实施峰谷分时电价、阶梯电价；减少供气层级降低天然气输配价格；取消天然气开户费	—	—
	完善 VOCs 税收政策	将 VOCs 整体纳入环境保护税征管范畴，实行差别化征税政策；扩大含 VOCs 产品消费税征收范围，对溶剂型涂料、油墨、胶黏剂、清洗剂征收消费税	继续扩大含 VOCs 产品消费税征收范围	完善
	节能环保产业税费优惠	实施差别化补贴等优惠政策引导	建立市场化的节能环保企业绩效评价机制	完善
	清洁取暖补贴	完善以财政投入为引导、金融资金和社会资本共同参与的投融资模式	推进财政补贴退出	—

续表

政策领域	具体政策措施	政策推进路径		
		2021—2025 年	2026—2030 年	2031—2035 年
促进结构调整绿色发展政策	建立重点地区煤炭消费总量控制约束性制度	强化指标分解、煤炭消费量统计、监督考核等管理机制	推进实施	推进实施
	建立汽车生产企业领跑者激励机制	制定出台“领跑者”认定标准	推进实施	完善标准
	完善铁路专用线建设支持政策	将铁路专用线建设纳入国家绿色发展基金支持范围	持续支持	持续支持
	完善新能源车船税收优惠政策	完善新能源汽车免征车辆购置税、节能、新能源车船减免车船税的政策	推进实施	推进实施
	制定实施岸电激励政策	推动港口岸电执行大工业电价、免收容量电费政策	创新多渠道岸电服务支付方式	持续实施
完善环境空气质量管理机制	完善以环境质量改善为核心的考核评价机制	建立完善的大气环境质量监测、评价、考核、责任、奖惩管理体系	持续实施	持续实施
	完善城市大气环境质量达标管理体系	明确城市大气环境质量达标限期，编制实施城市大气环境质量达标规划	动态管理限期达标规划实施进程	动态管理限期达标规划实施进程
	完善环境质量管理的污染物总量减排制度	根据大气环境质量改善的阶段要求，分解减排目标任务	根据大气环境质量改善的阶段要求，分解减排目标任务	根据大气环境质量改善的阶段要求，分解减排目标任务

续表

政策领域	具体政策措施	政策推进路径		
		2021—2025 年	2026—2030 年	2031—2035 年
健全大气环境治理体系	完善区域大气污染联防联控机制	科学划定重点区域，实行分类管理；构建区域大气环境管理的长效机制	根据空气质量改善需求，调整重点区域范围；推进机制运行	根据空气质量改善需求，调整重点区域范围；推进机制运行
	完善固定源排污许可制度	推进火电、钢铁、水泥等重点行业排污许可证申请与核发技术规范的修订工作	实现以改善环境质量为核心的排污许可限值管理的全覆盖	持续实施
	建立移动源达标监管制度	建立以达标监管为核心的全过程达标排放制度	持续实施	持续实施
	建立跨区域执法调度机制	建立健全环境执法资源共享机制	持续实施	持续实施
	推动信息公开	推进监管部门、排污单位环境信息以及建设项目环境影响评价信息公开	持续实施	持续实施
	推动形成全民行动体系	提升全民参与环境治理的意识和能力，建立与完善人民环保监督员制度	持续推动	持续推动

9 长三角空气质量改善路线图和细化措施

本章系统分析了长三角空气质量时空演变和污染特征，基于“美丽中国”目标下全国空气质量改善预期，研究设定了长三角区域 $PM_{2.5}$ 浓度控制目标；预测了长三角区域未来 20 年社会经济和能源发展趋势，以及重点领域、重点行业污染物排放增长和减排潜力，框定了未来主要污染物排放的合理变化范围；采用情景分析的方法，预测了长三角区域中长期不同年份（2020 年、2030 年、2035 年）不同力度减排方案实施下的 $PM_{2.5}$ 浓度水平，对长三角区域空气质量改善目标的可达性进行评估；最后确定重点领域多污染物减排技术路径。

9.1 区域空气质量时空演变和污染特征

9.1.1 长三角区域主要大气污染物时空演变

9.1.1.1 区域 $PM_{2.5}$ 中二次组分占比逐年凸显

通过空气质量监测及关键组分长期观测结果发现，“大气十条”实施以来，长三角区域大气 $PM_{2.5}$ 浓度总体改善显著，但 $PM_{2.5}$ 年改善幅度逐渐收窄，改善难度增加，二次污染日益凸显，硝酸盐成为长三角区域大气 $PM_{2.5}$ 的首要无机组分，是 $PM_{2.5}$ 浓度进一步削减的关键制约因素。从 2014 年与 2019 年区域 $PM_{2.5}$ 组分对比来看，$PM_{2.5}$ 中硝酸盐组分占比已提升至 30% 左右，上升约 5 个百分点；同时，$PM_{2.5}$ 中的氮转化率（NOR）呈现明显上升趋势，表明二次生成的硝酸盐对区域 $PM_{2.5}$ 污染贡献日益突出。同时，区域中部二次有机组分贡献也呈现较快上升趋势，高强度 NO_x 和 VOCs 排放导致的二次组分上升已成为长三角区域 $PM_{2.5}$ 进一步削减的关键制约因素。具体如图 9-1 所示。

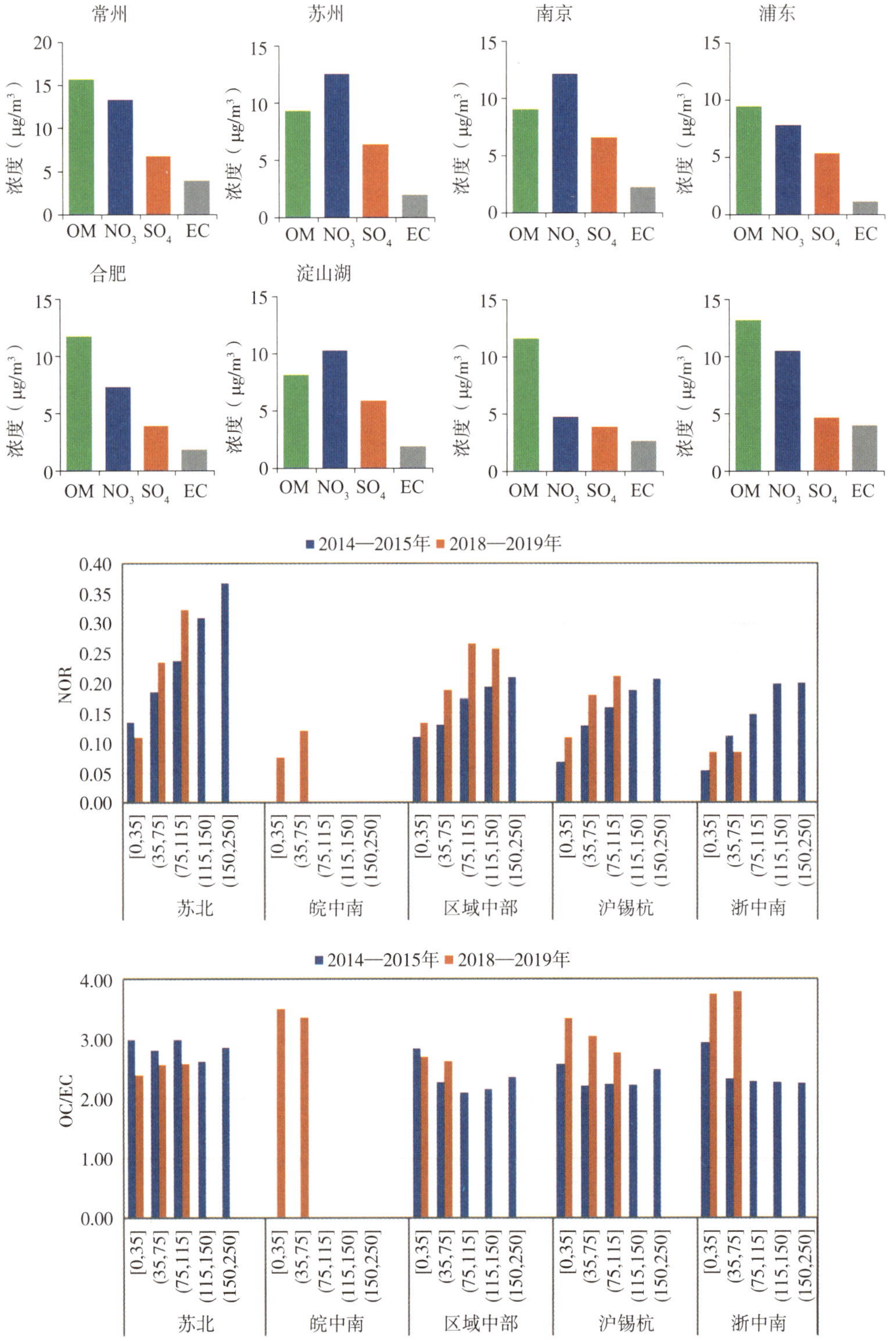

图 9-1 长三角区域 $PM_{2.5}$ 组分分布特征及其演变

9.1.1.2 区域大气氧化性日益增强，臭氧污染日趋显著

2013 年以来，长三角区域 O_3 污染呈较快上升趋势。2018 年长三角区域各城市 O_3 日最大 8 h 第 90 百分位浓度范围为 115～191 μg/m^3，41 个城市中仅有 14 个城市达标，在区域首要污染物中的占比升至 45% 左右。从空间分布来看，区域中北部和东部沿海主要城市 O_3 污染恶化最为显著，严重制约了空气质量的持续改善。具体如图 9-2 所示。

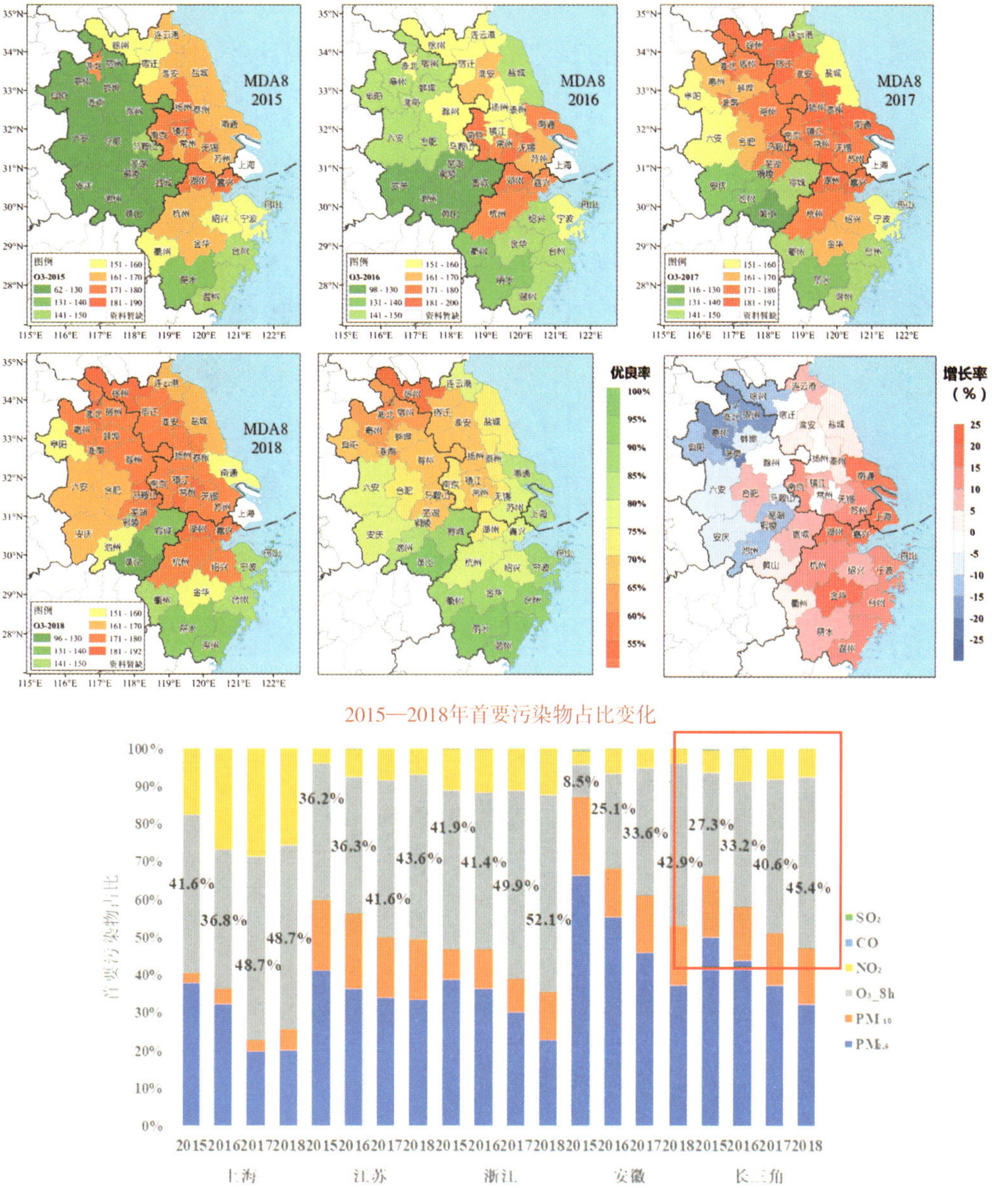

图 9-2 长三角区域空气质量优良率及 O_3 污染演变

9.1.1.3　高强度 NO_x 和 VOCs 排放是导致区域二次污染突出的核心问题

2015 年以来，区域 NO_2 浓度总体呈现缓慢改善趋势，尤其是区域中东部的上海、南京、无锡、常州、苏州、合肥、芜湖、铜陵、杭州等城市，与其高强度能源、产业和交通活动密切相关。区域挥发性有机物活性物种含量丰富，区域中部排放强度高。根据监测数据，长三角区域挥发性有机物浓度水平为 25.3～34.4 mol/m^3，平均为 30.1 mol/m^3，是发达国家城市的 2 倍左右。其中，芳香烃等活性组分相对贡献达到 20% 左右，相当于发达国家城市的 1.4～5 倍。从空间分布来看，长三角区域中部腹地苏南、浙北一带 VOCs 排放密集，对区域大气氧化性具有重要贡献。具体如图 9-3 所示。

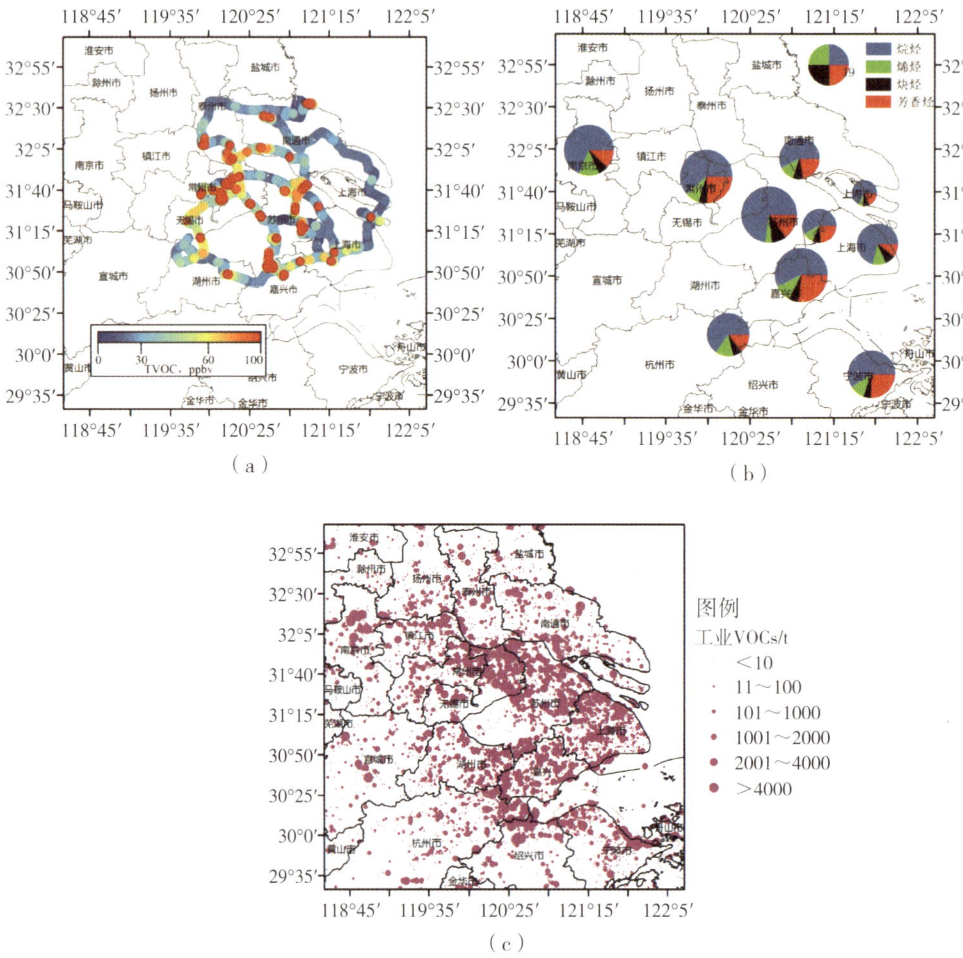

图 9-3　核心区域（a）VOCs 走航浓度、（b）超站观测浓度及（c）排放清单

9.1.2 区域气象条件和内外传输特征

9.1.2.1 区域重点传输通道聚类

选取长三角主要城市作为受体点，利用 HYSPLIT 模式对 2013—2019 年长三角区域进行 72 h 后向轨迹聚类分析，聚类结果如图 9-4 所示，依据气流轨迹方向和移动速度将长三角区域气流轨迹分为 5 类：北部沿海气流（聚类 A）、东北海面气流（聚类 B）、西南内陆气流（聚类 C）、西北内陆气流（聚类 D）和东南海面气流（聚类 E），其中聚类 A 和聚类 D 气流移动速度相对较快。

图 9-5 给出了 2019 年上海市污染同比恶化月份（3 月、5 月、7 月、8 月、10 月、11 月和 12 月）气流轨迹的占比变化情况，由图可知，与 2018 年同期相比，2019 年污染恶化月份来自西北方向的气流占比出现明显上升趋势，尤其是 3 月、5 月、7 月、8 月和 11 月，西北内陆气流（聚类 D）出现的概率上升了 12～24 个百分点，2019 年 3 月、5 月和 11 月北部沿海气流（聚类 A）出现的概率较 2018 年同期也有明显上升，升幅在 11～17 个百分点，表明西北长距离输送对长三角区域空气质量有明显影响。

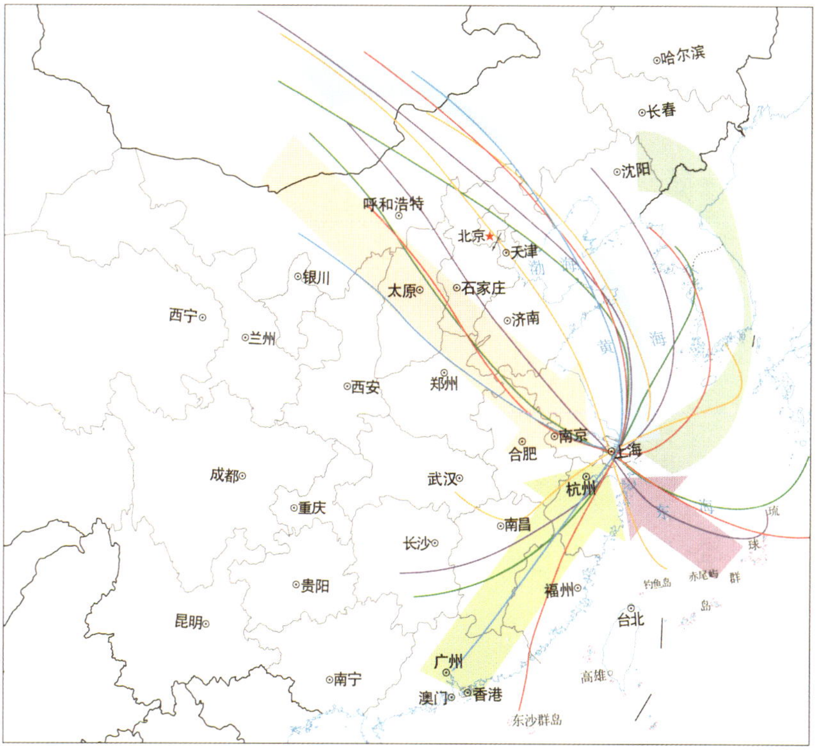

图 9-4　2013—2019 年长三角区域后向轨迹气流聚类

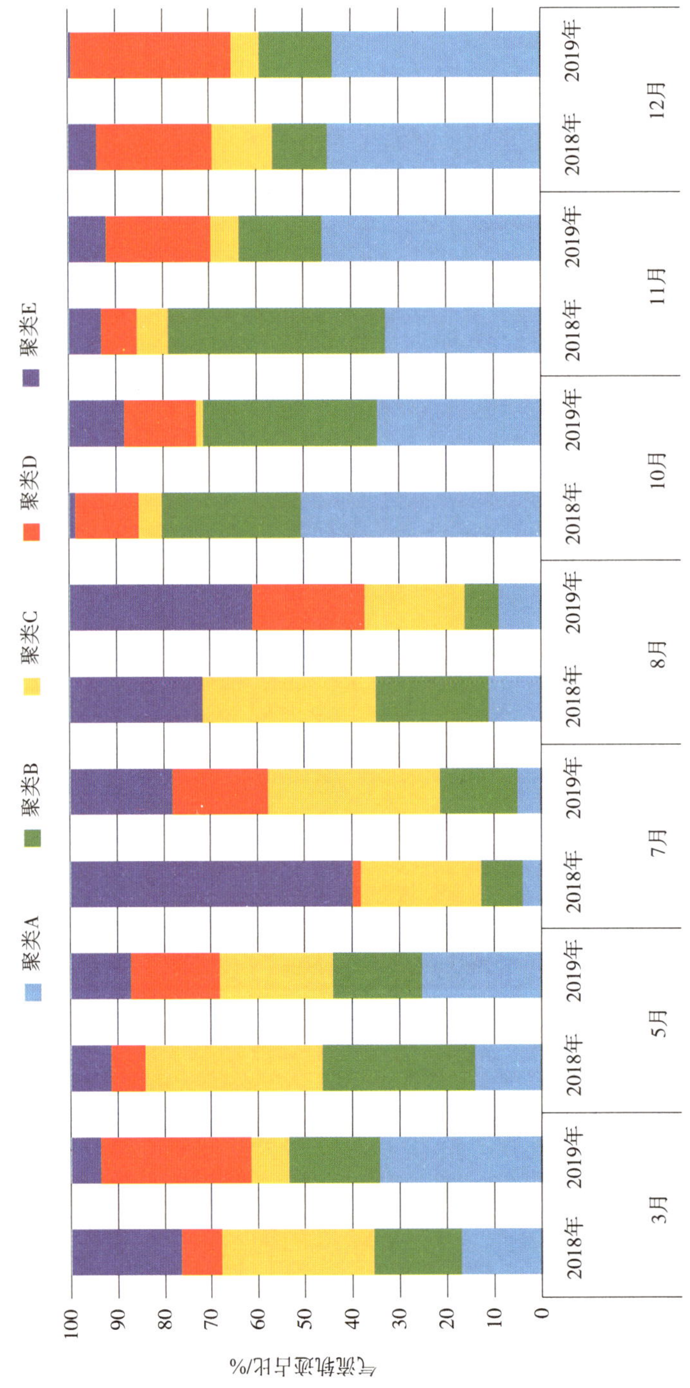

图 9-5 2019 年上海市污染同比恶化月份的气流轨迹占比变化

分区间相互输送的数值模拟结果表明，区域中部和上海周边地区排放对区域整体 $PM_{2.5}$ 和 O_3 污染的贡献较为突出，苏北和皖北地区对 $PM_{2.5}$ 污染贡献明显，长三角城市间相互传输影响在 $PM_{2.5}$、O_3 以及协同污染三种类型中均占主导，本地积累占比达 20%～40%。

9.1.2.2 污染气象敏感区

采用 WRF-CMAQ 空气质量模型，设置区域均一排放情景，模拟全年典型时段各类污染物浓度空间分布情况，分析在相同排放条件下的污染易累积区域。结果表明，在气象条件主导，排放源相同排放条件设置下，区域 $PM_{2.5}$ 呈现由沿海到内陆逐渐升高趋势，浓度阶梯分布特征显著，浓度高值分布区域更为集中，沿西北—东南、西南—东北形成了污染易集聚区。这与目前 $PM_{2.5}$ 浓度的空间分布基本一致，显示在同等排放条件下，区域内陆地带易发生污染现象，因此不宜布局重大排放源。具体如图 9-6 所示。

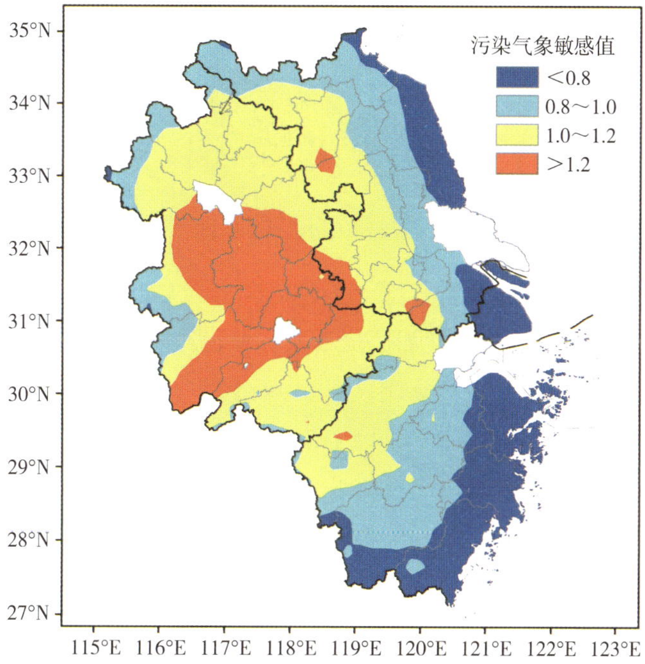

图 9-6 长三角地区均一排放下 $PM_{2.5}$ 模拟浓度空间分布

9.1.3 区域大气污染源排放现状

根据长三角三省一市大气污染源排放清单更新结果，2017 年，长三角区域主要人为源（不含船舶）共计排放 143.73 万 t SO_2、293.57 万 t NO_x、158.27 万 t 一次 $PM_{2.5}$、487.5 万 t VOCs，较 2014 年分别下降 54%、16%、17% 和 4%。2017 年船舶 SO_2 和 NO_x 排放量分别约为 11.49 万 t 和 29.88 万 t。

除 VOCs 外，其他污染物 2017 年排放量较 2014 年均显著下降。2017 年，工业锅炉、移动源、扬尘源和其他工业行业分别是全国 SO_2、NO_x、$PM_{2.5}$ 和 VOCs 排放贡献最大的行业，各自贡献的排放比例分别为 29%、33%、33% 和 37%。此外，钢铁排放的 SO_2、工业锅炉排放的 NO_x、民用源排放的 $PM_{2.5}$ 和溶剂使用源排放的 VOCs 也是主要的排放贡献源。具体见表 9-1。

表 9-1　2017 年长三角区域人为源大气污染物排放量　　单位：万 t

省份	SO_2	NO_x	VOC	PM	PM_{10}	$PM_{2.5}$	NH_3
上海市	5.72	22.47	41.82	34.43	12.37	5.62	5.44
江苏省	61.91	116.53	205.59	396.20	144.01	57.72	109.28
浙江省	33.88	67.64	148.35	222.06	77.53	30.76	36.27
安徽省	42.23	86.93	90.95	374.10	141.54	64.16	95.70
船舶	11.49	29.88	0.78	1.59	1.59	1.46	0.01
总计（不含船舶）	143.73	293.57	486.72	1 026.79	375.45	158.27	246.69
总计	155.22	323.45	487.50	1 028.38	377.04	159.72	246.69

从分担率变化来看，电厂和锅炉 SO_2 和 NO_x 排放占比明显下降，工艺过程源、船舶 SO_2 和 NO_x 排放占比显著增加，机动车和非道路移动源 NO_x 排放占比也有所增加。工艺过程源（包括工业溶剂使用源）和民用溶剂使用 VOCs 排放占比略有增加，分别达到 55% 和 11%，机动车源 VOCs 排放占比有所下降，一次 $PM_{2.5}$ 排放占比分布总体变化不大。

执行"大气十条"之后，各污染物排放的行业排序发生了不同幅度的变化。随着电力行业超低排放改造的完成，电力行业的排放贡献和减排潜力都在下降，未来应当重视非电行业的污染物减排。工业锅炉、窑炉对 SO_2 和 NO_x 排放贡献显著，应加强此类源的减排。2017 年移动源对 NO_x 排放贡献已经超过其他部门，汽油车的污染控制进展较快，而柴油车和非道路柴油机的污染控制仍具有差距，是未来大气污染防治工作的重点。

与 SO_2、NO_x 和 $PM_{2.5}$ 不同，长三角地区 2017 年 VOCs 排放量继续增长，主要原因在于电力生产、民用、移动源及工业锅炉等行业的累计减排量不足以抵消溶剂使用源的排放增长量。“大气十条”落实过程中长三角地区采取了挥发性有机物治理措施，如开展加油站、储油库、油罐车油气回收治理工作，石化与炼油行业展挥发性有机物综合整治工作、黄标车淘汰等。2017 年长三角地区电力生产、民用源、移动源及工业锅炉四个部门的 VOCs 累计排放较 2013 年下降了 23%，但由于整治项目行业覆盖面较窄，治理深度不够以及溶剂使用源 VOCs 排放未得到有效控制，使得 2013—2017 年 VOCs 总排放量上升，这也是今后落实工作中的重点和难点。

长三角地区沿长江和杭州湾一带腹地城市火电和锅炉排放密集，与该地区工业生产和居民生活密集直接相关，是长三角区域重点的排放地区。此外，江苏和安徽省北部以及浙江省沿海和南部城市的火电和锅炉排放也相对比较集中。除家具木材外，VOCs 排放的主要行业均主要集中在长三角东部沿海地区及沿长江一带，在夏季东南风主导风向下将对区域臭氧等二次污染形成重要贡献。相对而言，$PM_{2.5}$ 排放的主要工业行业较为分散，其中，钢铁、有色和水泥主要集中在长三角中部，砖瓦和采矿等行业主要集中在长三角西部，金属制品等行业主要集中在长三角东部。

9.2 长三角中长期空气质量改善目标和路线图细化研究

研究设定了长三角区域 $PM_{2.5}$ 浓度控制目标；接着预测了长三角区域未来 20 年社会经济和能源发展趋势以及重点领域、重点行业污染物排放增长和减排潜力，框定了未来主要污染物排放的合理变化范围；采用情景分析的方法，预测了长三角区域中长期不同年份（2020 年、2030 年、2035 年）、不同力度减排方案实施下的 $PM_{2.5}$ 浓度水平，对长三角区域空气质量改善目标的可达性进行评估；最后确定重点领域多污染物减排技术路径。

9.2.1 长三角区域中长期空气质量分阶段控制目标

9.2.1.1 基于 $PM_{2.5}$ 浓度聚类分析的长三角分区

（1）基于相关系数的城市分区分析

图 9-7 给出了长三角城市 $PM_{2.5}$ 日均浓度按照行政区划代码和地理位置排序的相关系数矩阵，从两图对比变化来看，邻近城市间存在显著的相关性，$R^2 \geq 0.8$。从城市分布来看，初步形成苏北皖北、苏中、苏南—上海—浙北、皖中四大显著相关区域。

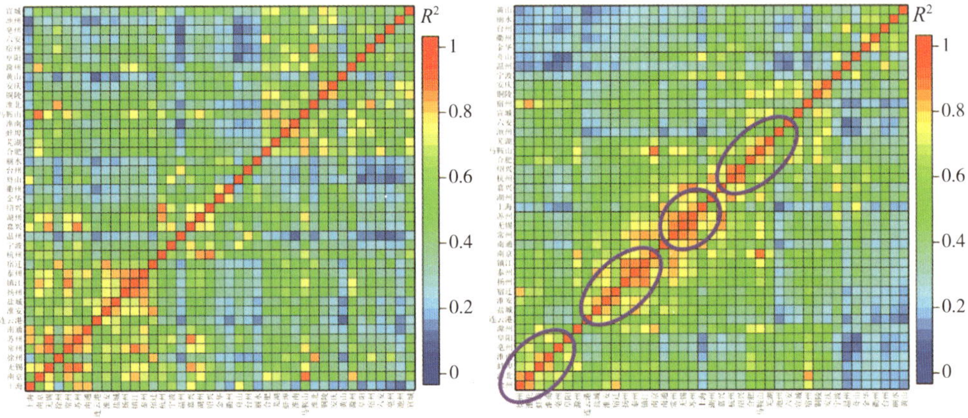

图 9-7　长三角城市 $PM_{2.5}$ 日均浓度相关系数矩阵（左按行政区划代码、右按地理位置排序）

（2）基于 R-cluster 聚类的城市分区分析

基于长三角城市 $PM_{2.5}$ 日均浓度的 R-cluster 聚类分区如图 9-8 所示，聚类结果与相关分析结果基本一致，从三聚类形成了西北—东南三阶梯分布，从细化的六～十二聚类结果来看，徐州、滁州、马鞍山、湖州、嘉兴等城市与邻近的其他省市聚合度高于其所在省份。以六聚类为例对 2015—2018 年分区 $PM_{2.5}$ 年均浓度进行分析，从结果来看，各类型的浓度演变呈现不同特征。

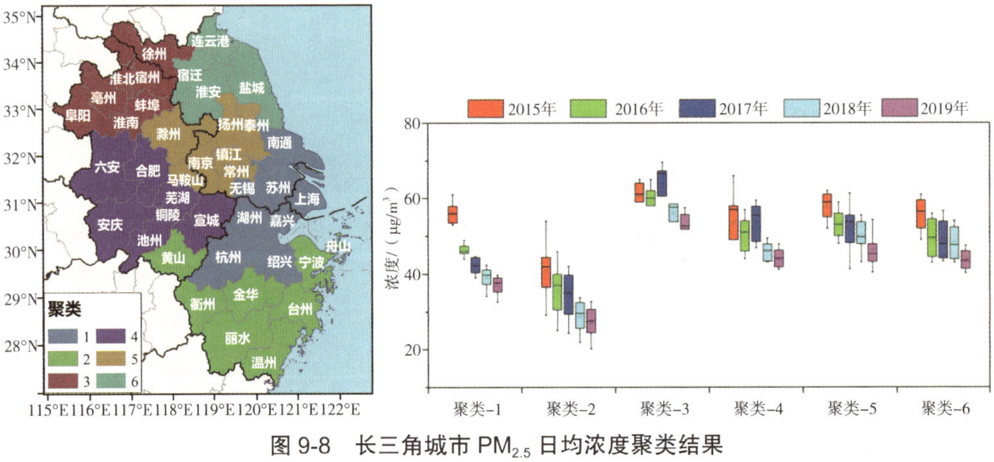

图 9-8　长三角城市 $PM_{2.5}$ 日均浓度聚类结果

以苏南、上海、浙江为主要地区的聚类 1 改善趋势显著，以沪苏浙交界为主的区域平均浓度在 40 μg/m³ 左右，未来可以实现达标为重点目标；从绝对质量浓度角度来看，以浙南、黄山为主的聚类 2 地区已基本实现达标，未来以臭氧和稳定达标为重点目标；以徐州和安徽中部为主要区域的聚类 3、聚类 6 经历了先下降后上升再下降的演变趋势，以安徽滁州、马鞍山和江苏中部为主聚类 4 呈现相对稳定的小幅下降趋势；聚类 3、聚类 6 浓度仍相对较高，未来目标应是加大力度推动空气质量持续改善；聚类 4 总体浓度仍在 50 μg/m^3，近期也应以加大力度推动空气质量持续改善为目标。综合来看，若采取区域分区目标设定，则近期目标可总体按照三类进行分区：一类（聚类 2）稳定达标，同步持续稳步改善；二类（聚类 1、聚类 4、聚类 5）力争实现达标；三类（聚类 3、聚类 6）推动实现持续改善。

9.2.1.2 气象因素对空气质量的影响

利用 WRF-CMAQ 空气质量数值模型系统对 2013—2019 年区域 $PM_{2.5}$ 模拟浓度空间分布进行模拟。结果表明，2013 年、2015 年的气象条件对 $PM_{2.5}$ 平均浓度影响显著不利。气象变化对城市的 $PM_{2.5}$ 年均浓度影响范围可达 ±15%，对区域平均浓度的影响为 ±5%。具体如图 9-9 和图 9-10 所示。

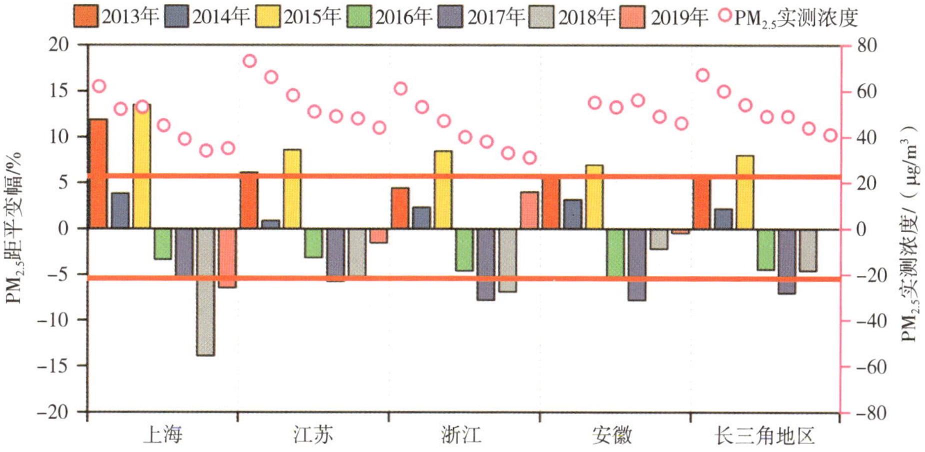

图 9-9 2013—2019 年气象对长三角三省一市 $PM_{2.5}$ 年均浓度影响距平

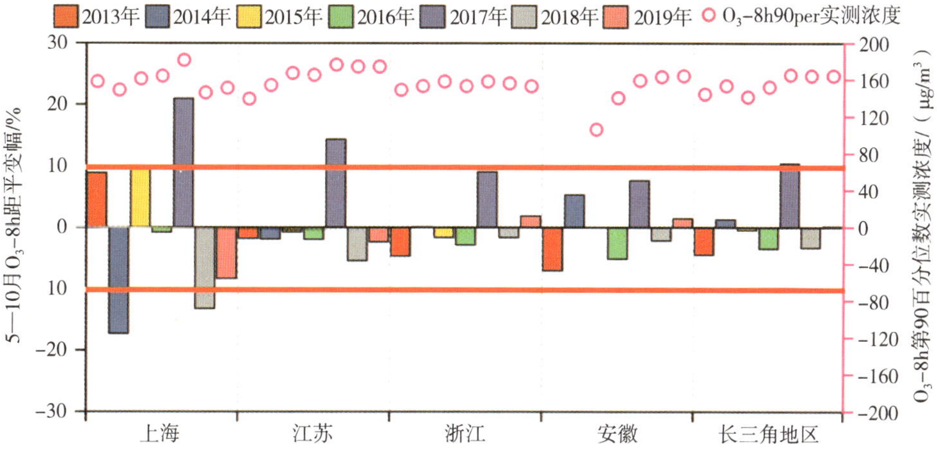

图 9-10 2013—2019 年气象对长三角三省一市 O_3 年均浓度影响距平

9.2.1.3 长三角 41 城市大气 $PM_{2.5}$ 分级降幅及改善目标计算

根据上述分析，基于稳步改善原则及针对不同浓度级别分类制定改善目标的原则，以 2018—2020 年三年滑动平均值计算结果作为基准年 $PM_{2.5}$ 年均浓度，结合课题 5 空气质量目标研究中的重点区域强化情景设置（超标城市基于我国 337 个城市分级降幅取值，已达标城市根据发达国家年均降幅的低值），计算长三角 41 个城市 2025 年、2030 年、2035 年大气 $PM_{2.5}$ 浓度目标，为了消除气象因素波动对城市空气质量的影响，参考课题 5 的研究结论，进一步采用 2023—2025 年、2028—2030 年和 2033—2035 年每 3 年 $PM_{2.5}$ 模拟浓度均值分别作为 2025 年、2030 年和 2035 年的预期浓度修正值。具体见表 9-2 和表 9-3。

表 9-2 长三角 41 个城市未来年空气质量改善降幅设置

大气 $PM_{2.5}$ 年均浓度	年均降幅平均值 /%
达标	2
轻度（0，20%]	3.5
中度（20%，50%]	4.5
重度（50%，100%]	6
严重（100%～）	7

表 9-3 长三角地区城市未来年大气 $PM_{2.5}$ 年均浓度目标

省份 / 城市	大气 $PM_{2.5}$ 年均浓度 / (μg/m³)						
	基准年三年滑动（2018—2020 年）	单年计算法			滑动平均法		
		2025 年	2030 年	2035 年	2023—2025 年	2028—2030 年	2033—2035 年
上海市	34	31	28	25	32	29	26
浙江省	30	26	24	22	27	24	22
湖州市	31	28	26	23	29	26	24
金华市	31	28	26	23	29	26	24
嘉兴市	34	31	28	25	31	28	26
衢州市	30	27	25	22	28	25	23
台州市	27	24	22	20	25	22	20

续表

省份/城市	大气 $PM_{2.5}$ 年均浓度 / (μg/m³)						
	基准年三年滑动(2018—2020 年)	单年计算法			滑动平均法		
		2025 年	2030 年	2035 年	2023—2025 年	2028—2030 年	2033—2035 年
绍兴市	36	31	28	25	32	29	26
杭州市	36	31	28	25	31	28	26
温州市	28	25	23	20	26	23	21
丽水市	25	22	20	18	23	21	19
宁波市	28	25	23	21	26	23	21
舟山市	20	18	16	14	18	16	15
江苏省	43	34	30	27	36	31	28
南京市	38	32	29	26	33	29	27
南通市	38	31	28	26	33	29	26
无锡市	38	32	29	26	33	30	27
苏州市	38	32	29	26	33	29	27
淮安市	45	35	29	27	37	30	27
常州市	47	36	30	27	39	31	28
盐城市	38	32	29	26	33	30	27
泰州市	43	34	30	27	36	31	28
连云港市	41	33	30	27	35	31	28
宿迁市	49	38	31	28	40	33	29
镇江市	46	35	30	27	38	31	27
扬州市	43	33	30	27	35	31	28
徐州市	56	39	33	30	43	34	30
安徽省	45	34	30	27	37	31	28
马鞍山市	41	34	31	28	36	31	28
黄山市	23	21	19	17	21	19	17
合肥市	43	33	30	27	35	31	28

续表

省份 / 城市	大气 $PM_{2.5}$ 年均浓度 / (μg/m³)						
	基准年三年滑动（2018—2020 年）	单年计算法			滑动平均法		
		2025 年	2030 年	2035 年	2023—2025 年	2028—2030 年	2033—2035 年
芜湖市	43	33	30	27	36	31	28
六安市	41	33	30	27	35	31	28
滁州市	45	35	29	27	37	30	27
蚌埠市	49	38	32	29	41	33	30
铜陵市	44	34	31	28	36	31	28
宣城市	39	32	29	26	34	30	27
亳州市	53	37	31	28	40	32	28
安庆市	43	33	30	27	35	30	27
宿州市	52	40	34	30	43	35	31
淮北市	54	37	31	28	41	32	29
淮南市	53	37	31	28	40	32	28
阜阳市	52	40	34	30	43	35	31
池州市	40	33	30	27	34	30	27
区域平均	40	32	28	26	34	29	26

9.2.1.4 长三角区域空气质量分阶段目标

综合前述分析结果，包括国家 $PM_{2.5}$ 改善总体部署、长三角三省一市大气 $PM_{2.5}$ 改善历程以及发达国家空气质量改善历程测算结果，确定长三角区域空气质量中长期目标：

2025 年，区域大气 $PM_{2.5}$ 平均浓度达到国家二级标准限值 35 μg/m³。实现 20 个以上城市达标。臭氧浓度有效遏制。

2030 年，区域大气 $PM_{2.5}$ 平均浓度降至 29 μg/m³ 左右，全面达到国家二级标准限值。

2035 年，空气质量根本改善，长三角 41 个城市 $PM_{2.5}$ 年均浓度、臭氧浓度全面达标，区域大气 $PM_{2.5}$ 平均浓度降至 26 μg/m³ 左右，实现 10 个左右城市 $PM_{2.5}$ 年均浓度达到 WHO IT2 指导值 25 μg/m³。

具体如图 9-11 所示。

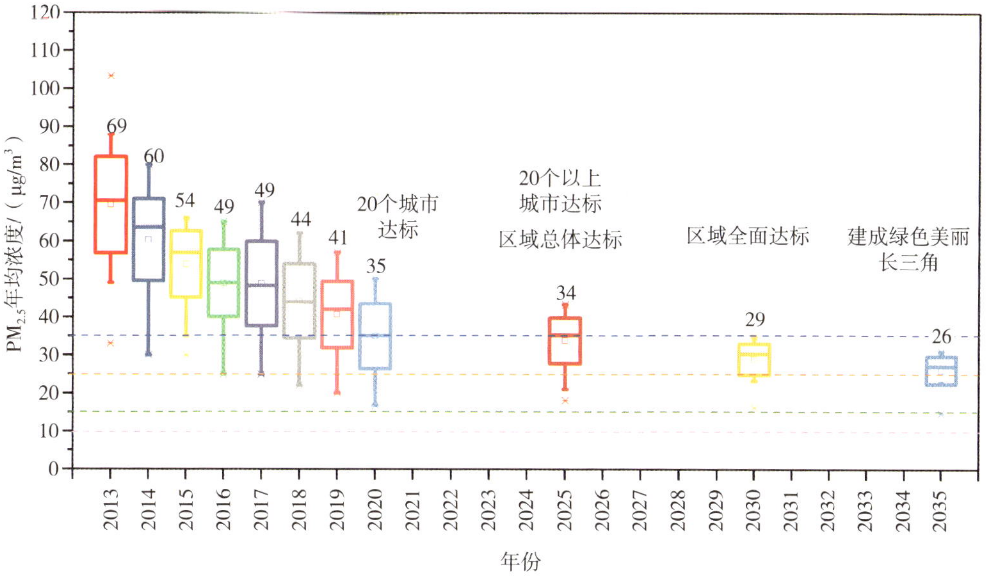

图 9-11 长三角区域大气 $PM_{2.5}$ 年均浓度目标路线

9.2.2 基于大气环境容量为约束的大气环境承载力和减排需求

基于长三角区域 2017 年排放清单，并以 2017 年作为基准年，以长三角区域 2025 年、2030 年、2035 年 $PM_{2.5}$ 年均浓度目标分别设定为 34 μg/m³、29 μg/m³、26 μg/m³ 作为约束条件，在周边排放总体较 2017 年分别下降 30%、35% 和 40% 的边界条件下，通过迭代模拟，测算了相应目标约束下的长三角三省一市环境容量。结果表明，到 2025 年，实现 $PM_{2.5}$ 浓度约束目标，区域主要大气污染物 SO_2、NO_x、$PM_{2.5}$、VOCs 和 NH_3 环境容量分别约为 90.9 万 t、182.6 万 t、99.0 万 t、313.4 万 t 和 153.6 万 t，长三角总体容量需较基准年排放削减约 35%。到 2030 年，实现 $PM_{2.5}$ 浓度约束目标，区域主要大气污染物 SO_2、NO_x、$PM_{2.5}$、VOCs 和 NH_3 环境容量分别约为 78.3 万 t、157.8 万 t、85.0 万 t、239.7 万 t 和 114.9 万 t，长三角总体排放需较基准年削减约 45%。2035 年达到预期目标，长三角 SO_2、NO_x、$PM_{2.5}$、VOCs 和 NH_3 环境容量分别约为 68.8 万 t、138.7 万 t、74.5 万 t、239.7 万 t 和 114.9 万 t，各项污染物排放需较基准年下降超过 50%。具体见表 9-4～表 9-6。

表 9-4　2025 年空气质量目标约束下区域及三省一市大气环境容量

地区	2017 年浓度 / (μg/m³)	2025 年 $PM_{2.5}$ 目标		2025 年环境容量 / 万 t				
		下降比例 /%	浓度 / (μg/m³)	SO_2	NO_x	$PM_{2.5}$	VOC	NH_3
上海	39	18	32	4.5	17.1	4.5	32.1	4.3
江苏	49	31	36	41.0	75.7	38.2	136.2	72.1
浙江	38	32	27	21.9	42.6	20.2	94.9	23.5
安徽	56	39	37	23.5	47.1	36.1	50.1	53.7
区域	49	35	34	90.9	182.6	99.0	313.4	153.6

表 9-5　2030 年空气质量目标约束下区域及三省一市大气环境容量

地区	2017 年浓度 / (μg/m³)	2030 年 $PM_{2.5}$ 目标		2030 年环境容量 / 万 t				
		下降比例 /%	浓度 / (μg/m³)	SO_2	NO_x	$PM_{2.5}$	VOC	NH_3
上海	39	28	29	4.0	15.1	3.9	28.4	3.8
江苏	49	38	31	35.3	65.3	32.9	118.2	61.9
浙江	38	37	24	19.2	37.5	17.8	83.5	20.7
安徽	56	46	31	19.9	39.9	30.4	42.4	44.7
区域	49	41	29	78.3	157.8	85.0	272.5	131.0

表 9-6　2035 年空气质量目标约束下区域及三省一市大气环境容量

地区	2017 年浓度 / (μg/m³)	2035 年 $PM_{2.5}$ 目标		2035 年环境容量 / 万 t				
		下降比例 /%	浓度 / (μg/m³)	SO_2	NO_x	$PM_{2.5}$	VOC	NH_3
上海	39	31	26	3.5	13.4	3.5	25.1	3.4
江苏	49	55	28	31.0	57.5	28.9	104.1	54.4
浙江	38	29	22	16.9	33.0	15.6	73.5	18.2
安徽	56	43	28	17.3	34.8	26.5	37.0	38.9
区域	49	47	26	68.8	138.7	74.5	239.7	114.9

9.2.3　区域中长期宏观经济发展和大气排放预测结果

9.2.3.1　社会经济发展预测结果

根据预测，长三角三省一市 2025 年、2035 年地区生产总值 GDP 可分别达到

32.41 万亿元和 51.24 万亿元，分别是 2017 年（16.26 万亿元）的 1.63 倍和 2.58 倍。具体见表 9-7。

表 9-7 长三角地区 GDP 增长预测 单位：亿元

省份 / 城市	2015 年	2017 年	2020 年	2025 年	2030 年	2035 年
上海市	25 123	30 633	38 995	52 184	67 879	82 984
浙江省	43 038	52 403	63 848	86 659	112 724	139 804
杭州市	10 050	12 603	15 742	21 366	27 793	34 469
宁波市	8 004	10 147	12 273	16 657	21 668	26 873
温州市	4 618	5 412	6 765	9 181	11 943	14 812
绍兴市	4 466	5 027	5 919	8 034	10 451	12 961
湖州市	2 084	2 608	3 197	4 340	5 645	7 001
嘉兴市	3 518	4 500	5 499	7 464	9 709	12 041
金华市	3 402	785	4 669	6 338	8 244	10 224
衢州市	1 146	1 319	1 611	2 187	2 845	3 528
台州市	3 554	4 386	5 257	7 136	9 282	11 512
丽水市	1 103	1 215	1 512	2 052	2 670	3 311
舟山市	1 093	1 130	1 405	1 906	2 480	3 075
江苏省	71 936	87 988	101 956	135 158	174 149	212 899
南京市	9 721	11 715	14 358	19 033	24 524	29 981
无锡市	8 518	10 512	12 129	16 079	20 717	25 327
徐州市	5 320	6 606	7 318	9 701	12 500	15 281
常州市	5 273	6 618	7 574	10 040	12 936	15 815
苏州市	14 504	17 320	19 685	26 095	33 623	41 104
南通市	6 148	7 735	9 602	12 729	16 402	20 051
连云港市	2 161	2 640	3 213	4 259	5 487	6 708
淮安市	2 745	3 329	3 962	5 252	6 767	8 272
盐城市	4 213	5 083	5 835	7 736	9 967	12 185
扬州市	4 017	5 065	5 987	7 936	10 226	12 501
镇江市	3 502	4 010	4 224	5 599	7 214	8 820

续表

省份 / 城市	2015 年	2017 年	2020 年	2025 年	2030 年	2035 年
泰州市	3 688	4 745	5 253	6 964	8 973	10 969
宿迁市	2 126	2 611	3 172	4 204	5 417	6 623
安徽省	22 542	27 423	38 005	50 143	63 693	76 750
合肥市	5 660	7 003.05	9 635	12 713	16 148	19 458
芜湖市	2 457	2 963.26	3 705	4 888	6 209	7 482
蚌埠市	1 253	1 550.66	2 107	2 779	3 530	4 254
淮南市	901	1 060.18	1 327	1 751	2 224	2 680
马鞍山市	1 365	1 710.09	2 162	2 852	3 623	4 365
淮北市	760	924.01	1 104	1 456	1 850	2 229
铜陵市	912	1 122.1	983	1 297	1 648	1 986
安庆市	1 417	1 708.83	2 438	3 216	4 085	4 923
黄山市	531	611.32	838	1 105	1 404	1 692
滁州市	1 306	1 604.39	2 979	3 930	4 992	6 016
阜阳市	1 267	1 571.12	2 770	3 655	4 642	5 594
宿州市	1 236	1 466.45	2 026	2 673	3 396	4 092
六安市	1 016	1 168.05	1 659	2 189	2 780	3 350
亳州市	943	1 149.79	1 791	2 363	3 002	3 617
池州市	545	624.35	852	1 124	1 427	1 720
宣城市	971	1 185.56	1 599	2 109	2 679	3 229
合计	162 640	198 447	242 804	324 144	418 446	512 437

9.2.3.2 区域人口发展预测结果

根据计算结果，长三角三省一市人口总规模预计 2020 年达到 2.28 亿人，2035 年达到 2.36 亿人，2035 年与 2017 年相比，增幅 5.5%。其中，城镇人口规模在 2020 年达到 1.58 亿人，2035 年达到 1.82 亿人；城镇化率将从 2017 年的 66% 上升到 2035 的 75%。2035 年上海市、浙江省、江苏省、安徽省城镇化率将分别达到 93%、79%、80%、66%。具体见表 9-8。

表 9-8 长三角 41 个地级市人口发展和城镇化率预测结果

省份 / 城市	总人口 / 万人					城镇化率 /%				
	2017 年	2020 年	2025 年	2030 年	2035 年	2017 年	2020 年	2025 年	2030 年	2035 年
上海市	2 424	2 430	2 465	2 500	2 538	88	89	91	92	93
浙江省	5 657	5 850	5 890	5 933	6 022	68	72	75	77	79
杭州市	947	1 036	1 043	1 051	1 066	77	79	82	85	88
宁波市	801	854	860	866	879	72	74	77	78	81
温州市	922	930	936	943	957	70	71	74	76	78
嘉兴市	466	480	483	487	494	65	67	69	71	73
湖州市	300	306	308	310	315	62	65	68	72	75
绍兴市	501	506	509	513	521	66	68	71	74	76
金华市	556	562	566	570	579	67	69	69	71	74
衢州市	219	222	223	225	228	56	60	62	64	66
舟山市	117	118	118	119	121	68	69	73	75	78
台州市	612	615	619	624	633	62	64	66	69	71
丽水市	219	221	223	224	228	60	63	64	65	67
江苏省	8 029	8 200	8 324	8 446	8 446	69	73	76	78	80
南京市	834	864	877	890	890	82	83	86	90	94
无锡市	655	670	680	690	690	76	77	81	85	88
徐州市	876	897	910	924	924	64	67	71	73	76
常州市	472	481	489	496	496	72	73	78	79	83
苏州市	1 068	1 092	1 109	1 125	1 125	76	77	79	82	85
南通市	731	744	755	766	766	66	68	70	72	75
连云港市	452	458	465	472	472	62	64	69	72	74
淮安市	491	501	509	516	516	61	64	68	70	73
盐城市	724	733	744	754	754	63	65	67	71	74
扬州市	451	462	469	476	476	66	68	69	73	75
镇江市	319	326	330	335	335	71	72	71	73	77
泰州市	465	471	478	485	485	65	67	67	70	73

续表

省份 / 城市	总人口 / 万人					城镇化率 /%				
	2017 年	2020 年	2025 年	2030 年	2035 年	2017 年	2020 年	2025 年	2030 年	2035 年
宿迁市	491	502	509	517	517	59	61	63	64	68
安徽省	6 255	6 367	6 485	6 581	6 581	53	55	59	63	66
合肥市	797	819	834	846	846	74	76	80	86	90
芜湖市	370	378	385	390	390	65	66	70	75	78
蚌埠市	338	341	348	353	353	55	59	64	69	72
淮南市	349	349	355	361	361	63	65	70	75	78
马鞍山市	230	236	240	244	244	68	69	75	81	84
淮北市	223	227	231	235	235	64	66	70	75	78
铜陵市	161	164	167	170	170	56	57	66	71	74
安庆市	464	472	481	488	488	49	50	59	63	66
黄山市	138	142	145	147	147	51	52	60	64	67
滁州市	408	415	422	429	429	52	55	61	66	68
阜阳市	809	826	841	854	854	42	45	54	58	60
宿州市	566	570	581	589	589	42	44	54	58	60
六安市	480	487	496	504	504	45	47	52	56	58
亳州市	517	526	536	544	544	40	42	48	52	54
池州市	145	149	151	153	153	54	55	59	63	66
宣城市	261	266	271	275	275	54	56	62	67	69

9.2.3.3 主要源类活动水平预测结果

长三角三省一市工业行业产值预测结果如图 9-12 所示，上海在 2025 年、2030 年、2035 年工业产值将较 2020 年分别增长 23%、49%、72%，江苏分别增长 17%、32%、53%，浙江分别增长 22%、42%、67%，安徽分别增长 24%、50%、70%。CP 情景相较于 BAU 情景，产业结构变化主要体现为：以新能源汽车、生物医药、集成电路、高端装备制造、航空航天和深海装备制造等发展带动的汽车制造、设备制造、电子、医药等行业成为替代石化化工、钢铁、水泥等传统高耗能产业的主要增长行业，对降低能耗及相关大气污染物排放将发挥基础性作用。

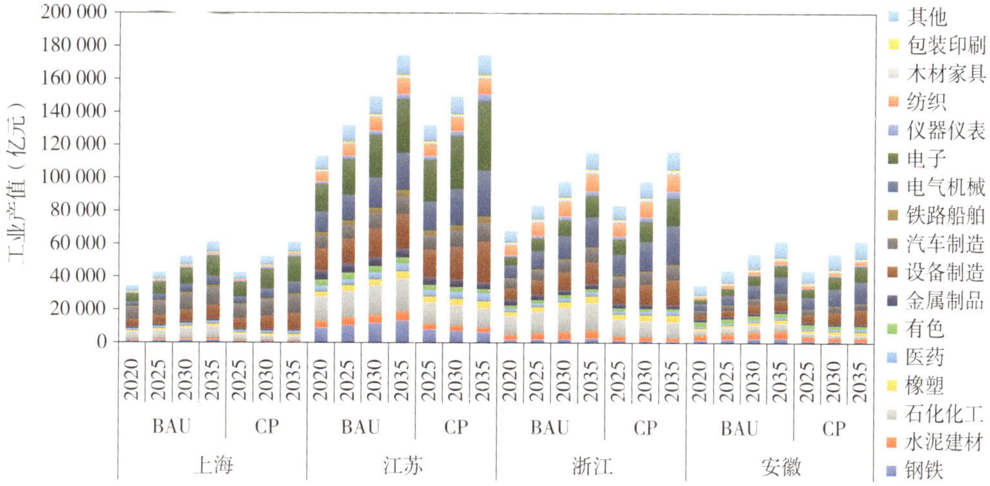

图 9-12　长三角三省一市主要行业工业产值预测

表 9-9 列出了三省一市基准年及预测年分车型保有量预测结果，从计算结果可知，至 2035 年，长三角机动车保有量约达到 1.1 亿辆，其中小微型客车占比 91% 左右，在延续机动车总量控制的政策下，上海市小微型客车千人保有量在 286 辆左右，而江苏省、浙江省、安徽省分别为 507 辆、552 辆、274 辆。

表 9-9　三省一市基准年及未来年分车型保有量预测结果　　单位：万辆

省份	车型	2017 年	2020 年	2025 年	2030 年	2035 年
上海市	微型载客汽车	1.06	0.95	1.64	1.88	2.11
江苏省		10.07	8.97	18.70	22.15	25.26
浙江省		11.28	10.31	19.60	23.07	26.23
安徽省		3.41	3.08	6.97	7.80	8.36
上海市	小型载客汽车	319.21	377.74	480.17	607.25	722.60
江苏省		1 473.89	1 805.71	2 478.59	3 366.26	4 259.26
浙江省		1 244.91	1 525.69	2 039.83	2 667.30	3 299.85
安徽省		594.79	794.10	1 081.96	1 443.03	1 793.89
上海市	中型载客汽车	2.78	2.49	4.35	4.99	5.50
江苏省		4.63	4.07	8.64	10.03	11.32
浙江省		3.63	3.28	6.06	7.13	7.98
安徽省		2.5	2.54	5.12	6.09	7.04

续表

省份	车型	2017 年	2020 年	2025 年	2030 年	2035 年
上海市	大型载客汽车	5.12	5.05	7.63	9.30	10.58
江苏省		11.14	11.86	19.07	24.81	30.12
浙江省		7.03	7.69	11.43	14.49	17.38
安徽省		5.1	5.85	9.46	11.77	13.88
上海市	微型载货汽车	0	0.00	0.00	0.00	0.00
江苏省		0.07	0.03	0.13	0.12	0.11
浙江省		0.91	0.51	1.64	1.74	1.78
安徽省		0.1	0.04	0.16	0.13	0.08
上海市	轻型载货汽车	7.55	7.96	13.00	16.89	19.84
江苏省		51.7	66.00	80.93	102.41	122.97
浙江省		99.18	119.85	155.62	196.24	235.68
安徽省		62.07	78.05	89.40	103.39	115.38
上海市	中型载货汽车	4.97	4.70	8.43	10.87	12.44
江苏省		11.46	11.43	17.60	21.13	24.11
浙江省		4.17	3.99	6.34	7.69	8.80
安徽省		2.88	3.22	4.56	4.82	5.02
上海市	重型载货汽车	18.29	21.34	26.12	37.65	50.58
江苏省		42.41	51.34	65.21	82.13	97.94
浙江省		20.27	26.42	31.43	40.55	49.95
安徽省		34.74	42.00	49.82	57.30	63.64
上海市	出租车	4.64	4.55	4.18	4.12	4.05
江苏省		5.35	5.34	5.35	5.62	5.76
浙江省		3.84	3.78	3.84	4.04	4.14
安徽省		3.95	3.92	3.95	4.07	4.17
上海市	公交车	2.22	2.28	2.34	2.40	2.46
江苏省		4.16	4.39	5.15	5.91	6.68
浙江省		3.43	3.53	4.18	4.84	5.50
安徽省		1.62	1.66	1.93	2.19	2.45
合计		4 091	5 036	6 781	8 944	11 085

9.2.3.4 一次能源消费结构预测结果

基于经济发展预测，梳理国家、长三角区域及江浙沪皖各省市能源结构调整的相关规划，对长三角地区中长期目标年的能源消费结构发展趋势进行预测。预计2020年和2035年长三角煤炭消费量分别为5.96亿t和4.68亿t，占能源消费总量的比重从2015年的60%下降为51%和36%。天然气和水核风电以及其他能源消耗则将逐步提升。具体见表9-10。

表9-10 长三角情景年分品种能源消费量

地区	年份	煤炭/万t	石油/万t	天然气/亿m^3	水核风电及其他/万tce
上海市	2015年	4 728	3 460	77	2 027
	2020年	4 050	3 600	111	2 400
	2030年	3 900	3 800	231	3 700
	2035年	3 800	3 300	250	4 000
江苏省	2015年	27 209	3 088	163	2 721
	2020年	24 000	5 691	350	4 333
	2030年	22 860	3 810	546	7 257
	2035年	19 000	3 500	600	7 500
浙江省	2015年	13 826	2 970	78	3 981
	2020年	13 500	3 054	164	5 934
	2030年	11 683	2 763	356	8 947
	2035年	10 000	2 400	400	9 000
安徽省	2015年	15 800	1 350	33	395
	2020年	18 000	1 470	70	800
	2030年	16 000	1 500	200	1 000
	2035年	14 000	1 550	200	1 200

9.2.3.5 大气污染排放预测结果

（1）区域总体排放预测

图9-13～图9-16展示了不同情景下主要大气污染物SO_2、NO_x、NMVOC、一次$PM_{2.5}$相较于基准年的变化幅度。图中黄色线是对应污染物浓度变化，考虑

2020 年受新冠肺炎疫情影响，本研究只考虑了常规工作推进，所以实测值均较排放变幅偏低。

区域 SO_2 排放预测结果显示，2020 年随着电力超低排放改造全面完成以及锅炉全面执行特别排放限值等措施，SO_2 排放将较 2017 年显著下降（42%），与同期区域 SO_2 年均浓度改善（约 49%）幅度相近；2025—2035 年随着产业发展，用能需求增长，在考虑了钢铁、水泥等行业超低排放改造在 2025 年全面完成的 BAU 情景下，SO_2 排放将较 2020 年有所增加（12%～26%），EP 情景进一步考虑叠加全行业窑炉、锅炉等超低治理措施以及船舶 ECA 低硫要求提升，基本可抑制其排放上升态势；进一步增加能源和产业结构调整措施才能确保 SO_2 排放中长期持续下降。

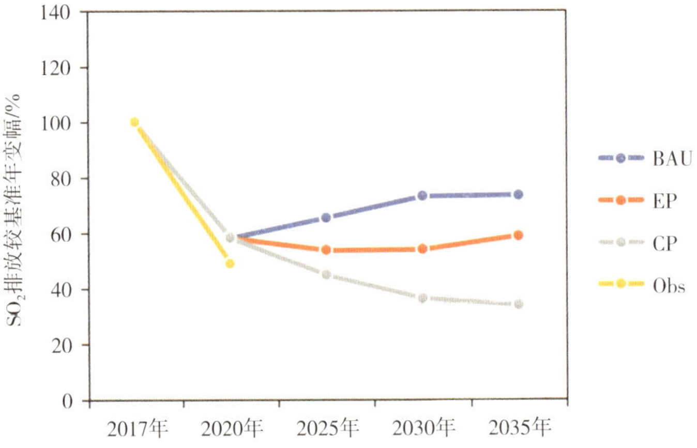

图 9-13　目标年份不同情景下 SO_2 排放较基准年变幅

区域 NO_x 排放总体变化如图 9-14 所示，2020 年排放约较基准年下降 12%，主要来自电厂、锅炉提标改造以及机动车排放标准提升与老旧车淘汰，该降幅与区域 NO_2 年均浓度降幅基本相当，BAU 情景下，增量方面主要综合考虑产业发展带来的用能增长，机动车保有量的持续增加，减量方面主要考虑钢铁、水泥等行业超低排放改造，既定柴油车国六标准实施与老旧车辆淘汰升级、非道排放标准提升等措施，2025—2035 年区域 NO_x 排放较 2020 年将呈现小幅增长的趋势（6%～14%）；EP 情景在 BAU 基础上进一步考虑全面实施窑炉、锅炉超低排放改造、机动车在 2028 年前后实施更为严格的排放标准、实施船舶 NO_x 排放控制区等措施，2030—2035 年区域 NO_x 排放可实现进一步下降（9%～14%）；CP 情景下进一步提高非化石能源和清洁能源在能源消费中的占比，适度削减高耗能行业产能规模，大力推广提升新能源车占比等措施，可进一步提升 NO_x 排放削减力度，2025 年、2030 年、2035 年排放分别较 2020 年下降 16%、40% 和 50%。

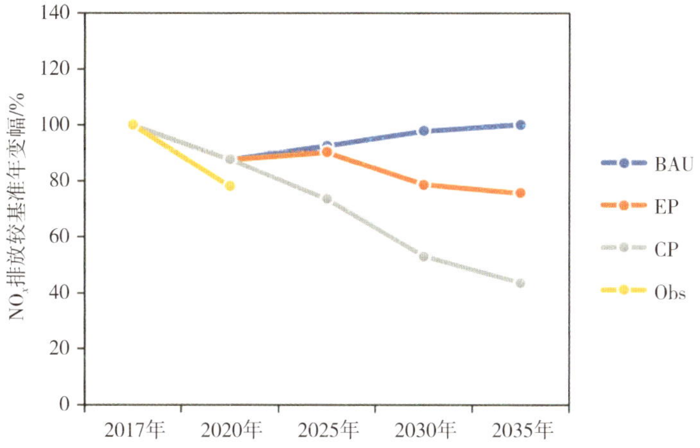

图 9-14 不同情景下 NO_x 排放较基准年变幅

区域 VOCs 排放在 BAU 情景下，相较于 SO_2、NO_x 排放增幅更为显著，主要是由于规划发展的重点行业和新兴产业快速发展，以及机动车保有量持续增加，带来的新增排放显著增长，2025 年、2030 年和 2035 年较 2020 年分别可达 15%、29% 和 45%；EP 情景下进一步考虑石化、化工等行业实现 LDAR 全覆盖并稳定运行，进一步提升橡塑、木材家具、纺织、涂装等行业末端收集治理效率，同时，在不同目标年份，适度推广低 VOCs 原辅料源头替代，该情景下区域 VOCs 排放仍将较 2020 年小幅增长 1%～6%；CP 情景通过控制石化、化工等行业产能规模，大力提升新能源车占比，提高民用溶剂源头替代比例等措施，可实现区域 VOCs 排放持续下降，预测结果表明，2025 年、2030 年和 2035 年 VOCs 排放较 2017 年有望分别下降约 23%、31% 和 38%。

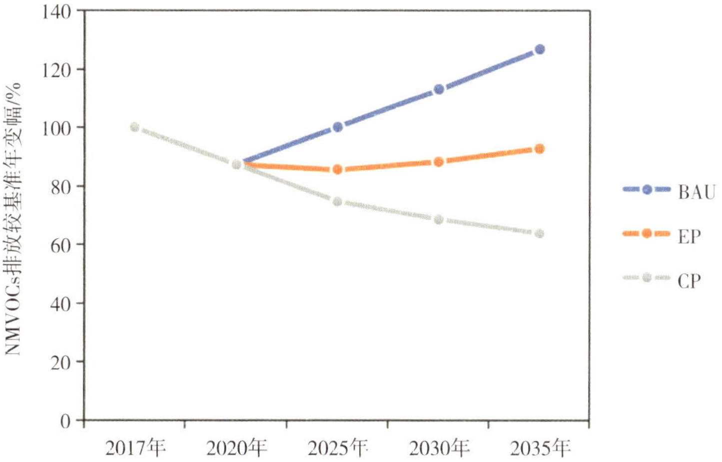

图 9-15 不同情景下 NMVOCs 较基准年变幅

区域一次 $PM_{2.5}$ 排放控制也不容忽视，通过 2025 年前实施钢铁、水泥行业的超低排放改造，基本可大幅降低工业源领域的一次 $PM_{2.5}$ 排放；但在一次 $PM_{2.5}$ 排放占比中，道路与建筑等面源扬尘排放贡献突出，中长期区域机动车保有量仍将持续增长，道路负荷仍将加重，城镇化率进一步提升，建筑行业仍将持续发展的驱动下，扬尘排放控制依然存在较大挑战。因此，仍需不断提高精细化管理水平和推动结构性扬尘减排，确保在工业一次 $PM_{2.5}$ 排放得到有效控制的同时，面源扬尘排放持续下降。从预测结果来看，CP 情景下能源结构优化，降低燃煤排放以及产业结构调整，减少重工业排放，对控制一次 $PM_{2.5}$ 排放可发挥积极作用。

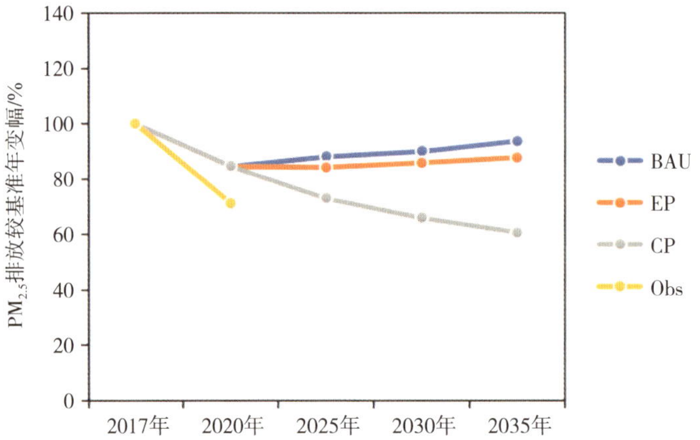

图 9-16 不同情景下 $PM_{2.5}$ 较基准年变幅

（2）分行业排放预测

图 9-17～图 9-21 分别给出了长三角区域主要源类目标年份各情景下 SO_2、NO_x、NMVOCs、一次 $PM_{2.5}$ 和 NH_3 的预测排放量。SO_2 排放主要来自电厂和工业排放，船舶和民用源也有一定贡献占比，电厂和工业在 BAU 和 EP 情景下，末端强化控制措施不能抵消产业发展和新增用能需求带来的排放增量，其排放仍将随着年份的增加有所增长，只有在综合产业和能源结构调整强化的 CP 情景下才能保持持续下降。

电厂和工业 NO_x 和一次 $PM_{2.5}$ 排放也呈现相同特征。机动车和非道路移动源 NO_x 排放随着年份在各情景下，主要得益于实施更为严格的排放标准，新排放标准的车辆和非道路机械占比不断提升，总体排放在 BAU 和 EP 情景下排放均逐步降低，CP 情景进一步考虑新能源替代比例提升，对机动车 NO_x 排放下降也有一定贡献。

VOCs 排放主要集中在工业领域，从各情景对比来看，仅考虑末端治理提升的 EP 情景下，工业 VOCs 排放仍将随着年份的增加有所增长，在 CP 情景下，综合产业结构调整和加大低 VOCs 产品替代力度等结构优化措施，可使得 VOCs 排放由增转降。

$PM_{2.5}$ 排放除工业外，主要来自扬尘源贡献，从不同情景对比来看，中长期仍需不断提升扬尘管理水平，确保一次 $PM_{2.5}$ 保持下降态势。农业源是 NH_3 主要的排放源，由于当前针对 NH_3 排放控制仍相对薄弱，无论是强化末端控制的 EP 情景还是考虑了畜禽养殖规模化调整的 CP 情景，均对控制农业 NH_3 排放有改善效果。

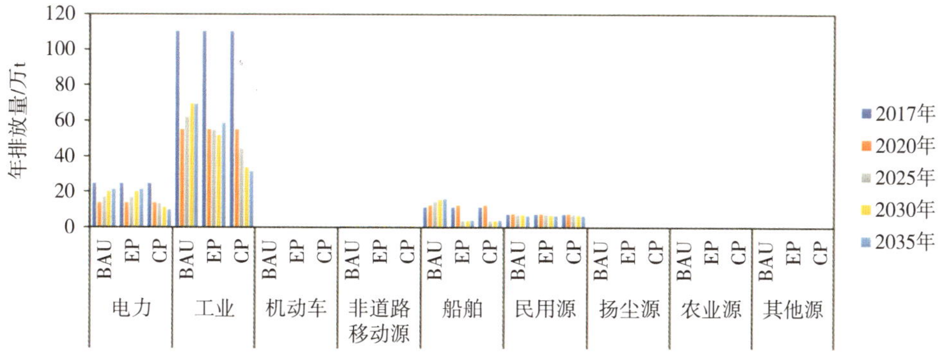

图 9-17 长三角区域主要源目标年份情景下 SO_2 排放量

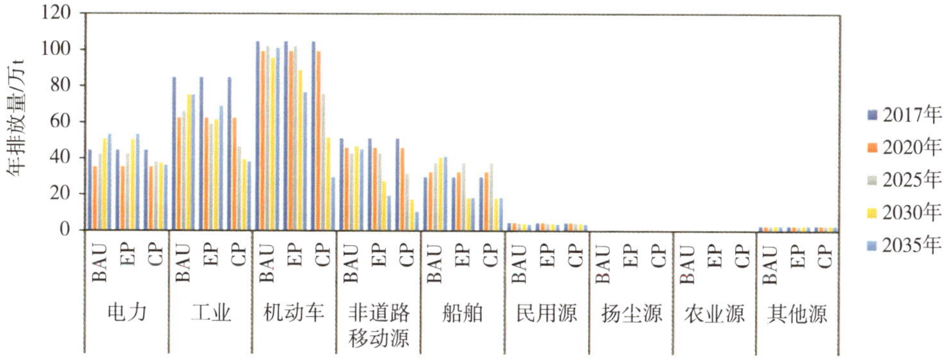

图 9-18 长三角区域主要源目标年份情景下 NO_x 排放量

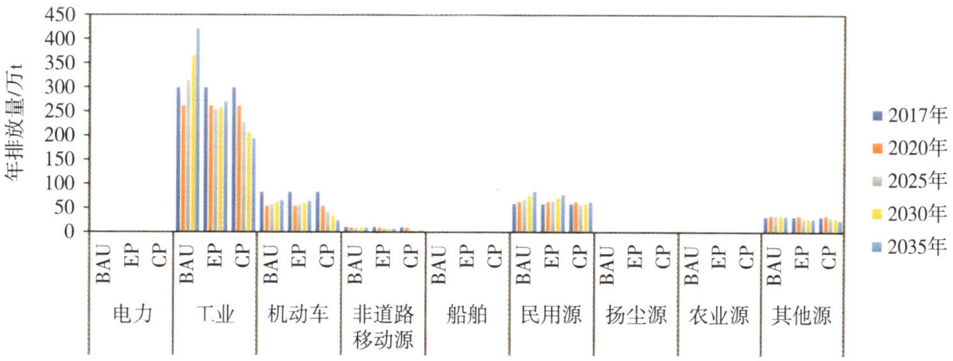

图 9-19 长三角区域主要源目标年份情景下 NMVOCs 排放量

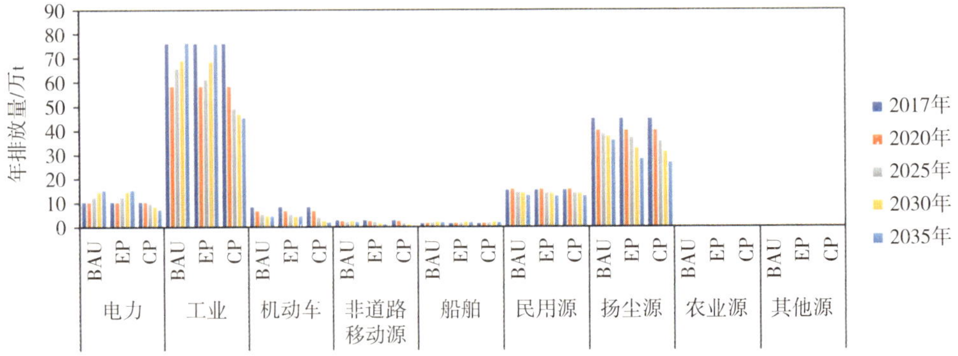

图 9-20 长三角区域主要源目标年份情景下 $PM_{2.5}$ 排放量

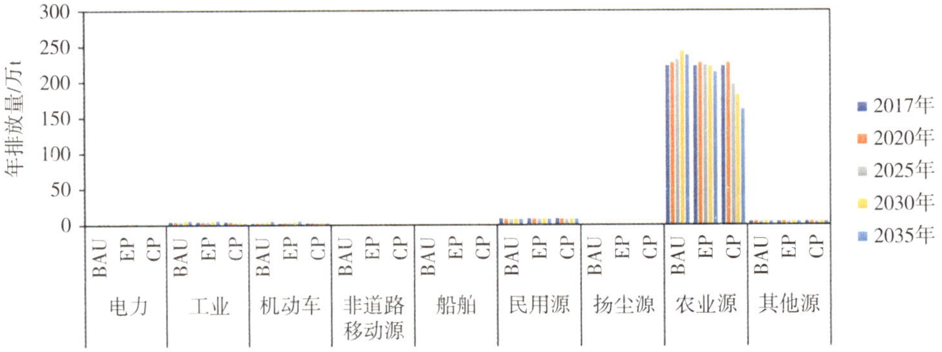

图 9-21 长三角区域主要源目标年份情景下 NH_3 排放量

（3）分省市排放预测

长三角三省一市不同目标年份主要大气污染物各情景下排放预测结果见表 9-11。上海 2025 年 SO_2、NO_x、VOCs 和 $PM_{2.5}$ 的排放量分别较基准年下降 43%～67%、9%～34%、-4%～23% 和 12%～33%，2030 年下降比例分别可达 34%～76%、4%～46%、-21%～28% 和 5%～43%，2035 年下降比例分别为 46%～79%、-1%～59%、-36%～29% 和 -2%～50%。

表 9-11 上海目标年份各情景大气污染物排放预测结果

污染物	情景	排放量 /（万 t/a）					较 2017 年下降比例 /%			
		2017 年	2020 年	2025 年	2030 年	2035 年	2020 年	2025 年	2030 年	2035 年
SO_2	BAU	5.7	3.2	3.2	3.8	3.1	44	43	34	46
	EP	—	—	2.4	2.1	2.3	—	57	63	59
	CP	—	—	1.9	1.4	1.2	—	67	76	79

续表

污染物	情景	排放量 /（万 t/a）					较 2017 年下降比例 /%			
		2017 年	2020 年	2025 年	2030 年	2035 年	2020 年	2025 年	2030 年	2035 年
NO_x	BAU	22.5	19.2	20.5	21.7	22.8	15	9	4	-1
	EP	—	—	20.3	19.0	17.5	—	10	15	22
	CP	—	—	14.9	12.2	9.1	—	34	46	59
VOCs	BAU	41.8	36.2	43.5	50.7	56.9	14	-4	-21	-36
	EP	—	—	39.1	42.5	47.0	—	6	-2	-12
	CP	—	—	32.1	30.0	29.9	—	23	28	29
$PM_{2.5}$	BAU	4.8	3.9	4.2	4.6	4.9	19	12	5	-2
	EP	—	—	4.2	4.4	4.7	—	13	9	3
	CP	—	—	3.3	2.7	2.4	—	33	43	50
NH_3	BAU	5.4	5.4	5.6	5.7	5.8	0	-2	-4	-6
	EP	—	—	5.5	5.5	5.5	—	0	-1	-1
	CP	—	—	5.0	4.7	4.3	—	9	14	20

江苏 2025 年 SO_2、NO_x、VOCs 和 $PM_{2.5}$ 的排放量分别较基准年下降 40%～55%、13%～32%、0%～24% 和 14%～27%，2030 年下降比例分别可达 32%～65%、8%～46%、-11%～30% 和 13%～35%，2035 年下降比例分别为 34%～68%、6%～56%、-24%～34% 和 9%～42%。具体见表 9-12。

表 9-12 江苏目标年份各情景大气污染物排放预测结果

污染物	情景	排放量 /（万 t/a）					较 2017 年下降比例 /%			
		2017 年	2020 年	2025 年	2030 年	2035 年	2020 年	2025 年	2030 年	2035 年
SO_2	BAU	61.9	34.9	37.4	41.9	41.0	44	40	32	34
	EP	—	—	33.5	32.8	35.8	—	46	47	42
	CP	—	—	27.9	21.9	20.1	—	55	65	68
NO_x	BAU	116.5	96.7	101.3	107.2	109.8	17	13	8	6
	EP	—	—	98.2	90.4	87.0	—	16	22	25
	CP	—	—	79.7	62.4	51.2	—	32	46	56

续表

污染物	情景	排放量 /（万 t/a）					较 2017 年下降比例 /%			
		2017 年	2020 年	2025 年	2030 年	2035 年	2020 年	2025 年	2030 年	2035 年
VOCs	BAU	205.6	181.1	204.9	227.3	254.8	12	0	-11	-24
	EP	—	—	175.9	179.6	189.3	—	14	13	8
	CP	—	—	157.1	144.6	135.4	—	24	30	34
$PM_{2.5}$	BAU	58.3	48.5	49.9	51.0	52.8	17	14	13	9
	EP	—	—	48.5	48.3	49.0	—	17	17	16
	CP	—	—	42.3	37.7	34.0	—	27	35	42
NH_3	BAU	109.3	111.6	114.6	122.2	120.2	-2	-5	-12	-10
	EP	—	—	111.2	112.3	109.6	—	-2	-3	0
	CP	—	—	98.4	92.5	83.2	—	10	15	24

浙江 2025 年 SO_2、NO_x、VOCs 和 $PM_{2.5}$ 的排放量分别较基准年下降 44%～56%、14%～36%、2%～30% 和 12%～26%，2030 年下降比例分别可达 36%～62%、-10%～37%、8%～35% 和 8%～35%，2035 年下降比例分别为 32%～64%、4%～57%、-24%～43% 和 4%～42%。具体见表 9-13。

表 9-13　浙江目标年份各情景大气污染物排放预测结果

污染物	情景	排放量 /（万 t/a）					较 2017 年下降比例 /%			
		2017 年	2020 年	2025 年	2030 年	2035 年	2020 年	2025 年	2030 年	2035 年
SO_2	BAU	33.9	16.5	18.9	21.6	23.0	51	44	36	32
	EP	—	—	17.8	19.3	21.7	—	48	43	36
	CP	—	—	14.8	12.9	12.3	—	56	62	64
NO_x	BAU	67.6	56.0	58.4	62.6	64.6	17	14	7	4
	EP	—	—	56.4	54.2	53.3	—	17	20	21
	CP	—	—	43.6	36.0	29.3	—	36	47	57
VOCs	BAU	148.4	127.4	145.3	162.8	183.6	14	2	-10	-24
	EP	—	—	120.8	122.6	127.6	—	19	17	14
	CP	—	—	103.1	93.1	83.8	—	30	37	43

续表

污染物	情景	排放量 /（万 t/a）					较 2017 年下降比例 /%			
		2017 年	2020 年	2025 年	2030 年	2035 年	2020 年	2025 年	2030 年	2035 年
$PM_{2.5}$	BAU	31.0	26.2	27.3	28.5	29.7	16	12	8	4
	EP	—	—	26.7	27.0	27.4	—	14	13	12
	CP	—	—	22.9	20.2	18.1	—	26	35	42
NH_3	BAU	36.3	36.3	37.4	38.6	38.9	0	-3	-6	-7
	EP	—	—	36.3	36.3	35.6	—	0	0	2
	CP	—	—	32.2	30.1	27.1	—	11	17	25

安徽省 2025 年 SO_2、NO_x、VOCs 和 $PM_{2.5}$ 的排放量分别较基准年下降 35%～49%、6%～29%、-3%～22% 和 10%～28%，2030 年下降比例分别可达 27%～60%、3%～51%、-20%～28% 和 10%～34%，2035 年下降比例分别为 26%～64%、2%～62%、-34%～32% 和 6%～37%。具体见表 9-14。

表 9-14　安徽省目标年份各情景大气污染物排放预测结果

污染物	情景	排放量 /（万 t/a）					较 2017 年下降比例 /%			
		2017 年	2020 年	2025 年	2030 年	2035 年	2020 年	2025 年	2030 年	2035 年
SO_2	BAU	42.2	23.5	27.6	31.0	31.4	44	35	27	26
	EP	—	—	26.2	25.9	27.8	—	38	39	34
	CP	—	—	21.5	16.7	15.2	—	49	60	64
NO_x	BAU	86.9	79.3	81.5	84.4	85.3	9	6	3	2
	EP	—	—	79.6	72.2	68.2	—	8	17	22
	CP	—	—	61.8	42.6	32.7	—	29	51	62
VOCs	BAU	91.0	80.5	93.7	109.0	121.4	11	-3	-20	-34
	EP	—	—	80.6	84.5	87.1	—	11	7	4
	CP	—	—	71.1	65.6	61.4	—	22	28	32
$PM_{2.5}$	BAU	64.0	54.9	57.5	57.7	60.2	14	10	10	6
	EP	—	—	53.3	55.5	57.0	—	17	13	11
	CP	—	—	46.2	42.5	40.2	—	28	34	37
NH_3	BAU	95.7	96.7	99.3	103.4	102.2	-1	-4	-8	-7
	EP	—	—	95.9	95.0	92.0	—	0	1	4
	CP	—	—	83.9	77.2	68.9	—	12	19	28

长三角区域船舶排放主要可通过进一步加严燃油硫控制要求和实施 NO_x 排放控制区使得区域船舶 SO_2、NO_x 在 2025 年、2030 年、2035 年下降 65%～68%、38%～39%，其他污染物将有所增长。具体见表 9-15。

表 9-15 长三角区域船舶目标年份各情景大气污染物排放预测结果

污染物	情景	排放量 /（万 t/a）					较 2017 年下降比例 /%			
		2017 年	2020 年	2025 年	2030 年	2035 年	2020 年	2025 年	2030 年	2035 年
SO_2	BAU	11.49	12.55	14.55	15.56	15.88	−9	−27	−35	−38
	EP	—	—	3.64	3.89	3.97	−9	68	66	65
	CP	—	—	3.64	3.89	3.97	−9	68	66	65
NO_x	BAU	29.88	32.65	37.85	40.48	41.31	−9	−27	−35	−38
	EP	—	—	37.85	18.21	18.59	−9	−27	39	38
	CP	—	—	37.85	18.21	18.59	−9	−27	39	38
VOCs	BAU	0.78	0.85	0.98	1.05	1.07	−9	−27	−35	−38
	EP	—	—	0.98	1.05	1.07	−9	−27	−35	−38
	CP	—	—	0.98	1.05	1.07	−9	−27	−35	−38
$PM_{2.5}$	BAU	1.46	1.59	1.85	1.98	2.02	−9	−27	−35	−38
	EP	—	—	1.85	1.98	2.02	−9	−27	−35	−38
	CP	—	—	1.85	1.98	2.02	−9	−27	−35	−38
NH_3	BAU	0.01	0.01	0.01	0.01	0.01	−9	−27	−35	−38
	EP	—	—	0.01	0.01	0.01	−9	−27	−35	−38
	CP	—	—	0.01	0.01	0.01	−9	−27	−35	−38

9.2.3.6 主要源类重点减排驱动力分析

为进一步明确重点源类不同大气污染物中长期减排方向，将 CP 情景中的能源与产业结构调整措施进行了归并分类，针对工业和机动车补充了能源调整（CPE）与结构调整（CPI）情景，结合 BAU、EP 和 CP，从能源结构、产业结构、交通结构和末端控制等驱动因素和具体细化排放源类，对区域主要排放源不同目标年的减排驱动力开展分析。

（1）部门排放

各情景下区域 SO_2 排放变幅和减排分布如图 9-22 和图 9-23 所示，排放总体变幅显示 BAU 情景下 2025—2035 年区域 SO_2 排放将较 2020 年有所上升，EP 情景下，改善主要来自于工业提标改造，CPE 和 CPI 情景下，减排分别来自电力和工业行业减排贡献上升。中长期区域 SO_2 排放控制需重点关注能源领域的能源结构优化与工业领域重点用能行业结构调整。

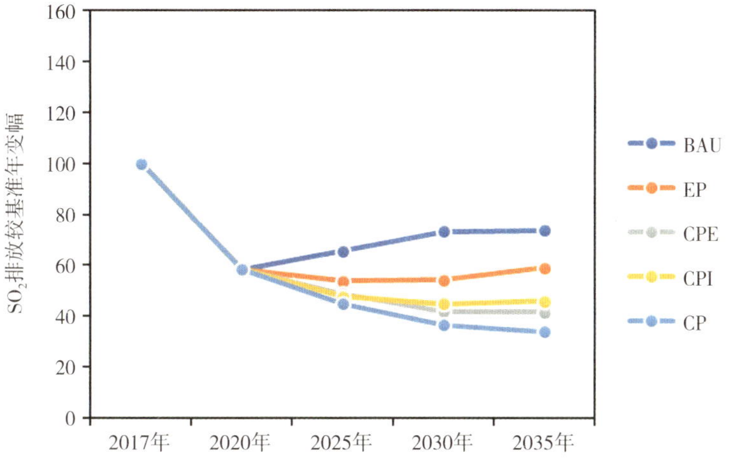

图 9-22　长三角区域各情景 SO_2 排放变幅

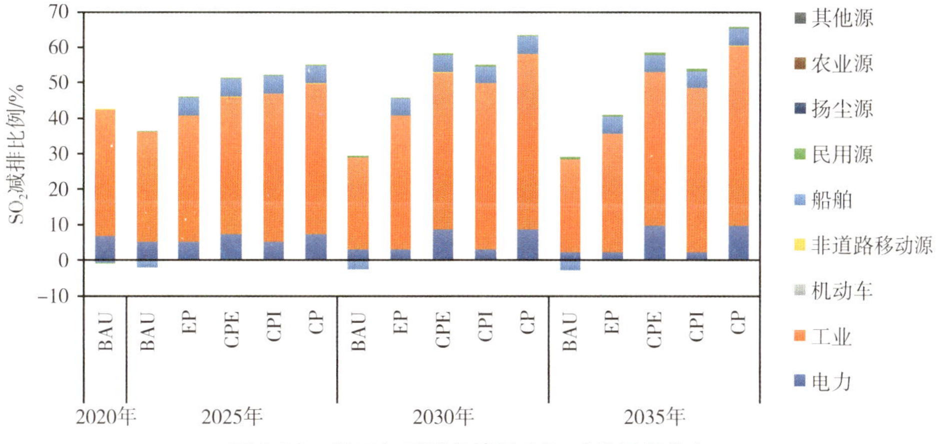

图 9-23　长三角区域各情景 SO_2 减排贡献分布

各情景下区域 NO_x 排放变幅和减排分布如图 9-24 和图 9-25 所示，排放总体变幅显示 BAU 情景下 2025—2035 年区域 NO_x 排放将较 2020 年有所上升，EP 情景下，2025 年排放将略有增加，2030 年和 2035 年由于机动车减排贡献增长显著，NO_x 总体排放有所下降。CPE 情景下，机动车和非道机械减排贡献增加显著；CPI 情景下，工业行业减排贡献有所上升。因此，工业领域的产业结构调整与交通领域的能源结构优化是区域控制 NO_x 排放的关键。

各情景下区域 NMVOCs 排放变幅和减排分布如图 9-26 和图 9-27 所示，排放总体变幅显示 BAU 情景下 2025—2035 年区域 VOCs 排放将较 2020 年显著上升，EP 情景下，增速显著降低，主要来自工业和机动车末端控制水平提升；CPE 情景下，VOCs 减排进一步增加，主要来自机动车领域新能源替代比例提升；CPI 情景下，工业领域 VOCs 减排贡献上升显著。综合来看，中长期区域 VOCs 排放控制需进一步提升工业与机动车领域末端控制水平，同时注重工业结构与机动车能源结构优化。

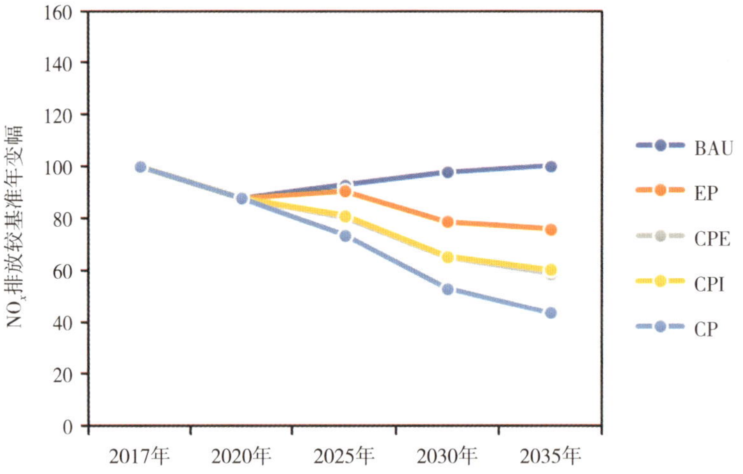

图 9-24　长三角区域各情景 NO_x 排放变幅

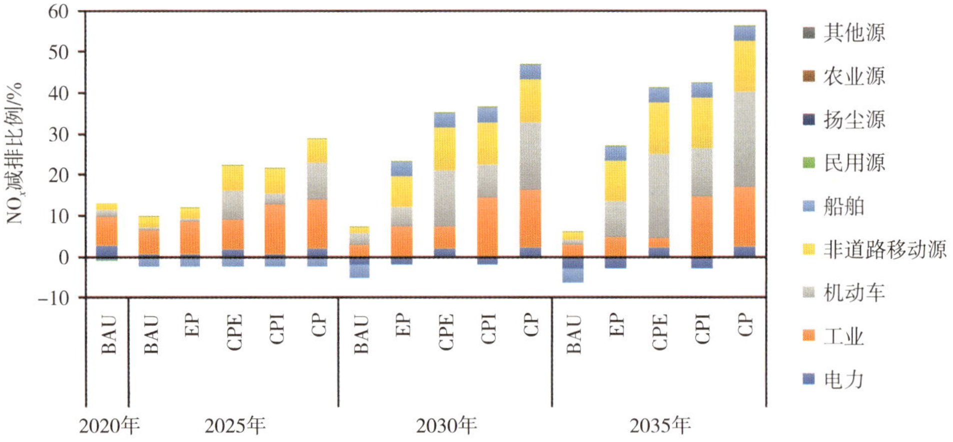

图 9-25　长三角区域各情景 NO_x 减排贡献分布

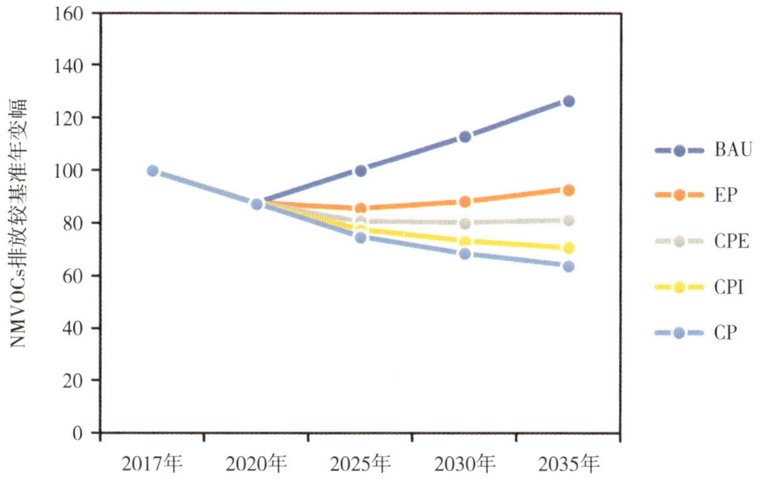

图 9-26 长三角区域各情景 NMVOCs 排放变幅

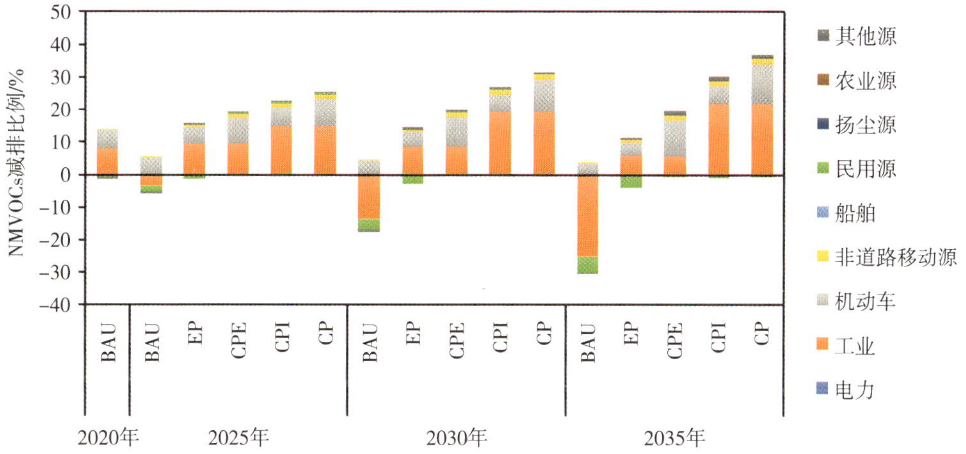

图 9-27 长三角区域各情景 NMVOCs 减排贡献分布

各情景下区域一次 $PM_{2.5}$ 排放变幅和减排分布如图 9-28 和图 9-29 所示，排放总体变幅显示 BAU 情景下 2025—2035 年区域一次 $PM_{2.5}$ 排放将较 2020 年略有增长，EP 情景下，以工业和扬尘减排贡献增长为主；CPE 情景下，机动车一次 $PM_{2.5}$ 减排贡献略有增长；CPI 情景下，减排贡献以工业结构调整驱动为主。

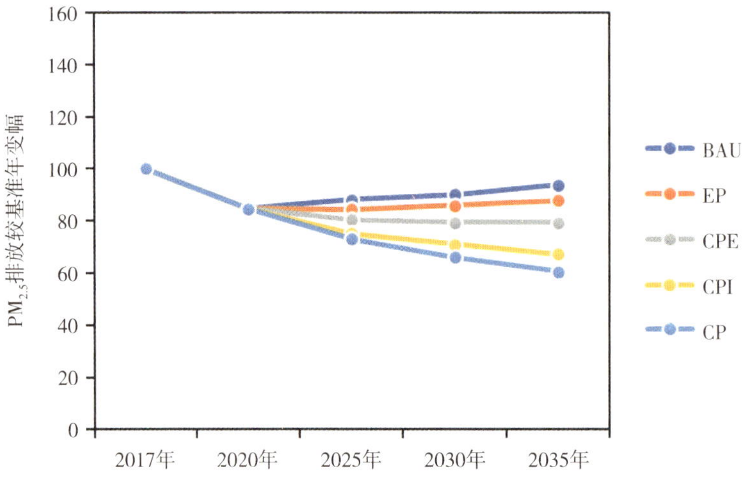

图 9-28 长三角区域各情景一次 $PM_{2.5}$ 排放变幅

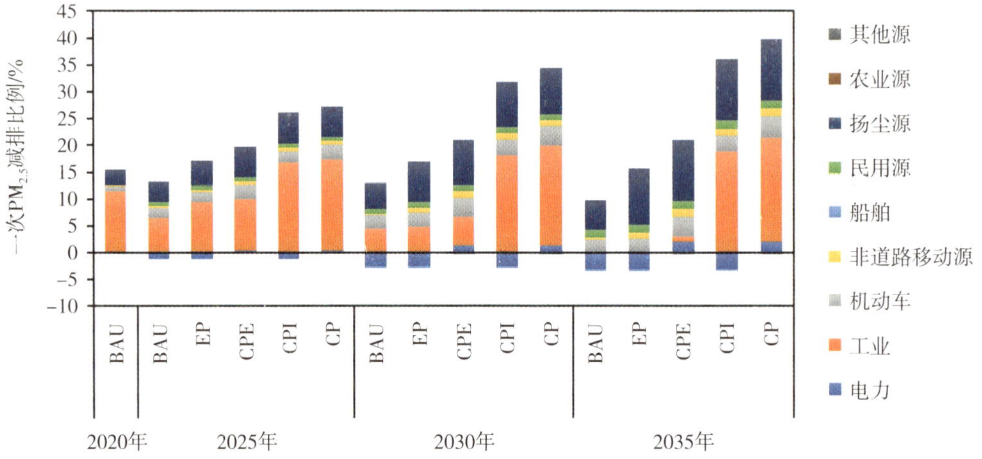

图 9-29 长三角区域各情景一次 $PM_{2.5}$ 减排贡献分布

（2）工业源

长三角区域工业源各情景下 SO_2 排放变幅与减排行业贡献如图 9-30 和图 9-31 所示，SO_2 排放各情景变幅显示，2025—2035 年仅末端控制强化情景（EP）下，2025—2035 年 SO_2 排放将较 2020 年有所增长，在采取能源结构优化情景下（CPE），电力、钢铁、水泥等行业减排贡献增加明显，产业调整（CPI）情景下，石化化工、水泥建材行业减排贡献进一步增加，CPE 和 CPI 情景下，SO_2 排放均呈现持续下降趋势，因此，区域 SO_2 减排中长期需更加着重强化对电力、石化化工、钢铁、水泥等行业能源与产业结构调整。

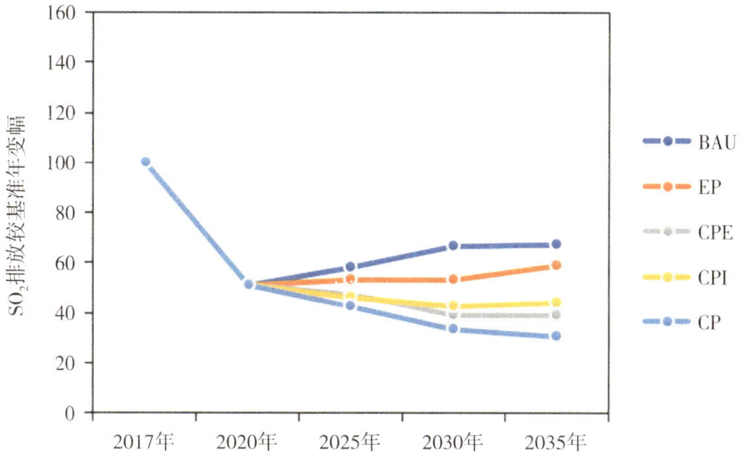

图 9-30 长三角区域工业源各情景 SO_2 排放变幅

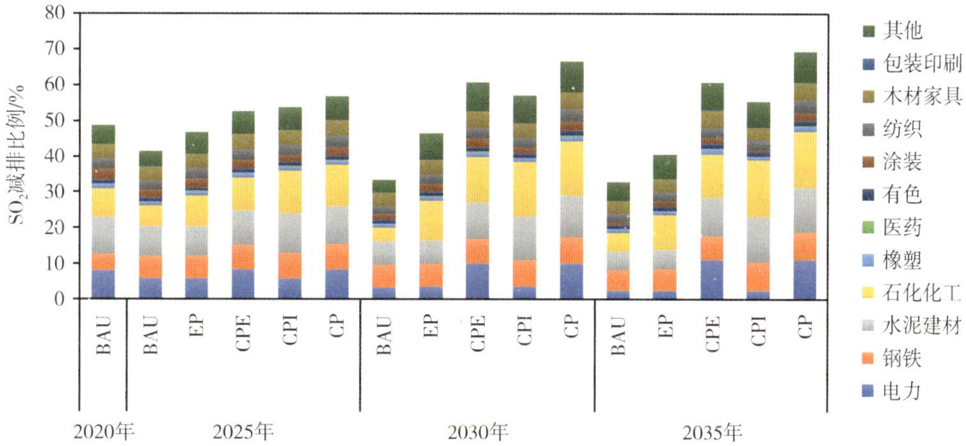

图 9-31 长三角区域工业行业各情景 SO_2 减排贡献分布

NO_x 方面，EP 末端强化情景不足以抵消新增排放，CPE 情景下补充了的降低煤炭消费占比的能源消费结构措施，虽然电力行业减排贡献显著增加，NO_x 排放增速有所放缓，但仍不足以抵消 2030 年和 2035 年新增排放，主要是由于煤炭消费占比降低短期内将显著增加天然气等清洁能源用量，对 NO_x 排放削减效果有限，CPI 情景下直接控制高耗能产业规模，从源头降低能源消耗，高耗能行业对 NO_x 减排贡献显著增加，基本抵消新增排放。因此，中长期 NO_x 排放控制，在持续推进能源结构优化的基础上，要加大产业结构调整力度，才能确保 NO_x 排放进一步下降。具体如图 9-32 和图 9-33 所示。

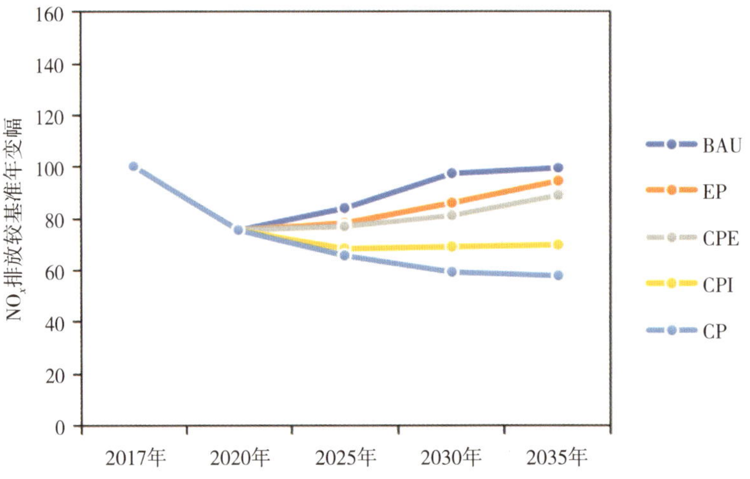

图 9-32 长三角区域工业源各情景 NO_x 排放变幅

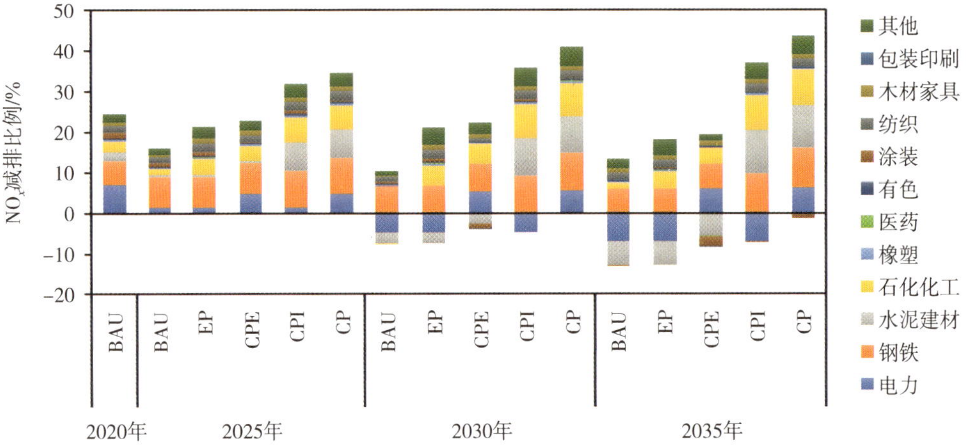

图 9-33 长三角区域工业行业各情景 NO_x 减排贡献分布

VOCs 排放方面，与 SO_2、NO_x 差异显著，首先，BAU 情景下，排放发展增长方面要明显更快，主要集中在涂装、石化化工、橡塑、医药等行业；其次，由于 VOCs 排放控制起步较晚，末端控制潜力仍有待进一步释放，EP 情景通过末端强化措施，基本可以抵消排放增量；最后，CP 情景与 CPI 情景下，VOCs 排放可实现进一步下降，主要得益于对石化化工、木材家具、橡塑等行业产业的调整。因此，VOCs 控制，近期仍需加快提升 VOCs 末端治理与源头替代水平，进一步释放末端与源头减排潜力，中长期需更为注重对重化、涂装和木材家具等行业的产业结构优化。具体如图 9-34 和图 9-35 所示。

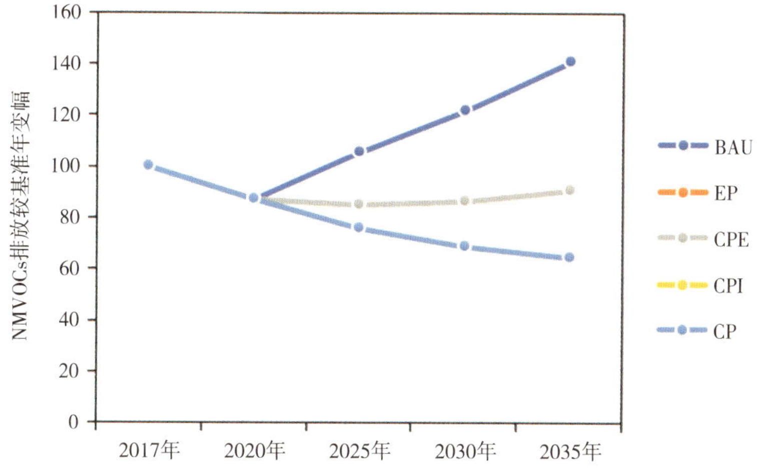

图 9-34 长三角区域工业源各情景 NO_x 排放变幅

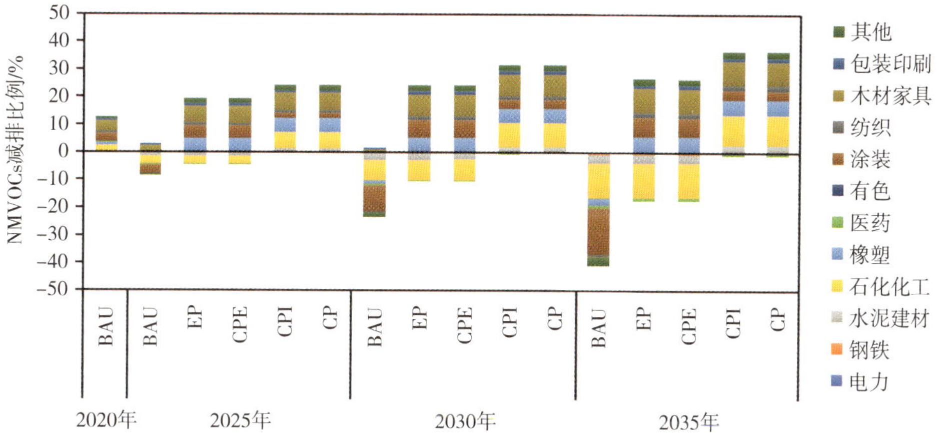

图 9-35 长三角区域工业行业各情景 NO_x 减排贡献分布

一次 $PM_{2.5}$ 排放方面，排放主要集中在水泥建材和钢铁行业，2025 年通过实施超低排放改造等措施，基本能抵消规模增长的排放增量，能源结构优化的 CPE 情景下，由于降低了燃煤排放，对电力行业一次 $PM_{2.5}$ 排放控制效果显著，CPI 情景下，得益于对钢铁、水泥行业的规模控制，各目标年份一次 $PM_{2.5}$ 排放均可实现下降。因此，中长期削减工业领域一次排放 $PM_{2.5}$ 的关键在于强化对钢铁和水泥行业的规模控制。具体如图 9-36 和图 9-37 所示。

（3）机动车

机动车排放方面，NO_x 排放在考虑国六等新标准实施和老旧车不断淘汰更新的综合影响下，末端强化的 EP 情景中以中重型货车减排为主导，区域机动车 NO_x 排放中长期基本保持下降趋势，CPE 情景叠加考虑新能源车占比不断提升，公交车、大中型客车、小客车等减排贡献显著增加，CPI 情景重点考虑了提升水水中转与铁水中转比例，中重型货车排放将进一步减少。VOCs 减排方面，以小客车减排驱动为主，2025—2035 年小微客车保有量仍将持续增长，在 BAU、EP 情景下 VOCs 排放将小幅增长，在 CPE 情景下，机动车用能结构优化，更高的新能源占比下，可实现机动车 VOCs 排放的持续下降。因此，中长期机动车排放控制需多措并举，包括持续提升排放标准、加快车型车龄结构与用能结构优化，并配合交通运输结构优化，进一步释放机动车减排潜力。具体如图 9-38～图 9-40 所示。

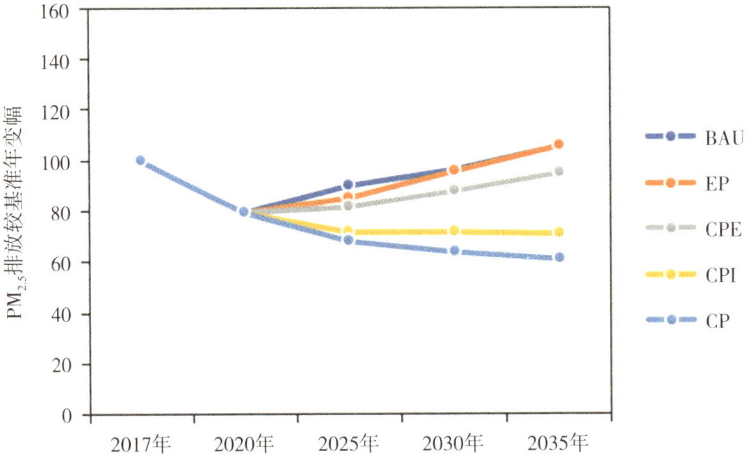

图 9-36　长三角区域工业源各情景一次 $PM_{2.5}$ 排放变幅

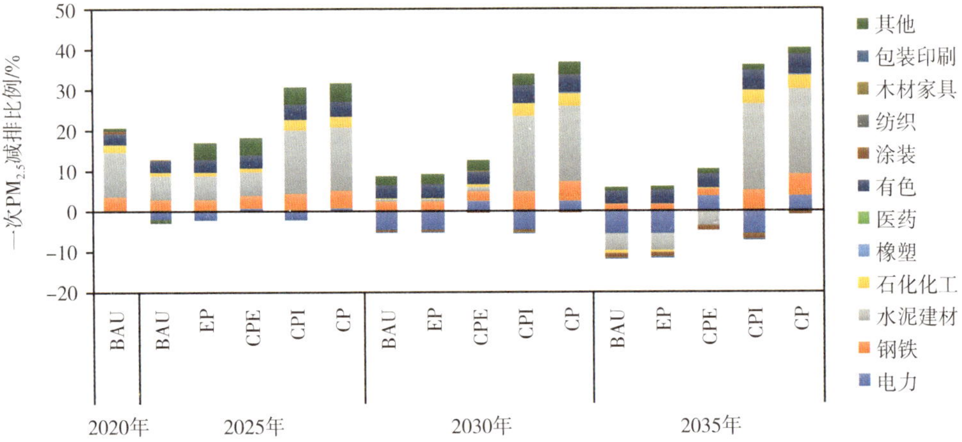

图 9-37　长三角区域工业行业各情景一次 $PM_{2.5}$ 减排贡献分布

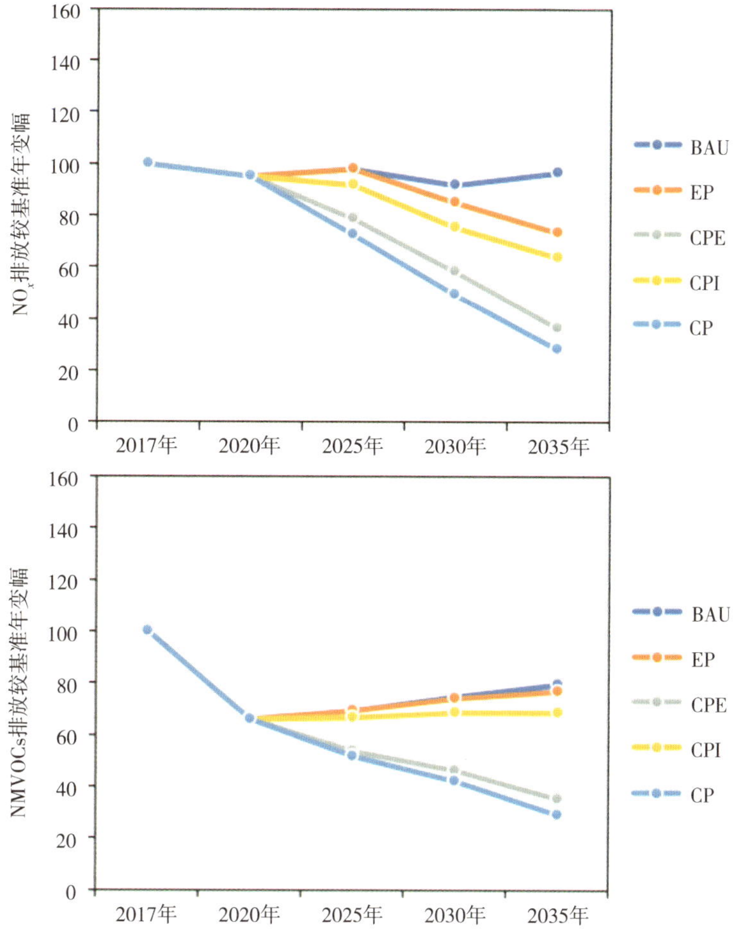

图 9-38　长三角区域机动车各情景 NO_x 和 NMVOCs 排放变幅

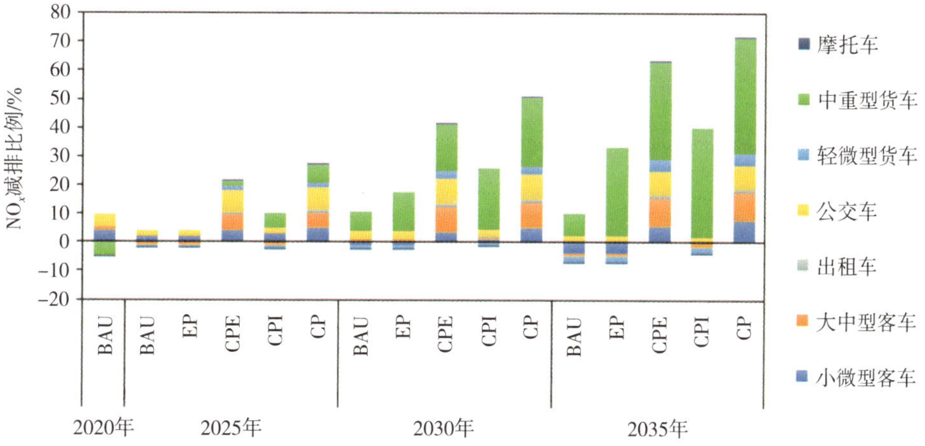

图 9-39　长三角区域机动车各情景 NO_x 减排贡献分布

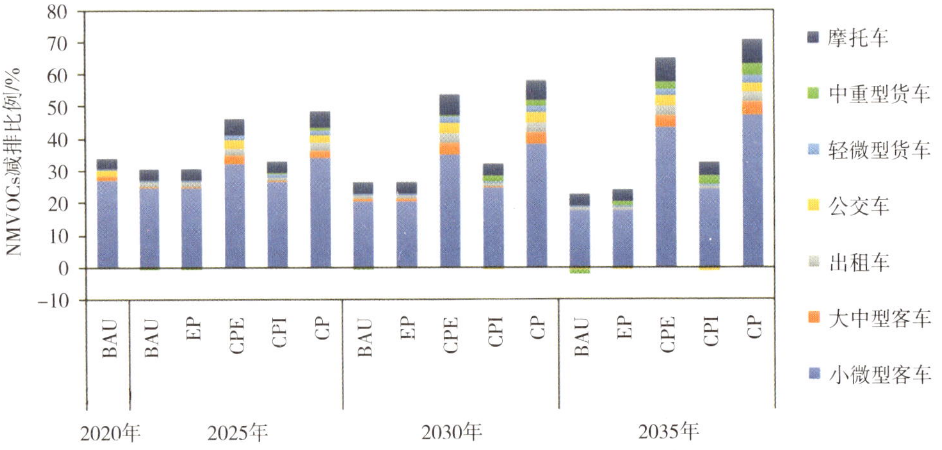

图 9-40 长三角区域机动车各情景 NMVOCs 减排贡献分布

（4）非道路移动源

非道路移动机械方面，NO_x 排放在考虑非道路国四新标准实施和老旧机械不断淘汰更新的综合影响下，BAU 情景下，中长期非道路机械 NO_x 减排基本抵消新增排放，EP 情景下，进一步考虑在 2028 年实施更为严格，等价于国五的排放标准，可进一步降低 NO_x 排放，CP 情景进一步考虑了非道路机械电动化比例不断提升，可进一步强化非道路机械 NO_x 减排。中长期来看，除了更新非道路机械排放标准，加大提升非道路机械电动化比例可显著降低非道路 NO_x 排放。具体如图 9-41 和图 9-42 所示。

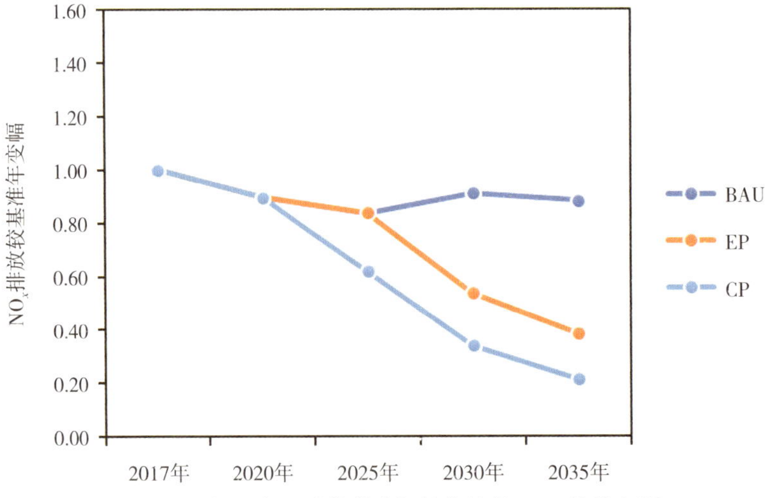

图 9-41 长三角区域非道路机械各情景 NO_x 排放变幅

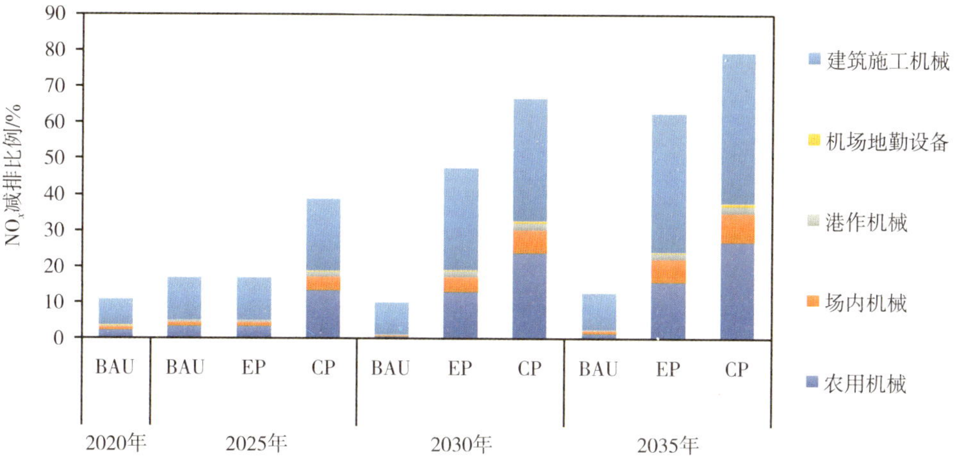

图 9-42 长三角区域非道机械各情景 NO_x 减排贡献分布

9.2.4 区域中长期空气质量预测与目标可达性分析

9.2.4.1 基准年区域大气质量模拟校验

利用 WRF-CMAQ 空气质量数值模型系统，结合更新的 2017 年长三角地区排放源清单，对区域主要大气污染物浓度的空间分布进行模拟校验。图 9-43 为长三角地区各项污染物模拟与实测浓度分布模拟空间分布结果，从对比情况来看，$PM_{2.5}$ 年均浓度模拟值与实际观测值较为吻合，较好地再现了城市间的差异，统计参数验证结果也基本达到了推荐的模拟验证水平，表明基准年的模拟基本能够表征区域主要污染物的浓度分布情况。

9.2.4.2 目标年区域空气质量目标可达性分析

基于目标约束下的环境容量测算结果与各情景下分省（区、市）排放预测结果，对比分析目标年主要大气污染物排放量承载情况，对比结果如图 9-44 所示。由图可见，上海市 2025 年在 BAU 与 EP 情景下，NO_x 和 VOCs 将超过容量需求，在 CP 各情景下，基本可以满足容量约束，2030 年和 2035 年即使在 CP 情景下 VOCs 仍将超过环境容量，因此，中长期在升级重点源末端控制水平基础上，仍需深挖能源与产业结构优化潜力。

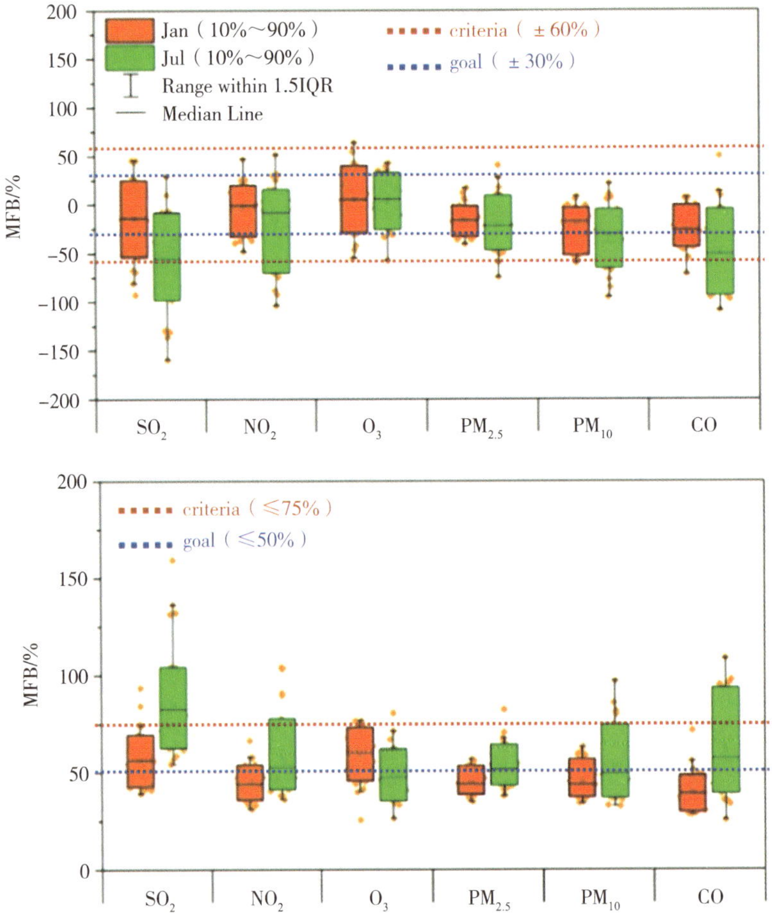

图 9-43 2017 年长三角地区主要大气污染物代表月份模拟浓度验证统计

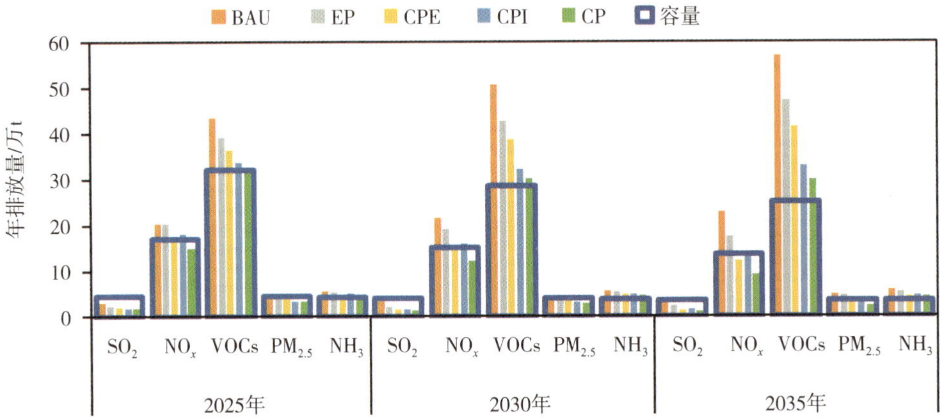

图 9-44 上海目标年各情景主要大气污染物排放与容量对比

江苏 BAU 和 EP 情景下各目标年 NO_x 和 VOCs 仍超标，CP 情景下 NO_x 基本满足容量需求，但 VOCs 仍超标，对比 CPE 与 CPI 情景来看，CPE 情景下基本可以满足 NO_x 容量约束，CPI 情景对降低 VOCs 排放更为有效，但仍超过环境容量。因此，仍需在 CPE 和 CPI 情景基础上，进一步加大能源与产业结构调整力度，确保达到目标。具体如图 9-45 所示。

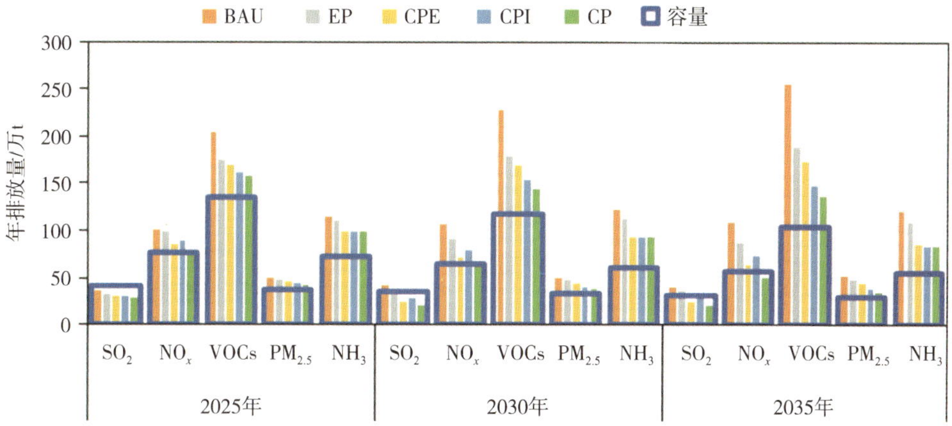

图 9-45 江苏目标年各情景主要大气污染物排放与容量对比

浙江省各目标年主要污染物超载情况优于江苏，但同样 VOCs 在 CP 情景下仍略有超载，需强化控制。具体如图 9-46 所示。

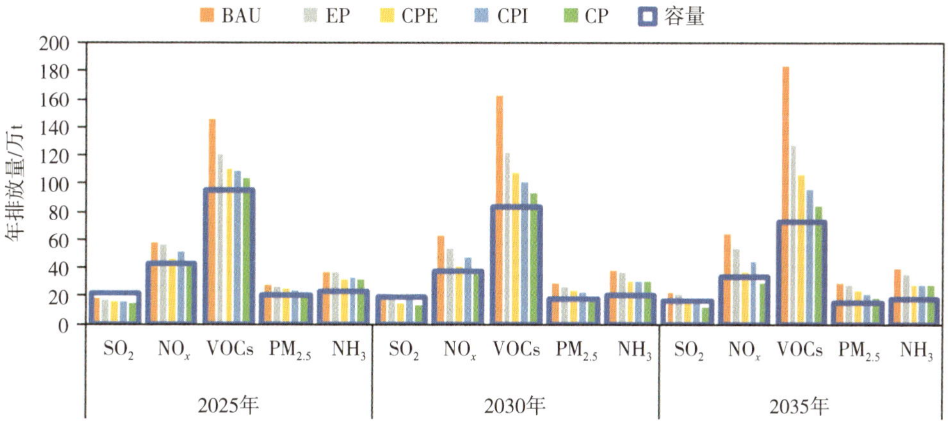

图 9-46 浙江目标年各情景主要大气污染物排放与容量对比

安徽相较于其他城市各目标年主要污染物超载情况较为普遍，仅 SO_2 在 CPE、CPI 和 CP 情景下可以满足容量承载需求，NO_x 至少需达到 CP 情景控制力度才能基本满足容量约束，除了其他城市同样突出的 VOCs 超载外，一次 $PM_{2.5}$ 和 NH_3 排放也需进一步加强。具体如图 9-47 所示。

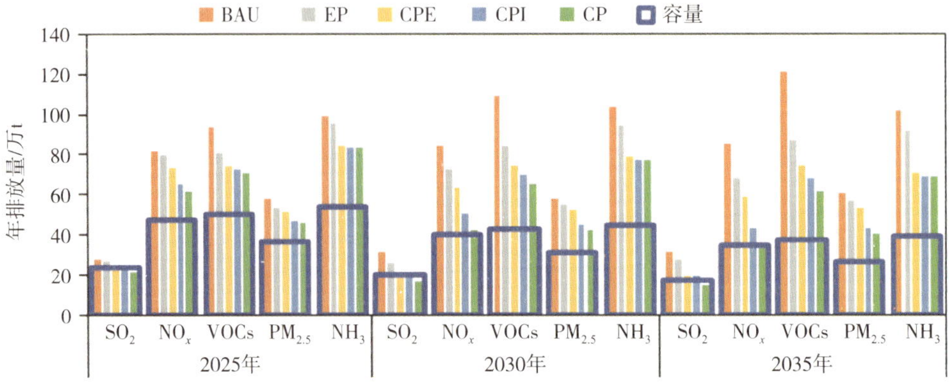

图 9-47 安徽目标年各情景主要大气污染物排放与容量对比

9.2.4.3 目标年区域环境空气质量预测

基于空气质量模型方法，针对中长期区域重点行业 CP 排放预测情景下，各城市空气质量变化，再结合基准年观测浓度，对各城市 $PM_{2.5}$ 年均浓度及变化情况进行了模拟预测。

（1）2025 年

预计上海、江苏、浙江、安徽 $PM_{2.5}$ 年均浓度分别可降至 30 μg/m³、34 μg/m³、27 μg/m³、39 μg/m³，分别较 2017 年降低 25%、31%、30%、30%。从区域层面总体考虑，长三角区域 $PM_{2.5}$ 年均浓度达到约 34 μg/m³。具体如图 9-48 所示。

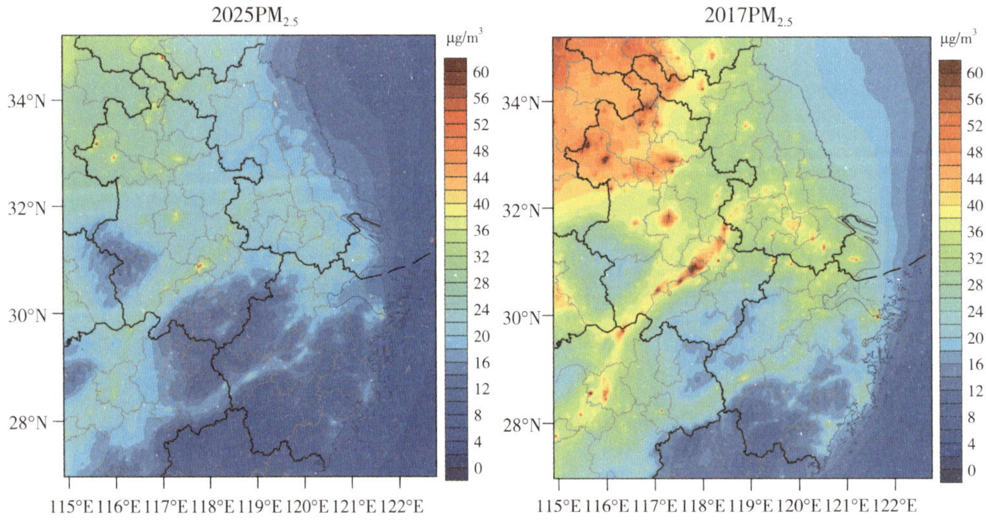

图 9-48 长三角区域基准年和 2025 年 $PM_{2.5}$ 年均浓度模拟空间分布

（2）2030 年

模拟结果表明，2030 年上海、江苏、浙江、安徽 $PM_{2.5}$ 年均浓度分别可降至

27 μg/m³、30 μg/m³、25 μg/m³、34 μg/m³，分别较 2017 年降低 31%、39%、35%、39%。从区域层面总体考虑，长三角区域 $PM_{2.5}$ 年均浓度达到约 30 μg/m³。具体如图 9-49 所示。

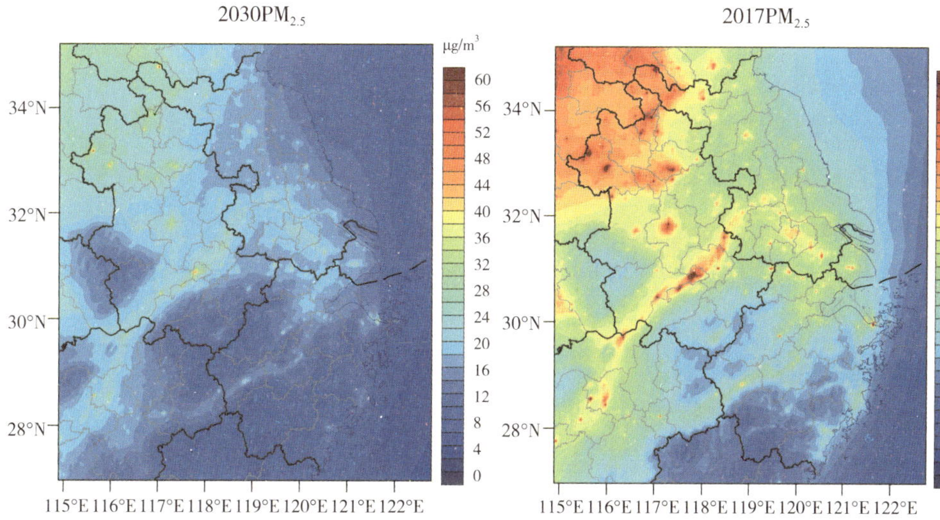

图 9-49 长三角区域基准年和 2030 年 $PM_{2.5}$ 年均浓度模拟空间分布

（3）2035 年

数值模拟结果表明，2035 年预计江苏、上海、浙江、安徽 $PM_{2.5}$ 年均浓度分别可降至 24 μg/m³、27 μg/m³、24 μg/m³、30 μg/m³，分别较 2017 年降低 38%、45%、37%、46%。从区域层面总体考虑，长三角区域 $PM_{2.5}$ 年均浓度达到约 27 μg/m³。具体如图 9-50 所示。

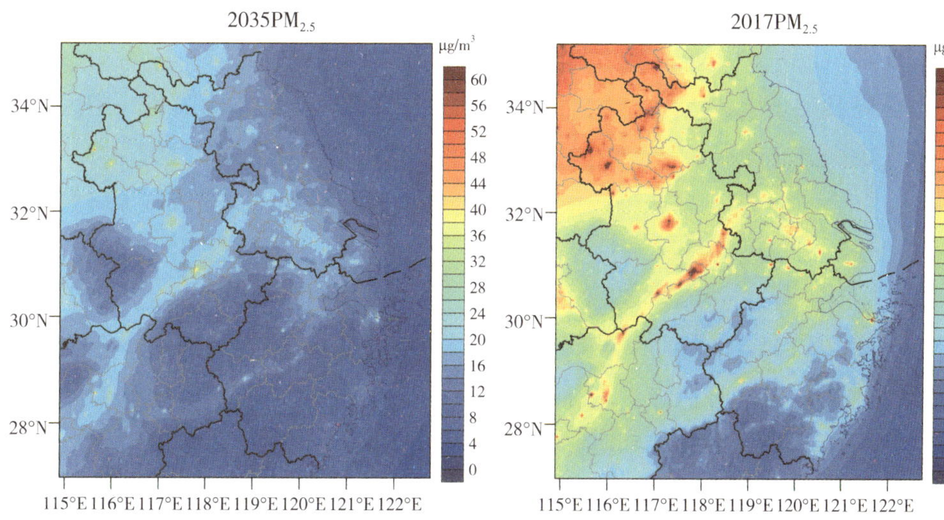

图 9-50 长三角区域基准年和 2035 年 $PM_{2.5}$ 年均浓度模拟空间分布

9.3 区域中长期空气质量改善实施方案及政策和机制建议

通过调研梳理长三角区域大气污染联防联控的现有政策和措施以及国内外区域环境空气质量管理的先进经验，结合空气质量路线图和措施梳理结果，设计制定了长三角区域层面及三省一市近期（2020—2025 年）、中期（2026—2030 年）、远期（2031—2035 年）空气质量改善实施方案。提出了近期以 $PM_{2.5}$ 和 O_3 污染协同防控为核心，中远期以大气污染和碳减排协同为主线的区域空气质量改善实施方案，制定了能源、产业、交通、建设、生活、农业六大领域，包含能源、产业和交通结构优化调整以及总量控制、源头替代、行业提标等共 200 余项措施。具体如下：

（1）基本原则

绿色发展，优化结构。以空气质量改善目标为约束，引导能源结构、产业结构、交通结构、用地结构等领域的优化调整和科学布局，从源头改善大气污染状况，实现可持续高质量绿色发展。

统筹应对，协同治理。加强宏观战略统筹，将应对气候变化作为美丽绿色长三角建设重要组成部分。突出协同增效，把降碳作为源头治理的“牛鼻子”，协同控制温室气体与污染物排放，协同推进适应气候变化与大气环境治理工作。

分区施策，精准治污。按照能源、工业、交通、扬尘、农业多个大领域全面深化污染治理，突出重点区域、重点行业、重点污染物，提升大气污染治理的精准性、针对性和有效性。着力解决危害环境质量、人群健康、影响经济环境可持续发展的突出问题。

深度协作，多方联动。推进长三角区域环境、气象、气候应对一体化大气污染防控，强化顶层设计，近中期减少 $PM_{2.5}$ 和 O_3 复合型大气污染为目标，中远期以统筹大气污染防治与温室气体减排，扎实推进产业能源交通绿色转型为目标，探索“共识、共治、共赢”的融合型区域大气污染联防联控机制，推动区域大气污染防治深度协作。

（2）空气质量和气候应对目标

2025 年，区域大气 $PM_{2.5}$ 平均浓度达到国家二级标准限值 35 μg/m^3。实现 20 个以上城市空气质量达标，臭氧浓度有效遏制，AQI 优良率达到 80% 以上，力争 17 个左右城市实现空气质量和碳排放双达标目标。

2030 年，区域大气 $PM_{2.5}$ 平均浓度降至 29 μg/m^3 左右，全面达到国家二级标准限值，AQI 优良率达到 85% 以上，所有城市实现空气质量和碳排放双达标。

2035 年，空气质量根本改善，长三角区域城市 $PM_{2.5}$ 年均浓度、臭氧浓度全面达标，区域大气 $PM_{2.5}$ 平均浓度降至 26 μg/m^3 左右，实现 10 个左右城市 $PM_{2.5}$ 年均浓度达到 WHO IT2 指导值 25 μg/m^3。

（3）重点任务

● 持续推进结构调整，共推绿色低碳发展

——推进能源结构优化，强化能源消费总量和强度“双控”，持续优化能源结构，合力控制煤炭消费总量。

——严化双高行业标准，联手打造绿色产业体系，打造绿色循环化产业体系，推进制造业向“智造业”发展。

——控制基础原材料和能源重化工产业规模，加快落后低效和过剩产能淘汰，加强空间布局优化调整。

——强化交通运输结构调整，加快提升区域水水中转和海铁联运比例，提升港口航运和内河航运功能布局，发展绿色交通体系，推动车船升级优化。

——践行绿色低碳生活，降低碳排放强度，探索行业 CO_2 排放总量管理，制定碳排放达峰行动方案。

● 持续深入污染防治攻坚，共治跨界大气污染。

——电力行业实施高效清洁燃烧 - 多污染物协同控制技术

——进一步加强工业锅炉窑炉的排放控制

——钢铁、水泥行业实施超低排放改造

——深入推进 VOCs 综合治理

——建立精细化排放清单，联合制定区域重点污染物控制目标

——持续加强移动源排放控制和智慧监管，达到世界先进水平

● 分区施策分类指导，推进区域质量共同改善

——加强沿海沿江地区 $PM_{2.5}$ 和 O_3 协同控制，力争实现 O_3 污染改善

——继续强化苏北、皖北地区 $PM_{2.5}$ 污染防治，遏制 O_3 污染上升趋势

——浙中南、皖南地区空气质量稳定达标提质

——推进长三角一体化示范区率先“双达标”

● 实施城市空气质量达标和 CO_2 协同减排行动

——服务业型：（4 个城市）上海市、南京市、杭州市、温州市。协同路径：设定碳排放总量控制目标。培育低碳型服务业，发展高新技术产业。在深入推进常规污染物各项减排措施基础上，工业：降低能源生产工业与重工业基础设施能源强

度，大力发展高效节能锅炉窑炉、电机、余热余压利用和节能监测等节能设备。提高能源行业清洁电源比例，持续提高发电效率。民用：进行民用节能炉灶和房屋节能改造，提高能源利用效率，提倡节能生活方式。交通：控制机动车保有量，出台限购政策。推广城市智能交通管理，缓解拥堵。大力发展公共交通，倡导绿色出行，不断提升移动源排放标准和燃油经济性，大力推广新能源车船，淘汰老旧车辆、机械和船舶。

——高新技术型：（14 个城市）湖州市、金华市、嘉兴市、台州市、绍兴市、南通市、无锡市、苏州市、淮安市、常州市、泰州市、连云港市、合肥市、芜湖市。协同路径：进一步提升新技术工业所占比例，倡导发展节能环保、生物医药、新能源新材料等低碳产业，在深入推进常规污染物减排，强化氮氧化物和挥发性有机物协同减排，并在以下领域推动协同减排，工业：降低能源生产工业与重工业基础设施能源强度，淘汰老旧设施和技术升级。促进碳排放较高的医药制造、电子及通讯设备制造等环节技术进步，降低单位能耗，推进清洁生产、发展循环经济，推动低碳工业园区和高新技术园区建设。民用：继续推进民用清洁能源替代，进行民用节能炉灶和房屋节能改造，提高能源利用效率，提倡节能生活方式。交通：不断加严移动源排放标准，提高燃油经济性，大力推广新能源车船。

——轻工业型：（7 个城市）宿迁市、黄山市、六安市、滁州市、蚌埠市、亳州市、宿州市。协同路径：推动轻工业产业技术升级，并加快高新技术产业发展。发展企业规模化、技术集成化、生产节约化的现代化大工业模式。在深入推进常规污染物各项减排措施基础上，工业：重点关注降低能源生产工业、支柱轻工业节能降耗，鼓励企业自备电厂煤改气、采用热电联产及建设分布式能源站。提高能源行业清洁电源比例，提高发电效率。民用：推动民用清洁能源替代，实施住宅节能改造。交通：不断提升移动源排放标准和燃油经济性，大力推广新能源车船，淘汰老旧车辆、机械和船舶。

——重工业型：（12 个城市）衢州市、丽水市、宁波市、舟山市、盐城市、镇江市、扬州市、徐州市、马鞍山市、铜陵市、宣城市、池州市。协同路径：坚持传统产业改造和新兴产业并重，有效结合“去产能”和“新动能”的培育转换。在深入推进常规污染物各项减排措施基础上，工业：降低支柱工业基础设施能源强度，推进工业锅炉节能改造和清洁能源替代，大力发展高效节能锅炉窑炉、电机等节能设备；对重点行业依法开展强制性清洁生产审核。民用：推动民用清洁能源替代，实施住宅节能改造。交通：重点管控货运汽车，进一步优化大宗货物运输方式。不断提升移动源排放标准和燃油经济性，大力推广新能源车船，淘汰老旧车辆、机械和船舶。

——能源生产型：（3个城市）淮北市、淮南市、安庆市。协同路径：构建多元化产业体系，扩大商业与服务业在经济发展中的占比和影响，打造新产业集群。在深入推进常规污染物各项减排措施基础上，工业：优先从排放强度高的基础设施入手，降低能源行业基础设施能源强度，加快淘汰能源行业落后产能，提高能源加功转换效率，淘汰落后小火电。优化产业布局，发展循环经济，提高资源采选回收水平，强化废弃物综合利用。民用：严控劣质煤进入市场，推动民用清洁能源替代，实施住宅节能改造。交通：优化大宗货物运输方式，重点针对重型货车进行治理。不断提升移动源排放标准和燃油经济性，持续推广新能源车、船和非道路机械。

——农业型：（1个城市）阜阳市。协同路径：发展低碳农业、旅游业等第三产业。在深入推进常规污染物各项减排措施基础上，加强农业氨排放控制，并从以下方面开展协同减排，工业：优先从排放强度高的基础设施入手，降低工业行业基础设施能源强度，大力发展高效节能设备，推进工业锅炉窑炉清洁能源替代。民用：严控劣质煤进入市场，推动民用清洁能源替代，实施住宅节能改造。交通：不断提升移动源排放标准和燃油经济性，加强农业机械排放和能耗标准，推广清洁能源车辆和农业机械。农业：加强绿肥推广，加强农业废弃物秸秆沼气副产品的资源再生和循环利用。

（4）重点工程

——产业结构升级工程

严格控制区域内钢铁、水泥、焦化、石化、化工产能。提高区域内钢铁、建材、焦化、石化、化工等行业准入和淘汰标准，淘汰未完成超低排放改造的钢铁、建材产能。实施产业集群整合升级。

——交通运输绿色化工程

到2025年，铁路货运量占比提升到15%以上。沿海和内河主要港口集输运主要改由铁路或水路；具有铁路专用线的煤炭、钢铁、电解铝、电力和焦化等大型工矿企业和物流园区，大宗货物主要改由铁路或水路运输。

——能源清洁化替代工程

严控钢铁、石化工业用煤，加快工业炉窑清洁能源替代。推进重点企业煤炭消费总量下降，持续提升外来电量比例。全面淘汰35蒸吨/小时以下的燃煤锅炉。

——含 VOCs 产品源头替代工程

推进使用水性、粉末、UV 固化等低 VOCs 含量涂料；推广使用水性、辐射固化等低 VOCs 含量油墨，水基、本体型等低 VOCs 含量胶黏剂。到 2025 年，溶剂型工业涂料、溶剂型油墨使用比例分别降低 20 个、15 个百分点，溶剂型胶黏剂使用量下降 20%。

——车船和油品清洁化工程

推广使用新能源车船，城市内公交车、轻型物流配送车实现新能源化，推动港口、机场、铁路重点场所作业机械和车辆使用新能源；全面提前实施重型柴油车国六 b 排放标准，适时实施重型柴油车国七标准；降低烯烃、芳烃和多环芳烃含量及汽油（含乙醇汽油）夏季蒸汽压；推进原油和成品油储运销 VOCs 治理工程。

——工业 VOCs 治理工程

石化、化工行业全面推进储罐密闭化改造，提升 LDAR 质量，针对装卸、污水和工艺过程等环节建设高效 VOCs 治理设施，到 2025 年，石化、化工行业综合去除效率分别达到 70% 和 50% 以上。工业涂装和包装印刷行业建设高效 VOCs 收集治理设施，综合去除效率达到 50% 以上。

——工业 NO_x 深度治理工程

完成区域内钢铁、水泥行业超低排放改造工程，安徽省、江苏省、浙江省执行严于国家标准的水泥行业地方标准。推进焦化、玻璃、陶瓷等行业实施深度治理。

——绿色消费全民行动工程

发挥政府采购引领作用，将高 VOCs 含量的产品排除在政府采购名录之外。强化宣传教育，引导公众主动选择低 VOCs 含量产品。增加绿色出行服务设施供给，全面推广使用电动汽车，显著提高重点城市电动车在私家车购买中的占比。鼓励大城市通过采取提高停车费、征收拥堵费等经济手段，引导公众绿色出行。

针对区域中长期空气质量改善的管理政策需求，围绕长三角区域大气污染协作机制、能源管理、环境准入、跨行政区域总量控制、排污权交易、流动源管理以及区域标准规范统一等方面，提出了区域中长期空气质量改善方案的保障机制建议。具体如图 9-51 所示。

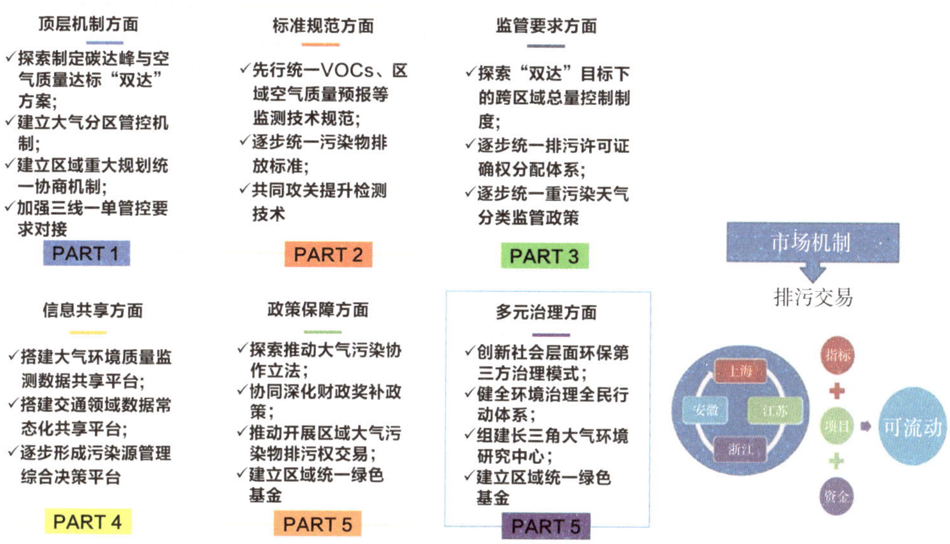

图 9-51 长三角区域大气污染防治协作及空气质量管理政策建议

参考文献

［1］鲍晓峰，吕猛，朱仁成．中国轻型汽车排放控制标准的进展［J］．汽车安全与节能学报，2017，8（3）：213-225.

［2］蔡家思，胡明伟，黄文柯．中国、欧盟、美国轻型机动车排放标准研究［J］．环境污染与防治，2017（11）：107-112.

［3］曾贤刚．跨区域重大项目环境影响评价机制的构建［J］．改革，2017（12）：45-48.

［4］常杪，丁杉杉，朱雁南，等．中国挥发性有机物污染防治政策及对监测技术的管理需求［J］．中国环境管理，2016，8（6）：50-54.

［5］车飞，宋英石，高健，等．中国大气超级站发展与展望：基于问卷调研的统计研究［J］．中国环境监测，2017，33（5）：7-14.

［6］陈迪，谭雪，周楷，等．基于燃煤电厂脱硫成本的脱硫电价政策分析［J］．环境保护科学，2019，45（2）：5-9.

［7］陈健．烧结烟气氮氧化物减排技术路径探讨［J］．环境工程，2014（S1）：459-464.

［8］陈健鹏，高世楫，李佐军．中国主要污染物排放进入转折期——预判污染物排放峰值在“十三五”期间［J］．国务院发展研究中心调查研究报告，2014，63（13763）.

［9］陈健鹏，李佐军，高世楫．跨越峰值阶段的空气污染治理——兼论环境监管体制改革背景下的总量控制制度［J］．环境保护，2015，43（21）：31-34.

［10］陈丽艳，谢小杰，廖增安，等．电除尘器如何满足低排放的研究［J］．电力科技与环保，2011，27（1）：14-18.

［11］陈仁杰，陈秉衡，阚海东．我国113个城市大气颗粒物污染的健康经济学评价［J］．中国环境科学，2010，3：410-415.

［12］成新兴，武宝会，周彦军，等．燃煤电厂超低排放改造方案及其经济性分析［J］．热力发电，2017，46（11）：130-135.

[13] 崔积山，顾军飞，左申梅，等 . 石化行业挥发性有机物综合管控探讨［J］. 环境保护，2017，45（13）：30-33.

[14] 董骁，戴星翼 . 长三角区域环境污染根源剖析及协同治理对策［J］. 中国环境管理，2015，7（3）：81-85.

[15] 段蒙，项定先，卢腾飞，等 . 武汉市钢铁行业碳减排潜力及成本分析［J］. 中国人口·资源与环境，2016，26（S1）：41-44.

[16] 樊杰 . 我国空间治理体系现代化在“十九大”后的新态势［J］. 中国科学院院刊，2017，32（4）：396-404.

[17] 范爱晶 . 新型低氮燃烧器在加热炉脱硝改造中的应用［J］. 能源化工，2016（3）：79-82.

[18] 范晓莉，罗培升，黄凌翔 . 京津冀都市圈新型城镇化与城市土地利用效益协调性研究［J］. 生态经济，2017，33（1）：111-116.

[19] 高澜，孟晓艳，乐旭，等 . 中国和美国地面臭氧污染对比分析［J］. 中国环境监测，2021，37（1）：40-48.

[20] 龚唯平，赵今朝 . 协调指数：产业结构优化效果的测度［J］. 暨南学报（哲学社会科学版），2010，2：50-57.

[21] 顾阿伦，史宵鸣，汪澜，等 . 中国水泥行业节能减排的潜力与成本分析［J］. 中国人口·资源与环境，2012，22（8）：16-21.

[22] 顾镇，张志刚，王彬，等 . 平板玻璃行业烟气污染物治理工艺及减排效果［J］. 环境工程学报，2020，14（10）：2796-2803.

[23] 关攀博，周颖，程水源，等 . 典型重工业城市空气重污染过程特征与来源解析［J］. 中国环境科学，2020，40（1）：31-40.

[24] 何伟，张文杰，王淑兰，等 . 京津冀地区大气污染联防联控机制实施效果及完善建议［J］. 环境科学研究，2019（10）：1696-1703.

[25] 胡睿 . 挥发性有机污染物（VOCs）治理进展及发展前沿思考［J］. 环境与可持续发展，2014，39（1）：19-21.

[26] 胡永锋，白永锋 . SCR 法烟气脱硝技术在火电厂的应用［J］. 节能技术，2007（2）：152-156.

[27] 华一川 . 泄漏检测与修复技术在油品储运装置的应用［J］. 化工管理，2019（21）：30-31.

[28] 黄成，安静宇，鲁君 . 长三角区域非道路移动机械排放清单及预测［J］. 环境科学，2018，39（9）：3965-3975.

[29] 黄东生，王荣恩，汤楚贵．烧结烟气脱硫技术探讨 [J]．烧结球团，2008，33（3）：6-10.

[30] 吉祝美．新《环境空气质量标准》下的环境空气质量评价方法探讨 [J]．污染防治技术，2014（3）：47-50.

[31] 贾润崧，张四灿．中国省际资本存量与资本回报率 [J]．统计研究，2014（11）：35-42.

[32] 贾珅．疫情冲击下区域经济的运行特点与政策含义 [J]．国务院发展研究中心调查研究研究报告，2020，180（5924）.

[33] 江梅，张国宁，张明慧，等．国家大气污染物排放标准体系研究 [J]．环境科学，2012，33（12）：4417-4421.

[34] 江梅，张国宁，邹兰，等．挥发性有机污染物排放控制标准体系的建立与完善 [J]．环境科学，2013，12：4751-4755.

[35] 姜克隽，贺晨旻，庄幸，等．北京市能源和大气雾霾相关污染物排放情景解析 [J]．环境影响评价，2017，39（7）：13-18.

[36] 蒋洪强．2012—2030 年我国四大区域环境经济形势分析与预测研究报告 [M]．北京：中国环境出版社，2013.

[37] 蒋洪强．科技进步与污染减排 [M]．北京：中国环境出版社，2015.

[38] 蒋美青，陆克定，苏蓉，等．中国典型城市群 O_3 污染成因和关键 VOCs 活性解析 [J]．科学通报，2018，63（12）：1130-1141.

[39] 蒋中锁，李天杰．降低脱硝成本的经验 [J]．水泥，2016，3：52-53.

[40] 金侃，张军，郑成航，等．百万燃煤机组烟气污染物超低排放改造费效评估 [J]．环境工程学报，2017，11（2）：1061-1068.

[41] 景跃军．英国、德国与美国三次产业结构比较分析 [C]．中国区域人口与发展学术研讨会，2005.

[42] 孔祥军，王教凯，谢源，等．泄漏检测与修复技术在某石化厂的应用研究 [J]．现代化工，2018，38（3）：210-213.

[43] 雷永程，宋薇．玻璃窑废气治理工艺必选分析 [J]．节能与环保，2018，2：71-74.

[44] 雷仲敏，李宁．城市能源—经济—环境（3E）协调度评价比较研究 [J]．青岛科技大学学报（社会科学版），2016，32（4）：1-8.

[45] 李红祥，徐鹤，董战峰，等．环境政策实施的成本效益分析框架研究 [J]．环境保护，2017，45（4）：54-58.

[46] 李荔，赵秋月，李冰. 省级空气质量管理评估指标体系的构建及实证研究[J]. 环境污染与防治，2016（2）：91-97.
[47] 李平，娄峰，王宏伟. 2016—2035 年中国经济总量及其结构分析预测[J]. 中国工程科学，2017，19（1）：13-20.
[48] 李善同，何建武. 基于 DRCCGE 模型的 2030 年中国经济增长的前景展望[R]. 北京：国务院发展研究中心，2011.
[49] 李兴春. 石油化工行业挥发性有机物控制进展研究[J]. 环境保护，2016，44（13）：38-42.
[50] 李玉江，吴涛. 德国燃煤电厂氮氧化物的控制技术[J]. 环境科学研究，2000，13（4）：47-49.
[51] 梁博隆. 河北省玻璃行业大气污染防治技术评估方法及应用研究[D]. 保定：河北大学，2017.
[52] 刘昌新，王宇飞，郝郑平，等. 基于动态 CGE 的挥发性有机污染物 VOCs 排放预测和控制研究[J]. 环境科学，2013，34（12）：4787-4791.
[53] 卢晗，等. 燃煤电厂脱硫技术及超低排放改造费效分析[J]. 环境工程，2018，36（1）：97-102.
[54] 鲁君. 典型石化企业挥发性有机物排放测算及本地化排放系数研究[J]. 环境污染与防治，2017，39（6）：604-609.
[55] 吕小利，刘佳佳，陈劲. 炼化企业 VOCs 排放现状及治理对策[J]. 安全、健康和环境，2017，17（1）：29-32.
[56] 马俊杰，朱立新，尹鹏程，等. 泄漏检测与修复技术（LDAR）在某农药厂的应用[J]. 化工设计通讯，2019，45（1）：61-62.
[57] 孟露露，单春艳，李洋阳，等. 美国 $PM_{2.5}$ 未达标区控制对策及对中国的启示[J]. 南开大学学报（自然科学版），2016（1）：54-61.
[58] 穆泉，张世秋. 中国 2001—2013 年 $PM_{2.5}$ 重污染的历史变化与健康影响的经济损失评估[J]. 北京大学学报（自然科学版），2015，4：694-706.
[59] 能源基金会. 珠三角地区空气质量达到 WHO-Ⅲ水平的中长期战略研究[R]. 2020.
[60] 牛冲槐，樊燕萍，张敏. 我国能源安全性分析（二）——能源布局安全性分析与对策[J]. 太原理工大学学报（社会科学版），2005，13（4）：12-16.
[61] 潘嘉航，沈利杰，徐斌. 水泥炉窑用 SNCR 脱硝技术分析与市场展望[J]. 中国环保产业，2014，4：44-46.

[62] 彭长寿. 水泥行业烟气多种污染物“超低排放”整体解决方案[J]. 中国水泥，2017，3：88-97.

[63] 清华大学，亚洲清洁空气中心. 中国城市空气质量改善和温室气体协同减排方法指南[R]. 2019.

[64] 沈利生，乔红芳. 重估中国的资本存量：1952—2012[J]. 吉林大学社会科学学报，2015（4）：122-133.

[65] 孙海鹏，李哲，孙凯. 玻璃窑炉烟气治理技术探析[J]. 中国环保产业，2017，4：33-35.

[66] 谭俊，李楠，魏铸琀. 北京市土地利用协调度模拟分析[J]. 中国土地科学，2008，22：38-42.

[67] 唐规. 炼厂加热炉低氮燃烧器改造技术现状[J]. 广东化工，2018，45（11）：139-140.

[68] 田野. 中国潜在经济增长率测算方法的研究评述[J]. 当代经济管理，2014（12）：20-24.

[69] 汪俊. 长三角地区多部门多种大气污染物协同减排方案研究[D]. 北京：清华大学，2014.

[70] 汪浪，曹卫东. 近10年我国城镇化与工业化协调发展研究[J]. 科学决策，2014，2：21-31.

[71] 王金南. 控制 $PM_{2.5}$ 污染：中国路线图与政策机制[M]. 北京：科学出版社，2016：316.

[72] 王诺，程蒙，臧春鑫，等. 成本效益分析方法在雾霾治理研究中的应用[J]. 中国人口·资源与环境，2015，25（S2）：85-88.

[73] 王琦，黄金川. 东京都市圈大气污染防治政策对京津冀的启示[J]. 地理科学进展，2018，37（6）：790-800.

[74] 王晓琦，郎建垒，程水源，等. 京津冀及周边地区 $PM_{2.5}$ 传输规律研究[J]. 中国环境科学，2016，36（11）：3211-3217.

[75] 王兴芬. 中国土地城镇化与人口城镇化协调发展的实证研究——基于协调发展模型[J]. 技术经济与管理研究，2017，1：101-106.

[76] 王艳，等. 超低排放背景下燃煤电厂烟气控制技术费效评估[J]. 环境污染与防治，2017，39（3）：331-341.

[77] 王燕丽，薛文博，雷宇，等. 京津冀地区典型月 O_3 污染输送特征[J]. 中国环境科学，2017（10）：86-93.

［78］王燕丽，薛文博，雷宇，等．京津冀区域 $PM_{2.5}$ 污染相互输送特征［J］．环境科学，2017，38（12）：4897-4904.
［79］王洋．B公司玻璃窑炉烟气治理项目后评价［D］．北京：华北电力大学，2016.
［80］王仲颖，高虎．建设资源节约、环境友好的绿色发展体系研究［M］．北京：中国经济出版社，2020.
［81］王自发，向伟玲．一种运用区域空气质量模式的大气环境容量新算法：201210210323.4［P］．2012-12-12.
［82］魏金梅．钢铁企业环保成本核算指标探讨［J］．冶金动力，2019，232（6）：1-2，27.
［83］吴舜泽，万军，秦昌波，等．正视差距，瞄准问题，突出重点，转变方式，妥善应对好“十三五”环境质量改善的供需矛盾［J］．重要环境信息参考，2015，11（14）：1-60.
［84］吴潇萌．中国道路机动车空气污染物与 CO_2 排放协同控制策略研究［D］．北京：清华大学，2017.
［85］席富娟．长三角地区石化行业大气污染物排放状况及VOCs控制技术分析［D］．杭州：浙江大学，2018.
［86］辛璐，赵云皓，逯元堂，等．我国水泥行业脱硝设施投资分析与预测［J］．环境与可持续发展，2013，2：35-38.
［87］徐灏，尹旭军．大型燃煤电厂超低排放改造技术经济性分析［J］．节能工程与经济，2018，2：130-135.
［88］许艳玲，薛文博，雷宇，等．中国氨减排对控制 $PM_{2.5}$ 污染的敏感性研究［J］．中国环境科学，2017，37（7）：2482-2491.
［89］许艳玲，薛文博，王金南，等．大气环境容量理论与核算方法演变历程与展望［J］．环境科学研究，2018，31（11）：1835-1840.
［90］薛佳平，张黎丽．弹性系数法和回归分析法在预测中的比较［J］．山西建筑，2013，39（5）：199-201.
［91］薛文博，付飞，王金南，等．基于全国城市 $PM_{2.5}$ 达标约束的大气环境容量模拟［J］．中国环境科学，2014，34（10）：2490-2496.
［92］薛文博，付飞，王金南，等．中国 $PM_{2.5}$ 跨区域传输特征数值模拟研究［J］．中国环境科学，2014，34（6）：1361-1368.
［93］薛文博，雷宇，郑逸璇，等．中国碳减排路径的空气质量改善协同效益研究

[J]，重要环境信息参考，2021，17（3）：1-23.
[94] 薛文博，王金南，付飞，等 . CMAQ 与 CAMx 模型对中国 $PM_{2.5}$ 数值模拟对比分析［C］. 中国环境科学学会环境规划专业委员会，2013.
[95] 薛文博，许艳玲，唐晓龙，等 . 中国氨排放对 $PM_{2.5}$ 污染的影响［J］. 中国环境科学，2016，36（12）：3531-3539.
[96] 燕丽，王金南，杨金田，等 . 欧盟、美国、日本的 $PM_{2.5}$ 污染控制经验和启示［J］. 重要环境信息参考，2013，9（24）：1-67.
[97] 杨皓哲 . 中国钢铁行业对大气污染的贡献及减排措施分析［D］. 北京：北京大学，2019.
[98] 杨建军，董小林，张振文 . 城市大气环境治理成本核算及其总量结构分析——以西安市为例［J］. 环境污染与防治，2014，36（11）：100-105.
[99] 杨再东，朱云，陶谨，等 . 基于曲面响应建模的 $PM_{2.5}$ 可控人为源贡献解析［J］. 环境科学学报，2018，38（10）：3877-3887.
[100] 叶裕民 . 全国及各省区市全要素生产率的计算和分析［J］. 经济学家，2002（3）：115-121.
[101] 张军，吴桂英，张吉鹏 . 中国省际物质资本存量估算：1952—2000［J］. 经济研究，2004，10：35-44.
[102] 张延群，娄峰 . 中国经济中长期增长潜力分析与预测：2008—2020 年［J］. 数量经济技术经济研究，2009，12：137-145.
[103] 张泽宸 . 深圳市大气细颗粒物污染控制措施的成本效益分析［D］. 北京：清华大学，2017.
[104] 赵春丽，吴铁，伯鑫，等 . 钢铁行业烧结烟气脱硫现状及协同治理对策建议［J］. 环境工程，2014，32（10）：76-78.
[105] 赵秋月，李冰 . 美国南加州空气质量管理经验及启示［J］. 环境保护，2013，41（16）：71-72.
[106] 郑政杰 . 典型燃煤热电联产锅炉烟气污染物超低排放经济性对比［J］. 低碳环保与节能减排，2019（7）：124-125.
[107] 支国瑞，杨俊超，张涛，等 . 我国北方农村生活燃煤情况调查、排放估算及政策启示［J］. 环境科学研究，2015，28（8）：1179-1185.
[108] 中国钢铁工业协会 . 典型钢铁企业超低排放改造评估［M］. 2020.
[109] 中国尽早实现二氧化碳排放峰值的实施路径研究课题组 . 中国碳排放尽早达峰［M］. 北京：中国经济出版社，2017.

[110] 中国清洁空气联盟 . 京津冀如何实现空气质量达标？基于情景分析的京津冀地区 $PM_{2.5}$ 达标情景研究［R］. 北京：中国清洁空气联盟，2016.

[111] 中国清洁空气联盟 . 空气污染治理国际经验介绍之伦敦烟雾治理历程［R］. 北京：中国清洁空气联盟，2013.

[112] 中华人民共和国生态环境部 . 2019 中国生态环境状况公报［EB/OL］.

[113] 周博雅 . 电动汽车生命周期的能源消耗、碳排放和成本收益研究［D］. 北京：清华大学，2016.

[114] 周荣，韦彦斐，钟晓雨，等 . 水泥窑炉 SNCR 脱硝工程优化设计的探讨［J］. 水泥，2013，6：47-51.

[115] 周亚军 . 炼油企业含恶臭物质的 VOCs 治理技术及应用［D］. 上海：华东理工大学，2014.

[116] 邹德云，柯慧敏，冯凯南，等 . LDAR 技术在石化企业设备动静密封点泄漏评估中的应用［J］. 浙江化工，2017，48（5）：48-51.

[117] AKRITIDIS D，ZANIS P，PYTHAROULIS I，et al. Near-surface ozone trends over Europe in RegCM3/CAMx simulations for the time period 1996-2006［J］. Atmospheric Environment，2014，97：6-18.

[118] AMANN M，BERTOK I，BORKEN K J，et al. Cost-effective control of air quality and greenhouse gases in Europe：Modeling and policy applications［J］. Environmental Modelling and Software，2011，26（12）：1489-1501.

[119] AMANN M，BERTOK I，BORKEN-KLEEFELD J，et al. Cost-effective control of air quality and greenhouse gases in Europe：Modeling and policy applications［J］. Environmental Modelling and Software. 2011，26（12）：1489–1501.

[120] AN X Q，ZUO H C，CHEN L J. Atmospheric environmental capacity of SO_2 in winter over Lanzhou in China：a case study［J］. Advances in Atmospheric Sciences，2007，24（4）：688-699.

[121] Burnett R T，Pope C A，Ezzati M，et al. An Integrated Risk Function for Estimating the Global Burden of Disease Attributable to Ambient Fine Particulate Matter Exposure［J］. Environmental Health Perspectives，2014，122（4）：397-403.

[122] BYUN D，KIM S S. Evaluation of air quality models for the simulation of a high ozone episode in the Houston metropolitan area［J］. Atmospheric Environment，

2007，41（4）：837-853.

［123］California Air Resources Board. Air Quality and Meteorological Information System［EB/OL］. https：//www.arb.ca.gov/adam/trends/trends1.php，2018-04-10.

［124］EC. The CAFE programme & the thematic strategy on Air Pollution［EB/OL］. Brussels：EC，2005［2005-09-21］.http：//ec.europa.eu/environment/archives/cafe/index.htm.

［125］EC. The clean air policy package［EB/OL］. Brussels：EC，2013［2013-09-18］. http：//europa.eu/rapid/press-release_MEMO-13-1169_en.htm.

［126］European Environment Agency. Air pollutant emissions data viewer 1990-2016［EB/OL］. https：//www.eea.europa.eu/data-and-maps/dashboards/air-pollutant-emissions-data-viewer-1.

［127］European Environment Agency. Air quality in Europe—2014 report［R］. Denmark，2014.

［128］GAINS Model［EB/OL］. http：//gains.iiasa.ac.at/models/index.html.

［129］GUO J P，HE J，LIU H L，et al. Impact of various emission control schemes on air quality using WRF-Chem during APEC China［J］. Atmospheric Environment，2016，140：311-319.

［130］HE J，GONG S，LIU H，et al. Influences of meteorological conditions on interannual variations of particulate matter pollution during winter in the Beijing–Tianjin–Hebei area［J］. Journal of Meteorological Research，2018，31：1062-1069.

［131］HIBINO G，PANDEY R，MATSUOKA Y，et al. A Guide to AIM/Enduse Model［R］. Climate Policy Assessment：Asia-Pacific Integrated Modeling，Springer，2002.

［132］HSU W C，ROSENBERGER J M，SULE N V，et al. Mixed Integer Linear Programming Models for Selecting Ground-Level Ozone Control Strategies［J］. Environmental Modeling & Assessment，2014，19（6）：503–514.

［133］HUANG Q，CHENG S，PEROZZI R E，et al. Use of a MM5-CAMx-PSAT modeling system to study SO_2，source apportionment in the Beijing metropolitan region［J］. Environmental Modeling & Assessment，2012，17（5）：527-538.

［134］IROVANO G，COLOMBI C，BALZARINI A，et al. $PM_{2.5}$ source apportionment in Lombardy (Italy): Comparison of receptor and chemistry-transport modelling results [J]. Atmospheric Environment, 2015, 106: 56-70.

[135] Jiang K J, Chen S, He C M, et al. Energy transition, CO_2 mitigation, and air pollutant emission reduction: scenario analysis from IPAC model [J]. Natural Hazards, 2019, 99: 1277–1293.

[136] Jiang K J, Zhuang X, He C M, et al. China's low-carbon investment pathway under the 2 ℃ scenario [J]. Adv Clim Change Res, 2016, 7 (4): 229–234.

[137] Jonathanvan der Kamp. Encyclopedia of Environmental Health (Second Edition) [M]. 2019: 710-722.

[138] KUROKAWA J, OHARA T, MORIKAWA T, et al. Emissions of air pollutants and greenhouse gases over Asian regions during 2000-2008: regional emission inventory in Asia (REAS) version 2 [J]. Atmospheric Chemistry and Physics Discussions, 2013, 13 (21): 11019-11058.

[139] Li C, Nie Z, Cui S, et al. The life cycle inventory study of cement manufacture in China [J]. Journal of Cleaner Production, 2014, 72: 204-211.

[140] LI L J, LI Y L, LI X Y. On coordinated development of BTH urban agglomeration subjected to atmospheric environmental capacity [J]. Bulgarian Chemical Communications, 2017, 49: 95-100.

[141] Li X, ZHANG Q, ZHANG Y, et al. Attribution of $PM_{2.5}$ exposure in Beijing-Tianjin-Hebei region to emissions: implication to control strategies [J]. Science Bulletin, 2017, 62 (13): 957-964.

[142] LIU T T, GONG S L, HE J J, et al. Attributions of meteorological and emission factors to the 2015 winter severe haze pollution episodes in China's Jing-Jin-Ji area [J]. Atmospheric Chemistry and Physics, 2017, 17: 2971-2980.

[143] Maddison A. 世界经济千年统计 [M]. 北京：北京大学出版社，2009.

[144] Ministry of the Environment Government of Japan. Annual Report on Environmental Statistics 2017 [EB/OL]. http://www.env.go.jp/en/statistics/e2017.html, 2018-04-10.

[145] Office of Air Quality Planning and Standards, US EPA. National Air Pollutant Emission Trends: 1900-1998 [J]. Ntis, 1995.

[146] OSHIRO K, KAINUMA M, MASUI T. Implications of Japan's 2030 target for

long-term low emission pathways [J] . Energy Policy, 2017, 110: 581-587.

[147] OSHIRO K, MASUI T. Diffusion of low emission vehicles and their impact on CO_2 emission reduction in Japan Research article [J] . Energy Policy, 2015, 81: 215-225.

[148] Gupta P, Zhuge W. Well-to-wheels total energy and GHG emissions of HCNG heavy-duty vehicles in China: Case of EEV qualified EURO 5 emissions scenario [J] . International Journal of Hydrogen Energy, 2020, 45 (15): 8002-8014.

[149] Peng Y P, CHEN K S, WANG H K, et al. Applying model simulation and photochemical indicators to evaluate ozone sensitivity in southern Taiwan [J] . Journal of Environmental Sciences, 2011, 23 (5): 790-797.

[150] Schuhmacher M, Domingo J L, Garreta J. Pollutants emitted by a cement plant: health risks for the population living in the neighborhood [J] . Environmental Research, 2004, 95: 198-206.

[151] SELVAKKUMARAN S, LIMMEECHOKCHAI B. Low carbon society scenario analysis of transport sector of an emerging economy-The AIM/Enduse modelling approach [J] . Energy Policy, 2015, 81: 199–214.

[152] United States Environmental Protection Agency. Air Pollutant Emissions Trends Data. [EB/OL] . https: //www.epa.gov/air-emissions-inventories/air-pollutant-emissions-trends-data.

[153] United States Environmental Protection Agency. Particulate Matter ($PM_{2.5}$) Trends [EB/OL] . https: //www.epa.gov/air-trends/particulate-matter- $PM_{2.5}$-trends, 2018-04-10.

[154] US EPA. Cross-state air pollution rule (CSAPR) [EB/OL] .2011 [2011-08-06] .Washington: US EPA, https: //www.epa.gov/csapr.

[155] VIJAY S, DECAROLIS J F, SRIVASTAVA R K. A bottom-up method to develop pollution abatement cost curves for coal-fired utility boilers [J] . Energy Policy, 2010, 38 (5): 2255–2261.

[156] WANG M Y, CAO C X, LI G S, et al. Analysis of a severe prolonged regional haze episode in the Yangtze River Delta, China [J] . Atmospheric Environment, 2015, 102: 112-121.

[157] WANG W Y, CHEN N, MA X J. Research on atmospheric environmental

capacity model of urban agglomeration [J] . Advanced Materials Research, 2012, 518: 1311-1320.

[158] WEI W, WANG S, CHATANI S, et al. Emission and speciation of non-methane volatile organic compounds from anthropogenic sources in China [J] . Atmospheric Environment, 2008, 42 (20): 4976-4988.

[159] WU D, XU Y, ZHANG S. Will joint regional air pollution control be more cost-effective? Anempirical study of China's Beijing-Tianjin-Hebei region [J] . Journal of Environmental Management. 2015, 149: 27–36.

[160] XU D H, WANG Y, ZHU R. Atmospheric environmental capacity and urban atmospheric load in mainland China [J] . Science China Earth Sciences, 2018, 61 (1): 33-46.

[161] YANG F, TAN J, ZHAO Q, et al. Characteristics of $PM_{2.5}$ speciation in representative megacities and across China [J] . Atmospheric Chemistry and Physics, 2011, 11 (11): 5207-5219.

[162] Yang Y Q, WANG J, Gong S L, et al. PLAM - A meteorological pollution index for air quality and its applications in fog-haze forecasts in North China [J] . Atmospheric Chemistry and Physics, 2015, 15 (6): 9077-9106.

[163] Yen C, Hong J. Volatile organic compounds (VOCs) emission characteristics and control strategies for a petrochemical industrial area in middle Taiwan [J] . Journal of Envirinmental Science and Health Part A-toxic/Hazardous Substances & Environmental Engineering, 2009, 44 (13): 1424-1429.

[164] YOO S H, KWAK S J, LEE J S. Using a choice experiment to measure the environmental costs of air pollution impacts in Seoul [J] . Journal of Environmental Management, 2008, 86 (1): 308–318.

[165] ZHANG N N, MA F, GUAN Y, et al. Spatial assessment of air resources in China from 2013 to 2017 [J] . Science of The Total Environment, 2019, 658: 294-304.

[166] ZHANG S, WORRELL E, CRIJNS-GRAUS W, et al. Co-benefits of energy efficiency improvement and air pollution abatement in the Chinese iron and steel industry [J] . Energy, 2014, 78: 333–345.

[167] ZHAO P S, DONG F, HE D, et al. Characteristics of concentrations and chemical compositions for $PM_{2.5}$ in the region of Beijing, Tianjin, and Hebei,

China [J] . Atmospheric Chemistry and Physics，2013，13 (9)：4631-4644.

[168] ZHAO Z Q，BAI Z H，WINIWARTER W，et al. Mitigating ammonia emission from agriculture reduces $PM_{2.5}$ pollution in the Hai River Basin in China [J] . Science of The Total Environment，2017，609：1152-1160.

[169] ZHU Y，LI Y P，HUANG G H，et al. Electric power systems planning in association with air pollution control and uncertainty analysis [J] . International Journal of Electrical Power & Energy Systems，2014，61：563–575.